"十四五"普通高等教育本科部委级规划教材

2021 江苏省高等学校重点教材（编号：2021-2-060）

非织造材料与工程专业新工科通专融合教材

非织造材料性能评价与分析

李素英　张　瑜　主编

中国纺织出版社有限公司

内 容 提 要

　　本书主要介绍了非织造材料用原料的基本参数测定与分析,非织造材料的基本参数测定与分析,非织造材料的力学性能测试与分析,非织造材料的形变及通透性能测试与分析,土工及建筑用非织造材料、医疗卫生用非织造材料、过滤用非织造材料、服用非织造材料、家居装饰用非织造材料、交通工具用非织造材料、工业用非织造材料、农业用非织造材料、合成革用非织造材料等的性能评价与分析,来样分析及产品鉴别等内容。

　　本书可作为高等院校非织造材料与工程专业师生的教学用书,也可供从事非织造材料研究的科研人员、工程技术人员阅读参考。

图书在版编目(CIP)数据

　　非织造材料性能评价与分析/李素英,张瑜主编.-- 北京:中国纺织出版社有限公司,2022.3
　　"十四五"普通高等教育本科部委级规划教材　2021江苏省高等学校重点教材
　　ISBN 978-7-5180-9267-3

　　Ⅰ.①非… Ⅱ.①李…②张… Ⅲ.①非织造织物—性能检测—高等学校—教材 Ⅳ.①TS177

　　中国版本图书馆 CIP 数据核字(2021)第 279119 号

责任编辑:范雨昕　　责任校对:江思飞　　责任印制:何 建

中国纺织出版社有限公司出版发行
地址:北京市朝阳区百子湾东里 A407 号楼　邮政编码:100124
销售电话:010—67004422　传真:010—87155801
http://www.c-textilep.com
中国纺织出版社天猫旗舰店
官方微博 http://weibo.com/2119887771
三河市宏盛印务有限公司印刷　各地新华书店经销
2022 年 3 月第 1 版第 1 次印刷
开本:787×1092　1/16　印张:24.5
字数:513 千字　定价:68.00 元

前　言

非织造技术是涉及纺织、材料、化学、机械等多学科交叉融合的一门新兴技术，虽然只有半个多世纪的发展历史，但其应用领域已覆盖服用、家用、产业用三大领域，尤其在特种防护、环境保护、可持续发展等方面应用优势突出，使其成为现代材料工业体系中不可或缺的重要组成部分。非织造加工技术柔性多变，产品结构及性能也千变万化，掌握不同材料性能测试原理、质量评价及影响因素分析，是非织造技术人才必备的专业技能，也是非织造材料与工程专业学生的必修核心课程。本书秉承张謇"学必期于用，用必适于地"的教育思想，以产品应用为主线，以具体产品为案例，按照产品、性能、评价、分析顺序展开，标准及性能测试方法紧跟行业发展趋势，教学内容全面丰富。教学要理论与实践相结合，课内与课外相匹配，基础性能测试以自学为主，测试原理、质量评价及影响因素分析采用研究型等多种教学方式，突出学生主体，注重启发锻炼学生的创新能力，培养学生的专业自信与家国情怀。同时，为了契合非织造材料与工程专业工程教育认证，彰显"以学生为中心"的教育理念，本书结合各章节的教学内容，精心录制了35个性能测试操作视频，直观地展示了非织造材料性能测试的操作步骤，满足了学生多元化的学习需求。

本书由南通大学李素英、张瑜担任主编并负责统稿，天津工业大学封严、浙江理工大学于斌、中原工学院张恒担任副主编，全书共15章。第1章、第7章第7至第10节由李素英编写，第2章、第15章第1节由封严编写，第3章由张瑜编写，第4章由浙江理工大学朱斐超编写，第5章、第9章由中原工学院张恒编写，第6章由武汉纺织大学张明编写，第7章第1至第6节由南通大学戴家木编写，第8章由南通大学张海峰编写，第10章由青岛大学吴韶华编写，第11章由浙江理工大学于斌编写，第12章、第14章由安徽工程大学赵宝宝编写，第13章、第15章第2至第4节由嘉兴学院韩万里编写。

在本书编写过程中，借鉴了相关产品质量标准、性能测试标准，参阅了各类非织造材料与工程专业的教材、论文、论著及研究报告，衷心感谢所有参阅材料的作者。同时还要感谢各兄弟院校、相关非织造企业及中国纺织出版社有限公司对书稿提出的宝贵修改意见。

由于作者水平有限，书中难免存在疏漏和不妥之处，诚挚希望广大读者批评指正。

作者
2021 年 12 月

目　　录

第1章 绪 论

非织造材料起源可以追溯到几千年前的缩绒毡制品,现代非织造材料又被称作非织造布、不织布、无纺布等。GB/T 5709—1997《纺织品 非织造布 术语》对非织造布(nonwoven)给出的定义是:定向或随机排列的纤维通过摩擦、抱合或黏合或者这些方法的组合而相互结合制成的片状物、纤网或絮垫。不包括纸、机织物、针织物、簇绒织物、带有缝编纱线的缝编织物以及湿法缩绒的毡制品,所用纤维可以是天然纤维或化学纤维;可以是短纤维、长丝或当场形成的纤维状物。非织造材料在结构形态上不仅呈现类似布的片状形态,还有块状、管状、絮状等更多其他形态,因此称其为非织造布具有片面性,统称为非织造材料更贴切。非织造材料与传统纺织材料相比,最根本的区别在于其省去了纺纱工序,因此非织造材料可以使用的纤维原料范围更广,传统纺织使用的纤维原料在非织造材料中都可以使用,而传统纺织中无法使用的纤维原料在非织造材料中也可以使用,包括传统纺织短绒、下脚料等,有利于高效合理利用资源。非织造材料加工流程短,包括原料准备、成网、加固及后整理等,各环节都有不同方法,通过不同原料与成网方法、加固方法、后整理方法之间的多种柔性变化组合,能生产出不同外观、不同结构、不同用途的多品种非织造材料,其性能也千变万化。做好材料性能评价与分析,对环境的科学保护、资源的合理利用、生产的高效组织都具有重要意义。

1.1 非织造材料与环境保护

人类进入工业文明时代后,生产力水平空前发展,开发利用资源的能力迅速提高,对环境的破坏和污染远远超出了自然环境的承载能力,因此出现了震惊世界的环境"八大公害"事件,唤起人类对环境的关注。1972 年 6 月 5 日的斯德哥尔摩"世界人类环境会议",通过了《联合国人类环境会议宣言》,提出了"只有一个地球"的口号,并把 6 月 5 日定为"世界环境日"。1992 年 6 月 3 日的里约热内卢"联合国环境与发展会议",发表了《关于环境与发展的里约热内卢宣言》和《21 世纪议程》两个纲领性的文件以及《关于森林问题的原则声明》,签署了《气候变化框架公约》和《生物多样性公约》,体现了当今人类社会可持续发展的新思想,表明人们已经认识到人类发展对环境的破坏,并且开始重视解决环境问题。但社会发展和环境保护的矛盾仍然突出,新技术的发展会带来新的环境问题,在开发利用新技术、新材料时必须兼顾环境保护。非织造材料是融合纺织、造纸、皮革、塑料等多种材料综合性能的一种新型纤维产品,其生产过程及产品应用都应充分体现环境保护思想。

1.1.1 非织造材料原料选择与环境保护

非织造技术具有原料适应性强、适用范围广等特点,其原料包括纺织工业产生的下脚料如废花、落毛、化纤废丝、棉短绒以及碎布料及布边等经开花再生纤维,既减少了固体废弃物的产生,又实现了资源的高效利用。将玻璃纤维、碳纤维、金属纤维、椰壳纤维、木棉纤维等纺织设备难以加工的纤维作为非织造材料的生产原料,提高了纤维资源的利用水平。将耐高温纤维、复合超细纤维、抗菌纤维、阻燃纤维等新型功能性纤维,作为非织造材料的生产原料,拓展了非织造产品的品种及规格。变无用为有用、变不能用为可以用、变基础用为功能用,充分体现了科学、环保和可持续发展理念。

将纺织工业用化学纤维的前期原料——高聚物切片作为非织造材料的生产原料,可利用高聚物切片直接生产纺粘、熔喷等非织造产品,这就省去了熔体输送、计量喷丝、侧吹风冷却、集束上油、牵伸定型、卷曲定型、切断打包等高聚物加工成纤维的具体工序。将纺织工业用再生纤维的前期原料,如木浆粕等作为非织造材料的生产原料,可直接将木浆粕干法开松成网或湿法磨浆成网后与各种纤维材料混合或复合制备非织造材料,这就省去了老成、黄化、研磨、溶解、混合、过滤、脱泡、纺丝等由木浆粕加工成再生纤维的具体工序。高聚物、木浆粕等原始原料的直接应用,缩短了产品生产工艺流程,节省了水、电、气、人工等消耗,也避免了酸、碱、油剂等化学试剂的使用及其对环境造成影响,是一种环境友好的生产原料选择方式。

1.1.2　非织造材料生产与环境保护

非织造材料生产的不同成网、加固、后整理方式柔性交叉组合,赋予了非织造技术生产速度快、产量高的特性。用速度为 360r/min、幅宽 180cm 剑杆织机织造中等细度、中等密度织物时,24h 产量约为 90m。而用速度相对较低的针刺机生产非织造针刺产品时,按 5m/min 的出网速度计算,24h 产量在 7000m 以上,是剑杆织机的 78 倍,而且幅宽一般都超过 180cm,因此综合效率及产量更高。水刺生产速度一般为 100m/min 以上,24h 产量在 144000m 以上,是剑杆织机的 1600 倍。纺粘生产速度更高,一般超过 250m/min,24h 产量在 360000m 以上,是剑杆织机的 4000 倍。由此可见,在相同时间内,非织造技术可以生产出更多的产品,生产效率高,资源利用率高,间接提高了经济、社会及环境效益。

与传统纺织过程相比,非织造材料生产过程中没有原料浪费。非织造干法梳理的边角料可以通过开花回用,湿法成网的边角料可以回到打浆机中重新利用,水刺水过滤获得的短纤维可以用于造纸,纺粘、熔喷的边料可以回到熔融设备中重新利用,熔喷碎片还可以用作吸油索或保暖袋的填充材料,即非织造生产过程原料能实现 100% 全利用。非织造材料生产过程注重循环经济和绿色生产,避免了废气、废水、废渣及物理噪声等环境影响因素的产生,是一种环境友好型生产过程。

1.1.3　非织造材料应用与环境保护

非织造材料的构成主体呈单纤维状态,纤维的长短、粗细种类较传统的纺织纤维有很大延伸,纤维间平行、交叉、穿插成三维立体的网络状,再借助化学、机械、热学等加固手段使其稳定成完整的布状、网状、毡状、纸状及块状、管状等多种形态,也赋予了材料不同而独特的结构和性能特点,非常适合用于环境领域,主要用作环境净化材料、环境修复材料和环境替代材料。

环境净化材料是指能净化或吸附环境中有害物质的材料,包括过滤、吸附、分离材料,主要用作水污染净化、大气污染净化、噪声和电磁辐射等物理污染控制等,非织造材料既可以作为将环境中污染物去除的主体,也可以作为吸附、分离材料的骨架或载体,具体应用的产品有针刺毡、纺粘毡、热轧毡、活性炭毡、分子筛、分离膜等。

环境修复材料也常被称为生态修复材料,是指对遭到破坏的环境进行生态修复治理、恢复被破坏环境生态特性的材料。在针刺毡中间夹入吸水保水材料、肥料、草籽等制成生态毯,可以快速修复修路造桥等基础建设中破坏的植被,还可以用于沙漠化土地的固沙生绿。

环境替代材料是用可降解低消耗的环境友好型材料代替传统材料。比较成型的是采用非织造加工技术并结合后整理方式生产出的各种包装膜、农用地膜、农副产品包装器具、农用一次性使用的器皿等,使用后直接降解为简单的小分子化合物回归自然,降低了环境负担。

1.2 非织造材料分类及应用

1.2.1 非织造材料成网、加固及后整理分类

1.2.1.1 非织造材料的成网

非织造材料常用成网方法如图 1-1 所示。

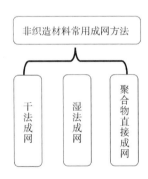

图 1-1 非织造材料常用成网方法

(1)干法成网。干法成网包括干法梳理成网和干法气流成网。干法梳理成网与传统纺织加工的前纺工序相似,也需要将纤维混合、开松、梳理,但梳理后的纤网不用喇叭口集束成条,而是以网状直接输出,经平行铺网、交叉式铺网、组合式铺网或垂直式铺网后送入加固区域,所使用的纤维原料也与传统纺织相似。气流成网是将经开松混合的纤维喂入高速回转的锡林或刺辊,梳理成单纤维后在锡林或刺辊的离心力和气流联合作用下,输出凝聚在成网帘上形成纤网,传统纺织生产中常用的细而长、卷曲度高或易产生静电的纤维

在气流输送中易出现"絮凝",反而是短而粗、卷曲度低、不易产生静电的纤维更适合使用气流成网。

（2）湿法成网。湿法成网是由传统的造纸工艺发展形成的非织造成网技术,先将纤维分散在水中形成均匀的纤维悬浮液,再在成型网上脱水、沉积、抄造成纤网湿纸页,所使用的纤维长度可以更短,形成的纤网均匀性、各向同性更好。

（3）聚合物直接成网。聚合物直接成网是利用聚合物熔融挤出原理,采用高聚物熔体、浓溶液或溶解液通过喷丝孔形成长丝或短纤维,再将形成的纤维铺放在移动的网帘上,即完成聚合物直接成网。

1.2.1.2 非织造材料的加固

非织造材料常见加固方法如图1-2所示。

图1-2 非织造材料常见加固方法

（1）机械加固。机械加固包括针刺加固和水刺加固。针刺加固起源于古老的制毡工艺,利用带有倒刺的刺针反复穿刺纤网,当刺针穿刺纤网时,倒刺都会钩住纤网中的一些纤维穿过纤网层,纤维发生彼此缠结,纤网受到压缩变紧实,贯穿的纤维束犹如"销钉"一样钉入纤网,制成具有一定厚度、一定力学性能的针刺非织造材料。水刺加固是以高压水流作为纤网穿刺和纤维位移缠结的载体,通过高压水流对纤网进行连续喷射,在水力作用下使纤网中纤维运动、位移而重新排列和相互缠结,使纤网得以加固而获得具有一定力学性能、手感柔软、悬垂性好、透气性好、无化学黏合剂的水刺非织造材料。

（2）热黏合加固。热黏合加固得益于高聚物原料的熔融特性,利用受热纤网中部分纤维或热熔粉末的软化熔融,使纤维之间产生粘连,冷却后纤网得到加固而成为热黏合非织造材料,热黏合非织造工艺又可以分为热轧黏合、热熔黏合及超声波黏合。

（3）化学黏合。化学黏合是非织造生产中应用历史最长的一种加固方法,与后续出现的针刺、水刺、热黏合相比,使用黏合剂存在环保及材料手感等问题,医疗卫生材料方面已经被更安全的水刺及热黏合替代,但在过滤、服装等领域至今仍有广泛应用;将天然或人工合成的黏合剂以浸渍法、喷涂法、泡沫法、印花法等不同方式施加在纤网上,使纤维间黏合,形成不同结构和性能的化学黏合非织造材料。

1.2.1.3　非织造材料的后整理

经成网加固制备的非织造材料往往还存在某些缺陷,需要通过后整理方法加以改进,非织造材料常见后整理方法分类如图1-3所示,通过针对性的后整理工序,可以提高材料的物理化学性能,改善外观及结构特性,还可以赋予材料阻燃、防水、抗血浆和酒精、杀菌抑菌等特殊功能。

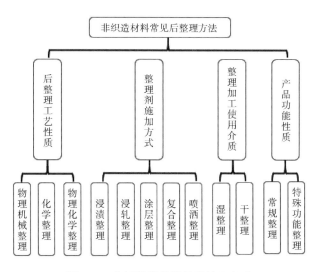

图1-3　非织造材料常见后整理方法

1.2.2　非织造材料应用

非织造材料应用几乎涉及国民经济行业中材料应用的各个领域。农、林、牧、渔业应用非织造材料做保温保湿育苗毯、水果防虫保护袋、棚布等;采矿业应用非织造材料做通风过滤袋、复合输送带等;制造业应用非织造材料做航空航天复合材料、电气绝缘垫、机械密封垫、食品过滤布、服装辅料、劳保用品等;电力、热力、燃气及水生产和供应业应用非织造材料做火力发电烟尘过滤袋、给排水过滤布;建筑业应用非织造材料做增强、防水及吸音材料;批发和零售业应用非织造材料做包装材料等;交通运输、仓储和邮政业应用非织造材料做运输工具内饰材料;住宿和餐饮业应用非织造材料做酒店床上用品、餐桌台布等;水利、环境和公共设施管理业应用非织造材料做防洪护堤土工布、生态修复毯等;居民服务、修理和其他服务业应用非织造材料做室内装饰、清洁擦布等;卫生和社会工作领域应用非织造材料做医用敷料、护理垫等。近年来开发出一大批新颖的非织造产品,如医疗领域采用聚四氟乙烯纤维和聚酰胺纤维经管式针刺工艺加工的人造血管、人造食管等人造器官;采用海藻纤维经针刺加工的高性能敷料;采用现代生物技术开发的特种活性纤维非织造新材料,可特别有效地从工业废水中吸附回收重金属离子和相关的有毒离子;碳纤维针刺整体毡及碳、碳复合材料在导弹、火箭头锥以及运载火箭尾喷管喉衬中的应用(耐高温、耐烧蚀等);可完全降解的聚乳酸纤维非织造新材料,可用作环保型用即弃产品等。

非织造材料门类众多,应用领域广泛,必须对生产过程、产品性能测试与质量评价执行统一标准,贯彻非织造材料性能评价标准化,才能实现非织造材料生产流通体系的健康发展。

1.3 非织造材料性能评价的意义

1.3.1 非织造材料标准化

标准化是工业技术进步的重要表现。标准是指为了取得国民经济的最佳效果,依据科学技术和实践经验的综合成果,在充分协商的基础上,对经济技术活动中具有多样性、相关性特征的重复事物,以特定程序和形式颁发的统一规定。通过贯彻各种标准,把科研、设计、生产、流通、使用和质量监督等社会实践方面有机地联系起来,对实际的或潜在的问题制定共同的和重复使用的规则,通过制定、发布和实施标准达到统一,在一定范围内获得最佳秩序的活动,称为标准化。标准化是以制定标准和贯彻标准为主要内容的全部活动过程,其重要意义是改进产品、过程和服务的适用性,防止贸易壁垒,促进技术合作。标准是标准化活动的中心,标准化活动围绕着这个中心,使标准成为生产活动中具有普遍制约作用的技术法规,在生产实践中起到保证作用。非织造材料标准化是保障其科研、设计、生产、流通、使用和质量监督有序和持续进行的基础。

我国从 20 世纪 90 年代才开始制定非织造材料相关标准,非织造材料标准体系如图 1-4 所示,主要包括非织造布和非织造土工布两个系列,但标准制定速度始终落后于非织造行业的发展。非织造材料通过对原料、成网、加固、后整理方法的特殊设计和组合赋予产品有别于机织物、针织物、塑料、皮革、纸的特性,借鉴这些传统领域标准对非织造材料性能进行评价,往往会出现偏差,健全和完善非织造材料标准和开展非织造材料标准化工作对行业健康发展具有重要意义。

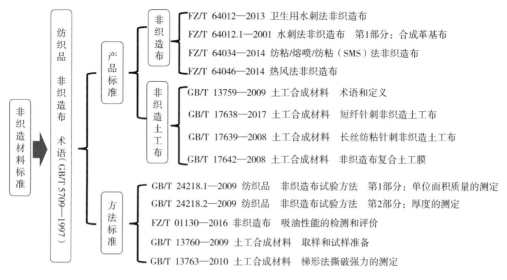

图 1-4 非织造材料标准体系

1.3.2 标准的分类

非织造材料标准是针对非织造材料应达到的技术要求颁布的统一规定,是非织造材料生产、检验和评定质量的技术依据。非织造材料质量特性一般以定量表示,例如面密度、厚度、强度等;对于难以直接定量表示的,如舒适度、柔软度、粗糙度等,则通过产品的其他技术参数,如吸湿透气性、弯曲长度、表面摩擦系数等间接定量表示。企业从原材料进厂到产品销售等各个环节,都必须认真执行相应标准,包括各种技术标准及管理标准,以确保生产经营各项活动的协调有序进行。技术标准是对技术活动中需要统一协调的事物制定的技术准则。

1.3.2.1 根据内容分类

根据其内容不同,技术标准又可分解为基础标准、产品标准和方法标准三方面内容。基础标准是标准化工作的基础,是制定产品标准和其他标准的依据。常用的基础标准主要有通用科学技术语言标准、精度与互换性标准、结构要素标准、实现产品系列化和保证配套关系的标准、材料方面的标准等。产品标准是指对产品质量和规格等方面所作的统一规定,它是衡量产品质量的依据。产品标准的内容一般包括产品的类型品种和结构形式、产品的主要技术性能指标、产品的包装储运保管规则、产品的操作方法说明、使用注意事项说明等。方法标准是指以提高工作效率和保证工作质量为目的,对生产经营活动中的主要工作程序、操作规则和方法做的统一规定。它主要包括检查和评定产品质量的方法标准、统一的作业程序标准和各种业务流程与工作程序标准或质量要求等。

1.3.2.2 根据适用范围和领域分类

按照标准的适用范围和领域,我国现行的产品质量标准主要包括国际标准、国家标准、行业标准(或部颁标准)和企业标准等。国际标准是指国际标准化组织(International Organization for Standardization,ISO)、国际电工委员会(International Electrotechnical Commission,IEC)以及其他国际组织所制定的标准。其中 ISO 是标准化领域中世界最大的国际性标准化组织,它成立于 1947 年,截至 2020 年 8 月,ISO 共有 165 个成员,已经发布了 17000 多个国际标准,主要涉及各个行业各种产品的技术规范。IEC 成立于 1906 年,是世界上最早的国际性电工标准化机构,主要负责电工、电子领域的标准化活动。

国家标准是全国范围内统一的标准,主要包括全国通用的基础标准、方法标准,有关国计民生的产品标准,有关安全、健康和环境保护方面的标准。1988 年,我国将国际标准化组织(ISO)在 1987 年发布的《质量管理和质量保证标准》等国际标准仿效采用为我国国家标准,编号为 GB/T 10300 系列,它在编写格式、技术内容上与国际标准有较大的差别。从 1993 年 1 月 1 日起,我国实施等同采用 ISO 9000 系列标准,编号为:GB/T 19000—ISO9000 系列,其技术内容和编写方法与 ISO 9000 系列相同,使我国国家标准与国际同轨。目前我国的国家标准是采用等同于现行的 ISO 9000:2000 标准,编号为 GB/T 19000—2000 系列。

行业标准是指全国性的行业范围内统一的标准,如中华人民共和国纺织行业标准 FZ/T

64078—2019《熔喷法非织造布》,中华人民共和国建筑工业行业标准 JG/T 509—2016《建筑装饰用无纺墙纸》,中华人民共和国交通行业标准 JT/T 519—2004《公路工程土工合成材料长丝纺粘针刺非织造土工布》,中华人民共和国医药行业标准 YY/T 0969—2013《一次性使用医用口罩》,中华人民共和国出入境检验检疫行业标准 SN/T 0910—2000《进出口纺织品检验规程》,中华人民共和国机械行业标准 JB/T 13836—2020《袋式除尘器用滤料孔径特征的测定方法》,中华人民共和国汽车行业标准 QC/T 216—2019《汽车用地毯》,中华人民共和国公共安全行业标准 GA 353—2008《警服材料 保暖絮片》。为了适应经济体制改革,加强行业管理,过去采用的部颁标准(专业标准)已逐步过渡为行业标准。行业标准不得与国家标准相抵触,同内容的国家标准公布后,该项行业标准即行废止。

企业标准是企业、事业单位制订的标准,当企业生产的产品没有国家标准和行业标准时,必须制定企业标准作为组织生产的依据,企业的产品标准须报当地政府标准化行政主管部门和有关行政主管部门备案。已有国家标准或者行业标准的,为了提高产品质量,国家鼓励企业制定严于国家标准或者行业标准在企业内部适用的企业标准。企业标准不得与国家标准、行业标准相抵触。

1.3.2.3 根据约束性分类

标准按其约束性可以分为强制性标准和推荐性标准。根据我国标准化法规,国家标准、行业标准都含有强制性标准和推荐性标准。有关保障人体健康、人身财产安全的标准和行政法规规定强制执行的标准是强制性标准,如 GB 19082—2003《医用一次性防护服技术要求》为强制性标准;其他标准是推荐性标准,如 GB/T 38462—2020《纺织品 隔离衣用非织造布》为推荐性标准。在企业内部执行的标准,无论是自行制定的,还是采用国家和行业推荐性标准,都有强制的性质,必须认真执行。

1.3.3 非织造材料性能评价标准化的意义

性能评价是产品质量优劣的直接表现形式。产品质量是指在商品经济范畴,企业依据特定的标准,对产品进行规划、设计、制造、检测、运输、存储、销售、售后服务、生态回收等全程的必要信息披露。狭义来讲,它是反映产品使用功能的各种自然属性,其中包括产品的性能、效率、可靠性等综合指标;产品标准就是对产品上述质量特性做出的明确和具体的定量技术规定。所以说质量与标准是密不可分的。产品标准是规范企业经营行为和指导生产的技术文件,而产品质量是由标准和执行标准的状况决定的。标准与质量如同源与流,标准是质量的依据,质量是执行标准的结果,性能评价是连接依据和结果的纽带。标准化实际上是确保质量的过程,而质量管理则可理解为贯彻标准的实践。标准化水平也就决定了产品质量的高低,没有高标准,就没有高质量,标准是质量的保障。高标准要求能够督促和激励企业产品的质量提高,对产品质量能起到鞭策作用。通过采用先进标准会增加企业的压力,促使企业采用先进的生产技术和工艺装备,加快创新研发,从而促进了企业的技术进步,生产技术的进步是提高产品质量的保证。

非织造材料原料选择范围广,形态结构千差万别,产品性能千变万化,性能评价标准和方法也各不相同,没有标准就无法保障材料质量,材料性能评价也必须按照标准进行,即非织造材料质量标准化。根据具体情况要求,可以采用国际标准、国家标准、行业标准、企业标准,还可以采用客户标准。贯彻非织造材料质量标准,准确客观评价非织造材料的性能指标,是合格产品进入市场的前提保障;是非织造企业组织生产和保证产品质量达到预定要求的基础指导;是企业生产管理部门进行生产过程分析、明确改进目标和方向的原始数据来源;是产品鉴别、产品仿制的必需步骤;同时更是全球经济一体化的必然要求。标准统一,评价互认,就可减少重复检验,节约时间、空间、人力、物力、财力,消除国际贸易障碍,促进商品的自由流通交往,促进贸易全球化及国际合作,实现"一个标准、一次检验、全球接受"的目标。

第 2 章 非织造材料用原料的基本参数测定与分析

非织造材料从本质上而言是一种纤维集合体。因此,纤维是构成非织造材料的基本原料,纤维的结构、品质特征及性能对非织造材料的加工工艺和产品性能都有重要影响。随着非织造材料应用领域的不断拓展、生产技术和设备的持续革新及纤维技术的创新发展,非织造材料专用及新型纤维原料也不断涌现,这也为非织造产品的发展提供了更为广阔的空间。聚合物原料作为聚合物直接成网非织造材料的基本原料,其特性对于加工过程及产品性能影响巨大。

可用于非织造材料的纤维种类繁多,包括天然纤维、再生纤维及合成纤维等,且各种功能纤维、高性能纤维、新型生物基纤维等纤维材料在非织造材料中的应用日渐增多。纤维材料在非织造材料中除作为非织造材料的主体成分外,还可作为非织造材料的加固纤维、黏合纤维等使用,不同存在形式对纤维原料的性能要求也存在差异。纤维原料的长度、细度、卷曲度、截面形状、摩擦性能、吸湿性能、力学性能,聚合物原料的质量、熔融特征等均影响非织造材料加工工艺的选择及产品的性能。本章将对非织造材料用纤维及聚合物原料的测试标准及质量评价进行论述。

2.1 天然纤维

2.1.1 概述

天然纤维主要包括植物纤维和动物纤维,植物纤维即天然纤维素纤维,包括棉、麻、椰壳纤维、秸秆等;动物纤维即天然蛋白纤维,包括各种动物毛以及蚕丝等。相较于化学纤维,天然纤维在非织造材料中的用量相对较少,但近年来,随着石油资源的日益短缺、人类对环境问题的重视以及对安全健康等生态纺织品的需求增加,天然纤维因其对环境无污染及对人体的亲和性而受到重视,以其为原料生产的非织造产品正在各个领域受到青睐,如以棉纤维为原料生产的纯棉水刺非织造材料在医疗卫生领域得到了一定的认可和发展,各种麻纤维在汽车内饰、土工、农业等领域也有所应用。

2.1.2 标准及性能测试

涉及非织造材料用天然纤维原料的有关标准如下:

(1)GB/T 6098—2018《棉纤维长度实验方法 罗拉式分析仪法》。

(2)NY/T 1426—2007《棉花纤维品质评价方法》。

（3）GB/T 20392—2006《HVI 棉纤维物理性能试验方法》。

（4）GB/T 6097—2012《棉纤维试验取样方法》。

（5）FZ/T 20026—2013《毛条纤维长度和直径测试方法 光学分析仪法》。

（6）GB/T 21293—2007《纤维长度及其分布的测定方法 阿尔米特法》。

（7）GB/T 34783—2017《苎麻纤维细度的测定 气流法》。

（8）GB/T 17260—2008《亚麻纤维细度的测定 气流法》。

天然纤维由于直接来源于自然界，其特性受到生长环境、气候、区域等因素影响较大，因此其性能如长度等离散性较大，下面以棉纤维为例，介绍其长度、力学性能等对非织造材料加工及产品性能有重要影响的指标测定方法。

2.1.2.1 棉纤维长度测定

罗拉法测定棉纤维长度的原理是利用罗拉式纤维长度分析仪，将一端排列整齐的棉纤维束，按一定组距（1mm 或 2mm）分组称重，再计算出纤维主体长度、品质长度等指标。具体测试方法如下。

按照标准取样方法取出试验试样，每个试验试样的质量，细绒棉为（30±1）mg，长绒棉为（35±1）mg。重量一旦称定后，在整个试验中必须注意，不得丢弃任何一根纤维。

整理试验试样，用手扯法将纤维整理 2～3 遍，使纤维形成比较平直、一端整齐的棉束。用手捏住纤维整齐的一端，一号夹子放置在限制器绒板的前挡片上，并使夹口紧抵两个前挡片，夹取棉束中伸出的最长纤维（从长至短），分层平铺在限制器绒板上，铺成宽 32mm，且厚薄均匀，露出挡片一端要整齐，一号夹子夹住纤维不超过 1mm。如此反复三次，制成一端整齐、平直光滑、层次清晰的棉层。在整理过程中，不允许丢弃任何一根纤维。

试样整理完成后，揭开罗拉式长度分析器的盖子，摇转手柄，使涡轮上的第 9 刻度与指针重合。翻下限制器绒板上的前挡片，用一号夹子从绒板上将棉层夹起，移置仪器中。移置时，一号夹子的挡片紧靠溜板，用水平垫木垫住一号夹子，使棉层处于水平状态。放下盖子，松去夹子，用弹簧加压 7000g 握持纤维。扳倒溜板，转动手柄一周，使涡轮上刻度 10 与指针重合。此时罗拉将纤维送出 1mm（罗拉半径为 9.5mm）。这时，凡 10.5mm 及以下的纤维都没有被夹持住，用二号夹子分三次夹取这些未被握持的纤维，置于黑绒板上，搓成小环，这是最短一组纤维［二号夹子的弹簧压力应为 1.96N（200gf）］。此后，每转动手柄两周，夹取 3 次做成小环，放在黑绒板上，等涡轮上刻度 16 与指针重合时，将溜板抬起。以后用二号夹子夹取纤维时，都要靠住溜板边缘，直至全部纤维取完为止。将分组后的各组纤维，依次由短到长在扭力天平上称重（称重应精确至 0.05mg），并记录之。Y111 型罗拉式纤维长度分析仪如图 2-1 所示。

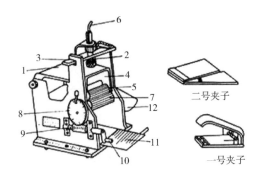

图 2-1　Y111 型罗拉式纤维长度分析仪

1—盖子　2—弹簧　3—压板　4—撑脚　5—上罗拉　6—偏心杠杆　7—下罗拉
8—蜗轮　9—蜗杆　10—手柄　11—溜板　12—偏心盘

试验结果计算如下。

（1）真实质量。

$$m_j = 0.17m'_{j-1} + 0.46m'_j + 0.37m'_{j+1} \tag{2-1}$$

式中：m_j——长度为 $L(\text{mm})$ 的那组纤维的真实质量，mg；

　　　j——各纤维组序数（$j = 1,2,3\cdots$）；

　　　m'_{j-1}——第 j 组的上一组纤维（比 j 组纤维短）的称见质量，mg；

　　　m'_j——第 j 组纤维的称见质量，mg；

　　　m'_{j+1}——第 j 组的下一组纤维（比 j 组纤维长）的称见质量，mg。

（2）主体长度。

$$L_m = (L_n - 0.5d) + \frac{d(m_n - m_{n-1})}{(m_n - m_{n-1}) + (m_n - m_{n+1})} \tag{2-2}$$

式中：L_m——主体长度，mm；

　　　n——最重纤维组的顺序数；

　　　L_n——最重纤维组的长度（组中值），mm；

　　　d——组距，1mm 或 2mm；

　　　m_n——最重纤维组的质量，mg；

　　　m_{n-1}——最重纤维组的上一组纤维的质量，mg；

　　　m_{n+1}——最重纤维组的下一组纤维的质量，mg。

（3）品质长度。

$$L_p = L_n + \frac{\sum\limits_{j=n+1}^{k} (j - n)dm_j}{y + \sum\limits_{j=n+1}^{k} m_j}$$

$$y = \frac{(L_n + 0.5d) - L_m}{2d} \times m_n \tag{2-3}$$

式中：L_p——品质长度，mm；

y——在质量最重组内的纤维,长度超过主体长度 L_m 这部分纤维的质量,mg。

(4)短纤维率。

$$R = \frac{\sum\limits_{j=1}^{i} m_j}{\sum\limits_{j=1}^{k} m_j} \times 100\% \tag{2-4}$$

式中:R——短纤维率;

　　i——短纤维界限组顺序数。

短纤维率也可按下式计算。

$$R = \frac{m_r}{m_r + m_1} \times 100\% \tag{2-5}$$

式中:m_r——不长于 16mm(细绒棉)或 20mm(长绒棉)的短纤维质量,mg;

　　m_1——长于 16mm(细绒棉)或 20mm(长绒棉)的短纤维质量,mg。

(5)质量平均长度。

$$L = \frac{\sum\limits_{j=1}^{k} L_j m_j}{\sum\limits_{j=1}^{k} m_j} \tag{2-6}$$

(6)长度标准差和变异系数。

$$s = \sqrt{\frac{\sum\limits_{j=1}^{k} m_j L_j^2}{\sum\limits_{j=1}^{k} m_j} - L^2}$$

$$CV = \frac{s}{L} \times 100\% \tag{2-7}$$

2.1.2.2　棉纤维力学性能

依据 GB/T 13783—1992《棉纤维断裂比强度的测定　平束法》规定,棉纤维断裂比强度可采用平束法进行测定。其原理是平束纤维拉伸至断裂时所受的断裂负荷及断裂伸长率可以从拉伸试验仪上直接读出,而纤维束的长度已确定,所以只需要再测出拉伸纤维束的质量,便可以计算出纤维束的断裂比强度,即一个试样受到拉力时所显示出来的强度,以未受应变试样每单位线密度所受的力来表示,单位为 cN/dex 等。具体做法是将棉纤维试样制成棉束,并除去游离纤维、短纤维、棉结和杂质,经调湿处理后放入试样夹持器,装入强力仪,记录将试样拉断时的断裂负荷及断裂伸长率。

2.1.2.3　棉纤维马克隆值

马克隆值是棉纤维细度和成熟度的综合指标,成熟度不同,不仅会引起纤维性能的变化,而且对产品质量也会产生很大的影响。棉纤维的马克隆值可作为评价棉纤维内在品质的一个综合指标,直接影响纤维的色泽、强力、细度、天然性、弹性、吸湿、染色等。GB/T 6498—2008《棉纤维马克隆值试验方法》规定了棉纤维马克隆值的测定方法,其原理是采用气流仪来测定恒定重量的棉花纤维在被压成固定体积后的透气性,并以用马克隆值单位标定的刻度数值表示,数值越大,表示棉纤维越粗,成熟度越高。棉纤维的马克隆值分为 A、B、C 三级,B 级为标准级,A 级取值范围为 3.7~4.2,品质最好;B 级取值范围为 3.5~3.6 和 4.3~4.9,C 级取值范围为 3.4 及以下和 5.0 及以上,品质最差。

2.1.3 影响因素分析

对于棉纤维,纤维长度是棉花品质的一项重要指标,是考核棉花品种优劣的主要内容。影响棉纤维长度形成的因素很多,除棉种、品种不同等原因外,主要与棉纤维延伸生长阶段的影响及其他客观条件的影响有关。

棉种的影响是指不同类别棉花的种子,其纤维的长度不同,如海岛棉比陆地棉的纤维长,陆地棉又比粗绒棉的纤维长。同一棉种内,种子纯度不同,长度各不相同。

自然因素包括纤维的生长部位、气候、土壤等,对棉纤维的长度有十分重要的影响。同株上的棉铃,一般以棉株中部靠近主茎的棉铃的纤维较长,下部和上部棉铃的纤维较短。气候方面的影响主要包括降水和温度两个因素。纤维在伸长的阶段最需要水分,如天气干旱、土壤缺水,势必影响纤维的发育和伸长。棉铃生长的最适宜温度约为日平均温度 27~30℃,如气温过低,日平均温度低于 21℃时,棉株的代谢作用受到抑制,叶、茎制造的养分不能顺利转运到棉铃,因而影响棉铃重量和纤维的长度;但如果日平均温度超过 30℃时,将妨碍正常光合作用的进行,并增进呼吸强度和叶面的蒸腾,引起棉株脱水,抑制正常的代谢,对棉铃和纤维的发育不利。肥沃的土壤中含有机质多,能增强棉花的抗旱能力,促进发育,纤维的长度也较长。此外,棉纤维长度也受到轧花、不同长度棉花掺混等加工方式的影响。

一般而言,细绒棉主体长度大部分在 29~31mm,长绒棉大部分达到 35mm 以上。在全棉水刺非织造布生产中长绒棉优于细绒棉。纤维梳理前需经过去除杂质和短纤维,并根据需要在适当时进行脱脂漂白处理。

2.2 再生纤维

2.2.1 概述

再生纤维是指以天然高分子化合物为原料,经化学加工制成高分子浓溶液,再经纺丝和后处理而制得的纺织纤维,目前商业化生产和应用的主要品种包括再生纤维素纤维(黏胶纤维、Lyocell 纤维、竹浆纤维等)、再生蛋白质纤维、壳聚糖纤维、海藻纤维等,而在非织造材料中大量使用的主要以黏胶纤维、Lyocell 纤维等为主,壳聚糖纤维近年来也较多应用于水刺非织造材料生产以开发医疗卫生用品。

2.2.2 标准及性能测试

涉及非织造材料用再生纤维原料的主要标准为 GB/T 14663—2008《黏胶短纤维》。

黏胶纤维吸湿性好、力学性能较佳,因而在水刺非织造材料中是一种常见纤维原料,主要用于湿巾、擦布等卫生及家用非织造材料的生产,而 Lyocell 纤维近年来由于其绿色、环保等特性在医疗卫生领域也获得了较多应用。决定黏胶纤维品质的主要指标包括纤维长度、线密度、断裂强度和断裂伸长率、回潮率和卷曲等。

2.2.2.1　黏胶纤维长度测定

用手扯法将纤维梳理整齐,切取一定长度的中段纤维,在短纤维极少的情况下,总质量与中段质量之比越大,则纤维平均长度越长。因此,纤维的平均长度用中段长度乘总质量与中段质量之比表示。将纤维整理成一端平齐的纤维束,距整齐一端约 5mm 处切断(棉型用 10mm 切断器,中长型和毛型用 20mm 切断器),中段纤维中应不含游离纤维。纤维平均长度按下式计算:

$$L = \frac{L_c (W_c + W_t)}{W_c} \tag{2-8}$$

式中:L——纤维平均长度,mm;

L_c——中段纤维长度,mm;

W_c——中段纤维质量,mg;

W_t——两端纤维质量,mg。

2.2.2.2　黏胶纤维线密度测定

在试验用标准大气条件下,从伸直的纤维束上切取一定长度的纤维束,测定该中段纤维束的质量和根数,计算线密度的平均值(dtex)。切取纤维时应取纤维束中部,切下 20mm 长的纤维束中段(名义长度 51mm 以上切 30mm),切下的中段纤维中,不得有游离纤维。切 20mm 的纤维束数的根数应不少于 350 根,切 30mm 的纤维束的根数可为 300 根。线密度按下式计算:

$$Tt = \frac{m}{n \times L} \times 10000 \tag{2-9}$$

式中:Tt——实测线密度,dtex;

m——所数根数纤维的质量,mg;

n——纤维根数;

L——切断长度,mm。

2.2.2.3　黏胶纤维断裂强度和断裂伸长率测定

采用等速牵引型(CRT)强伸仪测定方法。单根纤维以规定名义夹持长度和拉伸速度在等速伸长型强伸仪上拉伸至断裂,得出断裂强力和断裂伸长值,由断裂强力和线密度计算断裂强度。纤维名义长度大于或等于 35mm 时为 20mm,纤维名义长度小于 35mm 时为 10mm;预张力为 0.05cN/dtex,湿强力测定时,预张力减半,每批产品测 50 次。平均断裂强度和断裂伸长按下式计算:

$$\sigma_t = \frac{F}{Tt} \tag{2-10}$$

式中:σ_t——平均断裂强度,cN/dtex;

F——平均断裂强力,cN;

Tt——平均线密度,dtex。

$$E = \frac{\sum_{i=1}^{n} \Delta L_i}{Ln} \times 100\%$$ (2-11)

式中:E——平均断裂伸长率;

ΔL_i——平均断裂伸长值,mm;

L——名义夹持长度,mm;

n——实验次数。

2.2.2.4 黏胶纤维回潮率测定

试样称量后,置于一定温度的烘箱内,烘除水分至恒重,试样的湿重与干重的差与干重之比所得的百分数表示试样的回潮率。采用附有天平的箱内称量设备和恒温控制的通风烘箱进行测定。开启烘箱电源开关和升温开关,调节电接点式水银温度计到所控制的温度(105~110℃),达到规定温度校正烘篮质量。将试样放入烘箱内,待箱内温度回升至规定温度时记录时间,烘至 2h 后开始称量,每隔 10min 称量一次,烘至恒重(即前后两次质量差异不超过后一次称量的 0.05%),称量在关闭烘箱电源后 30s 进行。试样的回潮率按下式计算:

$$R = \frac{G_0 + G_1}{G_1} \times 100\%$$ (2-12)

式中:R——试样回潮率;

G_0——试样湿重,g;

G_1——试样干重,g。

取多次测定的平均值即可得到试样的平均回潮率。

2.2.2.5 黏胶纤维卷曲数测定

使卷曲纤维在自然卷曲和卷曲不损伤的条件下伸直,测量一定长度范围内的卷曲峰和卷曲谷个数,卷曲数用单位长度以内卷曲峰和卷曲谷的总数除 2 表示。采用卷曲弹性仪进行测定,夹持距离为 25mm,预加张力规定为 1.96×10^{-3} cN/dtex,试验根数为每个试样测 20根。纤维卷曲数按下式计算:

$$J_n = \frac{J_A}{2 \times 2.5}$$ (2-13)

式中:J_A——25mm 内卷曲峰和卷曲谷个数之和,个;

J_n——纤维平均卷曲个数,个/cm。

2.2.2.6 黏胶纤维白度测定

试样的白度不同,对光的反射程度也不同,白度越高,反射越多,将其反射程度与标准样板对比,便可测得试样的白度值。试样经开松除杂后,随机抽取 3g(精确至 0.01g)放入白度仪试样盒内,压紧试样,将试样盒玻璃面向上,放入测试头上测出白度值,每个试样测四个角度,计算平均值。

2.2.3　影响因素分析

目前常见的黏胶纤维生产工艺是将纤维素浆粕与碱液作用,生成碱纤维素然后再使碱纤维素与二硫化碳作用,生成纤维素磺酸酯,经过过滤、脱泡和熟成等工序制得黏胶;经计量泵计量的黏胶通过喷丝头挤出形成细流,进入酸浴后被中和凝固成为丝条,再经洗涤、定型、烘干、切断等工艺得到一定长度的黏胶短纤维。黏胶纤维生产中许多工艺参数都会对黏胶纤维的质量造成影响。

造成黏胶纤维强度偏低的原因主要有纺丝黏胶黏度偏低、熟成度过高、纺丝牵伸比偏低、凝固浴温度偏高等。纺丝黏胶黏度偏低会直接导致纤维成型后强力下降。黏胶熟成度过高,易造成纤维素在稀酸中水解,产生断丝或强度下降,纤维的结构均匀性较差。牵伸比偏低时,纤维拉伸程度不够,纤维内部取向结构不完善,使得纤维强度下降。凝固浴温度偏高也会使得纤维素在稀酸中发生水解,从而产生断丝或强度下降。

纤维白度也是黏胶纤维的一个重要质量指标,直接影响下游厂家的使用。影响纤维白度的因素很多,从原材料角度而言主要是浆粕的本白。各公司生产的浆粕本白各有不同,当浆粕本白发生变化或使用不同浆粕时,若漂白工序不做调整,则纤维白度会随浆粕本白的变化而变化。一般情况下,要求木浆的白度在90%以上,竹浆粕的白度在83%以上为宜,过低的浆粕本白需要纤维在精练工序使用过多的漂白剂,会对纤维结构造成破坏,因此,保证合适的浆粕本白对成品纤维白度极为重要。在纺丝精练工序影响纤维白度的因素主要是漂白浓度、脱硫浓度等,如二硫化碳蒸出效果差,易出现黄块。

2.3　合成纤维

2.3.1　概述

合成纤维是指由合成的高分子化合物经过纤维成型技术制备得到的纤维材料。常见的用于纺织工业的合成纤维包括聚酯纤维(涤纶)、聚丙烯纤维(丙纶)、聚酰胺纤维(锦纶或尼龙)、聚丙烯腈纤维(腈纶)、聚乙烯醇纤维(维纶)、聚氨酯纤维(氨纶)、聚氯乙烯纤维(氯纶)等,而在非织造工业中用量最大的合成纤维为聚酯纤维和聚丙烯纤维,许多非织造专用纤维品种如水刺专用涤纶伴随着非织造材料产量的不断提升得到迅速发展。近年来一些新型的合成纤维也开始在非织造工业中获得重视,如区别于常规聚对苯二甲酸乙二醇酯(PET)纤维的新型聚酯纤维,包括聚对苯二甲酸丙二醇酯(PTT)纤维、聚对苯二甲酸丁二醇酯(PBT)纤维;具有可生物降解特性的聚乳酸(PLA)纤维等。

2.3.2　标准及性能测试

与非织造用合成纤维有关的主要标准如下。

(1)FZ/T 52027—2012《非织造用涤纶短纤维》。

（2）GB/T 9994—2008《纺织材料公定回潮率》。

（3）GB/T 6503—2017《化学纤维　回潮率试验方法》。

（4）GB/T 14335—2008《化学纤维　短纤维线密度试验方法》。

（5）GB/T 14336—2008《化学纤维　短纤维长度试验方法》。

（6）GB/T 14337—2008《化学纤维　短纤维拉伸性能试验方法》。

（7）GB/T 14342—2015《化学纤维　短纤维比电阻试验方法》。

（8）FZ/T 50004—2011《涤纶短纤维干热收缩率试验方法》。

（9）FZ/T 52003—2014《丙纶短纤维》。

合成纤维常见的性能指标评价方法简述如下。

2.3.2.1　纤维长度测定

依据 GB/T 14336—2008《化学纤维　短纤维长度试验方法》，等长合成纤维长度测定常采用束纤维中段称量法，其原理是将等长化学纤维梳理成一端整齐的纤维束，切取一定长度的中段纤维，称量中段和两端纤维重量，计算出化学纤维的各项长度指标。方法为将纤维样品整理好后，梳去一定长度（过短纤维界限以下）以下的短纤维，在中段切取，分别称得中段重、两端重和梳下纤维重，按下式计算纤维长度：

$$L = \frac{W_0}{\dfrac{W_c}{L_c} + \dfrac{2W_s}{L_s + L_{ss}}} \tag{2-14}$$

式中：L——平均长度，mm；

　　　W_0——长度试样质量，mg；

　　　W_c——中段纤维质量，mg；

　　　W_t——两端纤维质量，mg；

　　　L_c——中段纤维长度，mm；

　　　W_s——过短纤维界限以下的纤维质量，mg；

　　　L_s——过短纤维界限，mm；

　　　L_{ss}——最短纤维长度，mm。

当无过短纤维或过短纤维含量极少可以忽略不计时，平均长度按下式计算：

$$L = \frac{L_c W_0}{W_c} = \frac{L_c(W_c + W_t)}{W_c} \tag{2-15}$$

2.3.2.2　纤维线密度测定

中段切断称重法是棉纤维、化学纤维细度测定的常用方法，其原理是将纤维排成一端平齐、平行伸直的纤维束，用纤维切断器在纤维中段切取 10mm 长的纤维束，称重并计数这一束中段纤维的根数后，根据定义计算纤维公制支数。用测得的 10mm 中段纤维束的质量和根数，纤维线密度的平均值按下式计算：

$$N_{dtex} = 10000 \times \frac{W}{n \times L} \tag{2-16}$$

式中：N_{dtex}——线密度，dtex；

W——所数根数纤维的质量,mg;

n——纤维根数;

L——中段纤维长度,mm。

此外,纤维线密度也有一些其他测试方法。如气流仪法是在一定压力差下,通过纤维集合体的空气流量与纤维的比表面积直径之间的关系间接测量纤维的细度;显微镜法是通过光学显微镜或电子显微镜直接观测纤维直径,但该方法较适合于圆形或近似圆形截面纤维的细度测定,对于非圆形截面的纤维则不适用。

2.3.2.3　纤维卷曲性能测定

通常采用纤维卷曲弹性仪测定纤维卷曲性能。其原理是对纤维施加规定的负荷,在规定时间内,测定纤维在一定自然长度内的卷曲数以及卷曲伸直和卷曲回复的长度,然后算出有关卷曲指标,纤维卷曲性能测试原理示意图如图 2-2 所示。

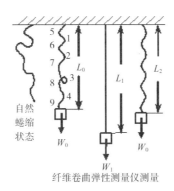

图 2-2　纤维卷曲性能测试原理示意图

(1)纤维卷曲数。按下式计算:

$$J_n = \frac{J_A}{2 \times 2.5} \tag{2-17}$$

式中:J_A——25mm 内卷曲峰和卷曲谷个数之和,个;

J_n——纤维平均卷曲个数,个/cm。

(2)纤维卷曲率。按下式计算:

$$J = \frac{L_1 - L_0}{L_1} \times 100\% \tag{2-18}$$

式中:J——纤维的卷曲率;

L_0——纤维在轻负荷下测得的长度,mm;

L_1——纤维在重负荷下测得的长度,mm。

(3)纤维卷曲剩余率。按下式计算:

$$J_w = \frac{L_1 - L_2}{L_1} \times 100\% \tag{2-19}$$

式中:J_w——纤维的卷曲回复率;

L_2——纤维在重负荷释放后,经2min回复后,再在轻负荷下测得的长度,mm。

(4)卷曲弹性率。按下式计算:

$$J_d = \frac{L_1 - L_2}{L_1 - L_0} \times 100\% \tag{2-20}$$

式中:J_d——纤维的卷曲弹性率。

2.3.2.4 纤维回潮率测定

合成短纤维的回潮率测试方法原理与上节所述黏胶纤维的回潮率测试和计算方法基本相同,不再赘述,但要注意温度的控制,一般涤纶、维纶、锦纶为(105±2)℃,腈纶为(110±2)℃。

2.3.2.5 纤维断裂强度和断裂伸长率测定

依据 GB/T 14337—2008《化学纤维 短纤维拉伸性能试验方法》,单根纤维试样以规定名义隔距长度和拉伸速度在等速伸长型(CRE)强伸仪上拉伸至断裂,得出断裂强力和断裂伸长值。由断裂强力和线密度计算出断裂强度,由拉伸曲线或专门的测试装置得出定伸长负荷值。名义隔距长度在纤维名义长度大于或等于 35mm 时为 20mm,纤维名义长度小于 35mm时为 10mm。当平均断裂伸长率小于 8% 时,拉伸速度为 50% 名义隔距长度,断裂伸长率在 8%~50% 之间时为 100% 名义隔距长度,超过 50% 时为 200% 名义长度。涤纶、腈纶的预加张力为 0.075cN/dtex,丙纶、氯纶、维纶、锦纶为 0.05cN/dtex。

码2-1 纤维断裂
强度和断裂伸长
率测定

(1)平均断裂强力。按下式计算:

$$F = \frac{\sum F_i}{n} \tag{2-21}$$

式中:F_i——断裂强力测试值,cN;

n——测试根数;

F——平均断裂强力,cN。

(2)平均断裂强度。按下式计算:

$$\sigma = \frac{F}{N_{dtex}} \tag{2-22}$$

式中:N_{dtex}——实测线密度,dtex;

σ——平均断裂强度,cN/dtex。

(3)平均断裂伸长率。按下式计算:

$$\varepsilon = \frac{\sum \varepsilon_i}{n} \tag{2-23}$$

式中:ε_i——断裂伸长率测试值,%;

n——测试根数;

ε——平均断裂伸长率,%。

(4)断裂强力和断裂伸长的标准差及变异系数。按下式计算:

$$S = \sqrt{\frac{\sum_{i=1}^{n}(x_i - \bar{x})^2}{n-1}} \tag{2-24}$$

$$CV = \frac{S}{x} \times 100\% \tag{2-25}$$

2.3.2.6　纤维比电阻测定

纤维比电阻是描述纤维导电性能的重要指标,因此,测定纤维比电阻是定量认识纤维导电性和预测纤维可加工性的有效方法。依据 GB/T 14342—2015《化学纤维　短纤维比电阻试验方法》,化学纤维比电阻的测定是根据纤维体积比电阻的计算方法,其原理是根据体积电阻公式 $\rho = R\frac{S}{L}$,测量在一定的几何形状下,具有一定密度的纤维电阻值,再根据纤维的填充度计算纤维的比电阻值。采用的纤维比电阻测试仪测量范围一般在 $10^2 \sim 10^{14}\Omega$。测试盒内电极板长 6cm,宽 4cm,两极板间隔为 2cm,两极板间绝缘电阻不低于 $10^{14}\Omega$ 或不低于纤维预计电阻值的 10 倍,测试盒外罩为接地的金属屏蔽盒。

纤维试样经预调湿后,随机称取 15g 纤维,均匀将其填入测试盒内,盖上盒盖使纤维在 6cm×4cm×2cm 的空间内,将电阻仪测试极接到测试盒两极上,将测试电压施加在测试盒两极上,以通电后 1min 的电阻仪读数作为被测纤维的电阻值。纤维的比电阻按下式计算:

$$\rho_v = 12Rf \tag{2-26}$$

式中:ρ_v——纤维比电阻,$\Omega \cdot cm$;

　　12——仪器常数,cm;

　　R——纤维的实测电阻值,Ω;

　　f——纤维的标准填充度。

常用纤维的标准填充度见表 2-1。表 2-1 中所列品种之外的纤维填充度按式(2-27)计算:

$$f = \frac{15}{48\rho} \tag{2-27}$$

表 2-1　常见纤维的标准填充度

纤维品种	黏胶纤维	涤纶	氯纶	维纶	锦纶	腈纶	丙纶
f	0.21	0.23	0.23	0.24	0.27	0.27	0.35

2.3.3　影响因素分析

合成纤维品种繁多、生产方法也各不相同,因此影响其性能的因素也较多。对于纤维拉伸性能而言,影响纤维断裂强力的主要因素有聚合度、纤维大分子的取向度、结晶度等,因此,在纤维生产中,应注重与这些因素有关的工艺参数设置和调整,以获得满意的纤维力学性能。一般而言,提高聚合度是保证高强度的首要条件;而取向度增大会使纤维断裂强度增加,断裂伸长率降低;纤维的结晶度越高,纤维的断裂强度、屈服应力和初始模量越高;同时,测试条件如温度、湿度等也会对纤维强度测量值造成一定影响。对于纤维吸湿性能,纤维大分子中,亲水基团的多少和亲水性的强弱是影响其吸湿性的最本质因素,除此之外,由于水分子只能进入纤维的无序排列区域,而难以进入纤维的结晶区,因而结晶结构也对其吸湿性有明显影响,此外还需考虑纤维的比表面积和内部孔隙结构,纤维的比表面积越大,表面能越高,表面吸附的水分子数则越多,纤维的吸湿性也越好;纤维的各种伴生物和杂质、环境温湿度和空气流速对纤维吸湿能力也有一定影响。

2.4 非织造材料用聚合物原料

2.4.1 概述

聚合物切片是纤维生产的原料基础,也是聚合物直接成网非织造材料(纺粘法非织造材料、熔喷法非织造材料)的基本原料,其中用量最大的是聚丙烯(PP),在纺粘法非织造材料和熔喷法非织造材料中均占据主体地位,其次为聚酯(PET),多用于纺粘法非织造土工材料、防水材料等的生产。这些聚合物切片的特性,特别是熔融特性对于聚合物直接成网非织造材料生产工艺的选择和产品性能的优劣都有重要影响,如用于纺粘法非织造材料和用于熔喷法非织造材料的聚丙烯切片在熔体流动性能上有着明显区别。因此,要生产优质熔融纺丝成网非织造材料,必须严格控制切片质量。熔融纺丝成网非织造材料所用的切片质量和长丝切片的质量要求基本相同,主要包括特性黏度、熔点、熔融指数、平均分子量及其分布等。此外,对某种特定的切片还需考虑其特殊的性能,如对于聚丙烯切片,需考虑其等规度,对于聚酯切片则需考虑其含水率。

2.4.2 标准及性能测试

与非织造材料用聚合物有关的标准如下。

(1)GB/T 2412—2008《塑料 聚丙烯(PP)和丙烯共聚物热塑性塑料等规指数的测定》。

(2)GB/T 3682.1—2018《塑料 热塑性塑料熔体质量流动速率(MFR)和熔体体积流动速率(MVR)的测定 第1部分:标准方法》。

(3)GB/T 3682.2—2018《塑料 热塑性塑料熔体质量流动速率(MFR)和熔体体积流动速率(MVR)的测定 第2部分:对时间-温度历史和(或)湿度敏感的材料的试验方法》。

(4)GB/T 21783—2008(ISO 3146:2000)《塑料 毛细管法和偏光显微镜法测定部分结晶聚合物的熔融行为(熔融温度或熔融范围)》。

(5)GB/T 14190—2008《纤维级聚酯切片(PET)试验方法》。

(6)GB/T 12670—2008《聚丙烯(PP)树脂》。

(7)GB/T 30923—2014《塑料 聚丙烯(PP)熔喷专用料》。

(8)T/GDPIA 14—2020《口罩用聚丙烯熔喷布专用驻极母粒》。

常见聚合物切片性能的主要测试方法简述如下。

2.4.2.1　熔体流动速率测定

流动速率是确定聚合物切片加工温度的重要依据,一般用于纺粘法非织造材料的聚合物切片熔体质量流动速率(熔融指数)为 30~40g/10min,而熔喷法非织造材料用聚合物切片的流动速率高于 400g/10min,常见 800~1500g/10min。其测定原理为在规定的温度和负荷下,由通过规定长

度和直径的口模挤出的熔融物质,计算熔体质量流动速率(MFR),单位为 g/10min 和熔体体积流动速率(MVR),单位为 cm³/10min,采用熔体流动速率仪进行测定,热塑性材料装入竖直料筒中,在已知负荷的活塞作用下经口模挤出,料筒长度为 115~180mm,内径为(9.550±0.007)mm,测定时测定温度应高于聚合物熔融温度一定范围,确保其完全熔融,如聚丙烯一般在 230℃,负荷 2.16kg 下进行测定。

(1)MFR。按下式计算:

$$MFR(T,m_{nom}) = \frac{600 \times m}{t} \tag{2-28}$$

式中:T——试验温度,℃;

　　　m_{nom}——标称负荷,kg;

　　　m——切断平均质量,g;

　　　t——切断时间间隔,s。

(2)MVR。按下式计算:

$$MVR(T,m) = \frac{MFR(T,m_{nom})}{\rho} \tag{2-29}$$

式中:ρ——熔体密度,g/cm³。

2.4.2.2　熔融温度测定

控制升温速度的情况下对毛细管中的试样加热。记录试样开始变形时的温度以及试样最后残余晶相消失时的温度。第一个温度称为该样品的熔融温度,两个温度之间的范围则称为该样品的熔融范围。可采用毛细管熔点仪进行测试。将试样装入毛细管中,使试样逐渐(以不大于 10℃/min 的速率)加热至试样预期熔点 20℃以下。当试样温度到达比预期熔点低大约 20℃时,把升温速度调整到(2±0.5)℃/min,记录试样形状开始改变的温度,按此速度继续加热,记录试样最后残余晶相消失的温度。也可借助热分析仪等检测聚合物的熔融温度。

2.4.2.3　特性黏度测定

高聚物溶液的浓度较稀时,其相对黏度的对数值与高聚物溶液质量浓度的比值,即为该高聚物的特性黏度。特性黏度的量值取决于高聚物的平均分子量和结构、溶液的温度和溶剂的特性,当温度和溶剂一定时,对于同种高聚物而言,其特性黏度就仅与其相对分子质量有关,因此,生产中常用特性黏度来表示平均分子量的大小。切片特性黏度根据产品品种要求而定,目前常用聚酯切片的特性黏度为 0.64~0.66,随相对分子质量的增大而增大。

聚合物溶液与小分子溶液不同,在极稀的情况下,仍可能具有较大的黏度。黏度是分子运动时内摩擦力的量度,因溶液浓度增加,分子间相互作用力增加,运动时阻力就增大。表

示聚合物溶液黏度和浓度关系的经验公式很多,常用的是哈金斯(Huggins)公式。

$$\frac{\eta_{sp}}{c} = [\eta] + k[\eta]^2 c \tag{2-30}$$

在给定的体系中 k 是一个常数,称为哈金斯参数,它表征溶液中高分子间和高分子与溶剂分子间的相互作用。另一常用表达式为:

$$\frac{\ln\eta_r}{c} = [\eta] - \beta[\eta]^2 c \tag{2-31}$$

由式(2-31)可以看出,如果用 $\dfrac{\eta_{sp}}{c}$ 或 $\dfrac{\ln\eta_r}{c}$ 对 c 作图并外推到 $c \to 0$(即无限稀释),两条直线会在纵坐标上交于一点,其共同截距即为特性黏度 $[\eta]$,如图2-3所示,即:

$$\lim_{c \to 0} \frac{\eta_{sp}}{c} = \lim_{c \to 0} \frac{\ln\eta_r}{c} = [\eta] \tag{2-32}$$

这种方法称为外推法,是常用的聚合物特性黏度的测定方法。

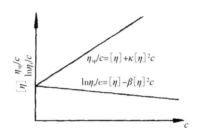

图2-3 外推法求特性黏度

聚合物特性黏度的测试仪器为乌氏黏度计,如图2-4所示。

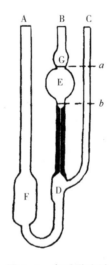

图2-4 乌氏黏度计

测试方法如下。

(1)聚合物溶液的配制。选择高分子—溶剂体系时,常数 K、α 值必须是已知的,而且所用溶剂应该具有稳定、易得、易于纯化、挥发性小、毒性小等特点。为控制测定过程中 η_r 在 1.2~2.0 之间，浓度一般为 0.001~0.01g/mL。于测定前数天，用 25mL 容量瓶将试样溶解好。

（2）溶液流出时间的测定。将预先经严格洗净、检查过的洁净黏度计的 B、C 管，分别套上清洁的医用胶管，垂直夹持于恒温槽中，然后用移液管吸取 10mL 溶液自 A 管注入，恒温 15min 后，用一只手捏住 C 上的胶管，用针筒从 B 管把液体缓慢地抽至 G 球，停止抽气，把连接 B、C 管的胶管同时放开，让空气进入 D 球，B 管溶液就会慢慢下降，至弯月面降到刻度 a 时，开始计时，弯月面到刻度为 b 时，停止计时，记下流经 a、b 间的时间 t_1，如此重复，取流出时间相差不超过 0.2s 的连续 3 次平均值。

（3）稀释法测一系列溶液的流出时间。因液柱高度与 A 管内液面的高低无关。因而流出时间与 A 管内试液的体积没有关系，可以直接在黏度计内对溶液进行一系列的稀释。用移液管加入溶剂 5mL，此时黏度计中溶液的浓度为起始浓度的 2/3。加溶剂后，必须用针筒鼓泡并抽上 G 球三次，使其浓度均匀，抽的时候一定要慢，不能有气泡抽上去，待温度恒定再进行测定。用同样方法依次再加入溶剂 5mL、10mL、10mL，使溶液浓度变为起始浓度的 1/2、1/3、1/4，并分别进行测定。

（4）纯溶剂的流经时间测定。倒出全部溶液，用溶剂洗涤数遍，黏度计的毛细管要用针筒抽洗。洗净后加入溶剂，如上操作测定溶剂的流出时间，记作 t_0。

（5）结果计算。以浓度 c 为横坐标，η_{sp}/c 和 $\ln\eta_r/c$ 分别为纵坐标；根据实验数据作图，截距即为特性黏度 $[\eta]$。

2.4.2.4 平均分子量及其分布的测定

聚合物的平均分子量及其分布对熔融纺丝非织造材料生产过程和纤维、非织造材料的性质有很大影响。聚合物熔体黏度、加工的可能性以及纤维成形、取向拉伸和热定型条件都与平均分子量及其分布有关。用于熔融纺丝成网非织造材料生产的不同聚合物要求的合适分子量差别较大，见表 2-2。

表 2-2 几种主要聚合物的平均分子量

成纤聚合物	平均分子量
聚酰胺 6 或聚酰胺 66（PA6 或 PA66）	16000~22000
聚酯（PET）	19000~21000
聚丙烯腈（PAN）	53000~10600
聚乙烯醇（PVA）	60000~80000
聚氯乙烯（PVC）	60000~150000
等规聚丙烯（IPP）	180000~300000

聚合物的平均分子量与聚合物的特性黏度有关，反言之，当聚合物的化学组成、溶剂、温度确定以后，$[\eta]$ 值只与聚合物的平均分子量有关。常用两参数的马克—豪温（Mark-Houwink）经验公式为：

$$[\eta] = KM^{\alpha} \qquad (2\text{-}33)$$

式中:K、α 为常数,需经绝对分子量测定方法标定后才可使用。对于大多数聚合物来说,α 值一般在 0.5~1.0 之间。

此外,也常用渗透凝胶色谱法(Gel Permeation Chromatography,GPC)测定聚合物的平均分子量及其分布。GPC 是利用高分子溶液通过填充微孔凝胶的柱子将高分子按尺寸大小进行分离的方法,具有快速、简便、重复性好、进样量少、可实现高度自动化等特点。一般来说,凝胶渗透色谱仪都带有相应的操作软件,可直接对测试结果进行处理,得到待测物的平均分子量及其分布的曲线。

2.4.2.5 聚丙烯的等规度测试

聚丙烯根据甲基的立体位置、排列方向和次序的不同,分为等规、间规和无规三种立体构型。其中,等规和间规聚丙烯属于立构规整性聚合物,而表示立构规整性聚合物含量的百分数称为等规度,也称作等规指数。用于熔融纺丝成网非织造材料生产的聚丙烯切片要求其具有较高的等规度。

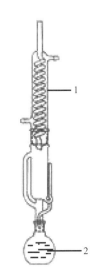

图 2-5 索氏萃取器示意图
1—冷凝器 2—正庚烷

聚丙烯等规度测试的常用方法为索氏萃取法。在该测试方法中,采用索氏萃取器,以正庚烷为萃取剂,对聚丙烯进行连续抽提 24h,不溶于沸腾正庚烷的聚丙烯即为等规聚丙烯。索氏萃取器实验装置如图 2-5 所示。

在该测试方法中,等规度为不溶于沸腾正庚烷的聚丙烯质量占试样总质量的百分数,按下式计算:

$$X = \frac{W_1}{W_2} \times 100\% \qquad (2\text{-}34)$$

式中:X——等规度;

W_1——萃取前试样质量,g;

W_2——萃取后剩余试样质量,g。

近年来,也有采用核磁共振法和红外光谱法测定聚丙烯等规度的报道。

2.4.2.6 切片含水率的测试

在熔融纺丝成网非织造布常用的聚合物原料中,除聚丙烯切片外,大部分聚合物切片均含有一定水分,如聚酯、聚酰胺等。切片的含水率是切片质量控制的重要指标之一。含水率的高低将直接影响纤维的物理机械性能。聚酯切片即使含有微量水分,在高温熔融过程中也会造成酯键水解,致使分子链断裂,分子量降低。因此,切片含水率的控制非常重要。

切片含水率常用的测试方法有烘干失重法和压差法等。

(1)烘干失重法。烘干失重法操作工艺和仪器简单,但在测定微量水分时,由于烘干前后质量差小,因此误差较大。

在测定聚酯切片含水率时,在清洁、干燥的称量瓶中,加入聚酯切片 20g,120℃条件下真空干燥 2h,除去真空后,将称量瓶迅速移至干燥器中,冷却 1h 后准确称取其质量(精确至 0.0001g)。切片含水率按下式计算:

$$R = \frac{m_1 - m_2}{m} \times 100\% \qquad (2-35)$$

式中:R——切片含水率;

　　　m_1——烘干前试样和称量瓶的质量,g;

　　　m_2——烘干后试样和称量瓶的质量,g;

　　　m——试样的质量,g。

(2)压差法。压差法以其快速、准确、操作方便、使用成本低等优点已被广泛应用于化纤、塑料等工业。

压差式水分测定仪是由 U 形液位管、两只 250mL 的平衡球及试样管组成,左端接口处在测试时接上试样管,试样管下端有一个可以上下移动的电阻丝铝块加热器。右端与真空泵相连接,用转动式真空规检验真空度。U 形液位管内装有相对密度约为 0.9 的液状石蜡,如图 2-6 所示。

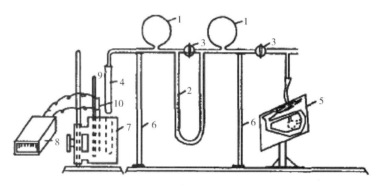

图 2-6　压差式水分测定仪装置图

1—平衡球　2—U 形液位管　3—旋塞　4—试样管　5—真空装置　6—仪器支架
7—电阻丝加热器　8—继电器　9—温度计　10—热电偶

压差法测试含水率的原理为:在高温和真空状态下,切片中的水分汽化产生压力,使 U 形管压力计指示液的两端产生压差,其压差与切片含水量成正比关系,以已知含水量物质测定压差和含水量的关系,用其关系计算切片含水率。

压差法水分测试仪在测定前需进行标定,标定的目的是找到装置的水分和液位差(即 U 形管左右液位差)之间的对应关系,以便在实际测试时对照使用。标定的方法是用一种具有固定含水率的、在一定温度和真空度的条件下水分能充分逸出的物质代替样品,放入试管进行测试实验。一般常用的标定物质有钨酸钠($Na_2WO_4 \cdot 2H_2O$)、钼酸钠($Na_2MoO_4 \cdot 2H_2O$)及硫酸铜($CuSO_4 \cdot 5H_2O$)。

标定的方法是,将少量的标定物(如 $Na_2WO_4 \cdot 2H_2O$)放在试管内称重,称取 10 个样品左右。分别在压差仪器上测定不同样重的压差(Δh),然后以压差为横坐标,以 $Na_2WO_4 \cdot$

$2H_2O$ 的含水量为纵坐标,画出液位升高(压差)与含水量关系直线,再求出直线的斜率,即为液压差含水系数 k。

测试切片含水率时,准确称取一定质量的切片置于试样管内,抽真空至一定真空度后,记录液位 h_0,然后在试样管上套上加热装置,一般聚酯切片的温度为220℃,聚酰胺6切片的温度为180℃,切片中的水分在高温和真空环境下开始逸出,压差液位升高,至液位稳定后记录压差 h_1,切片的含水率按下式计算:

$$R = \frac{k \cdot (h_1 - h_0)}{m} \times 100\% = \frac{k \cdot \Delta h}{m} \times 100\% \tag{2-36}$$

式中:R——切片含水率;

    h_1——加热后 U 形液位管内液位高度,mm;

    h_0——加热前 U 形液位管内液位高度,mm;

    Δh——加热前后 U 形液位管内液位差,mm;

    m——样品质量,g。

除此之外,聚酯切片还可采用电解法、卡尔—费休法测试干切片含水率。

针对一些特定非织造工艺使用的聚合物切片也有相关标准对其质量进行了规定,如用于熔喷非织造材料生产的聚丙烯切片,对其熔融特性等有着特殊要求。GB/T 30923—2014《塑料 聚丙烯(PP)熔喷专用料》对熔喷用聚丙烯的命名、要求、试验方法、检验规则、标志及包装、运输和储存等进行了阐述。T/GDPIA 13—2020《口罩用聚丙烯(PP)熔喷专用料》和T/GDPIA 14—2020《口罩用聚丙烯熔喷布专用驻极母粒》则对口罩用聚丙烯质量和性能进行了规定,见表2-3和表2-4。

表 2-3 口罩用聚丙烯熔喷专用料技术要求

序号	测试项目	技术要求
1	颗粒外观	粒径均匀、无杂质
2	密度/$(kg \cdot m^{-3})$	0.89~0.91
3	熔体质量流动速率/$(g \cdot 10min^{-1})$	1000~2000
4	灰分/%	≤0.03
5	挥发分/%	≤0.1
6	过氧化物残余量/$(mg \cdot kg^{-1})$	≤5

表 2-4 驻极母粒性能指标

序号	测试项目		技术要求
1	颗粒外观/$(g \cdot kg^{-1})$	大粒和小粒	≤30
2	密度/$(kg \cdot m^{-3})$		0.92±0.02
3	熔体质量流动速率/$(g \cdot 10min^{-1})$		1000~2000
4	灰分/%		≤5
5	水分/%		≤0.1

2.4.3　影响因素分析

影响聚合物特性的因素主要来源于其聚合过程,如单体的选择包括共聚单体的加入、催化剂种类、聚合工艺参数等均会对聚合物的平均分子量及其分布、结晶度等微观结构造成影响,从而影响其熔融温度、熔体黏度、熔体流动速率、流变行为等。

由于纺粘法和熔喷法均是在聚合物熔融状态下进行加工,因而主要考虑其熔融特征及熔体流变行为。在聚合物熔体流变行为的影响因素中,聚合物的结构因素包括链结构和链的极性、相对分子质量及其分布和聚合物的组成等对聚合物的黏度有明显的影响。聚合物的分子结构对黏度的影响较为复杂。一般来说,聚合物的链结构的极性使分子间的作用力增大,例如结晶聚合物和极性聚合物。分子间作用力大,黏度就高,反之则低。聚合物分子结构不同,熔体黏度对温度的敏感性也不同。刚性分子链对温度比对柔性分子链敏感,因此提高其成型温度有利于增加聚合物熔体的流动性。支链结构对黏度也有影响,又以长支链对黏度的影响最大。聚合物分子量越大,流动时所受阻力也就越大,熔体黏度必然也就高。聚合物分子量分布对熔体黏度的影响在不同剪切应力和不同剪切速率下表现不同,当分子量相同时,随着剪切应力或剪切速率的增加,分子量分布宽的要比分子量分布窄的黏度下降快。温度升高,链段活动能力强,分子间距增大,分子间作用力下降,流动性增加,即黏度下降。不同聚合物其熔体黏度对温度变化的敏感性不完全相同。熔体黏度对温度变化非常敏感的聚合物,在生产中只要出现温度变化,就会引起黏度较大的变化,使操作不稳定,影响产品质量,因此,控制适宜的成型温度是十分重要的。大多数非织造材料用聚合物熔体属于假塑性流体(切力变稀流体),其黏度随剪切应力或剪切速率的增加而降低。

第 3 章　非织造材料的基本参数测定与分析

3.1　试验用标准大气条件

非织造材料大多以纺织纤维为原料,在不同的温度、湿度环境下,纤维吸湿性不同,从而导致非织造材料性能变化;为了使测得的材料性能指标具有可比性,需要统一规定测试的大气环境条件,即标准大气条件。非织造材料测试前准备参照标准 GB/T 6529—2008《纺织品　调湿和试验用标准大气》,标准大气是指相对湿度和温度受到控制的环境,纺织品在此环境温度和湿度下进行调湿和试验。相对湿度是指在相同的温度和压力条件下,大气中水蒸气的实际压力与饱和水蒸气压力的比值,以百分率表示。容差范围是指特性在容差极限值之间,包括容差极限在内的变动值。容差极限是指给定允许值的上界限和(或)下界限的规定值。快速调湿能使试样达到与纺织品标准大气下平衡效果相同,且调湿速度明显快于在标准大气中的一种调湿方法,标准中的标准大气条件是温度 20.0℃±2.0℃,相对湿度 65.0%±4.0%。在有关各方同意的情况下可以使用可选标准大气,即特定标准大气条件:温度 23.0℃±2.0℃,相对湿度 50.0%±4.0%;热带地区标准大气条件是温度 27.0℃±2.0℃,相对湿度 65.0%±4.0%。

标准大气一般通过恒温恒湿实验室提供,也可以使用恒温恒湿箱,但都必须满足温度和相对湿度至少连续 1h 符合标准大气条件容差范围,不同位置标准大气的变化也应符合规定的容差范围。

3.2　取样及评价准备

非织造材料取样及试样准备是性能评价的基础。从同一个品种中随机抽取的一个或多个包装单元作为实验室样品的来源称为批样,按规定取自批样的产品单元或部分材料作为试验用试样的来源称为实验室样品,取自实验室样品用以进行试验的部分称为试样。批样和实验室样品的取样时间、大小可依据用户要求、产品特点及具体评价性能确定。对于新上机的品种,每卷都是批样,在每卷的卷头和卷尾各取一定长度的全幅材料作为实验室样品,长度可以根据具体评价性能需要的样品量来确定,如果需要的样品量为 2m,实际取样 2.5 ~ 3m,多取的部分标记留样,以方便产品性能对比。如果用户有特殊要求,还可以增加卷中间取样。对于长期稳定生产的品种,批样抽取可以以时间控制,如每隔 2h 左右在卷头或卷尾取一定长度的全幅材料作为实验室样品,时间间隔要结合设备、工艺稳定性确定,稳定性好时间间隔可以增长,稳定性差时间间隔就要缩短。所取的实验室样品应避免污渍、歪斜、折痕、孔洞或其他影响试验结果的任何疵点,尽量反映同批次产品的质量水平。试样的取样方法、大小及数量依据相关标准要求,但一般应距离幅宽边缘 10cm,均匀取到全幅各个部位。

在进行力学性能评价之前,需要将试样放置在标准大气下进行调湿,调湿期间应使空气能够畅通地通过试样,样品连续称量时间间隔为 2h,当试样重量递变量不超过 0.25% 时,则认为试样达到了平衡。采用快速调湿时,连续称量的实际间隔为 2~10min,当试样重量递变量不超过 0.25% 时,则认为试样达到了平衡。当试样回潮率大于公定回潮率时,为了确保调湿效果,需要先进行预调湿,即将试样放置在相对湿度 10.0%~25.0%,温度不超过 50.0℃的大气条件下,使之接近平衡。调湿过程是连续过程,如果间断必须重新调湿。一般纤维试样调湿 24h 可以达到平衡状态,合成纤维类需要调湿 4h 以上。评价准备的另一方面是根据试样用途及要评价的性能查阅相关的基础标准、产品标准和方法标准,基础标准和方法标准依次执行国家标准、行业标准、地方标准,产品标准一般为行业标准和地方标准,还可以执行更严格的企业标准。对于没有标准的新产品,企业在生产销售前要先制定新产品的企业标准,以保证生产过程和产品质量。

3.3　非织造材料单位面积质量

单位面积质量是指单位面积材料的质量,也称面密度、克重或定量,是非织造材料重要的规格参数,测试执行标准 GB/T 24218.1—2009《纺织品　非织造布试验方法　第 1 部分:单位面积质量的测定》,参照国际标准 ISO9073—1,1989,MOD。通过测定试样的面积及质量,进一步计算出试样单位面积的质量,单位为 g/m^2。

取样可以采用以下三种形式。使用圆盘取样器裁剪试样面积至少为 50000mm²,试样个数不少于 3 块。使用方形模具和剪刀面积至少为 50000mm²(250mm×200mm),试样个数不少于 5 块。使用钢尺和剪刀裁剪试样时,钢尺分度值为 1mm,尽可能裁取最大尺寸的矩形。取样大小及个数的规定是为了减小非织造材料非均质性可能给实验结果带来的误差。裁取的试样依据 GB/T 6529—2008《纺织品　调湿和试验用标准大气》的规定进行调湿,调湿完成后,在标准大气下用天平称量每个试样的质量。计算每个试样的单位面积质量及平均值。如果需要,计算变异系数,以百分率表示。逐项说明试验方法依据、样品描述、试验结果、平均值及变异系数等,即完成了试验报告。

码3-1　气动取样

码3-2　非织造材料单位面积质量测定

非织造材料单位面积质量要通过纤网面密度、纤网输出速度、加固方式等控制,低于 $25g/m^2$ 的干法梳理纤网不容易实现有效加固,而高于 $100g/m^2$ 的产品则需要借助铺网完成。面密度的均匀性是实际生产中要着重控制的指标,而纤网的均匀性是最重要的影响因素之一。对于干法梳理成网的产品,纤维原料的松散程度、开松效果、不同原料混合均匀度以及纤维原料的力学性能都会对产品面密度不匀率产生影响。若原料松散程度低、开松效果差或未开松,则易导致梳理成网不匀,纤网出现云斑、棉块或破洞,影响产品梳理成网的均匀性。纤维伸长率大、卷曲数多,有利于纤维间的摩擦抱合,成网均匀。纤维细度细、初始模量小、断裂强力大,单位面积纤维根数多,成网均匀,但纤维过细时,会出现梳理困难、缠辊等现象。纤维油剂可以减小纤维间摩擦、防止静电,从而改善梳理效果。但油剂过多使纤维过于光滑,会削弱机械对纤维的控制,降低纤维间抱合。油剂过少,静电会导致飞花,影响纤网释放。即油剂过多或过少都会影响成网均匀。在实际生产中,生产水刺非织造布常用的纤维原料线密度为 1.4~3.3dtex,纤维卷曲数为 11~25 个/25mm。纤网加固也影响材料面密度的均匀性,当通过机械手段加固纤网时,针刺刺针或水刺水针作用会使纤维移动。对针刺加固,针板要合理布针,托网帘孔眼要适中。对水刺加固,为防止纤网出现鱼鳞纹等疵点,要选择合理的水针板规格,并合理匹配水刺压力、真空抽吸及镍网孔径。

3.4 非织造材料厚度

厚度是指非织造材料正反两面之间的距离,即测量放置非织造材料的基准板和与其平行并对非织造材料施加压力的压脚之间的距离。指标评价执行标准 GB/T 24218.2—2009《纺织品 非织造布试验方法 第 2 部分:厚度的测定》,蓬松类非织造材料是指当施加压强从 0.1kPa 增加至 0.5kPa 时,其厚度的变化率达到或超过 20% 的非织造材料。测试厚度的原理是将非织造试样放置在水平基板上,用与基准板平行的压脚对试样施加规定压力,将基准板与压脚之间的垂直距离作为试样的厚度。

常规测试仪器由两个水平圆形板即上圆形板压脚及下圆形板基准板组成,压脚可以上下移动,并与基准板保持平行,压脚表面面积为 2500mm^2;基准板表面直径至少大于压脚直径 50mm;仪器可显示基准板与压脚之间的距离,分度值为 0.01mm。

码3-3 非织造
材料厚度测定

对于最大厚度为 20mm 及以上的蓬松类试样,采用竖直基准板测厚仪(图 3-1),竖直基准板面积为 1000mm^2;压脚面积为 2500mm^2;试样被竖直悬挂在基准板与压脚之间。平衡物质量为 2.05g±0.05g,通过弯肘杆对试样提供 0.02kPa 的压强,使接触点分离,小灯泡熄灭;转动螺旋使压脚向左移动对试样施加压力,直到克服平衡物所产生的力使小灯泡发亮;此时刻度表显示的基准板与压脚间的距离,即为规定压力下的试样厚度,单位为 mm。

对于最大厚度为 20mm 及以上的蓬松类试样,也可以采用水平方形基准板及竖直探针测试仪(图 3-2);水平方形基准板表面光滑,面积为 300mm×300mm;其一边的中心位置有垂直刻度尺 M,刻度为毫米(mm)。刻度尺上装有水平测量臂 B 可以上下移动,水平测量臂上装有可调竖直探针 T,距离刻度尺为 100mm,位置在测量板中心的上方。方形测量板由玻璃制成,面积为(200±0.2)mm×(200±0.2)mm,质量为 82g±2g,厚度为 0.7mm,可以通过增加均匀分布的重物对试样提供 0.02kPa 的压强。

测试前需要先判定所测试样是否属于蓬松类非织造材料,判定后再选择对应的测试方法,选取的试样要确保无明显疵点和褶皱。

对于常规非织造材料,裁剪 10 块试样,每块试样面积均为(130±5)mm×(80±5)mm,依据 GB/T 6529—2008《纺织品　调湿和试验用标准大气》的规定对试样进行调湿。选择常规测厚仪器,调整压脚上的载荷达到 0.5kPa 时的均匀压强,并调节仪器示值为零。抬起压脚,在无张力状态下将试样放置在基准板上,确保试样对着压脚的中心位置。降低压脚直至接触试样,保持 10s 后记录读数;单位为 mm,精确至 0.1mm,其余 9 块试样重复上述操作。

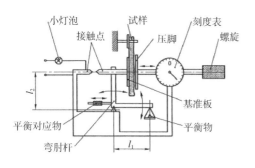

图 3-1　竖直基准板测厚仪

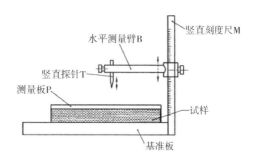

图 3-2　水平方形基准板及竖直探针结构

对于最大厚度为 20mm 及以上的非织造材料,裁剪 10 块试样,每块试样面积均为(200±0.2)mm×(200±0.2)mm,依据 GB/T 6529—2008《纺织品　调湿和试验用标准大气》的规定对试样进行调湿。选择图 3-1 测厚仪器时,当质量为(2.05±0.05)g 的平衡物放置好后,检查装置的灵敏度,并确定指针是否在零位。向右移动压脚,将试样固定在支架上,以使试样悬挂在基准板与压脚间,转动螺旋使压脚缓慢向左移动直至使小灯泡发亮;保持 10s 后记录读数,单位为 mm,精确至 0.1mm,其余 9 块试样重复上述操作。选择如图 3-2 所示测厚仪器时,将测量板放在水平基准板上,调整探针高度,使其刚好接触到测量板的中心时刻度尺读数为零。在无张力状态下将试样放置在基准板上,再将测量板完整地放置在试样上而不施加多余压强。保持 10s 后,向下移动测量臂直至探针接触到测量板表面,从刻度尺上读取并记录厚度值,单位为 mm,精确至 0.5mm,其余 9 块试样重复上述操作。

用 10 个数据计算非织造材料的平均厚度,单位为 mm;如果需要,计算变异系数。将试验方法依据、样品描述、试验结果、平均值及变异系数等逐项列出,即完成试验报告。

非织造材料厚度与纤维原料初始模量及卷曲度、产品面密度、蓬松度及加工方法等有关。纤维细度粗、初始模量高、卷曲度大会提高产品厚度。对于同类产品,产品厚度会随着面密度的增加而增大。针刺及水刺加固会使产品结构紧实,厚度变小,但同一种纤网如果采用热风或化学黏合,就可以获得较大的厚度。聚合物直接成网的非织造材料厚度可以做到微米级,而针刺、化学黏合等非织造材料则可以根据用途需要做到几百毫米以上,水刺非织造材料厚度一般在几毫米。非织造材料的厚度直接影响材料的保暖性、耐磨性、过滤性、吸声隔声等应用性能,为了达到产品的不同使用目的,要科学选择纤维原料及加工工艺。

3.5　非织造材料长度和幅宽

长度是指沿非织造材料纵向从起点到终点的距离,全幅宽是指与非织造材料长度方向垂直的材料最外端的距离,有效幅宽是指切边后可以利用的材料宽度。非织造材料长度和幅宽指标评价执行标准 GB/T 4666—2009《纺织品 织物长度和幅宽的测定》,等同于 ISO 22198:2006,IDT。测试原理是在标准大气条件下,将松弛状态的非织造试样放置在光滑平面上,用钢尺测定试样的长度和幅宽。测试桌长度至少要达到 3m,并在长边上距离一端 0.5m 处标记第一条刻度线,依次以间隔 1m±1mm 长度标记第二条、第三条、……、刻度线。取样可依据产品标准或供需双方意见,并保证试样在无张力状态下调湿和测试。为了确定试样是否处于松弛状态,可预先在试样长度方向标记一条线段,每隔 24h 测量一次线段长度,如果相邻两次测试的长度差异小于 0.25%,则认为试样达到了松弛状态。

测试时将试样平铺在测试桌上,避免扭曲折皱,在试样幅宽方向不同位置重复测试 3 次长度。长度小于 1m 的试样,可以直接用钢尺测量,精确至 0.001m。长度大于 1m 的试样,可以借助测试桌的刻度测量,每隔 1m 在试样上做出标记,连续标记整段试样,最后用钢尺把不足 1m 的长度测量出来,试样长度是标记段数(m)及钢尺测出长度的总和,求和时要注意单位的统一,精确至 0.001m,试样长度也要在幅宽方向不同位置重复测试 3 次长度。最终试样长度以各次测试结果的平均值表示,单位为 m,精确至 0.01m,并根据需要计算变异系数和 95% 置信区间,变异系数精确到 1%,95% 置信区间精确至 0.01m。

试样宽度的测试方法与长度相同,但测试次数与试样长度有关。试样长度≤5m 的,需要在长度不同位置均匀测试 5 次,试样长度>5m 但≤20m 的,需要在长度不同位置均匀测试 10 次,试样长度大于 20m 的,需要在长度方向按间距 2m 至少测试 10 次。也可以根据供需双方约定,按照上面方法测定试样的有效幅宽。最终试样宽度以各次测试结果的平均值表示,单位为 m,精确至 0.01m,并根据需要计算变异系数和 95% 置信区间,变异系数精确到 1%,95% 置信区间精确至 0.01m。

非织造材料的长度长、幅宽宽有利于后续应用,尤其对土工施工等领域,长卷宽幅省去了拼接等工作,提高了施工质量和施工效率,但要考虑方便施工。对于服装、家庭装饰等领域,应该根据排版高效性要求确定幅宽。卷长应该考虑运输工具容量、后道工序设备等具体要求。

不同非织造加工方法,其原料选择及成网、加固、后整理方法都存在差别,从而导致获得的非织造材料的面密度、厚度、幅宽等差异较大,目前产业化的各类非织造材料规格参数范围见表 3-1。随着设备、工艺、技术的进步,面密度、厚度、幅宽、卷长范围还会有新的发展。

表 3-1 非织造材料规格参数范围

加工方法	面密度/(g·m^{-2})	厚度范围/mm	幅宽范围/mm
针刺法非织造材料	50~1500	0.5~15.0	800~9000
水刺法非织造材料	15~400	0.1~5.0	60~3600
热黏合非织造材料	16~2500	0.1~130.0	1000~6500
化学黏合非织造材料	15~1500	0.1~15.0	500~2500
纺粘法非织造材料	10~1000	0.1~10.0	1000~5400
熔喷法非织造材料	10~100	0.1~10.0	600~3200

3.6　非织造材料孔径及其分布

非织造材料是典型的三维结构多孔材料,孔径是指多孔材料内部孔隙的名义直径,有平均或等效的意义,通常以最大孔径、平均孔径、孔径分布等形式表示,孔径可以借助显微镜等对断面直接观测,但对于非均相的非织造材料存在片面性,切割断面也会破坏材料原始结构,更科学的测试方法是测量一些与孔径有关的物理量来间接表征孔径,如泡点法、透过法、压汞法、气体吸附法、离心力法、悬浮液过滤法、X 射线小角度散射法等,测试前提是假设孔隙为均匀圆孔。

3.6.1　泡点法

泡点法是多孔材料孔径测定常用方法,适用于孔径在几百微米以下的毛细管贯通性孔结构材料,测试时需要根据孔径大小选择不同的测试仪器,但测试基本原理相近,可以参照执行 GB/T 32361—2015《分离膜孔径测试方法　泡点和平均流量法》。泡点法基本原理是利用将吸附于毛细孔隙中的液体排出所需的压力与孔隙孔径存在的函数关系来表征和计算材料的孔径。用对被测试材料具有良好润湿性的液体浸渍介质充满多孔材料试样的开孔隙空间,在缓慢增加的压力作用下,再用与液体浸渍介质不相容的气体将孔隙空间内的浸渍介质排出,第 1 个气泡一定是从最大的孔径处排出,第 1 个气泡出现并引起连续出泡时的临界压力为泡点压力,用泡点压力可以计算出材料的最大孔径。泡点法测试装置系统如图 3-3 所示,测试精度要求不高的情况下可以采用如图 3-4 所示的平板膜泡点测试简易装置,平板膜固定器结构如图 3-5 所示。

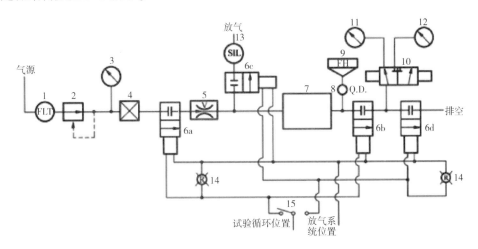

图 3-3　泡点法测试装置系统

1—过滤器　2—压力控制阀　3—压力表　4—手动截止阀　5—手动流量控制阀　6(6a、6b、6c、6d)—电磁阀

7—储气罐　8—快速断开接头　9—膜固定器　10—手动三通阀　11,12—压力表

13—消音器　14—报警灯　15—电动单刀双掷开关

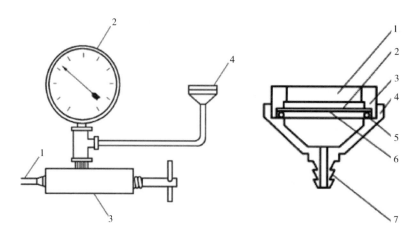

图 3-4　平板膜泡点测试简易装置　　　图 3-5　平板膜固定器

1—气源接口　2—压力表　　　　1—储液池　2—支撑盘　3—锁紧环　4—膜固定器

3—微量调节阀　4—膜固定器　　　5—O 形密封圈　6—膜样品　7—气体入口

浸渍液试剂:水(符合 GB/T 6682—2008 规定的三级或以上纯度);乙醇(工业级);石油馏分(25℃时表面张力约为 30mN/m);矿物油(如液状石蜡,25℃时表面张力约为 34.7mN/m);气源(经过滤的空气或氮气)。

这些试剂在 25℃时表面张力及孔径尺寸所对应的压力范围见表 3-2。

表 3-2　不同介质及所需压力范围

测试液体	压力范围/Pa				表面张力/ (mN·m^{-1},25℃)
	≥1μm	≥0.5μm	≥0.1μm	≥0.05μm	
水	0~2.06×10^5	0~4.12×10^5	0~1.03×10^4	0~4.12×10^5	72.0
乙醇	0~6.65×10^4	0~1.33×10^5	0~3.33×10^5	0~1.33×10^5	22.3
石油馏分	0~8065×10^4	0~1.73×10^5	0~4.32×10^5	0~1.73×10^5	30.0
液状石蜡	0~9.98×10^4	0~2.00×10^5	0~4.99×10^5	0~2.00×10^5	34.7

测试时,首先将样品置于要测试的浸渍液中 2h,使其完全被浸润,不易浸润的试样,可使用真空方法提高浸润效果;然后将充分浸润的试样放在膜固定器中,拧紧锁紧环,向储液池中注入浸渍液,保持液面高出膜面 2~3mm;缓慢增加气体压力,当储液池中央出现第一串连续气泡时,记录气体压力。运用压缩空气通过被溶剂润湿的样品孔隙(毛细管道)时,得到流量与压力的关系曲线,从而计算出材料的最大孔径、平均孔径、孔径分布等各项指标。电池隔膜类材料最大孔径测试示意图如图 3-6 所示。

$$\Phi = \frac{\dfrac{4}{g}A\cos\theta}{\rho_1 h_1 - \rho_2 h_2} \tag{3-1}$$

式中:Φ——材料最大孔径,μm;

　　g——测试地重力加速度，m/s^2；

　　A——测试温度 t 时溶剂的表面张力，$10^{-5}N/cm$；

　　ρ_1——U 形压力计中水或汞的密度，g/m^3；

　　h_1——U 形压力计中水或汞的高度差，cm；

　　ρ_2——测试温度 t 时溶剂的密度，g/m^3；

　　h_2——注入溶剂的高度，通常为 $2cm$；

　　θ——溶剂与隔膜材料接触角，一般为 0。

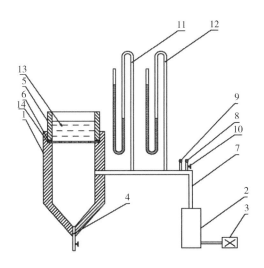

图 3-6　最大孔径测试装置示意图

1—测孔器　2—稳压储气罐　3—空气压缩机　4—排液孔　5—罩帽　6—垫圈　7—气管　8—压力表
9—气体流量计　10—压力调整阀　11,12—压力计　13—测试液　14—试样

3.6.2　泡压法

　　BSD-PB 泡压法孔径分析仪使用原理仍然是泡点法，可以用来测试非织造材料孔径，夹具如图 3-7 所示，筛板和筛网间夹持试样，以防止试样在过大压力作用下变形甚至破坏。操作时首先将试样置于测试液体中，使其被对其有良好浸润性的液体充分润湿，由于表面张力的存在，浸润液将被束缚在材料的孔隙内；给材料的一侧加以逐渐增大的气体压强，当气体压强达到大于某孔径内浸润液的表面张力产生的压强时，该孔径中的浸润液将被气体推出；由于孔径越小，表面张力产生的压强越高，所以要推出其中的浸润液所需施加的气体压强也越高；同样可知，孔径最大的孔内的浸润液将首先会被推出，使气体透过，然后随着压力的升高，孔径由大到小，孔中的浸润液依次被推出，使气体透过，直至全部的孔被打开，达到与未浸润材料相同的透过率。被打开的孔所对应的压力，为泡点压力，该压力所对应的孔径为最大孔径；在此过程中，实时记录压力和流量，得到压力—流量曲线；压力反应孔径大小的信息，流量反映某种孔径的孔的多少的信息；然后再测试出未浸润材料的压力—流量曲线，可根据相应的公式计算得到该膜样品的最大孔径、平均孔径、最小孔径以及孔径分布、透过率。

该方法是 ASTM 薄膜测定的标准方法,泡点法获得孔径数据可准确表征膜类材料研究者关心的通孔大小及分布,避免了吸附法、压汞法等方法所测试数据包含了盲孔、表面凸凹、缝隙等非有效孔径的问题,可适用于非织造材料孔径测试。孔径测试范围为 0.02~500μm,既能测试片状材料,还可以测试滤芯等特殊外观材料,浸润液体可选择多种浸润速度快的液体,高精度双流量传感器可实现流量分段测量、量程互补及自动切换。

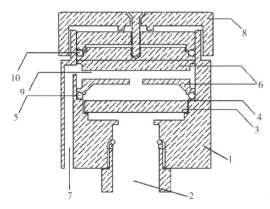

图 3-7   BSD—PB 泡压法孔径分析仪夹具

1—池体   2—池体下端出口   3—筛板   4—筛网   5—密封圈   6—试样台

7—进气孔道   8—池盖   9—筛板进气道   10—池盖 O 形密封圈

3.7 非织造材料孔隙率

非织造材料大多数为蓬松结构材料,孔径会大于几百微米,其孔径状态很难用泡点孔径仪来表征,可以利用孔隙率、透气度等指标,间接表征材料的孔隙性能。非织造材料的孔隙率是指材料的孔隙体积与总体积的比值。对于单一原料或已知原料配比的非织造材料,可以通过测试非织造材料的面密度和厚度,材料中所含各种原料的纤维密度及原料配比,间接计算出非织造材料的孔隙率,按下式计算:

$$n = \left(1 - \frac{m}{\rho\delta}\right) \times 100\% \tag{3-2}$$

式中:n——孔隙率;

ρ——纤维密度,g/m^3;

m——材料的面密度,g/m^2;

δ——材料厚度,m。

非织造材料的孔隙率随所受压力不同而不同。在不承压情况下,孔隙率一般在 90% 以上,承压后孔隙率明显降低,计算方法可以规避压汞法对材料结构的影响。对于未知成分的非织造材料,需要先确定原料组分,再进行计算,也可以借鉴阿基米德原理—气体膨胀置换法、透气仪法、射线扫描法等方法间接测试和计算非织造材料的孔隙率。

第4章 非织造材料的力学性能测试与分析

非织造材料的力学性能是由其结构决定。由于加工方法的多样性,非织造材料的结构变化多,且工艺参数复杂。不同非织造加工方法得到的非织造材料,其力学性能也存在巨大差异。非织造材料的力学性能主要指断裂强力、断裂伸长率、撕破强力、顶破强力、剥离强力、缝合强力和耐磨性能等。其中,断裂强力和断裂伸长率是极其重要的力学性能指标。

4.1 断裂强力和断裂伸长率

断裂强力是指按所规定的条件进行测试,拉伸材料至断裂,取其至断裂时最大值的力。断裂伸长率是指材料受外力作用至拉断时,拉伸前后的伸长长度与拉伸前长度的比值,用百分率表示。非织造材料的断裂强力和断裂伸长率参考执行 GB/T 24218.3—2010《纺织品 非织造布试验方法 第3部分:断裂强力和断裂伸长率的测定(条样法)》,该标准方法基于 GB/T 3923.1—2013《纺织品 织物拉伸性能 第1部分:断裂强力和断裂伸长率的测定(条样法)》开展评价测试。

4.1.1 原理

对规定尺寸的织物试样,沿其长度方向施加产生等速伸长的力,测定其断裂强力和断裂伸长率。

4.1.2 仪器

(1)拉伸试验仪。拉伸试验仪为等速伸长型,具有自动记录施加于试样上的力和夹持器间距的装置。

(2)夹持器。夹持器具有能牢固夹持试样的整个宽度,且不损伤试样的夹钳。

4.1.3 取样

按产品标准规定或有关双方协议取样。尽可能取全幅宽样品,其长度约为 1m,确保所取样品没有明显的缺陷和褶皱等。

注:取样方法需使最终试样具有各向异性和代表性。当研究特定性能变化时,需有关双方协商确定取样方法,并在试验报告中注明。

4.1.4 试样的准备与调湿

(1)除非有其他要求,分别沿样品纵向(机器输出方向)和横向(幅宽方向)各取5块试样。所裁取的试样离布边至少 100mm,且均匀地分布在样品的纵向和横向上。

（2）试样宽度为（50±0.5）mm,长度应满足名义夹持距离 200mm。

注:经有关双方协商后可采用较宽的试样和不同的夹持器,在试验报告中注明。

（3）按 GB/T 6529—2008 的规定调湿试样。

（4）如需要进行湿态试验,试样可在每升含有 1g 非离子型润湿剂的蒸馏水中至少浸泡1h。取出试样,去除过量水分,立即进行试验。对其他 9 块试样,逐个重复以上操作。

注:如经有关双方同意,试样自然浸泡时间可少于 1h,但需在试验报告中注明。

4.1.5　程序

（1）试验在标准大气中进行,标准大气依据 GB/T 6529—2008 的规定。

（2）设定拉伸试验仪的名义夹持距离为（200±1）mm,在夹持器中心位置夹持试样。预张力可采用 GB/T 3923.1—2013 中的规定,在试验报告中注明。

码4-1　非织造材料
断裂强力和断裂
伸长率测定

注:如果名义夹持距离 200mm 不适宜,经有关双方同意,可采用较短的试样,在试验报告中注明,见表 4-1。

表 4-1　拉伸速度或伸长速率

隔距长度/mm	织物断裂伸长率/%	伸长速率/(%·min⁻¹)	拉伸速率/(mm·min⁻¹)
200	<8	10	20
200	8~75	50	100
100	>75	100	100

夹持试样:试样可采用在预张力下夹持,或者采用松式夹持,即无张力夹持。当采用预张力夹持试样时,产生的伸长率应不大于 2%,如果不能保证,则采用松式夹持。

（3）开动机器,以 100mm/min 的恒定伸长速度拉伸试样直至断裂。如需要,记录每块试样的强力—伸长曲线。

注:经有关双方同意,也可采用其他拉伸速度,在试验报告中注明。

4.1.6　结果的计算与表示

（1）记录试样拉伸过程中最大的力,作为断裂强力,单位为 N。如测试过程中出现多个强力峰,取最高值作为断裂强力,在试验报告中记录该现象。

（2）记录试样在断裂强力时的伸长率,作为断裂伸长率。

（3）如果断裂发生在钳口位置或试样在钳口滑脱,试验数据无效,需另取一块试样重新试验,替代无效试样。

（4）分别计算纵向和横向上 5 块试样的平均断裂强力,单位为 N,结果精确至 0.1N;平均断裂伸长率精确至 0.5%,并计算其变异系数。

注:断裂功可通过曲线下总面积计算得出。

4.1.7 影响因素分析

影响非织造材料断裂强力和断裂伸长率的因素众多,主要包括非织造材料内部因素和外界测试条件。非织造材料内部因素包括原材料物性(如相对分子量、刚柔性)、纤维强度、克重、加固成型工艺、后整理工艺(黏合剂、浸渍等);外界测试条件主要包括预处理和测试条件(温度、湿度)、拉伸速度、夹持距离等。

以纺粘非织造材料为例,切片类别和组分(弹性体比例)、切片质量(水分、相对分子量、杂质含量)、纺丝工艺(牵伸、冷却条件)、铺网方式、克重、厚度、热轧条件(轧点面积和分布、压力、温度、接触时间),均会对材料的断裂强力和伸长率产生影响。一般而言,相对分子量高、切片洁净度高、牵伸强、克重大、厚度大、轧点多,纺粘非织造材料的强度更大;弹性体含量高,纺粘非织造材料断裂伸长大。部分影响因素如轧点温度、接触时间等,一般具有最优峰值。以上各因素需综合考虑、合理匹配,从而实现非织造材料的拉伸性能最优。

4.2 撕破强力

非织造材料的撕破强力是指材料局部纤维受到集中负荷作用,使非织造材料撕开所需的力。非织造材料的撕破强力参考执行 GB/T 3917.3—2009《纺织品 织物撕破性能 第 3 部分:梯形试样撕破强力的测定》。本标准规定了用梯形试样法测定织物撕破强力的方法,适用于各类机织物和非织造布。

4.2.1 原理

将画有梯形的条形试样,在其梯形短边中点剪一条一定长度的切口作为撕裂起始点,然后将梯形试样沿夹持线夹于强力试验机的上下夹钳口内,对试样施加连续增加的负荷,使试样沿着切口撕裂并逐渐扩展直至试样全部撕断。

4.2.2 仪器

可采用等速牵引型(CRT)强力试验机,也可采用等速伸长型(CRE)强力试验机。仲裁性试验或在发生争议时,以 CRE 型为准。夹持试样的夹钳要有足够的宽度使试样的宽度被全部夹住,在测试时试样在夹钳口中不可以发生滑移。

4.2.3 试样制备

取样时,样品上不得有影响试验质量的明显折痕和疵点,在距离布端 1m 以上处取样,每个品种剪取 1m 长的样品。在样品上离开布边 100mm,按平行排列的方式裁取纵向和横向试样各 10 条。一般可比规定条数多裁一些,以供备用。裁剪试样时,先裁剪成宽为 50mm 以及长度不得小于 200mm 的条样。用梯形样板(其尺寸如图 4-1 所示)在条样上划出梯形的斜边即夹持线,并在梯形短边的正中间处剪一条垂直于短边的 10mm 长的切口。

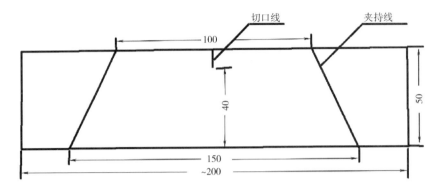

图 4-1　梯形样板

4.2.4　操作步骤

码4-2　非织造材料撕破强力测定

测试前校正好上下两夹钳之间的隔距(100±1)mm;调整好下夹钳的牵引速度为 100mm/min;先做预试验,选择强力试验机的拉力范围,以便撕破强力的最大值落在满刻度的 20%~80% 之间(等速伸长型 CRE 试验机不受此限);选定好强力试验机的拉力范围后,开始正式试验,将试样置于上下夹钳内,使夹持线与夹钳钳口线相平齐,然后旋紧上下夹钳螺丝,同时要注意试样在上下夹钳中间的对称位置,以便梯形试样的短边保持垂直状态,最后启动强力试验机,待试样全部撕断,记录最大撕破强力值。

4.2.5　注意事项

在试验过程中如夹钳螺丝没有拧紧而造成试样在钳口中滑移时,则应剔除此次试验数据。由于制作工艺上的不同,在测试时其纵向和横向的撕裂走向有时会出现某一向不规则的现象,凡遇此种异常情况时,应在试验报告中注明。

4.2.6　结果计算

计算纵向和横向的撕破强力最大值的平均值,单位为 N,计算到小数点后两位,修约后保留一位小数。

4.3　顶破强力

非织造材料的顶破强力是指以一定的媒介(如钢球),以恒定的移动速度垂直地顶向试样,使试样变形直至破裂所需要的强力。非织造材料的顶破强力参考执行 GB/T 24218.5—2016《纺织品　非织造布试验方法　第 5 部分:耐机械穿透性的测定(钢球顶破法)》。

4.3.1　原理

将试样夹持在固定基座的环形夹持器内,钢球顶杆以恒定的移动速度垂直地顶向试样,使试样变形直至破裂,测得顶破强力。

4.3.2　仪器

(1)等速伸长试验仪。配有钢球顶破装置,可设为压缩模式。在仪器全量程内的任意点,指示或记录顶破强力的误差应不超过±1%。

(2)钢球顶破装置。包括抛光钢球顶杆和环形试样夹持器。抛光钢球顶杆的钢球直径为(25.00±0.02)mm。环形试样夹持器的内径为(45.0±0.5)mm。在试验过程中,试样夹持器固定,钢球顶杆以恒定的速度移动(图4-2)。

如果相关方同意,抛光钢球直径和环形试样夹持器内径可采用其他尺寸,在试验报告中注明。

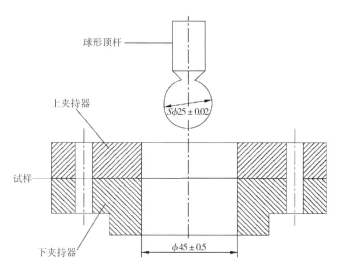

图 4-2　顶破装置示意图(单位:mm)

4.3.3　试验步骤

(1)按产品标准规定或相关方协议取样。样品应具有代表性,没有明显的缺陷。将样品在 GB/T 6529—2008 规定的标准大气中调湿平衡。如果相关方均同意,试样可不进行预调湿。应小心操作,避免试样受到如肥皂、油污等的污染。这些污染可能会影响试样的调湿平衡。不可在试样的测试区域书写。

(2)试样应为边长至少 125mm 的正方形或直径至少 125mm 的圆形。试样可不裁剪。不应在距布边 300mm 内取样。

(3)从每个样品上取 5 个试样进行试验。

（4）设定钢球顶杆移动速度为（300±10）mm/min。设定动程时，应使钢球顶杆顶破试样后不与基座接触。

（5）如需要，通过测试已知试样的钢球顶破强力来校验整个试验系统，并与已知试样的已往数据比较。

注：每天试验前以及更换传感器后宜对试验系统进行校验。对已知试样进行测试，计算钢球顶破强力平均值和标准偏差，比较其新测数据和已往数据，如果新测数据超出偏差范围，检查试验系统并分析引起偏差的原因。

（6）将试样平整地放入环形夹持器内，用适当方式固定。启动试验仪，使钢球顶杆移动，直到试样顶破。记录试样的钢球顶破强力。

（7）舍弃在环形夹持器边缘破坏或滑移的试样数据，另取试样进行试验，获得5个有效数据。

注：如果发生滑移，通常比较容易发现，因为环形夹持器会在试样上留下滑移痕迹。

（8）计算顶破强力的平均值，单位为N，修约至整数位。

4.3.4 影响因素分析

非织造材料顶破强力的影响因素与其断裂强力部分类似，主要包括非织造材料内部因素和外界测试条件。非织造材料内部因素包括原材料物性，如相对分子量、纤维强度、克重、加固成型工艺、后整理工艺（黏合剂、浸渍）等；外界测试条件主要包括预处理和测试条件（温度、湿度）、顶破速度、顶破面积等。

当非织造材料平面中央受一垂直集中负荷作用时，材料是多向受力而不是单轴或双轴受力，这一点区别于拉伸断裂及撕破。对于非织造材料的顶破或胀破，多个方向的变形能力有所不同，主要是纤维的断裂和纤维网的松散化，顶破口是一个隆起的松散纤维包，胀破时纤维网扯松呈现为开裂状。随着面密度和厚度的增加，顶破强力也增加，这是因为非织造材料中承载外力的纤维根数和纤维间固着点增加导致的。

4.4 剥离强力

非织造材料的剥离强力一般是针对两层及两层以上复合材料，在一定测试条件下，使两层材料相互分离所需要的强力。非织造材料的剥离强力参考执行 FZ/T 01085—2018《黏合衬剥离强力试验方法》。

4.4.1 原理

黏合衬与标准面料黏合的组合试样，在规定条件下，以恒定速度将组合试样的黏合衬与标准面料剥离一段长度，记录试样剥离过程中的剥离曲线，以此计算试样的剥离强力。剥离过程中，所需的剥离力值为随机变量，受力曲线如图4-3所示。记录黏合衬与标准面料剥离过程中受力曲线图上各峰值，并计算这些峰值的平均值和离散系数。用平均值反映黏合的牢固程度,用离散系数反映黏合的均匀程度。

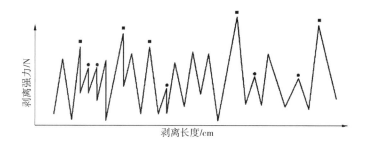

图 4-3　剥离强力曲线

■—极大峰值　●—极小峰值

4.4.2　仪器

(1)压烫机。符合 FZ/T 01076—2019《黏合衬组合试样制作方法》规定。

(2)等速伸长试验仪。应符合下列要求:

①试验仪的拉伸速度允许误差为 ±10%,指示或记录夹持器钳口隔距的误差不超过±1mm。

②所用测试仪准确度±2.0%,测力传感器量程为 0~100N。

③如果以数据采集电路和软件获得力和伸长数值,则数据响应时间不大于 0.125s。

(3)夹持器。夹持器应满足以下条件:

①夹钳的中心点应处于拉力轴线上,夹持线应与拉力方向垂直。

②钳口宽度应足够夹持整个试样的宽度,且在试验过程中应保证试样不滑移或夹持破损。

(4)标准面料。符合 FZ/T 01076—2019 要求。

(5)裁剪刀。

(6)薄型棉纸。选用经熔压不影响试验结果的薄型棉纸,单位面积质量为 $15\sim20\mathrm{g/m^2}$,厚度≤0.1mm,薄型棉纸具体形状及尺寸如图 4-4 所示。其中,薄型棉纸宽度有两种规格,根据黏合衬试样宽度选择如下。

①黏合衬试验宽度 70mm,薄型棉纸框内宽度(50±0.5)mm,纸框宽度为 70mm。

②黏合衬试验宽度 45mm,薄型棉纸框内宽度(25±0.5)mm,纸框宽度为 45mm。

4.4.3　试样准备

(1)按 FZ/T 01076—2019 的规定,沿经(纵)向剪取黏合衬试样 10 块,尺寸 200mm×70mm 或 200mm×45mm。

(2)按 FZ/T 01076—2019 的规定,沿经(纵)向剪取标准面料 10 块,尺寸略大于黏合衬试样尺寸。

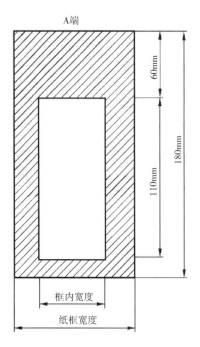

图 4-4　试样纸框尺寸

（3）组合试样。按 FZ/T 01076—2019 的规定,将薄型棉纸放在标准面料与黏合衬试样之间。

①使用连续式压烫机压烫试样时,将标准面料放在准备台上,覆上黏合衬试样(涂层的一面朝下),试样与标准面料经纬(纵横)向应保持一致。

②使用平板式压烫机压烫试样时,将黏合衬试样放在下面,涂层的一面朝上,标准面料在上,标准面料与黏合衬试样的经纬(纵横)向应保持一致。

（4）组合试样按 FZ/T 01076—2019 规定的压烫条件压烫后,稍经冷却后小心取下,将组合试样置于 GB/T 6529—2008 规定的标准大气中平衡 4h(特殊产品平衡 24h)。

4.4.4　操作程序

4.4.4.1　试验准备

（1）在试样长度 A 端预先剥开(50±5)mm 裂口,并保持各剥离点在同一直线上。

（2）设置等速伸长试验仪隔距为 50mm,牵引速度为 100mm/min。

（3）预备试验。通过少量的预备试验,来选择适宜的强力范围。对于已有经验数据的产品,则可以免去预测程序。

码4-3　非织造材料剥离强力测定

4.4.4.2　洗涤前剥离强力测试

（1）将已剥开试样的标准面料端与黏合衬试样端分别夹持在两个夹持器中,使剥离线位于两夹钳 1/2 处,试样长度方向与夹钳垂直。启动等速伸长试验仪,经 5s 后开始采集数据,记录拉伸 100mm 剥离长度内的各个峰值。

（2）夹钳返回起始位置,取下试样按 4.4.4.1 重复进行另一组试样测试,共测试 5 组试样,计算 5 次测试结果的平均值。

4.4.4.3　洗涤后剥离强力试验

（1）将其余 5 块未剥开裂口的组合试样按 FZ/T 01083—2017《黏合衬干洗后的外观及尺寸变化试验方法》或 FZ/T 01084—2017《黏合衬水洗后的外观及尺寸变化试验方法》中规定洗涤干燥后,将组合试样置于 GB/T 6529—2008 规定的标准大气中平衡 4h(特殊产品平衡 24h)。

（2）按标准中程序进行剥离强力测试,共测试 5 组试样,计算干洗或水洗后剥离强力 5 次测试结果的平均值。

4.4.4.4　试验处理

（1）在剥离强力测试过程中,如因试样从夹钳中滑出,或试样在剥离口延长线上呈不规则断裂等原因,而导致试验结果有显著变化时,则应剔除此次试验数据,并在原样上重新裁取试样,进行试验。

（2）试验中若发生黏合衬断裂现象,则记作“黏合衬撕破”。若撕破现象发生在一个试样上时,则应剔除该试验结果;若两个及两个以上试样均发生撕破现象,则试样的剥离强力应记作“黏合衬撕破”。

4.4.5　结果计算

（1）每块试样在剥离试验时测定 100mm 剥离长度内的平均剥离强力,或至少取 5 个极大峰值和 5 个极小峰值的平均值。

（2）每次试验的平均剥离强力按式(4-1)或式(4-2)计算,最后,按式(4-3)取 5 次平均剥离强力的平均值为试样的剥离强力,计算结果按 GB/T 8170—2008 修约至小数点后一位。

$$\overline{F}_i = \frac{\sum F_i}{n} \tag{4-1}$$

$$\overline{F}_i = \frac{\sum F_{10}}{10} \tag{4-2}$$

$$\overline{F} = \frac{\overline{F}_1 + \overline{F}_2 + \overline{F}_3 + \overline{F}_4 + \overline{F}_5}{5} \tag{4-3}$$

式中:$\overline{F}_i$——每块试样平均剥离强力,N;

$\sum F_i$——每块试样 100mm 剥离长度内的剥离强力峰值的总和,N;

n——100mm 剥离长度内出现峰值的次数;

$\sum F_{10}$——5 个极大峰值和 5 个极小峰值的总和,N;

$\overline{F}$——试样的平均剥离强力,N。

（3）试样剥离强力的离散系数按式(4-4)和式(4-5)计算,计算结果按 GB/T 8170—2008 修约至小数点后一位。

$$s = \sqrt{\sum_{i=1}^{m} \frac{(F_i - F)^2}{n - 1}} \qquad (4-4)$$

$$C = \frac{s}{\overline{F}} \qquad (4-5)$$

式中：F_i——100mm 剥离长度内的个别剥离强力的峰值，单位为 N；

s——标准差，F 为平均值；

C——剥离强力的变异系数。

（4）洗涤后剥离强力的下降率按式（4-6）计算，计算结果按 GB/T 8170—2008 修约至小数点后一位。

$$C_F = \frac{\overline{F}_0 - \overline{F}_1}{\overline{F}_0} \times 100\% \qquad (4-6)$$

式中：C_F——剥离强力的下降率；

$\overline{F}_0$——水洗或干洗前平均剥离强力，N；

$\overline{F}_1$——水洗或干洗后平均剥离强力，N。

4.4.6　影响因素分析

多层或者复合非织造材料的剥离强度主要取决于其层间结合力，主要包括非织造材料内部因素和外界测试条件。非织造材料内部因素包括：单层非织造材料的强度（存在单层非织造材料的强力小于剥离强度的情况）；层与层之间的结合方式（黏合点/固结点的数量和密度、黏合剂的类别、其他固结方式的强度等），外界测试条件主要包括：预处理和测试条件（温度、湿度）、剥离速度、剥离面积等。

4.5　缝合强力

缝合强力也指接缝强力，是指接缝材料的缝合处在其垂直方向上能够承受的最大力。非织造材料的缝合强力参考执行 GB/T 13773.1—2008《纺织品　织物及其制品的接缝拉伸性能　第 1 部分：条样法接缝强力的测定》，等同于 ISO 13935-1:1999,IDT。

4.5.1　原理

对规定尺寸的试样（中间有一接缝）沿垂直于缝迹方向以恒定伸长速率进行拉伸，直至接缝破坏。记录达到接缝破坏的最大力值。

4.5.2　取样

按相关织物或制品的标准要求或有关方协议取样。

如果要求在试验前进行缝合，取样应具有代表性，应避开折皱、布边。从已缝合好的制品上取样时,应保证试样只包含测试方向上的一条直线缝迹,所取的缝迹具有其制品缝迹类型的代表性。在试验报告中记录任何细节。

4.5.3　仪器和器具

(1)等速伸长(CRE)试验仪。等速伸长(CRE)试验仪的计量确认应根据 GB/T 19022—2003 进行。

(2)缝合规定缝迹的设备。

(3)裁剪试样的器具。

4.5.4　调湿和试验用大气

调湿和试验大气预调湿、调湿和试验用大气应按 GB/T 6529—2008 的规定执行。

4.5.5　接缝样品和试样的制备

4.5.5.1　接缝样品的尺寸

码4-4　非织造材料缝合强力测定

在需要制备接缝试样的情况下,有关各方应协商确定缝制条件,包括缝纫线的类型、针的类型、缝迹的类型、接缝留量以及单位长度的针迹数。用一块备用织物将缝纫机调整至缝制状态,裁取一块尺寸至少为 350mm×700mm 的织物试样,将试样对折,折痕平行于试样的长度方向。按确定的缝制条件缝合试样。按照有关方的协议,可以缝制接缝平行于经纱和(或)纬纱的试样。

4.5.5.2　试样的制备

从每个含有接缝的实验室样品中剪取至少 5 块宽度为 100mm 的试样,如图 4-5 所示。

如果采用 4.5.5.1 制备的接缝样品,不应在距两端 100mm 内取样(图 4-5)。

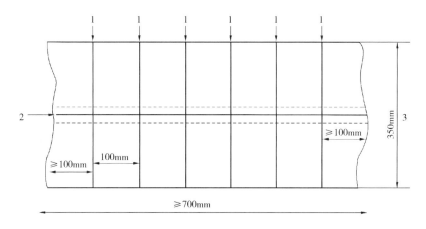

图 4-5　接缝样品和试样示意图

1—剪切线　2—接缝　3—缝制前的长度

在距缝迹 10mm 处剪切掉试样的 4 个角(图 4-6 中的阴影部分),其宽度为 25mm。得到有效的试样宽度为 50mm。在距缝迹 10mm 的区域内,整个宽度为 100mm,用于试验的接缝试样形状如图 4-7 所示。

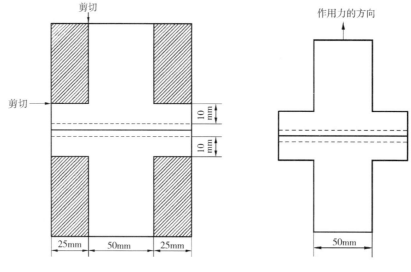

图 4-6　接缝试样预备样示意图　　　　　图 4-7　接缝试样示意图

4.5.6　试验步骤

(1)设定拉伸试验仪的隔距长度为(200±1)mm。

(2)设定拉伸试验仪的拉伸速度为 100mm/min。

(3)将试样夹持在上夹钳中,使试样长度方向的中心线与夹钳的中心线重合,且与试样的接缝垂直,使接缝位于两夹钳距离的中间位置上。夹紧上夹钳,试样在自身重力下悬挂,使其平直置于下夹钳中,夹紧下夹钳。

(4)启动试验仪直至试样破坏,记录最大力,单位为 N,并记录接缝试样破坏的原因。

①织物断裂。

②织物在钳口处断裂。

③织物在接缝处断裂。

④缝纫线断裂。

⑤纱线滑移。

⑥上述项中的任意结合。

如果是由①或②引起的试样破坏,应将这些结果剔除,并重新取样继续进行试验,直至保证得到 5 个接缝破坏的结果。

如果所有的破坏均是织物断裂或织物在钳口处断裂,则报告单个结果,不报告变异系数或置信区间。在试验报告中注明试验结果为织物断裂或织物在钳口处断裂,提请有关各方讨论试验结果。

4.5.7　结果计算与表示

对接缝破坏符合 4.5.5 的③或④的试样,分别计算每个方向的接缝强力的平均值,单位为 N。

结果修约:<100N 修约至 1N,100~1000N 修约至 10N,≥1000N 修约至 100N。

如果有要求,计算变异系数,修约至 0.1%;计算 95% 的置信区间,修约至与平均值相同的位数。

4.5.8　影响因素分析

非织造材料的缝合强度主要取决于其缝合方式,主要包括非织造材料内部因素和外界测试条件。非织造材料内部因素包括:非织造材料的强度(存在非织造材料的强度小于缝合强度的情况);缝合方式(缝合线的强度、缝合的密度、缝合面积等),外界测试条件主要包括:预处理和测试条件(温度、湿度)、拉伸速度等。对于缝合强度及防漏等要求较高的土工类及过滤类材料,接缝可以考虑常规缝合+膜焊接的复合形式。

4.6　耐磨性能

纺织品耐磨性是指纺织品在机械力反复摩擦的作用下,抵抗磨损的能力。纺织品的抗耐磨性对产品的使用时间和使用效果有直接影响。纺织品在反复机械摩擦作用下表现的磨损现象主要有破损、质量减轻、掉色、起毛起球等。非织造材料的耐磨性能参考执行 FZ/T 01151—2019《纺织品　织物耐磨性能试验方法　加速摩擦法》。

4.6.1　原理

在规定条件下,将试样装入内壁贴有磨料并安装有转子的试验仪器内,金属转子按照规定速度旋转规定时间,使试样的正反面充分受到冲击并反复与测试箱壁接触,根据试样在磨损前和磨损后的质量计算出质量损失率。

4.6.2　仪器

4.6.2.1　加速摩擦试验仪

(1)试验仓(图 4-8)。

(2)转子:细长的 S 形,长度为(114±2)mm,厚度为(3.0±0.5)mm,速度 0~4000r/min 范围内可调(图 4-9 和图 4-10)。

(3)聚氨酯泡沫内衬:厚度为(3.2±0.1)mm,测试 12 个试样(4 组样品)后需更换内衬。

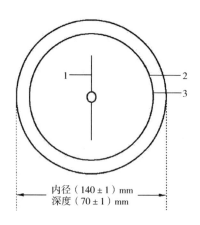

图 4-8　试验仓示意图

1—转子　2—聚氨酯泡沫内衬　3—磨料

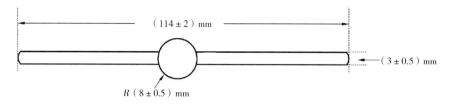

图 4-9　转子正视图

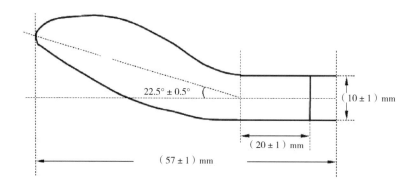

图 4-10　转子侧视图(S 形对称)

4.6.2.2　磨料

500 目的水砂纸,每组样品(3 个平行样)需更换一次。

4.6.2.3　自动计时器

精确度为 1s。

4.6.2.4　白乳胶

白乳胶用于试样封边。

4.6.2.5　尼龙刷或吸尘器

尼龙刷或吸尘器用于清理试验仓和试样。

4.6.2.6　天平

精确度为 0.001g。

4.6.2.7　纯棉机织物

平纹组织,单位面积质量为(115 ± 10)g/m²,未经过退浆或漂白,用于磨料的预磨。

4.6.3　调湿和试验用标准大气

预调湿、调湿和试验用标准大气应按 GB/T 6529—2008 的规定执行。

4.6.4　试样准备

4.6.4.1　通则

距离布边至少 150mm,且应避开褶皱、疵点、破洞等部位取代表性试样。

4.6.4.2　试样尺寸

单位面积质量与试样尺寸之间的关系见表4-2。

表4-2　试样尺寸

单位面积质量/(g·m⁻²)	试样尺寸/(mm×mm)
$m \geqslant 300$	95×95
$200 \leqslant m < 300$	115×115
$100 \leqslant m < 200$	135×135
$m < 100$	150×150

4.6.4.3　试样制备

每个样品中各取 3 个试样,裁样边缘与织物纵向或横向平行,用白乳胶将试样的边缘封住,涂胶宽度不可超过 3mm,将试样静置至边缘完全干燥为止。

4.6.5　试验步骤

(1)打开试验仓门,安装好转子,将聚氨酯泡沫内衬放置在仪器内部,并与仪器紧密贴合,再将磨料放置在仪器内部,并使之与聚氨酯泡沫内衬紧密贴合,不得有折痕。

(2)对新磨料进行预磨,将调湿平衡后的纯棉机织物按照表 4-2 尺寸裁剪并按照4.6.4.3 制备,调节转子转速至(3000 ± 50)r/min,将单个纯棉机织物置于试验仓内,关闭试验仓门,启动仪器运转 3min,将磨料进行翻转(磨料靠近仓门边缘与靠近仓底边缘对调位置),重新放入新的纯棉机织物运转 3min 后取出,并清理试验仓。

(3)用天平称量调湿平衡后的试样,记为m_1。

(4)在转子转速为(3000 ± 50)r/min 条件下测试,若选用其他速度,应在试验报告中说明。将单个试样置于试验仓内,关闭试验仓门,启动仪器同时开启计时器,若选取其他转速,应在试验报告中说明。

（5）保持仪器运转至规定时间时停止仪器，若无特殊规定，一般纺织材料建议选取5min±2s，开启试验仓门，取出试样。若选取其他时间，应在试验报告中说明。若试样破损，应在试验报告中说明。

（6）用尼龙刷或吸尘器去除试验仓中碎屑。

（7）去除试样表面碎屑，并在标准大气中调湿试样。

（8）用天平称量磨损后的试样质量，记为m_2。

（9）按步骤（3）~（8），对剩余试样进行试验。

4.6.6　结果计算

按式（4-7）计算每块试样的质量损失率，精确至0.01%。以3块试样的质量损失率的平均值作为样品的质量损失率，修约到0.1%。

$$A = \frac{m_1 - m_2}{m_1} \times 100\% \tag{4-7}$$

式中：A——质量损失率；

m_1——试样初始质量，g；

m_2——试样磨损后质量，g。

4.6.7　影响因素分析

耐磨性是指非织造材料抵抗磨损的特性，其影响因素主要包括非织造材料内部因素和外界测试条件。非织造材料内部因素包括：非织造材料的表面处理工艺（覆膜、浸渍、烧毛等直接影响材料表面粗糙度的因素）、纤维类别、纤维强度、纤维长度、克重、厚度等；外界测试条件主要包括：预处理和测试条件（温度、湿度）、压力、磨料粗糙度、摩擦速度等。通常情况下，对于一定厚度的非织造材料，随着面密度的增加，非织造材料结构紧密，纤维间缠结更紧密，抱合力增大，摩擦时纤维不易移动，其耐磨性也增大。经表面处理工艺使表面变光滑会提高材料的整体耐磨性能。

第5章 非织造材料的形变及通透性能测试与分析

非织造材料的形变及通透性能对材料的应用有重要影响。不同纺织纤维原料、成网方式、加工工艺以及后处理方式都会对非织造材料的形变及通透性能产生不同的影响,具体测试与分析如下。

5.1 压缩性能

非织造材料和制品的压缩性能是其主要的力学性能之一,对产品的加工、使用及储运等都有重要影响,压缩性能包括蓬松性、压缩变形性、压缩柔软性及压缩回复弹性等。非织造材料压缩性能可参照执行 GB/T 24442.1—2009《纺织品 压缩性能的测定 第1部分:恒定法》。

5.1.1 原理

方法 A:压脚以一定速度相继对参考板上的试样施加恒定轻、重压力,保持规定时间后记录两种压力下的厚度值;然后卸除压力,试样得到恢复,到规定时间后再次测定轻压下的厚度。由此计算压缩性能指标。

方法 B:压脚以一定速度压缩试样至规定压缩变形时停止压缩,记录此刻及保持此变形一定时间后的压力,即可得到应力松弛性能指标。

如果分别测定恒定压缩变形前后的轻压厚度,可得到厚度损失率。

5.1.2 仪器

压脚及参考板表面应平整并相互平行,平行度小于 0.2%。压脚面积可调换,并按 200cm²、100cm²、50cm²、20cm²、10cm²、5cm² 和 2cm² 系列配置;参考板直径大于压脚直径至少 50mm。压脚应与参考板中心轴线重合,且压脚可沿参考板轴线方向匀速移动,速度可调范围至少 0.5~12mm/min。位移测定系统,测量范围至少 60mm,示值误差:3mm 内,±0.01mm;3~10mm,±0.03mm;10mm 以上,±0.05mm。压力测定系统,压力范围至少 0.02~100kPa,示值误差±1%。压力恒定系统,使试样承受的压力始终保持在预设压力,如采用压力自动闭合回路,压力响应不超过量程的 1%。具有位移及压力显示和记录系统,必要时应配备参数预置、曲线记录、数据处理等功能。集样器用于纤维类测定。有机玻璃制成,高 50~55mm,面积 200cm²、100cm²、50cm² 等规格。线框用于纱线类测定。用硬性薄板制作,一般为方形,其内边长至少大于压脚直径 40mm。在一对边有固定纱端的部件,如夹板、双面胶等。

5.1.3 取样

按 GB/T 6529—2008 规定进行预调湿、调湿和试验。试验前样品应在松弛状态下平衡,通常需调湿 16h 以上,合成纤维样品至少 2h,公定回潮率为 0 的样品可直接测定。样品的抽取方法和数量按产品标准规定或有关方面协商进行,从每个样品中取一个实验室样品。对于易变形或有可能影响试验操作的非织造布样品,应裁取足够数量的试样,裁样要求按上述规定,试样面积不小于压脚尺寸。

5.1.4 操作步骤

设定压脚面积为 100mm²,施加压力:轻压 2.5kPa,重压 50kPa,加压时间:轻压 10s,重压 180s,恢复时间 180s。

清洁压脚和参考板,驱使压脚以规定压力压在参考板上并将位移清零,而后使压脚升至适当的初始位置,一般蓬松试样将压脚设定在距试样表面 4~10mm 的位置,其他试样设定在 1~5mm 为宜。将试样平整无张力地置于参考板上,启动仪器,压脚逐渐对试样加压,压力达到设定轻压力时保持恒定,到规定时间后记录轻压厚度(T_0)。继续对试样加压,压力达到设定重压力时保持恒定,到规定时间后记录重压厚度(T_m)。重压保持规定时间后提升压脚卸除压力,试样恢复规定时间(压脚提升及返回的过程包括在内)后,再次测定轻压下的厚度,即恢复厚度(T_r)。然后使压脚回至初始位置,一次试验完成。移动试样位置或更换另一试样,重复上述步骤,直至测完所有试样。

5.1.5 结果计算与表示

方法 A(定压法)根据上面的测定值按式(5-1)、式(5-2)计算每个试样(或测定点)的压缩率(C)、压缩弹性率(R),修约至小数点后两位。

$$C = \frac{T_c}{T_0} \times 100\% = \frac{T_0 - T_m}{T_0} \times 100\% \tag{5-1}$$

$$R = \frac{T_{cr}}{T_c} \times 100\% = \frac{T_r - T_m}{T_0 - T_m} \times 100\% \tag{5-2}$$

式中:C——压缩率;

R——压缩弹性率;

T_0——轻压厚度,mm;

T_m——重压厚度,mm;

T_r——恢复厚度,mm;

T_c——压缩变形量,mm;

T_{cr}——变形回复量,mm。

分别计算试样 T_0、T_m、C、R 的算术平均值,T_0、T_m 修约至 0.01mm,C、R 修约至 0.1%。如需要,计算有关指标的变异系数 $CV(\%)$ 及 95% 置信区间。

5.1.6　影响因素分析

非织造材料的压缩性能一般与压脚面积、压力和压缩时间有关。当压脚面积越大时,压脚与材料表面的接触面积越大,压缩效果越明显;非织造材料的压缩性能同样会随着压力和压缩时间的增大而压缩效果越好,当压力逐渐增大时,压脚与材料表面接触程度增大,压缩效果越好。当压缩时间逐渐增大时,压脚与材料接触时间增多,因此压缩效果越好。

5.2　缩水率

缩水率是指非织造布在洗涤前后尺寸的差异,是评定衣衬类非织造材料的重要质量指标。缩水率测试有静态处理和动态处理之分,前者只进行浸泡而不发生机械作用,后者是将试样投入洗液中进行机械洗涤,它更接近于实际使用情况。静态浸渍法是从样品上裁取试样,经调湿后在规定条件下测量其标记尺寸;然后经过温水或皂液静态浸渍、干燥,再次测量原标记的尺寸,计算长度和/或宽度方向的尺寸变化率;动态洗涤法参考执行 FZ/T 01084—2017《黏合衬水洗后的外观及尺寸变化试验方法》。

5.2.1　原理

黏合衬与标准面料黏合的组合试样,在含有洗涤剂的一定温度水溶液中水洗后,用样照评定外观变化的等级,测试水洗尺寸变化的程度。

5.2.2　仪器

洗衣机,压烫机,恒温烘箱,合适的洗涤剂,合适的标记打印装置,铅笔,缝线,直尺(准确度 0.5mm),黏合衬与标准面料。

5.2.3　取样

(1)开放式的组合试样制作。剪取黏合衬试样两块,尺寸为 300mm×300mm;剪取标准面料两块,尺寸略大于黏合衬试样,一块黏合衬试样与一块标准面料进行压烫,制成组合试样两块。将组合试样置于标准大气中平衡 4h 后,用合适的标记打印装置在组合试样衬布一面的经(纵)向、纬(横)向各打三对 250mm 间距的标记,各组标记应距试样布边 25mm 左右,同向各组标记间隔为(100±10)mm,如图 5-1 所示。

(2)封闭式组合试样制作。剪取黏合衬试样两块,尺寸为 300mm×300mm;剪取标准面料四块,

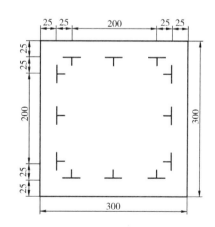

图 5-1　同向各组标记间隔
示意图(单位:mm)

尺寸略大于黏合衬试样;一块黏合衬试样与一块标准面料进行压烫,制成试样两块。将压烫后的两块试样置于标准大气中平衡 4h 后,用合适的标记打印装置在试样衬布一面的经(纵)向、纬(横)向各打三对 250mm 间距的标记,各组标记应距试样布边 25mm 左右,同向各组标记间隔为(100±10)mm,如图 5-1 所示。将一块标准面料覆盖在压烫后试样的衬面,四周用包缝机将两层面料缝合,制成组合试样两块。缝线的缩率应不影响试验结果,封闭式的组合试样即可供试验应用。

5.2.4 操作步骤

(1)组合试样水洗后尺寸变化率的洗涤程序。衬衫衬按 GB/T 8629—2001《纺织品 试验用家庭洗涤和干燥程序》程序 2A 洗涤一次,外衣衬和丝绸衬按 GB/T 8629—2001 程序 5A 洗涤一次。

(2)组合试样水洗后外观变化的洗涤程序。衬衫衬按 GB/T 8629—2001 程序 2A 洗涤三次;外衣衬中的耐洗型黏合衬按 GB/T 8629—2001 程序 5A 洗涤三次,耐高温水洗型黏合衬按 GB/T 8629—2001 程序 1A 洗涤一次;丝绸衬中的耐洗型黏合衬按 GB/T 8629—2001 程序 7A 洗涤三次,耐高温水洗型黏合衬按 GB/T 8629—2001 程序 2A 洗涤一次。

(3)将准备好的组合试样装入洗衣机,按 GB/T 8629—2001 规定,放入足够重量的增重陪洗物与洗涤剂,选择程序,开始洗涤。

(4)洗涤程序的最后一次脱水工序结束后,取出组合试样,拆除组合试样的缝线,组合试样用手摊平,干燥方式采用 GB/T 8629—2001 程序 A(悬挂晾干)或程序 F(烘箱干燥),有争议时,采用 GB/T 8629—2001 程序 A(悬挂晾干)。

(5)将组合试样置于 GB/T 6529—2008 规定的标准大气中平衡 4h。

(6)测量经(纵)向、纬(横)向每个方向上三组数据,精确至 0.5mm,分别取平均值,单位为 mm,计算结果按 GB/T 8170—2008 修约至小数点后一位。

5.2.5 结果计算与表示

(1)外观变化评定。将评定样照和组合试样置于合适角度的同一平面上,并按经(纵)向、纬(横)向排列,根据 FZ/T 01047—1997《目测评定纺织品色牢度用标准光源条件》进行目测对比,评定组合试样外观变化等级,以两块试样中等级低的一块试样等级为准。

(2)尺寸变化率测定。经(纵)向、纬(横)向水洗尺寸变化率按式(5-3)计算,计算结果取两块试样的平均值,按 GB/T 8170—2008 修约至小数点后一位。以负号(-)表示尺寸减小(收缩),以正号(+)表示尺寸增大(伸长)。

$$C = \frac{l_1 - l_0}{l_0} \times 100\% \tag{5-3}$$

式中:C——经(纵)向、纬(横)向的水洗尺寸变化率;

l_1——试验后基准标记线之间的平均尺寸,mm;

l_0——试验前基准标记线之间的平均尺寸,为 250mm。

5.2.6　影响因素分析

对于非织造材料来说,缩水率主要与非织造材料的自身结构和水洗程度有关。非织造材料结构主要包括纤维排列结构、蓬松程度、孔隙率大小等,非织造材料蓬松度越大、孔隙率越大、结构越稀松,其缩水率越差,反之越好;水洗程度主要包括水洗次数,水洗时间以及洗涤剂,随着水洗条件的变化,对非织造材料的水洗率都会有不同程度的影响。

5.3　干热尺寸变化率

材料的干热尺寸变化率是指材料在连续式压烫机或平板压烫机上经过处理后,材料收缩前后相关尺寸的比值。非织造材料的干热尺寸变化率可参考执行 FZ/T 01082—2017《黏合衬干热尺寸变化试验方法》。

5.3.1　原理

黏合衬与标准面料用连续式压烫机或平板压烫机压烫,测试组合试样在规定的温度、压力和时间作用下干热尺寸变化的程度。

5.3.2　仪器

压烫机,合适的标记打印装置,铅笔,缝线,直尺(准确度 0.5mm),黏合衬与标准面料。

5.3.3　取样

剪取黏合衬试样两块,黏合衬试样尺寸为 300mm×300mm;剪取标准面料两块,标准面料尺寸略大于黏合衬试样尺寸。将一块黏合衬试样置于 GB/T 6529—2008 规定的标准大气中平衡 4h 后,用合适的标记打印装置在试样的经(纵)、纬(横)向各打三对 250mm 间距的标记,各组标记应距试样布边 25mm 左右,同向各组标记间隔为(100±10)mm,如图 5-1 所示。

5.3.4　操作步骤

(1)使用连续式压烫机压烫试样时,将标准面料反面朝上,放在准备台上,黏合衬试样涂层面朝下,覆盖在标准面料上,黏合衬试样与标准面料经(纵)向、纬(横)向保持一致。

(2)使用平板式压烫机压烫试样时,将黏合衬试样涂层面朝上,放在下面,标准面料反面朝下,覆盖在黏合衬试样上,黏合衬试样与标准面料经(纵)向、纬(横)向保持一致。

(3)将组合试样按 FZ/T 01076—2019 规定的压烫条件压烫后,经冷却后取下,置于规定的标准大气中平衡 4h。

(4)分别测量试样上经(纵)向、纬(横)向各三对标记间的距离,精确至 0.5mm。

5.3.5　结果计算与表示

(1)计算试验前后试样经(纵)向、纬(横)向的平均距离,单位为 mm,计算结果按 GB/T

8170—2008 修约至小数点后一位。

(2)经(纵)向、纬(横)向干热尺寸变化率按式(5-4)计算,计算结果取两块试样的平均值,按 GB/T 8170—2008 修约至小数点后一位。以负号(-)表示尺寸减小(收缩),以正号(+)表示尺寸增大(伸长)。

$$C = \frac{l_1 - l_0}{l_0} \times 100\% \tag{5-4}$$

式中:C——经(纵)向、纬(横)向的干热尺寸变化率,%;

　　　l_1——试验后基准标记线之间的平均尺寸,mm;

　　　l_0——试验前基准标记线之间的平均尺寸,为 250mm。

5.3.6　影响因素分析

干热尺寸变化率是指在连续式压烫机或平板压烫机上经过处理后,材料收缩前后相关尺寸的比值。其主要因素与压烫机的压烫温度、压烫时间、压烫压力以及材料本身的物理化学性能有关,随着压烫机的压烫温度、压烫时间以及压烫压力的增大,材料的干热尺寸变化率会有所增大,反之则会减小。与此同时,材料自身的耐热性能同样会影响干热尺寸变化率,耐热性能越好,干热尺寸变化率越小。

5.4　蒸汽熨烫后尺寸变化率

材料的蒸汽熨烫后尺寸变化率是指在蒸汽熨斗或平板蒸汽压烫机上经过处理后,材料收缩前后相关尺寸的比值。非织造材料的蒸汽熨烫后尺寸变化率可参考执行 FZ/T 60031—2020《服装衬布蒸汽熨烫后的外观及尺寸变化试验方法》。

5.4.1　原理

利用工业用蒸汽熨斗或平板蒸汽压烫机,在规定的温度、压力、时间条件下,经过蒸汽作用,用评定样照评定组合试样外观变化的等级,测试服装衬布蒸汽熨烫尺寸变化。

5.4.2　仪器

工业用蒸汽熨斗;平板蒸汽压烫机[可以从面板上喷出蒸汽,并能施加一个均匀一致的压力,蒸汽应是饱和蒸汽,有蒸汽压力调节装置和空气压力调节装置;蒸汽压力调节范围为(0～1.00)MPa±0.05MPa;空气压力调节范围为(0～1.00)MPa±0.02MPa]合适的标记打印装置,标准面料,裁剪刀,钢尺,秒表,评定样照。

5.4.3　取样

同干热尺寸变化率试样制备。

5.4.4　操作步骤

将准备好的试样不受任何张力地平放在工作台上,根据试样纤维成分,将蒸汽熨斗设定在所需温度上,棉、麻、毛熨烫温度为160℃,涤纶熨烫温度为140℃,锦纶熨烫温度为100℃,混纺产品按照温度低的试样纤维,选择熨烫温度。

使用蒸汽熨斗,沿试样经(纵)向匀速压烫3次,试样两面需全部熨烫一遍。将试样在标准大气中调湿平衡4h以上。测量经(纵)向、纬(横)向每个方向上三组数据,精确到0.5mm,分别取平均值,计算结果修约至小数点后一位。

调节平板蒸汽压烫机的空气压力至(0.6±0.02)MPa,根据试样纤维成分,调节平板蒸汽压烫试验机的饱和蒸汽压力,棉、麻、毛饱和蒸汽压力为0.5~0.6MPa,涤纶饱和蒸汽压力为0.3~0.4MPa,锦纶饱和蒸汽压力为0.1~0.2MPa,混纺产品按照饱和蒸汽压力低的试样纤维,选择饱和蒸汽压力。将准备好的试样不受任何张力地平放在蒸汽压烫机的下压板上,放下盖板,在平板喷出蒸汽状态下,直接压烫试样10s。

抬起盖板,通过底板抽真空10s。取出试样轻轻抖动。翻转试样,重复步骤,共计3次,即整个过程为3次。将试样在标准大气中调湿平衡4h及以上。测量经(纵)向、纬(横)向每个方向上三组数据,精确至0.5mm,分别取平均值,计算结果修约至小数点后一位。

5.4.5　结果计算与表示

外观变化评定:将评定样照与组合试样放在同一平面上,并按同经(纵)向、纬(横)向排列,在标准光源条件或北向自然光下进行目测对比,评定组合试样外观变化等级,以两块试样中等级低的一块试样等级为准。

尺寸变化率测定:经(纵)向、纬(横)向尺寸变化率按式(5-5)计算,计算结果取两块试样的平均值,修约至小数点后一位。以负号(-)表示尺寸减小(收缩),以正号(+)表示尺寸增大(伸长)。

$$C = \frac{l_1 - l_0}{l_0} \times 100\% \tag{5-5}$$

式中:C——纵横向的蒸汽熨烫尺寸变化率;

l_1——试验后基准标记线之间的平均尺寸,mm;

l_0——试验前基准标记线之间的平均尺寸,为250mm。

5.4.6　影响因素分析

蒸汽熨烫后尺寸变化率影响因素与干热尺寸变化率基本一致。主要有熨烫温度、熨烫压力和熨烫时间。随着熨烫温度、熨烫压力和熨烫时间的增加,材料的蒸汽熨烫后尺寸变化率会有所增大,反之则会减小。

5.5 刚柔性

非织造材料的弯曲性能包括弯曲刚柔性、悬垂性和折皱恢复性等。刚柔性指织物的硬挺(抗弯刚度)和柔软度,是用于反映材料风格的重要指标,通常用抗弯刚度描述,抗弯刚度是指材料抵抗其弯曲方向形状变化的能力。非织造材料的刚柔性可参考 GB/T 18318.1—2009《纺织品 弯曲性能的测定 第1部分:斜面法》。

5.5.1 原理

一个矩形试样放在水平平台上,试样长轴与平台长轴平行。沿平台长轴方向推进试样,使其伸出平台并在自重下弯曲。伸出部分端悬空,由尺子压住仍在平台上的试样另一端。当试样的头端通过平台的前缘达到与水平线呈 41.5°倾角的斜面上时,伸出长度等于试样弯曲长度的两倍,由此可计算弯曲长度。

5.5.2 仪器

弯曲长度仪,平台,钢尺。

5.5.3 取样

(1)随机剪取 12 块试样,试样尺寸为(25±1)mm×(250±1)mm。其中 6 块试样的长边平行于织物纵向,6 块试样的长边平行于织物横向。试样至少取至离布边 100mm,并尽可能少用手摸。

(2)在 GB 6529—2008 规定的大气中调湿和试验。

5.5.4 操作步骤

(1)按 GB/T 24218.1—2009《纺织品 非织造布试验方法 第 1 部分:单位面积质量的测定》,测定和计算试样的单位面积质量。

码5-1 非织造
材料刚柔性测定

(2)调节仪器的水平。将试样放在平台上,试样的一端与平台的前缘重合。将钢尺放在试样上,钢尺的零点与平台上的标记 D 对准。以一定的速度向前推动钢尺和试样,使试样伸出平台的前缘,并在其自重下弯曲,直到试样伸出端与斜面接触。记录标记 D 对应的钢尺刻度作为试样的伸出长度(图5-2)。

(3)重复步骤(2),对同一试样的另一面进行试验。再次重复对试样的另一端的两面进行试验。

5.5.5 结果计算与表示

(1)取伸出长度的一半作为弯曲长度,每个试样记录 4 个弯曲长度,以此计算每个试样的平均弯曲长度。

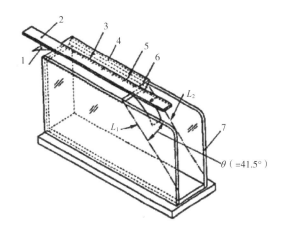

图 5-2 弯曲长度仪示意图

1—试样 2—钢尺 3—刻度 4—平台 5—D(标记) 6—平台前缘 7—平台支撑

（2）分别计算两个方向 6 块试样的平均弯曲长度 C,保留 1 位小数,单位为 cm。

（3）根据式（5-6）分别计算两个方向的平均单位宽度的抗弯刚度,保留三位有效数字。

$$G = m \times C^3 \times 10^{-2} \tag{5-6}$$

式中：G——单位宽度的抗弯刚度,mN·cm;

　　m——试样的单位面积质量,g/m²;

　　C——试样的平均弯曲长度,cm。

（4）分别计算两个方向的 C 和 G 的平均值变异系数 CV。

5.5.6 影响因素分析

刚柔性指织物的硬挺(抗弯刚度)和柔软度,非织造材料的抗弯刚度影响因素主要是材料的自身结构(纤维分布和厚度)。纤网厚度越大,其弯曲长度会越大,说明刚柔性越好,反之,当纤网越薄,越容易弯曲,刚柔性越差。而当纤维排列沿测试方向越多时,单位面积下受力会越大,刚柔性越好,反之相反。非织造材料的刚柔性应根据使用环境及要求进行选择。

5.6 悬垂性

悬垂性是指材料因自身重量而下垂的程度和形态,是反映非织造材料弯曲性能的一项物理指标,它与非织造材料的刚度有一定的内在联系。一般而言,非织造材料的刚度越好,其悬垂性越差。非织造材料的悬垂性参考执行 GB/T 23329—2009《纺织品　织物悬垂性的测定》。

5.6.1 原理

将圆形试样置于圆形夹持盘间,用与水平相垂直的平行光线照射,得到试样投影图,再通过光电转换计算或描图求得悬垂系数。

5.6.2 仪器

织物悬垂仪;透明纸环(当内径为 18cm 时,外径为 24cm、30cm 或 36cm;当内径为 12cm 时,外径为 24cm);天平;钢尺;剪刀;半圆仪;笔;制图纸。

5.6.3 取样

在离布边 100mm 范围内,从样品上裁取无折痕试样 3 块,在每块圆形试样的圆心处剪(冲)直径为 4mm 的定位孔。

试样的尺寸标准为:仪器夹持盘直径为 18cm 时,先使用直径为 30cm 的试样进行预实验,并计算该直径时的悬垂系数(D_{30})。

(1)若悬垂系数在 30%~85% 范围内,则所有试样直径为 30cm。

(2)若悬垂系数在 30%~85% 范围外,试样直径除了采用 30cm 外,还要按(3)、(4)所述条件选取对应试样直径进行补充测试。

(3)对于悬垂系数小于 30% 的柔软织物,所用试样直径为 24cm。

(4)对于悬垂系数大于 85% 的硬挺织物,所用试样直径为 36cm。

若仪器夹持盘直径为 12cm 时,所有试样的直径均为 24cm。

5.6.4 操作步骤

5.6.4.1 A 法(直接读数法)

(1)打开试验仓门,将试样(透光明显的织物不适用此法,可用 B 法)托放在试样夹持盘上,缓缓向下按动支架按钮,使支架张开,持续 3 次,然后拉出投影板,覆盖在试样夹持盘上方,关上试验仓门。

(2)点击测试界面上方的"自动绘制轮廓线"按钮(或"自动绘制轮廓线"图标),在图形边缘自动绘制出轮廓线。

(3)点击测试界面上方的"手绘轮廓线"按钮(或"手绘轮廓线"图标),对图形的轮廓线进行修改,使轮廓线更加准确。

(4)当图形的轮廓线确定后,点击测试界面上方的"修正轮廓线"按钮(或"修正轮廓线"图标),使图形的轮廓线更加清晰地显示出来。

(5)点击测试界面上方的"计算"按钮(或"计算"图标),自动计算出该方向的试样面积及悬垂系数。

5.6.4.2 B 法(描图称重法)

(1)将纸环放在仪器上,其外径与试样直径相同。

(2)将试样正面朝上,放在下夹持盘上,使定位柱穿过试样的定位孔;然后立即将上夹持盘放在试样上,便于定位柱穿过上夹持盘的中心孔。

(3)从上夹持盘放到试样上时开始用秒表计时,30s 后,打开灯源,沿纸环上面的投影边缘描绘出投影轮廓线。

（4）取下纸环，放在天平上称取纸环的质量，记作 m_1，精确至 0.01g。

（5）沿纸环上描绘的投影轮廓线剪取，弃去纸环上未投影的部分，用天平称量剩余纸环的质量，记作 m_2，精确至 0.01g。

（6）将同一试样反面朝上，使用新的纸环，重复步骤（1）~（5）。

（7）一个样品至少取 3 个试样，对每个试样的正反两面均进行测试，即一个样品至少进行 6 次上述操作。

5.6.5　结果计算与表示

计算每个样品的悬垂系数 D 以百分率表示，见式（5-7）：

$$D = \frac{m_2}{m_1} \times 100\% \tag{5-7}$$

式中：D——悬垂系数；

m_1——纸环的总质量，g；

m_2——代表投影部分的纸环质量，g。

分别计算试样正面和反面的悬垂系数平均值，并计算样品悬垂系数的总体平均值。

5.6.6　影响因素分析

材料悬垂性的影响因素很多，材料重量是影响悬垂性的重要因素，重量越大，悬垂系数越小，悬垂性越好；此外，材料的厚度对悬垂性的影响，主要是靠改变材料的重量和刚柔性，前者增大可以使悬垂系数变小，后者可以使悬垂系数变大；悬垂系数与材料的纵向弯曲刚性存在正比例关系，横向弯曲刚性越大，材料越不易弯曲，悬垂性能越差。而悬垂系数与纵向弯曲刚性之间的相关性较弱。

5.7　褶皱回复性

褶皱回复性是指在规定条件下折叠加压，卸压后，织物能恢复到原来状态至一定程度的性能。织物在服用过程中，受到搓揉和弯曲而变形，形成不规则的折痕，使外观受到不同程度的影响，降低了服用性能。因此，折痕回复性能是考核织物质量的一个重要指标。非织造材料的褶皱回复性参考执行 GB/T 29257—2012《纺织品　织物褶皱回复性的评定　外观法》。

5.7.1　原理

试样在褶皱仪中扭转一定角度，对扭转后的试样施加定负荷一定时间，使其产生褶皱。将褶皱的试样在标准大气中回复规定的时间，然后在规定条件下对其外观起皱的程度进行评级。

5.7.2　仪器

褶皱仪，照明设备，剪刀，熨斗，宽口镊子，有机玻璃压片，测试试样。

5.7.3 取样

从样品的无褶皱区域剪取三块试样,每块尺寸约为 150mm×280mm,试样离布边的距离大于 50mm。在每块试样的正面做标记。如果在试样上出现不可避免的任何褶皱,在调湿之前,要用蒸汽熨斗进行轻微熨烫。

5.7.4 操作步骤

(1)仪器调整。升起褶皱仪的上压头,使其固定在项部。

(2)将经过预调湿和调湿的试样正面朝外,其长边(即 280mm 的一边)围在褶皱仪的上压头上,并且用夹持器将其夹住。调整试样的末端,以使试样在夹持器两边的开口是相对的。用相同的方法将试样长边的另一端夹住。

(3)通过拉试样的底部来调节试样,以使试样平整,在上下压头之间没有松弛。

(4)设定上压头下降速度为(200±10)mm/min,使其在下降的同时进行旋转,直到静止位置。

(5)当试样所受负荷达到(39.2±1.0)N 时,保持该负荷,开始计时。

(6)(20.0±0.1)min 之后,升起上压头,去除负荷,松开夹持器。轻轻地从褶皱仪上取下试样,不能扭曲任何已形成的折痕。

(7)尽量避免用手接触试样,将较短边(即 150mm 的一边)夹在试样架上,并且使试样沿较长一边垂直悬挂。

(8)将夹有试样的试样架放在标准大气中平衡 24h 之后,轻轻地放到评级区域。

5.7.5 结果计算与表示

根据表 5-1 描述,将最接近试样外观的级数作为评定等级。如果起皱的情况介于两级之间,则记录半级,如 3.5 级。同样,试验人员独立地对其他两块试样进行评级。其他两个试验人员以同样的方式独立评定试样等级。

表 5-1 织物起皱等级

级数	试样表面起皱状态描述
5	无变化
4	试样表面有轻微折痕或起皱
3	试样表面有清晰折痕或起皱,但起伏不明显
2	试样表面有显著折痕或起皱,起伏较大,折痕或起皱覆盖试样的大部分表面
1	试样表面有严重折痕或起皱,起伏很大,折痕或起皱覆盖试样的整个表面

5.7.6 影响因素分析

褶皱回复性主要与材料的结构(纤网结构和厚度)有关,当非织造材料越厚,褶皱回复性越差,布面效果越差;纤网排列越杂乱,褶皱回复性越差,布面效果越差。

5.8　透气性

透气性是指气体通过非织造材料的性能,通常用透气量来衡量。非织造材料的透气性参考执行 GB/T 24218.15—2018《纺织品　非织造布试验方法　第 15 部分:透气性的测定》。

5.8.1　原理
在规定的压差下,测试一定时间内气流垂直通过试样规定面积的流量,计算透气率。

5.8.2　仪器
全自动透气量仪、剪刀。

5.8.3　取样
依据产品标准或相关方协商确定取样。对于可直接测试大尺寸非织造材料的试验设备,可在大尺寸非织造材料上随机选取至少 5 个部位作为试样进行测试;对于无法测试大尺寸试样的试验设备。则用切割模或模板剪取至少 5 块 100mm×100mm 大小的试样。将试样放入标准大气环境中调湿至平衡。握持试样的边缘,避免改变非织造布测试面积的自然状态。

5.8.4　操作步骤
(1)将试样放置在测试头上,用夹持系统固定试样,防止测试过程中试样扭曲或边缘气体泄漏。当试样正反两面透气性有差异时,应在试验报告中注明测试面。对于涂层试样,将其涂层面向下(朝向低压力面)以防止边缘气体泄漏。

码5-2　非织造材料透气性测定

(2)打开真空泵,调节气流流速直至达到所要求的压差,即 100Pa、125Pa 或 200Pa。在一些新型的仪器上测试压力值是数字预选的,测量孔径两侧的压差以所选的测试单位数字显示,以方便直接读取。

(3)如果使用压力计,直到所要求的压力值稳定,再读取透气性值,单位为 L/(cm² · s)。经利益双方协商确定,也可使用其他同等单位。当测试织物非常稀疏或非常紧密,可能需要测试除标准规定外的其他压差。增加的压差应在报告中说明。

5.8.5　结果计算与表示
根据下式计算每块试样的透气率,结果取所有试样的算术平均值,其中每块试样的测试值及算术平均值均修约到 3 位有效数字。计算变异系数并精确至 0.1%。

$$R = \frac{\overline{qv}}{A} \tag{5-8}$$

式中:R——透气率,L/(cm^2·s);

  $\overline{qv}$——平均气流量,L/s;

  A——试验面积,cm^2。

在海拔高于 2000m 的地区测试透气性时,如果测试设备不能够进行校准,则需要一个修正因子计算结果。

5.8.6 影响因素分析

非织造材料的透气性主要与材料的孔隙率有关,孔隙率越大,透气性越好;孔隙率越小,透气性越差。制备过程中,通常根据需求来调控孔隙率的大小,进而改善其透气性。透气性与保暖性直接相关,当非织造材料保暖性越好时,透气性越差,保暖性越差时,透气性越好,因此会根据不同的应用领域设计和选择不同透气效果的非织造材料。

5.9 透湿性

透湿性又称透气性,是指水蒸气透过非织造材料的性能。透湿性是絮片、黏合衬、太空棉、Gore-Tex 等用于服装、卫生(卫生巾、尿不湿)等非织造材料的重要舒适、卫生性能指标,它将直接影响服装和卫生材料的排放汗、汽的功能。当非织造材料两侧存在湿度差时,水蒸气就将从湿度较高的一侧向湿度较低的一侧扩散,非织造材料的透湿性测定可以参考执行 GB/T 12704.1—2009《纺织品 织物透湿性试验方法 第 1 部分:吸湿法》或 GB/T 12704.2—2009《纺织品 织物透湿性试验方法 第 2 部分:蒸发法》。

5.9.1 原理

根据 GB/T 12704.1—2009《纺织品 织物透湿性试验方法 第 1 部分:吸湿法》,把盛有干燥剂并封以非织造材料试样的透湿杯放置于规定温湿度的密封环境中,根据一定时间内透湿杯质量变化计算试样透湿率、透湿度和透湿系数。GB/T 12704.2—2009《纺织品 织物透湿性试验方法 第 2 部分:蒸发法》,则是把一定温度蒸馏水用非织造试样封存在透湿杯中,并放置于规定温度和湿度的密封环境中,根据一定时间内透湿杯质量变化计算试样透湿率、透湿度和透湿系数,相关注意事项如下。

(1)透湿杯及其组件的结构与尺寸如图 5-3 所示,其材质要求不透湿、不透气、耐腐蚀,总质量小于 210g。

(2)所使用的干燥剂为无水氯化钙,粒径为 0.63~2.5 mm,试验前需在 160℃烘箱中提前干燥 3h。

(3)试样为直径为 70mm 的圆形,数量为 3 块,取样位置要求距离边缘 1/10 幅宽,且距离匹端至少 2m。

(4)对于两面成分不同的试样(如复合、涂层等),则应在两面各取 3 块,且其表面要求平整、均匀、无缺陷。

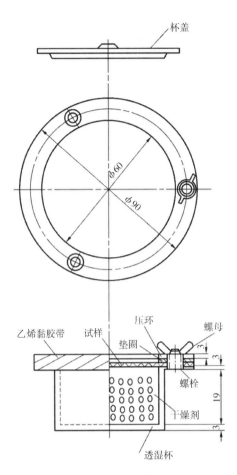

图 5-3　透湿杯及其附件(单位:mm)

5.9.2　仪器

试验箱,烘箱,干燥剂,干燥器,标准筛,透湿杯及附件,电子天平,标准圆片冲刀,量筒,织物厚度仪。

5.9.3　取样

(1)样品应在距布边 1/10 幅宽,距匹端 2m 外裁取,样品应有代表性。

(2)从每个样品上至少剪取三块试样,每块试样直径为 70mm。对两面材质不同的样品(例如,涂层织物),若无特别指明,应在两面各取 3 块试样,且应在试验报告中说明。

(3)对于涂层织物,试样应平整、均匀,不得有孔洞、针眼、皱褶、划伤等缺陷。

(4)对于试验精确度要求较高的样品,应另取一个试样用于空白试验。

(5)试样按 GB/T 6529—2008 规定进行调湿。

5.9.4 操作步骤

5.9.4.1 吸湿法

吸湿法试验箱条件包括三种:温度(38±2)℃,相对湿度90%±2%;温度(23±2)℃,相对湿度50%±2%;温度(20±2)℃,相对湿度65%±2%。试验步骤如下。

(1)向清洁、干燥的透湿杯内装入规定的干燥剂约35g,并振荡平整,其高度为试样下表面4mm左右;空白试验的杯中不加干燥剂。

(2)将试样测试面朝上放置在透湿杯上,装上垫圈和压环,旋上螺帽,再用乙烯胶黏带从侧面封住压环,垫圈和透湿杯,组成试验组合体。

注:步骤(1)和(2)尽可能在短时间内完成。

(3)迅速将整个试验组合体水平放置在已达到规定试验条件的试验箱内,如放置在温度(38±2)℃、相对湿度90%±2%的试验箱中平衡1h后取出。

(4)迅速盖上对应杯盖,放在20℃左右的硅胶干燥器中平衡30min,按编号逐一称量;精确至0.001g,每个试验组合体称量时间不超过15s。

(5)称量后轻微振动杯中的干燥剂,使其上下混合,避免上层干燥剂干燥效果减弱影响试验结果,但不能接触试样。

(6)除去杯盖,迅速将试验组合体放入试验箱内,经试验1h后取出,按步骤(4)规定称量,每次称量试样组合体的先后顺序应一致。

注:若两次称量差值相差很小则表明试样透湿性过小,则可延长步骤(6)规定的试验时间,并在试验报告中说明。

(7)干燥剂吸湿总增量不得超过10%。

5.9.4.2 蒸发法

(1)用量筒精确量取与试验条件温度相同的蒸馏水34mL,注入清洁、干燥的透湿杯内,使水距试样下表面位置10mm左右。

(2)将试样测试面朝下放置在透湿杯上,装上垫圈和压环,旋上螺帽,再用乙烯胶黏带从侧面封住压环、垫圈和透湿杯,组成试验组合体。

码5-3 非织造材料透湿性测定

注:步骤(1)和(2)应尽可能在短时间内完成。

(3)迅速将试验组合体水平放置在已达规定试验条件的试验箱内,经过1h平衡后,按编号在箱内逐一称量,精确至0.001g。若在箱外称重,每个试验组合体称量时间不超过15s。

(4)随后经过试验时间1h后,按步骤(3)规定以同一顺序称量。

(5)整个试验过程中要保持试验组合体水平,避免杯内的水沾到试样的内表面。

注:若试样透湿率过小,可延长步骤(4)规定的试验时间,并在试验报告中说明。

5.9.5 结果计算与表示

(1)试样透湿率按式(5-9)计算。试验结果以三块试样的平均值表示,结果按GB/T

8170—2008 修约至三位有效数字：

$$WVT = \frac{(\Delta m - \Delta m')}{At}$$ (5-9)

式中：WVT——透湿率，$g/(m^2 \cdot 24h)$；

　　　　Δm——同一试验组合体两次称量之差，g；

　　　　$\Delta m'$——空白试样的同一试验组合体两次称量之差，g；不做空白试验时，$\Delta m' = 0$；

　　　　A——有效试验面积（本部分中的装置为 $0.00283m^2$），m^2；

　　　　t——试验时间，h。

（2）试样透湿度按式（5-10）计算，结果按 GB/T 8170—2008 修约至三位有效数字：

$$WVP = \frac{WVT}{\Delta p} = \frac{WVT}{p_{CB}(R_1 - R_2)}$$ (5-10)

式中：WVP——透湿度，$g/(m^2 \cdot Pa \cdot h)$；

　　　　Δp——试样两侧水蒸气压差，Pa；

　　　　p_{CB}——在试验温度下的饱和水蒸气压力，Pa；

　　　　R_1——试验时试验箱的相对湿度；

　　　　R_2——透湿杯内的相对湿度。

　　　注：透湿杯内的相对湿度可按 100% 计算。

（3）如果需要，按式（5-11）计算透湿系数，结果按 GB/T 8170—2008 修约至两位有效数字：

$$PV = 1.157 \times 10^{-9} WVP \cdot d$$ (5-11)

式中：PV——透湿系数，$g \cdot cm/(cm^2 \cdot s \cdot Pa)$；

　　　　d——试样厚度，cm。

　　　注：透湿系数仅对于均匀的单层材料有意义。

（4）对于两面不同的试样，若无特别指明，分别按以上公式计算其两面的透湿率、透湿度和透湿系数，并在试验报告中说明。

5.9.6　影响因素分析

非织造材料的透湿性与透气性影响因素相似，均与材料表面的孔隙率有关，透气性是探究气体的透过率，而透湿性是探究水蒸气透过率。随着材料的孔隙率越大，透湿性越好，反之越差。透湿性是絮片、黏合衬、太空棉、Gore-Tex 等用于服装、卫生（卫生巾、尿不湿）等非织造材料的重要舒适、卫生性能指标，它将直接影响到服装和卫生材料的排放汗、气的功能。

5.10　抗渗水性的静水压法测定

非织造布抗渗水性的静水压法是测试非织造布抗渗水性方法之一，通过测试的水透过织物所遇到的阻力，表达非织造布抵抗被水渗透的能力。在标准大气条件下，织物涂层面接触水面承一个持续上升的水压或规定的水压，测量渗出水珠时的压力值，并以此压力值表示涂层织物的抗渗水性。非织造材料抗渗水性的静水压法参考执行 GB/T 24218.16—2017《纺织品　非织造布试验方法　第 16 部分:抗渗水性的测定(静水压法)》。

5.10.1　原理

将试样安装在测试头上,试样的测试面承受以恒定速率上升的水压,直到试样的另一面出现三处渗水点为止。记录第三处渗水点出现时的压强值作为试验结果。

5.10.2　仪器

耐静水压仪、秒表、试样裁剪器和尼龙网(可选)。

5.10.3　取样

裁取代表性试样,每块样品至少裁取 5 块试样,试样尺寸宜足够大,并按照 GB/T 6529—2008 规定的标准大气条件对试样进行调湿和试验。

5.10.4　操作步骤

以 (10 ± 0.5) h·Pa/min 或 (60 ± 3) h·Pa/min 的水压上升速率对试样施加持续递增的水压,并观察渗水过程。当形成 3 个不同渗水点时,测试结束。读取试样上第 3 处渗水点刚出现时的静水压值或压强计上的刻度。如果第 3 处水珠出现在夹持装置的边缘,且导致该试样的测试结果低于同一样品其他试样的最低值,则剔除此数据,增加试样另行试验,直到获得正常试验结果。

码5-4　抗渗水性的静水压法测定

5.10.5　结果计算与表示

(1)记录每块试样的静水压值,单位为 kPa 或 mbar,需要时转换为 cmH_2O。

(2)计算每块样品测试结果的平均值。

(3)计算标准偏差,必要时计算变异系数。报出至少 5 块试样静水压值的平均值和标准偏差。

5.10.6　影响因素分析

非织造布抗渗水性的静水压法是测试非织造布抗渗水性方法之一,通过测试的水透过织物所遇到的阻力,表达非织造布抵抗被水渗透的能力。主要与材料的厚度和孔隙率有关,当厚度越大、孔隙率越小时,材料的抗渗水性越好,反之越差。

5.11　抗渗水性的喷淋冲击法测定

非织造布抗渗水性的喷淋冲击法是测试非织造布抗渗水性方法之一,通过测试两次吸水纸的质量,表达非织造布抵抗被水渗透的能力。非织造材料抗渗水性的喷淋冲击法是参考执行 GB/T 24218.17—2017《纺织品　非织造布试验方法　第 17 部分:抗渗水性的测定(喷淋冲击法)》。

5.11.1　原理

将试样覆盖在一张已知质量的吸水纸上,然后把规定体积的水喷淋到试样上,再次称量吸水纸质量。两次质量的差值为渗水量。差值越大,渗水量越大,样品的抗渗水性越差。

5.11.2　仪器

冲击渗透试验仪,吸水纸,秒表,天平,隔板,水滴收集器,三级水。

5.11.3　取样

将样品和吸水纸放入 GB/T 6529—2008 规定的标准大气中调湿平衡,从样品上剪取 5 个尺寸为(175±1)mm×(325±1)mm 的试样,试样长度方向为样品的直向,称量吸水纸的初始质量(m),精确至 0.01g。

5.11.4　操作步骤

(1)将试样平整地置于试样台上。

(2)将已知质量的吸水纸平整地放于被夹持试样下面的居中位置。

(3)将(500±10)mL,温度为(27±1)℃的水倒入仪器的漏斗中,使其喷淋到试样上。当连续喷淋水流停止后 2s,放置水滴收集器,防止剩余的水滴落到试样上。

(4)小心拿起试样,移走其下面的吸水纸,立即称量吸水纸质量(m_2),精确至 0.01g。

5.11.5　结果计算与表示

计算吸水纸质量 m_2 与 m_1 的差值作为试样渗水量,单位为 g。报告样品的单值、平均值和标准偏差。

5.11.6　影响因素分析

喷淋冲击法是评价非织造布抗渗水性的另一种方法,影响其水渗透能力的因素如前所述。

第6章　土工及建筑用非织造材料

土工合成材料是在岩土工程和土木工程中与土壤和(或)其他材料相接触使用的一种产品的总称,其至少由一种合成或天然聚合物组成,可以是片状的、条状的或三维结构的。主要品种有土工织物、土工格栅、土工网、土工膜、土工格室、土工复合材料、土工合成材料膨润土垫(GCL)、土工管、土工泡沫等。目前,土工合成材料广泛应用于公路、铁路、电力、水利、军工、环保等各个领域。本章主要围绕非织造相关土工材料的性能检测及质量评价进行探讨。

6.1　非织造土工布

6.1.1　概述

土工织物又称土工布,是一种平面状、可渗透的、由聚合物(天然或合成)组成的纺织材料,在岩土工程和土木工程中与土壤和(或)其他材料相接触,因此美国材料实验室学会(ASTM)为其下的定义是:"一切和地基、土壤、岩石或其他土建材料一起使用,并作为人造工程、结构、系统的组成部分的纺织物称为土工布"。土工布的用途多种多样,已经广泛应用于公路、铁路、水利、电力、建筑、海港、采矿、军工、环保等各个工程领域。在应用过程中土工布发挥的主要功能包括过滤、排水、隔离、加筋、防渗和防护等。

(1)过滤作用。土工布特别是非织造土工布为杂乱的三维立体结构,有长屈曲型通道状孔隙,具有良好的透水、透气性,可允许土体内部液体通过并排出,有效阻止土颗粒、细沙石的流失,既可以起到保土作用,又可以防治土体破坏,保持工程的安全稳定。

(2)排水作用。土工布作为一种良好的导水材料,本身可作为排水通道,将土体结构内部的水分汇集在材料内,沿着土工布缓慢地排出土体。

(3)隔离作用。土工布能够把两种及以上物理或化学性质不同的材料隔离开来,避免相互混杂而失去各种材料的整体性和结构完整性。

(4)加筋作用。土工布置于土体内部作为加筋材料,或土工布与土相结合形成一个复合体,提供工程稳定性。

(5)防渗作用。土工布和土工膜等复合后具有较低的透水(气)性,可阻止液体或气体流动和扩散,发挥防渗作用或包容作用。

(6)防护作用。通过设置土工布防护措施,可减少由降雨冲击和地表水径流造成的土壤流失。

土工布按制造方法分为织造土工布和非织造土工布。非织造土工布指由定向的或随机取向的纤维、长丝或其他成分,通过机械固结、热黏合和(或)化学黏合方法制成的土工布。所使用的原料有天然纤维中的棉和麻,合成纤维中的丙纶、涤纶、锦纶、维纶等。

6.1.2 标准及性能测试

作为工程材料的土工布需要相应的测试来反映工程性能的定量指标。对土工合成材料的检测具体可分为四大类:一是,鉴别特性指标如厚度、面密度等;二是,力学性能指标如抗拉强度、撕裂强度、顶破强度等;三是,水力学性能指标如等效孔径、垂直渗透系数、平面渗透系数等;四是,耐久性能指标如抗紫外、抗酸碱等(表6-1)。

表6-1 土工合成材料的检测

测试性能	指标	测试性能	指标
鉴别特性	厚度	力学性能	抗拉强度
	单位面积质量		握持拉伸强度
水力学性能	有效孔径		撕裂强度
	垂直渗透系数		顶破强度
	平面渗透系数		刺破强度
	梯度比 GR		胀破强度
耐久性能	抗紫外线		直剪摩擦系数
	抗水解		拉拔摩擦系数
	抗酸、碱		接头/接缝拉伸强度

6.1.2.1 土工布的取样和试样准备

土工布的取样和试样准备参考执行 GB/T 13760—2009《土工合成材料 取样和试样准备》,等同于 ISO9862:2005,IDT。

(1)取样。由双方确定取样的卷装数,卷装无破损,呈原封不动状。试验的试样需在同一样品上取样,避免在卷装的头两层取样,避免污渍、不规则块、折痕、孔洞或者其他损伤部分。土工布样品需标明的内容见表6-2,当样品的两面具有显著差异时,需要在标明卷装的里面和外面,做好样品标记。样品应保存在干净、干燥、阴凉避光处,不可折叠,可卷起存放,避免化学物品侵蚀和机械损伤。

表6-2 土工布样品需标明的内容

序号	内容
a	制造商和(或)供应商
b	产品名称
c	产品型号
d	批号
e	单元名义毛重

序号	内容
f	单元尺寸
g	名义单位面积质量
h	主要聚合体的种类(每种成分)
i	产品类别

(2)试样准备。样品经调湿后,再切成规定尺寸的试验试样。试样要求如下:

①需从距样品布边 10cm 以上部位取样。

②需沿着卷装长度和宽度方向切割,根据需要标记长度方向。

③不能包含影响试验结果的任何疵点。

④同一项试验的试样应避免取在相同的纵向或横向位置。

⑤由切割造成样品的破碎并影响试验结果,需将所有脱落碎片归放到试样一起,直至进行试验。

6.1.2.2 土工布的单位面积质量检测

土工布单位面积质量的测定方法参考执行 GB/T 13762—2009《土工合成材料 土工布及土工布有关产品单位面积质量的测定方法》。

单位面积质量是指单位面积土工布具有的质量,即每平方米土工布具有的质量,单位为 g/m²。其测定原理是从样品的整个宽度和长度方向上截取已知尺寸的方形或圆形试样,并对其称量,然后计算出单位面积质量。土工布的单位面积质量检测试样面积为 100cm²,按 GB/T 13760—2009 规定取样,至少 10 块,每个试样分别称量,精度为 10mg。土工布单位面积质量计算公式参考如下:

$$\rho_A = \frac{m \times 10000}{A} \tag{6-1}$$

式中:ρ_A——单位面积质量,g/m²;

　　　m——试样质量,g;

　　　A——试样面积,cm²。

计算 10 块试样单位面积质量平均值,结果修约至 1g/m²,并计算变异系数。

6.1.2.3 土工布厚度检测

土工布厚度测定方法参考执行 GB/T 13761.1—2009《土工合成材料 规定压力下厚度的测定 第 1 部分:单层产品厚度的测定方法》。

其原理是将试样放置在基准板上,用与基准板平行的圆形压脚(压脚面积要小于试样面积)对试样施加规定压力一定时间后,测量基准板和压脚之间的垂直距离,精确到 0.01mm。不同类型的土工材料,采用的规定压力有所不同:如厚度均匀的聚合物、沥青防渗土工膜,压力为(20±0.1)kPa;其他所有土工合成材料,压力为(2±0.1)kPa;厚度不均为的聚合物、沥青防渗土工膜,压力为(0.6±0.1)kPa。

检测仪器采用厚度试验仪,用于测定厚度均匀的材料时对于圆形压脚尺寸见表 6-3。

表 6-3　圆形压脚尺寸

土工合成材料的种类	压脚尺寸
聚合物、沥青防渗土工膜	直径为(10±0.05)mm
其他土工合成材料	面积为(25±0.2)cm^2

注　经有关方协商后,可选用其他压脚尺寸,并在试验报告中注明。

基准板表面要平整,在测定厚度均匀的材料时,其直径至少大于压脚直径的 1.75 倍;在测定厚度不均匀的材料的较薄部位时,其直径可以与压脚相同,或使用相同尺寸的其他支撑装置,确保能与试样的下表面完全接触。

土工布厚度检验的取样按 GB/T 13760—2009 规定选择和裁取,要求至少 10 块试样,其直径至少大于压脚直径的 1.75 倍。

6.1.2.4　土工布有效孔径检测

土工布有效孔径的测定方法参考执行 GB/T 14799—2005《土工布及其有关产品有效孔径的测定　干筛法》和 GB/T 17634—2019《土工布及其有关产品有效孔径的测定　湿筛法》。

(1)干筛法。干筛法适用于各类土工布及相关产品。

①原理。用土工布试样作为筛布,将已知直径的标准颗粒材料放在土工布上面振筛,称量通过土工布的标准颗粒材料重量,计算出过筛率,调换不同直径标准颗粒材料进行试验,绘出土工布孔径分布曲线,并求出有效孔径值(O_{90}),即能有效通过土工布的近似最大颗粒直径,例如 O_{90} 表示土工布中 90% 的孔径低于该值。

码6-1　土工布
有效孔径测定

②仪器及试样。直径 200mm 的支撑网筛,标准筛振筛机,天平(感量 0.01g),标准颗粒材料可选用洁净的玻璃珠或者球形砂粒,必要时需进行洗涤烘干,粒径(mm)分组如下:0.045~0.063,0.063~0.071,0.071~0.090,0.090~0.125,0.125~0.180,0.180~0.250,0.250~0.280,0.280~0.355,0.355~0.500,0.500~0.710。

试样根据 GB/T 13760—2009 选取 5×n 块,n 为选取粒径的组数。试样直径应大于筛子直径。

③试验步骤。首先应将试样与标准颗粒材料同时在标准大气下进行调湿平衡,将同组 5 块试样放入支撑网筛上。称取 50g 标准颗粒材料均匀撒在试样表面,摇筛试样 10min 后称量通过试样的颗粒材料质量。做好记录后更换新的试样,用较粗的标准颗粒材料重复试验,直至取得不少于三组连续分级标准颗粒材料的过筛率,其中一组过筛率低于 5%。

过筛率按下式计算:

$$B = \frac{m_1}{m} \times 100\% \tag{6-2}$$

式中:B——某组标准颗粒材料通过试样的过筛率;

　　　m_1——5 块试样同组粒径过筛量的平均值,g;

m——每次试验用的标准颗粒材料量,g。

(2)湿筛法。湿筛法在试验过程中模拟实际工作条件,通过向试样和颗粒级配材料喷水,采用湿筛原理测定土工布的孔径,适用于各类土工布及相关产品。

①原理。以不加张力的单层试样作为筛网,在无外界压力,并在规定的振动频率和振幅下,对试样及级配颗粒材料(通常为砂土)进行喷水,使级配颗粒材料通过试样。以通过的颗粒材料的特定粒径表示试样的特征孔径。

②仪器及试样。通过供水系统中喷嘴进行喷水的筛分设备,网栅,滤纸,烘箱,试验筛,天平(精确度0.01g),秒表。选取的颗粒材料基本上为圆形,不应间断级配,满足$d_{20} \leqslant O_{90} \leqslant d_{80}$,颗粒在水中不聚集。

试样根据 GB/T 13760—2009 选取 5 个,置于平台处,不得施加任何压力。

③试验步骤。测试并记录试样的干重(精确至0.1g)。在试验室温度下,试样置于含有润湿剂的水(烷基苯磺酸钠与水的体积比为0.1%)中至少12h达到饱和状态后,平整且无张力地放到筛分仪器上。

根据每块试样的有效筛分区域,颗粒材料的用量为(7.0±0.1)kg/m²。颗粒材料测重后均匀地撒在试样上,对整个试样均匀喷水,不应有水停留。启动筛分装置,筛分600s后分别测定颗粒材料通过量、未通过量,其中通过和未通过的颗粒材料的总干重与初始投放量之间的偏差不应超过1%。计算颗粒材料通过率和损失率,结合试样颗粒材料的平均通过率来确定颗粒粒径分布。

6.1.2.5 土工布拉伸性能检测

土工布拉伸试验参考执行 GB/T 15788—2017《土工合成材料 宽条拉伸试验方法》。此试验方法包括强力和伸长特性的测定。

码6-2 土工布
拉伸性能测定

(1)原理。将试样的整个宽度夹持在拉伸试验机的夹具或者钳口中,试验机以恒定位移速率沿试样长度方向施加载荷直至试样断裂。采用的试样宽度大于长度是本方法与其他测定织物拉伸性能试验方法的根本区别,这样可降低土工合成材料在负荷作用下隔距长度范围内收缩趋势的影响,并能提供与所期望的土工合成材料现场工作特性较为接近的指标。

码6-3 土工布
湿态断裂强力
测定

(2)仪器及试样。拉伸试验仪,其夹具应具有足够宽度。引伸计、蒸馏水、非离子润湿剂。

试样按 GB/T 13760—2009 规定沿纵向和横向各选取至少 5 块,每块试样的宽度为(200±1)mm,长度满足夹钳隔距100mm。对于使用切刀或剪刀裁剪可能会造成结构影响的材料,可以使用热切或其他技术进行裁剪。

(3)试验步骤。对于湿态试验的样品应浸入温度为(20±2)℃的水中至少24h,为保证试样完全润湿,可加入非离子润湿剂。湿态试样在取出3min内完成测试。

具体操作参照 GB/T 24218.3—2010《纺织品 非织造布试验方法 第3部分:断裂强力和断裂伸长率的测定(条样法)》。

6.1.2.6 土工布接头/接缝宽条拉伸性能检测

非织造土工布接头/接缝拉伸试验方法参考执行 GB/T 16989—2013《土工合成材

料　接头/接缝宽条拉伸试验方法》。此试验方法定量测定土工合成材料的接头/接缝拉伸强力,能够提供数据表明可达到的接头/接缝强力。包括测定调湿和浸湿两种试样拉伸性能的程序,不适用于聚合物或沥青防渗土工膜。

(1)原理。将 200mm 宽且含有一接头/接缝的土工合成材料试样的整个宽度夹持在拉伸试验机的夹具上,以规定的伸长速率拉伸(拉伸方向垂直于接头/接缝),在拉伸力的作用下直至试样的接头/接缝断裂。

(2)仪器及试样。非织造土工布接头/接缝拉伸试验仪器同宽条拉伸试验方法。

非织造土工布按图 6-1 所示剪取试样,5 块试样最终宽度为 200mm,在平行于接头/接缝的两端各延长出 25mm。从试样上剪去阴影区域时,A 角应为 90°。

(3)试验步骤。非织造土工布接头/接缝拉伸试验步骤同宽条拉伸试验方法。

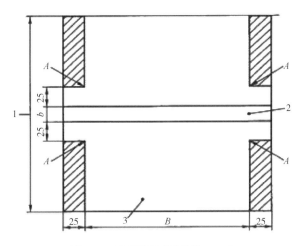

图 6-1　试样的准备(单位:mm)

1—试样长度　2—接头/接缝　3—制备好的试样　A—90°切角　B—试样宽度　b—接头/接缝宽度

6.1.2.7　土工布的梯形法撕破强力检测

非织造土工布的梯形法撕破强力试验方法参考执行 GB/T 13763—2010《土工合成材料　梯形法撕破强力的测定》。此试验方法适用于各类土工布和防渗土工膜。

码6-4　土工布梯形法撕破强力测定

(1)原理。在矩形试样上画一个梯形,并在梯形的短边中心剪一个切口,用强力试验仪的铗钳夹住梯形上两条不平行的边,以恒定速率拉伸试样,使试样在宽度方向沿切口逐渐撕裂,直至全部断裂。测定最大撕破力,单位为 N。

(2)仪器及试样。等速伸长拉伸试验仪(CRE),梯形样板尺寸如图 6-2 所示。

试样按 GB/T 13760—2009 规定,每份样品上沿纵向和横向各选取 10 块试样,尺寸为(75±1)mm×(200±2)mm,按梯形样板画梯形,如图 6-2 所示,并在梯形短边中心剪一个长约 15mm 的切口。

(3)试验步骤。按 GB/T 6529—2008 规定,调湿试样或按宽条拉伸试验方法对试样浸湿。沿梯形试样的不平行两边夹住试样,切口位于两间距为(25±1)mm 的铗钳中间,长边处

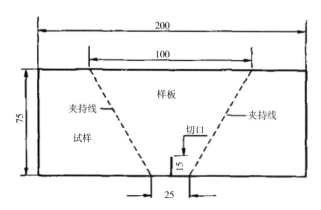

图 6-2　梯形样板(单位:mm)

于褶皱状态,启动仪器,以 50mm/min 的速度拉伸并记录最大裂破强力值,单位为 N。

6.1.3　性能评价

短纤针刺非织造土工布(GB/T 17638—2017)和长丝纺粘针刺非织造土工布(GB/T 17639—2008)是两种典型的非织造土工布。

6.1.3.1　短纤针刺非织造土工布

其中短纤针刺非织造土工布按原料分为涤纶、丙纶、锦纶、维纶、乙纶等针刺非织造土工布;按结构分为普通型和复合型。其性能评价可参照以下相关质量要求。内在质量要求见表 6-4。

表 6-4　短纤针刺土工布基本项技术要求

项目			标称断裂强度/(kN·m^{-1})								
			3	5	8	10	15	20	25	30	40
1	纵横向断裂强度/(kN·m^{-1})		3.0	5.0	8.0	10.0	15.0	20.0	25.0	30.0	40.0
2	标称断裂强度对应伸长率/%		20~100								
3	顶破强力/kN ≥		0.6	1.0	1.4	1.8	2.5	3.2	4.0	5.5	7.0
4	单位面积质量偏差率/%		±5								
5	幅宽偏差率/%		-0.5								
6	厚度偏差率/%		±10								
7	等效孔径 $O_{90}(O_{95})$/mm		0.07~0.20								
8	垂直渗透系数/(cm·s^{-1})		$K\times(10^{-3}\sim10^{-1})$　其中:$K=1.0\sim9.9$								
9	纵横向撕破强力/kN ≥		0.1	0.15	0.20	0.25	0.40	0.50	0.65	0.80	1.00
10	抗酸碱性能(强力保持率) ≥		80								
11	抗氧化性能(强力保持率) ≥		80								
12	抗紫外性能(强力保持率)/% ≥		80								

注　(1)实际规格介于表中相邻规格之间,按线性内插法计算相应考核指标;超出表中范围时,考核指标由供需双方协商规定。

(2)第 4~第 6 项标准值按设计或协议。

(3)第 9~第 12 项为参考指标,作为生产内部控制,用户有要求的按实际设计值参考。

短纤针刺非织造土工布外观质量分为轻缺陷和重缺陷(表 6-5)。每种产品上不允许存在重缺陷,轻缺陷为每 200m² 应不超过 5 个。

表 6-5 短纤针刺非织造土工布外观疵点的评定

疵点名称	轻缺陷	重缺陷	备注
布面不均、折痕	不明显	明显	
杂物	软质,粗≤5mm	硬质;软质,粗>5mm	
边不良	≤300cm,每50cm 计一处	>300cm	
破损	≤0.5cm	>0.5cm;破损	以疵点最大长度计
其他	参照相似疵点评定		

6.1.3.2 长丝纺粘针刺非织造土工布

长丝纺粘针刺非织造土工布的产品分类基本与短纤针刺非织造土工布相一致,内在质量分为基本项和选择项,基本项技术要求见表 6-6,其中第 1~第 6 项为考核项,第 7~第 9 项为参考项。

表 6-6 长丝纺粘针刺非织造土工布基本项技术要求

	项目	标称断裂强度/(kN·m⁻¹)								
	标称断裂强度/(kN·m⁻¹) ≥	4.5	7.5	10	15	20	25	30	40	50
1	纵横向断裂强度/(kN·m⁻¹) ≥	4.5	7.5	10.0	15.0	20.0	25.0	30.0	40.0	50.0
2	纵横向断裂强度对应伸长率/%	40~80								
3	CBR 顶破强力/kN ≥	0.8	1.6	1.9	2.9	3.9	5.3	6.4	7.9	8.5
4	纵横向撕破强力/kN ≥	0.14	0.21	0.28	0.42	0.56	0.70	0.82	1.10	1.25
5	等效孔径 $O_{90}(O_{95})$/mm	0.05~0.20								
6	垂直渗透系数/(cm·s⁻¹)	$K×(10^{-3}~10^{-1})$ 其中:$K=1.0~9.9$								
7	厚度/mm ≥	0.8	1.2	1.6	2.2	2.8	3.4	4.2	5.5	6.8
8	幅宽偏差/%	−0.5								
9	单位面积质量偏差/%	−5								

注 (1)实际规格介于表中相邻规格之间,按线性内插法计算相应考核指标;超出表中范围时,考核指标由供需双方协商规定。

(2)第 4~第 6 项标准值按设计或协议。

(3)第 9~第 12 项为参考指标,作为生产内部控制,用户有要求的按实际设计值参考。

外观疵点分为轻缺陷和重缺陷(表 6-7)。每种产品上不允许存在重缺陷,轻缺陷每 200m² 应不超过 5 个。

表 6-7　长丝纺粘针刺非织造土工布外观疵点的评定

疵点名称	轻缺陷	重缺陷	备注
杂物	轻质,粗≤5mm	硬质;软质,粗>5mm	
边不良	≤300cm 时,每 50cm 计一处	>300cm	
破损	≤0.5cm	>0.5cm;破损	以疵点最大长度计
其他	参照相似疵点评定		

6.1.4　影响因素分析

土工布应用广泛,行业领域内的检测规范不统一,会使土工布的检测结果出现偏差。以土工布拉伸性能为例,检测过程中土工布受温度影响显著,温度升高,拉伸强度降低,伸长率升高;受湿度影响不明显;随着拉伸速率的增大,拉伸强度和伸长率先增大后减小;试样宽度越大拉伸强度越高,伸长率越低;梯形采样方法取样,测试出的样品离散性小,检测结果准确度高。

6.2　土工复合材料

6.2.1　概述

土工复合材料,是指由两种或两种以上材料组合而成的土工材料,其中至少有一种是土工合成材料。机织/非织造复合土工布(GB/T 18887—2002)和非织造布复合土工膜(GB/T 17642—2008)是两种典型的非织造土工复合材料。

6.2.1.1　机织/非织造复合土工布分类

按复合的土工布单元不同,可分为长丝机织/短纤非织造复合土工布(FW / SN),裂膜丝机织/短纤非织造复合土工布(SW/SN),短纤非织造/长丝机织/短纤非织造复合土工布(SN/FW/SN),短纤非织造/裂膜丝机织/短纤非织造复合土工布(SN/SW/SN)。

6.2.1.2　非织造布复合土工膜分类

(1)按基材分类,有短纤针刺非织造布复合土工膜、长丝纺粘针刺非织造布复合土工膜。

(2)按膜材分类,有聚乙烯(PE)、聚氯乙烯(PVC)、氯化聚乙烯(CPE)等复合土工膜。

(3)按结构分类,有一布一膜、二布一膜、一布二膜、二布二膜、多布多膜等复合土工膜等。

6.2.2　标准及性能测试

6.2.2.1　土工布刺破强力测定

土工布及其有关产品刺破强力的测定方法参考执行 GB/T 19978—2005《土工布及其有关产品刺破强力的测定》。此试验方法适用于土工布、土工膜以及土工有关产品,但不包括土工格栅、土工网以及较大孔隙的机织土工布。

（1）原理。将试样固定在规定的环形夹具内,用与试样面垂直的顶杆以一定的速率顶向试样中心直至刺破,并记录试验过程中的最大刺破强力。

（2）仪器及试样。等速伸长型试验机,平头顶杆(直径为 8mm±0.01mm,顶端边缘倒角呈 45°,深 0.8mm)。按 GB/T 13760—2009 规定裁取直径 100mm 的试样 10 块。

（3）试验步骤。试样在无张力和折皱的情况下,固定在环形夹具上。开动试验仪运行,直至试样被刺破,记录最大值作为该试样的刺破力,单位为 N。对于土工复合材料,可能出现双峰值的情况下,不论第二个峰值是否大于第一个峰值,均以第一个峰值作为试样的刺破强力。

6.2.2.2 土工布静态顶破试验(CBR 法)

土工布的静态顶破试验参考执行 GB/T 14800—2010《土工合成材料 静态顶破试验（CBR 法）》。此试验方法采用平端顶压杆测定土工合成材料的顶破强力,适应各类土工合成材料,但不适用于孔径大于 10mm 的材料。

（1）原理。将试样固定在两个夹持环之间,顶压杆以恒定的速率垂直顶压试样。记录顶压力-位移关系曲线、顶破强力和顶破位移。

（2）仪器及试样。顶压杆(直径为 50mm±0.5mm 的钢制顶压杆,顶端边缘倒角为 2.5mm±0.2mm 半径的圆弧,如图 6-3 所示)。按 GB/T 13760—2009 规定裁取大小与夹具相匹配的试样 5 块。

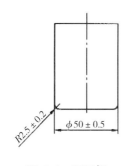

图 6-3 顶压杆

（3）试验步骤。将试样固定在夹持系统的夹持环之间,以（50±0.5）mm/min 的速率移动顶杆直至穿透试样,预加张力为 20N 时,开始记录位移。

6.2.2.3 土工布防渗性能测定

土工布的防渗性能测定参考执行 GB/T 19979.1—2005《土工合成材料 防渗性能 第 1 部分:耐静水压的测定》和 GB/T 19979.2—2006《土工合成材料 防渗性能 第 2 部分:渗透系数的测定》。耐静水压和渗透系数的测定试验方法适用于各类土工防渗材料。

（1）土工布的耐静水压测定。

①原理。样品置于规定装置内,对其两侧施加一定水压差并保持一定时间,逐级增加水力压差,直至样品出现渗水现象,记录其能承受的最大水力压差即为样品的耐静水压;也可测定在要求的水力压差下样品是否有渗水现象,以判断其是否满足要求。

②仪器及试样。耐静水压的测定装置包括进水调压装置、试样加压装置、压力测定装置等。按 GB/T 13760—2009 规定裁取适合试验仪器的试样至少 3 块,试样上不能有损伤和疵点。

③试验步骤。开启进水加压装置,集水器内加水至刚好要溢出的状态。将试样(土工膜复合材料应使膜材一侧接触水)平整地放在集水器内的网上并夹紧,确保夹样器内无气泡。

缓慢调节进水加压装置,使水压上升至 0.1MPa,保持 1h,观察多孔板的孔内是否有水渗出。如试样未渗水,以 0.1MPa 的级差逐级加压并保持 1h,直至有水渗出,记录前一级压力即为该试样的耐静水压值(精确至 0.1MPa)。

(2)土工布的防渗系数的测定。

①原理。样品在一定压力水差作用下可能会产生微小渗流,测定在规定水力压差下一定时间内通过试样的渗流量及试样厚度,即可计算求得渗透系数。

②仪器及试样。渗透性能测定装置包括进水调压装置、渗透仓、渗流量测定装置等。

按 GB/T 13760—2009 规定裁取适合试验仪器的试样至少 3 块,试样上不能有损伤和疵点。

③试验步骤。将试样浸在水中 1h 以上,完全润湿后装入渗透仓。保持试样两侧高、低压仓水力压差 ΔP(0.1MPa)恒定,每隔一定时间记录一次低压一侧通过试样法向的渗流量。当渗流量基本稳定(连续两次记录值得变化率在 5% 以内),即可停止试验,以最后一次的测定时间 t 和渗流量 V 作为测定结果,同时记录试验水温。

6.2.2.4 土工布抗酸、碱液性能的测定

土工布及其有关产品抗酸、碱液性能的试验方法参考执行 GB/T 17632—1998《土工布及其有关产品 抗酸、碱液性能的试验方法》。此试验方法适用于所有土工布及其有关产品。

(1)原理。将试样完全浸渍于试液中,在规定的温度下持续放置一定的时间。分别测定浸渍后试样的拉伸性能、尺寸变化率以及单位面积质量。最后比较浸渍样和对照样的试验结果。

(2)仪器及试样。密封盖、搅拌器、试样架,无机酸(0.025mol/L 的硫酸),无机碱(氢氧化钙饱和悬浮液)。按 GB/T 13760—2009 规定裁取 3 组试样。每组 5 块试样,用于单位面积质量的测定试样,尺寸要求至少 100mm×100mm;用于尺寸变化和拉伸性能的测定(纵、横向分别测定)尺寸要求至少 300mm×50mm。

(3)试验步骤。按规定对试样进行调湿,每组试样需计算单位面积质量平均值,并进行尺寸测定。两种试液的温度为(60±1)℃,液体的量达试样重量 30 倍以上,并使试样完全浸没,试样之间、试样与容器壁之间以及试样与液体表面之间的距离至少为 10mm。无机碱试液连续搅拌,酸试液每天至少搅拌一次,试样分别在两种液体中浸渍 3 天。浸渍样从试液中取出后,经水—碳酸钠溶液(0.01mol/L)—水进行清洗,在室温下干燥(或 60℃)后对其进行表观检查、质量测定、尺寸测定及拉伸性能测定。

6.2.2.5 土工布抗氧化性能的测定

土工布抗氧化性能的试验方法参考执行 GB/T 17631—1998《土工布及其有关产品 抗氧化性能的试验方法》。此试验方法规定了聚丙烯和聚乙烯类土工布及其有关产品的抗氧化性能的检测方法。

(1)原理。将试样悬挂于常规的实验室用非强制通风烘箱中,在规定温度下放置一定时间,聚丙烯在 110℃ 下进行加热老化,聚乙烯在 100℃ 下进行加热老化。将对照样和加热后的老化样进行拉伸试验,比较它们的断裂强力和断裂伸长。

（2）仪器及试样。恒温非强制通风烘箱（有可调节的通风口），箱内空间充足，试样间至少有 10mm 的间隔。

产品必须在生产 24h 后再进行试验，按 GB/T 13760—2009 规定裁取两组试样。每组纵、横向各取 5 块试样，尺寸要求至少 300mm×50mm。

（3）试验步骤。按规定对试样进行调湿，设定烘箱温度（聚乙烯 100℃，聚丙烯 110℃）。温度稳定后，将试样夹持在夹具上并悬挂在烘箱内部。对于起加强作用或者使用时需长时间拉伸的土工布，聚丙烯需老化 28 天；聚乙烯需老化 56 天。对于其他应用的土工布，聚丙烯需老化 14 天；聚乙烯需老化 28 天。对照样需在对应温度的烘箱内放置 6h，定时记录试验温度。在规定老化时间结束后，对试样进行拉伸性能测定。

6.2.3　性能评价

土工复合材料性能评价参照以下相关质量要求。非织造/机织复合土工布的内在质量要求见表 6-8，非织造复合土工膜材料的基本项技术要求见表 6-9。

表 6-8　非织造/机织复合土工布的内在质量要求

项目			指标								
			30	40	50	60	70	80	100	120	140
考核项	纵向断裂强度/(kN·m⁻¹)　≥		30.0	40.0	50.0	60.0	70.0	80.0	100.0	120.0	140.0
	横向标准强度/(kN·m⁻¹)　≥		纵向强度标准值×0.8								
	定负荷伸长率/%　≤	长丝类	30					35			
		裂膜丝类	25							30	
	CBR 顶破强力/kN　≥		3.1	4.2	5.2	6.3	7.3	8.4	10.5	12.6	14.7
	等效孔径 $O_{90}(O_{95})$/mm		0.065~0.200								
	垂直渗透系数/(cm·s⁻¹)		$K×(10^{-1}~10^{-3})$ 其中：$K=1.0~9.9$								
参考项	幅宽偏差/%		−1.0								
	单位面积质量偏差/%		−8								

注　（1）定负荷伸长率考核纵向和横向两个方向，定负荷值分别为纵向强力标准值和横向强力标准值。

　　（2）幅宽偏差和单位面积质量偏差，根据标称值考核复合后的产品。

　　（3）实际规格介于表中相邻规格之间时，按内插法计算相应指标；超出表中范围时，指标由供需双方协议。

表 6-9　基本项技术要求

	项目		指标							
			5	7.5	10	12	14	16	18	20
1	纵横向断裂强度/(kN·m⁻¹)　≥		5.0	7.5	10.0	12.0	14.0	16.0	18.0	20.0
2	纵横向标准强度对应伸长率/%		30~100							
3	CBR 顶破强力/kN　≥		1.0	1.5	1.9	2.2	2.5	2.8	3.0	3.2

续表

项目		指标							
		5	7.5	10	12	14	16	18	20
4	纵横向撕破强力/kN　　≥	0.15	0.25	0.32	0.40	0.48	0.56	0.62	0.70
5	剥离强度/(N·cm⁻¹)　　≥	6							
6	垂直渗透系数/(cm·s⁻¹)	按设计或合同要求							
7	幅宽偏差/%	−1.0							

8	耐静水压/MPa　　≥	膜厚度/mm							
		0.2	0.3	0.4	0.5	0.6	0.7	0.8	1.0
		一布一膜	0.4	0.5	0.6	0.8	1.0	1.2	1.4	1.6
		二布一膜	0.5	0.6	0.8	1.0	1.2	1.4	1.6	1.8

注 实际规格(标称断裂强度)介于表中相邻规格之间,按线性内插法计算相应考核指标;超出表中范围时,考核指标由供需双方协商确定。

6.2.4　影响因素分析

土工复合材料具有质量轻、抗老化、耐久性及性价比高和施工便捷等优点。在复合土工膜的施工过程中,为了达到较好的防渗效果,主要从以下两方面对其质量进行控制:一方面应结合工程条件,进行材料选择,选择正规厂家的产品;另一方面在铺设过程中,设计好施工方案,规定好施工人员的鞋子要求,加强接缝检测,不合格应及时进行修补,做到合格为止。

6.3　防水卷材基布

6.3.1　概述

沥青防水卷材是一种广泛应用于建筑墙体、公路、垃圾填埋场等场所的防水产品,能够抵御雨水、地下水渗漏等,包括防水卷材和防水涂料两个部分,即织物基胎和沥青涂料。基胎是沥青防水卷材的骨架,具有一定的形状、强度和韧性,在施工过程中具有良好的铺设性及防水层的抗裂性,基胎优劣将直接影响整体的防水效果。从原料方面,市场上先后出现了以玻纤、麻布、铝箔、再生纤维与机织玻璃纤维布复合材料为基体的基胎,但由于某些缺陷使其在长期的发展中不断被替换。目前市场上广为应用的基胎材料是聚合物非织造布,而由于沥青涂料在涂抹时需要高温,聚丙烯等常用的聚合物无法承受,因此广泛采取聚酯材料作为防水卷材基胎的主要成分。同时,聚酯也具有很好的耐腐蚀性、耐老化性等优点,为其在市场的广泛应用奠定了基础。从烘干定型方面,市场早期出现的短纤基胎多使用传统的蒸汽烘筒进行烘干定型,这并不能使纤维中大分子获得良好的取向度和结晶度,一方面不能提供较高的机械性能;另一方面也会出现严重的热缩行为,无法承受沥青涂料较高的温度。这一困难随着生产工艺的不断改进和新技术的参与得到了较好的解决,目前已能够生产出撕裂强度大且厚度较大的防水卷材基胎。长丝基胎则通过纺粘法制备,生产过程中工序较多,在设备及研发阶段需要投入更大的资源,但在克重相同的情况下,与短纤基胎相比,长丝基胎表现出较高的抗拉强度和撕裂强度。其工艺流程如下:

切片→结晶干燥→螺杆挤压→熔融过滤→喷丝→牵伸冷却→摆丝成网→预针刺→主针刺→热定型→切边成卷

可以看出,以上工艺流程与纺粘针刺土工布相似,因此相关影响因素也可参考。需要注意的是,长丝基胎纺粘工艺最后的工序中需要对针刺非织造材料进行热定型,赋予非织造材料较好的结晶度和耐温性,以承受后续在材料表面进行沥青涂料涂抹时的高温,使材料能够表现出良好的加工性。

6.3.2　标准及性能测试

聚酯非织造基胎主要包括长丝和短纤非织造布两种,需要测定的性能包括单位面积质量、断裂强力和断裂伸长率、热稳定性、浸渍性、弯曲性、耐水性等。

6.3.2.1　热稳定性

防水卷材的热稳定性能的试验方法参考执行 GB/T 17987—2000《沥青防水卷材用基胎聚酯非织造布》。

热稳定性的测试原理为:物体的形状和尺寸对温度均具有一定的敏感性,通过测量不同温度下试样在尺寸上的改变来评价其热稳定性。主要的测试器械为多功能电子织物强力仪,具体步骤如下。

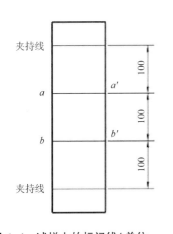

图6-4　试样上的标记线(单位:mm)

（1）在样品上均匀剪取试样3块,其中两块分别距样品的两边至少100mm,一块在样品的中间,每块试样尺寸为 360mm×100mm,试样的长度方向与产品的纵向平行。

（2）按图6-4所示在两个夹持线之间的 1/3 和 2/3 处做标记线(aa'和 bb')后,测量试样的宽度尺寸和标记线间的长度尺寸。

（3）将试样夹持在夹持器上,并挂 4000g 的负荷(包括夹持器),放入温度为 200℃的烘箱中 10min。

（4）从烘箱中取出试样,室温悬挂 5min 后去掉重物及夹持器,在原测量处测量宽度及长度尺寸,按式(6-3)计算热稳定性。

$$D = (L - L_0)/L_0 \times 100\% \tag{6-3}$$

式中: D ——热稳定性(结果为"+"表示伸长,结果为"−"表示收缩);

L_0 ——试验前试样尺寸,mm;

L ——试验后试样尺寸,mm。

6.3.2.2　浸渍性

防水卷材浸渍性能的试验方法参考执行 GB/T 17987—2000《沥青防水卷材用基胎　聚酯非织造布》。通过与沥青的直接接触来评价试样对沥青的浸渍性,具体步骤如下:

(1)在距样品边至少 100mm 处剪取有代表性的试样 2 块,每块尺寸为 200mm×150mm。

(2)将试样浸在装有 180~185℃的 100#沥青池中,浸渍 5s,取出时应去除多余的沥青。

(3)冷却至室温后,将试样撕开,用肉眼观察是否有未浸渍的部分。

6.3.2.3　弯曲性

防水卷材的浸渍性能的试验方法参考执行 GB/T 17987—2000《沥青防水卷材用基胎　聚酯非织造布》。通过将试样贴附在具有规定曲面的模具表面,评价其弯曲性。用到的测试器械主要为弯曲板,具体步骤如下。

(1)在距样品边至少 100mm 处剪取有代表性的试样 3 块,每块尺寸为 50mm×200mm,试样的长度方向与产品的纵向平行。

(2)将试样紧贴如图 6-5 所示的金属或木质弯曲板的曲面,观察试样是否出现折痕。

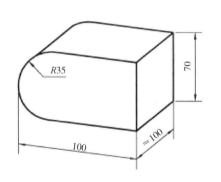

图 6-5　弯曲板的形状(单位:mm)

6.3.2.4　耐水性

防水卷材的耐水性能的试验方法参考执行 GB/T 17987—2000《沥青防水卷材用基胎　聚酯非织造布》。材料在遇水后可能发生一定的物理或化学变化,从而影响其性能,通过将试样与水直接接触后,测量其性能变化来评价其耐水性,具体步骤如下:

(1)在距样品边至少 100mm 处剪取有代表性的试样 5 块,每块尺寸为 300mm×50mm。

(2)将试样放在 20℃±2℃的水中 24h,取出后放在 110℃的烘箱中烘 2h。

(3)按照 GB/T 3923.1—2013 测定水浸渍样的断裂强力。

6.3.3　性能评价

沥青防水卷材基布在外观上要求表面平整、无杂质和凸块、厚度均匀一致、无折痕、无孔洞,同时要求其具有一定的抗拉强度,对涂料具有良好的吸收能力和黏结力,含水量低于规定指标,在生产过程中能够承受涂料的温度。具体性能评价参照以下相关质量要求。内在质量考核按照断裂强力分为 A、B、C 三级,沥青防水卷材内在质量考核项目技术要求见表 6-10,参考项目见表 6-11。

表 6-10　沥青防水卷材内在质量考核项目技术要求

项目		A 级	B 级	C 级	备注
断裂强力/N	≥	700	450	350	纵横向

续表

项目		A 级	B 级	C 级	备注
断裂强力最低单值/N ≥		600	380	300	纵横向
断裂伸长率/% ≥		30	25	20	纵横向
幅宽偏差		不允许负偏差	不允许负偏差	不允许负偏差	
热稳定性/%	纵向伸长 ≤	1.5	2	2.5	
	横向伸长 ≤	1.5	2	2.5	

表 6-11　沥青防水卷材内在质量参考项目技术要求

项目	A 级	B 级	C 级
单位面积质量/(g·m⁻²)	推荐 180、200、220、250、270		
单位面积质量偏差/%	−5%	−6%	
浸渍性	浸渍均匀,没有未浸渍部分		
弯曲性	没有折痕和断裂		
耐水性	断裂强力不低于表 6-10 规定值的 95%		

6.3.4　影响因素分析

防水卷材种类较多,检测规范不尽相同,影响其检测结果的因素较多,如设备、样品处理、试验条件、试验速率等。例如,在拉伸性能检测过程中对样品的裁样要求比较高。如用冲片机、剪刀、裁纸机等进行裁样,虽然肉眼看起来试样区别不大,但在试样存在微小变形或裂口的情况下,对检测结果影响较大。在拉伸检测过程中,试样的夹持及试样膜的处理对试验结果的影响现象也是存在的。

6.4　吸音材料

6.4.1　概述

噪声危害日益严重,它不仅影响人们的健康,也加快了机械设备、建筑物等设施的老化。随着社会经济和科学技术的不断发展,随着人们生活品质的不断提高和环保意识的日益增强,噪声控制问题已引起人们的普遍重视。不同于隔音材料的抑制声音透射,吸音材料则用于降低声音反射。因此,吸音材料一般松软多孔,表面富有细孔,内部为三维立体的多孔结构。

非织造材料的纤网结构蓬松多孔、工艺流程短、加工方式多样,因此在吸音材料领域获得了广泛应用。熔喷非织造材料具有超细纤维结构,比表面积大,孔隙率高,其生产工艺简单、效率高,成本低,在吸声降噪领域表现出巨大潜力。

6.4.2　标准及性能测试

吸音性能检测试验方法参考执行 GB/T 33620—2017《纺织品　吸音性能的检测和评价》。此试验方法适用于各类织物及其制品。

（1）原理。将试样装在阻抗管的一端，另一端为无规噪声声源，其产生的平面波垂直入射到试样表面，通过采用固定位置上的两个传声器测量声压，根据声传递函数计算得出试样的法向入射吸声系数。用吸声系数表征试样的吸音性能。

（2）仪器及试样。信号发生器、功率放大器、扬声器、阻抗管、试件筒、传声器、频率分析器、声校准器等（图6-6）。

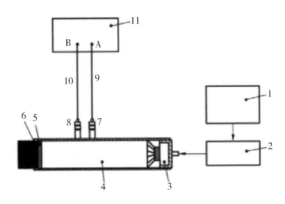

图6-6　试样装置示意图

1—信号发生器　2—功率放大器　3—扬声器　4—阻抗管　5—试样　6—试件筒

7—传声器 A　8—传声器 B　9—通道1　10—通道2　11—频率分析器

试样按 GB/T 13760—2009 规定选取代表性试样3组，每组由直径分别为（100±0.5）mm、（29.0±0.5）mm 或（100±0.5）mm、（30.0±0.5）mm 的两块试样组成。

（3）试验步骤。首先开机预热至少10min，进行传声器标定，将试样安装在试件筒内，通过缓慢推动套筒的金属杆，使试样朝声源面与接触端面平齐，保证试样充分填充筒内空腔。采用交换通道重复测量的方法完成传声器失配的校正后，将传声器恢复初始位置，按不同频率对试样进行吸声系数测试，并记录测量值。

6.4.3　性能评价

对汽车内饰用吸音毡、帘幕、地毯、墙布等有吸音要求的产品，可采用吸声系数评价其吸音性能，见表6-12。

表6-12　吸音性能评价

样品种类	吸声系数不小于				
	250Hz	500Hz	1000Hz	2000Hz	4000Hz
汽车内饰用吸音毡	0.04	0.06	0.18	0.40	0.65

样品种类		吸声系数不小于				
		250Hz	500Hz	1000Hz	2000Hz	4000Hz
公共建筑内饰用纺织品	帘幕	0.20	0.35	0.45	0.55	0.65
	地毯	0.04	0.05	0.10	0.25	0.45
	墙布	0.02	0.04	0.05	0.08	0.20

注　(1)试验频率也可由供需双方协商确定。其他产品可参照近似类别的样品进行测试评价。

　　(2)表中帘幕测试时空气层厚度为10cm,实际测试所用的空气层厚度可由供需双方协商确定。

6.4.4　影响因素分析

影响非织造吸音材料吸音效果的因素很多,首先纤维本身的特性如细度、长度、截面形状,其次非织造材料的厚度、孔隙率、平均孔径、表面流阻、纤网结构及加工工艺等。研究结果表明,纤维直径越细,吸音效果越好;非织造材料厚度增加,吸音效果增强,吸音系数到达一峰值后,缓慢下降;克重大的材料吸声效果更好,但它并非是主要因素;而对于多层复合非织造材料而言,层数增多,吸音效果增强,层与层之间的距离增大,吸音效果显著提高。

第7章 医疗卫生用非织造材料

医疗卫生用非织造材料多为薄型用即弃产品,主要有消毒包布、手术服、手术巾、口罩、帽子和鞋套、床单、纱布、绷带及敷料等。与传统的机织医用纺织品相比,具有对细菌、尘埃过滤性高,手术感染率低,消毒灭菌方便,易于与其他材料复合等特点,不仅使用便利,还能有效防止细菌感染和病人间的交叉感染。

7.1 卫生用热风黏合非织造材料

7.1.1 概述

卫生用热风黏合非织造材料是指纤网经热风穿透加温,使纤维表面低熔点成分熔融并相互黏合,再通过冷却固化后制成的非织造材料。生产工艺流程为:

纤维原料准备→开松混合→梳理成网→铺网→热风黏合→成卷

目前主要采用低熔点双组分复合纤维为原料,如聚丙烯/聚乙烯双组分纤维,纤维外层用聚乙烯(熔点 110~130℃),内层用聚丙烯(熔点为 160~170℃),经过热处理后,外层部分熔融而起黏结作用,内层仍保留纤维状态,制得的非织造材料结构蓬松,手感柔软,强度和尺寸稳定性好,特别适合制作婴幼儿以及老年人护理的一次性纸尿裤、尿不湿以及妇女用卫生巾等。

一次性纸尿裤、尿不湿、卫生巾主体结构相近,主要由面层、导流层、吸水芯体、底膜、防侧漏边等多个部分构成,以一次性纸尿裤为例,其常用的非织造加工工艺见表7-1。

表 7-1 一次性纸尿裤常用非织造加工工艺

应用技术	热风	热轧	水刺	化学黏合	纺熔
面层	√	√	√		√
导流层	√			√	
芯体包裹层			√		√
防漏隔边					√
底膜及腰围	√	√			√
左右贴(耳带)			√		√

目前面层多采用热风非织造材料。与其他非织造材料相比,热风非织造材料更为蓬松和柔软,可以满足人们对于一次性纸尿裤面层柔软舒适的要求。通过对目前市场上多种品

牌婴儿纸尿裤产品进行抽样调查发现,热风非织造材料作为面层的产品占市场比约 95%,其具体应用产品可进一步细分见表 7-2。

表 7-2　一次性纸尿裤面层材料种类

面层材料种类	市场占比/%	克重/(g·m^{-2})
双层复合热风非织造布	11.1	40~50
居中压花双层热风非织造布	22.2	40~50
单层压花热风非织造布	33.3	17~25
打孔热风非织造布	27.8	20~25
其他	5.6	—

热风非织造材料也是最具市场潜力的一种导流层材料,其液体暂存率可以达到自身质量的 10 倍以上,液体经过面层进入导流层后,热风非织造材料依靠自身的厚度和蓬松度迅速俘获并扩散液体,使液体进入吸收芯体,有效防止液体反渗。此外,底膜层也有大量产品采用热风非织造材料,但是成本相对较高,且材料的耐磨性相对较差。

7.1.2　标准及性能测试

热风非织造材料的质量指标可参照执行 FZ/T 64046—2014《热风法非织造布》,该标准适用于单位面积质量为 15~100g/m^2 的热风固结非织造材料。具体测试依据 GB/T 28004—2011《纸尿裤(片、垫)》、GB/T 10739—2002《纸、纸板和纸浆试样处理和试验的标准大气条件》、GB/T 33280—2016《纸尿裤规格与尺寸》、GB/T 15979—2002《一次性使用卫生用品卫生标准》、GB/T 462—2008《纸、纸板和纸浆分析试样水分的测定》、GB/T 5453—1997《纺织品　织物透气性的测定》等相关标准。对于卫生巾需依据 GB/T 30133—2013《卫生巾用面层通用技术规范》、GB/T 12914—2018《纸和纸板　抗张强度的测定　恒速拉伸法》、GB/T 450—2008《纸和纸板试样的采取及试样纵横向、正反面的测定》、GB/T 451.2—2002《纸和纸板　定量的测定》、GB/T 462—2008《纸、纸板和纸浆分析试样水分的测定》、GB/T1545—2008《纸、纸板和纸浆水抽提液酸度或碱度的测定》、GB/T 27741—2018《纸和纸板　可迁移性荧光增白剂的测定》、GB/T 22875—2018《纸尿裤和卫生巾用高吸收性树脂》等。

7.1.2.1　液体穿透时间

参考标准:GB/T 24218.8—2010《非织造布试验方法　第 8 部分:液体穿透时间的测定(模拟尿液)》,对应 ISO:9073—8:1995,MOD。

测试器械:穿透盘(图 7-1 和图 7-2)。

码7-1　液体
穿透时间测定

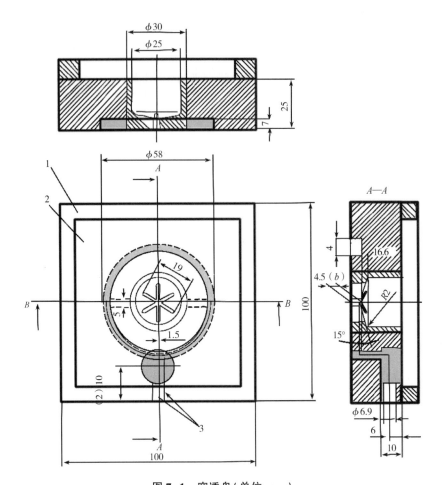

图7-1　穿透盘(单位:mm)

1—边框　2—穿透盘(丙烯酸树脂板)　3—电极(φ1.6mm)

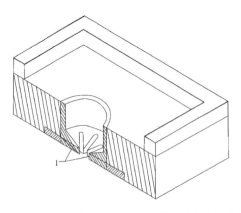

图7-2　经过穿透盘中直径为25mm圆形腔中心线的剖面图

1—金属电极(φ1.6mm)

测试原理及方法:采用一定量的模拟尿液,在规定的条件下以一定速度流铺在标准吸液垫上的非织造试样上,用电测法测量全部液体穿透非织造试样所需的时间,具体步骤如下。

（1）剪取 10 块尺寸为 125mm×125mm 的试样，确保所取样品无明显疵点和褶皱。

（2）将漏斗夹持在环架上，将滴定管的尖嘴置于漏斗内。

（3）将标准吸液垫平放在基板上，再将一块试样平铺在标准吸液垫上，使试样接触皮肤的一面朝上。

（4）调整漏斗的高度，使其尖嘴位于穿透盘的圆形腔上方（5±0.5）mm 处。

（5）接通电极与电子计时器，开启电子计时器并使其显示为零。

（6）将模拟尿液加入滴定管中，关闭漏斗的排液阀，使 5.0mL 的液体从滴定管流入漏斗中。

（7）打开漏斗的电磁排液阀，流出 5.0mL 的液体，当液体流到穿透盘的圆形腔后接通电极，电子计时器开始自动计时，当液体全部渗入标准吸液垫，液面降到电极下面时，计时器停止计时，并读数。

（8）计算 10 块试样的液体穿透平均时间，单位为 s 以及变异系数。

7.1.2.2　试样的采取

参考标准：GB/T 450—2008《纸和纸板试样的采取及试样纵横向、正反面的测定》，对应《ISO186：2002，MOD》。

测试原理及方法：从一批样品中随机取出包装单位若干件，再从包装单位中随机抽取布片若干，随后分装、裁剪，混合后组成平均样品，最后从平均样品中抽取符合测试要求的试样，具体步骤如下。

（1）包装单位的抽取。按照表 7-3，或产品标准中的相关规定，进行抽取无破损的包装单位。

表 7-3　包装单位的抽取

整批中包装单位数 n	抽取的包装单位数	抽取方法
1~5	全选	—
6~399	$\sqrt{n+20}$	随机
≥400	20	随机

（2）整张布片的抽取。从上述包装单位中抽取整张布片。

①平板布片的抽取。按照表 7-4，从包装单位中随机抽取相同数量的布片，且数量应满足试验要求。

表 7-4　整张布片的抽取

整批中布片张数	最少抽取张数
≤1000	10
1001~5000	15
>5000	20

②卷筒布片的抽取。去除所有卷筒布片的破损部分，包括三层（定量≤225g/cm²）或一

层(定量>225g/cm²)未受损部分,沿卷筒全幅裁剪,其深度应满足取样张数要求,并确保每卷中抽取张数相同。

③单个产品的抽取。对于单个产品,应按照表7-5随机从整批中抽取数量足够的样品。

表7-5　单个产品的抽取

整批中产品数	最少抽取产品数
≤1000	10
1001~5000	15
>5000	20

④不能或不应打散布片的抽取。从包装单位上切取至少450mm×450mm的切孔,去除受损部分,包括三层(定量≤225g/cm²)或一层(定量>225g/cm²)未受损部分,每个切孔深度应满足取样要求,随机抽取相同数量的布片,在整批少于5个包装单位时,应在每个包装单位中切取1个以上的切孔,若整批只有1个包装单位,则至少切取3~5个切孔。

(3)样品的制备。

①平板布片。从每张布片上切取一个或多个正方形样品,尽量保证尺寸为450mm×450mm,确保每张布片上切取的样品数量相同。

②卷筒布片。从每张布片上切取一个样品,长度应为卷筒的全幅,宽不小于450mm,对于宽度很窄的布片应在去掉破碎部分后,切取足够长度的布片。

③单个产品。从每个产品不同部位切取一个或多个样品,确保每个产品上切取的样品数量相同,若可能,一个产品即为一个样品。

(4)纵横向判断。

①纸条弯曲法。平行于样品边,取两条相互垂直的约200mm×15mm的试样,平行重叠后用手指捏住一段,另一端自由弯向手指的左方或右方,若两个试样重合则上面的试样为横向,反之则下面的为横向。

②纸页弯曲法。平行于样品边,切取50mm×50mm或直径为50mm的试样,标注原试样边的方向,将其漂浮于睡眠,试样卷曲时,定义卷曲轴向为试样的纵向。

③强度鉴别法。平行于样品边,取两条相互垂直的约250mm×15mm的试样,测试其抗张强度,定义抗张强度大的方向为纵向,若以耐破度来判断,则定义与破裂主线垂直方向为纵向。

④纤维定向法。将样品平放,使入射光和视线都与样品表面呈约45°,观察纤维的排列方向,必要时可借助显微镜观察。

(5)正反面判断。

①直观法。将样品折叠后观察其中一面的相对平滑性,将样品平放,使入射光和视线都与样品表面呈约45°,观察样品表面,在造纸网的菱形压痕中发现网痕的即为反面,必要时可借助显微镜观察。

②湿润法。将样品浸渍于热水或稀氢氧化钠溶液中;用吸水这吸走多余溶液,放置几分

钟后观察试样两面,有网印的为反面。

③撕裂法。一只手拿住试样,使其表面接近水平,纵向与视线平行,另一只手将试样向上拉,在纵向上撕开,再将撕裂方向转向横向,向试样边缘撕去,翻转试样后重复上述操作,比较两条撕裂线上的起毛程度,较为明显的一面为网面。

7.1.2.3　定量差测试

参考标准:GB/T 451.2—2002《纸和纸板定量的测定》。

等效标准:ISO 536:1995《纸和纸板　定量的测定》。

测试器械:分析天平。

测试原理及方法:通过天平进行试样重量测量,根据计算公式得到定量差,具体步骤如下。

(1)当整批中纸张数量≤1000时最少抽取10张样品,当为1001~5000时最少抽取15张样品,当>5000时最少抽取20张样品。

(2)从上述样品中取不少于5张样品,其总面积至少够10个试样,将5张样品沿纵向叠放,沿横向剪取0.01m² 的试样两叠,共试样10个,使用天平进行称量。

(3)按照式(7-1)和式(7-2)分别计算试样的定量G及定量差S:

$$G = M \times 10 \tag{7-1}$$

$$S = \frac{G_{max} - G_{min}}{G} \times 100\% \tag{7-2}$$

式中:G——定量平均值,g/m²;

　　M——10片试样的总质量,g;

　　S——定量差;

G_{max}——定量最大值,g/m²;

G_{min}——定量最小值,g/m²。

7.1.2.4　交货水分测试

参考标准:GB/T 462—2008《纸、纸板和纸浆　分析试样水分的测定》。

测试器械:分析天平。

测试原理及方法:通过天平测量试样烘干前后的重量,其质量差与烘干前质量的比值记为试样的水分,具体步骤如下。

(1)将试样放入容器中并在(105±2)℃下烘干,容器的盖子可以打开,也可将样品取出摊开,但需保持样品与容器在同一个环境中同时烘干。

(2)待样品烘干后,迅速将试样放回容器并盖好盖子,置于干燥器中冷却后打开盖子,称量容器和试样得到干燥试样的重量。

(3)重复上述操作,其烘干时间应不少于第一次(不少于2h)的一半,当两次结果不大于烘干前试样质量的0.1%时,认为试样已经达到恒重。

(4)试样水分X按式(7-3)计算:

$$X = \frac{m_1 - m_2}{m_1} \times 100\% \tag{7-3}$$

式中：m_1——烘干前试样质量，g；

$\qquad m_2$——烘干后试样质量，g。

7.1.2.5 酸碱度测试

参考标准：GB/T 1545—2008《纸、纸板和纸浆 水抽提液酸度或碱度的测定》。

等效标准：ISO 6588：1981《纸、纸板和纸浆 水抽提液酸度或碱度的测定》。

测试器械：pH 计。

测试原理及方法：使用蒸馏水对试样进行抽提 1h，再使用滴定法或 pH 计测定抽提液的 pH，具体步骤如下。

（1）佩戴清洁防护手套，将试样剪成 5~10mm²，放入洁净的容器中。

（2）滴定法。

①称取试样（5±0.01）g 放入 250mL 新煮沸的蒸馏水中，继续煮沸并冷凝回流 1h。

②另取 250mL 新煮沸的蒸馏水作为空白样，重复上述步骤。

③使用布氏漏斗过滤抽提液，迅速冷却后使用移液管吸取 100mL 滤液至 250mL 锥形瓶中，加入分红指示剂 4~5 滴，若溶液呈红色则使用 0.005mol/L 的硫酸溶液滴定该溶液至黄色，反之，若呈黄色，则使用 0.01mol/L 的氢氧化钠溶液滴定至红色。

④结果计算。若抽提液呈酸性，则酸度使用硫酸的百分数表示，反之，则碱度使用氢氧化钠的百分数表示，计算方法分别见式（7-4）或式（7-5）。

$$酸度（\%，以硫酸计） = \frac{(V_1 - V_0)\,C_1 \times 0.049 \times 250}{m} \qquad (7-4)$$

$$碱度（\%，以氢氧化钠计） = \frac{(2 \times V_2\,C_2 + V_0\,C_1) \times 0.04 \times 250}{m} \qquad (7-5)$$

式中：V_1——滴定时所使用氢氧化钠标准溶液的体积，mL；

$\qquad V_2$——滴定时所使用硫酸标准溶液的体积，mL；

$\qquad V_0$——空白试验时所使用氢氧化钠标准溶液的体积，mL；

$\qquad C_1$——氢氧化钠标准溶液的浓度，mol/mL；

$\qquad C_2$——硫酸标准溶液的浓度，mol/mL；

$\qquad m$——试样的绝对干重，g。

（3）pH 计法。

①称取试样（2±0.1）g 置于锥形瓶中，进行热抽提或冷抽提制备抽提液。

②热抽提。量取 100mL 蒸馏水并放置于另一锥形瓶中（与装有试样的锥形瓶大小相同），回流冷凝直至水加热至接近沸腾后，倒入装有试样的锥形瓶中，温和煮沸并冷凝回流 1h，在不去除冷凝装置的情况下将试样迅速冷却至 20~25℃，待纤维沉降后，将上清液倒入小烧杯，制备抽提液两份。

③冷抽提。量取 100mL 蒸馏水并倒入锥形瓶中，加入试样，使用磨口玻璃塞密封锥形瓶，在 20~25℃下放置 1h（在此期间需摇动锥形瓶至少 1 次），倒出抽提液于小烧杯中，制备抽提液两份。

④pH 的测定。将 pH 计使用标准缓冲溶液校准后,在 20~25℃下检测抽提液的 pH,两份抽提液进行重复测定。

⑤结果。取两次结果的算术平均值,精确至 0.1,两次结果的差值应小于 0.2,若大于 0.2 则需重做两份抽提液并重复上述操作。

(4)本产品中采用冷抽提法进行检测,振荡速率为往复式 60 次/min,或旋转式 30 周/min,时间为 1h。

7.1.2.6 可迁移荧光增白剂测试

参考标准:GB/T 27741—2018《纸和纸板 可迁移性荧光增白剂的测定》。

测试器械:紫外灯(254nm 和 365nm 波长)。

测试原理及方法:通过 pH 为 7.5~9.0 的萃取液提取样品中的荧光增白剂,再将 pH 调至 3.0~5.0 后过滤,将纱布放入滤液中吸附,在 254nm 和 365nm 波长的紫外灯下观察纱布是否出现荧光现象,以此判定试样中是否存在可迁移荧光增白剂,具体步骤如下。

(1)称取 2.0g 试样置于三角烧瓶中,加入 100mL 萃取液(经 0.1%氨水调节 pH 至 7.5~9.0 的水溶液),在室温下缓慢摇晃萃取 10min。

(2)过滤,使用 10%的盐酸溶液将滤液的 pH 调至 3.0~5.0,将纱布浸入滤液中,在(40±2)℃的恒温振荡水浴中保温 30min。

(3)取出纱布,挤干滤液后对折成四层,置于玻璃表面皿上。

(4)按照上述操作方法,不加试样,得到空白对照组。

(5)将两组纱布置于黑暗条件下,使用紫外灯照射样品,灯与纱布保持约 20cm 的距离,观察纱布的荧光现象,每个试样需有两次平行测试。

(6)结果判定。若实验组和对照组均没有明显的荧光现象,表明样品中没有可迁移荧光增白剂;若实验组中有一个平行样出现比对照组明显的荧光现象,则重新制备实验组平行试样并进行检测;若重新检测没有明显荧光现象,表明样品中没有可迁移荧光增白剂,反之则判定样品中存在可迁移荧光增白剂。

7.1.2.7 渗入量、回渗量——卫生巾

参考标准:GB/T 30133—2013《卫生巾用面层通用技术规范》。

测试器械:渗透性能试验仪(图 7-3)。

测试原理及方法:不同年龄层的产品,其性能标准也不尽相同,因此将针对不同产品进行该项性能测试,具体步骤如下。

(1)准备不同规格的标准放液漏斗。婴儿产品专用标准放液漏斗(80mL);成人产品专用标准放液漏斗(150mL)。准备中速化学定性分析滤纸、100mm 标准压块(能够产生 1.5kPa 的压强)、精确度 0.01s 的秒表。

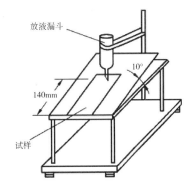

图 7-3 卫生巾渗透性能测试仪简图

（2）渗入量的测定。

①配制测试溶液。测试溶液的配方包括蒸馏水 860mL、氯化钠 10.00g、碳酸钠 40.00g、丙三醇 140mL、苯甲酸钠 1.00g、羧甲基纤维素钠约 5g、食用色素适量、标准媒剂为体积分数的 1%，其物理性能应满足在（23±1）℃时，密度为（1.05±0.05）g/cm³、黏度为（11.9±0.7）s、表面张力为（36±4）mN/m。

②试验步骤。先放好测试仪于水平位置，调节上面板与下面板之间的角度为 10°±2°，再调节漏斗的下口，使其中心点的投影距测试仪斜面板下边缘为（140±2）mm，漏斗下口的开口面向操作者。将适量的测试溶液倒入漏斗中以润湿漏斗，用测试溶液润洗漏斗两遍后放掉漏斗中的剩余溶液。

取足够层数的化学定性滤纸并叠放，其长 200mm，宽 100mm，层数应保证测试液不透过，称其质量并记为 m_0。将试样置于滤纸上，试样的正面和滤纸的粗糙面朝上，试样与滤纸的长边始终保持平行，边缘对齐。调节漏斗高度，使其最下端与试样表面保持 5～10mm 的距离，在测试仪的斜面板下方放置一个烧杯，用于接流下的测试液。

使用移液管精确移取 5mL 测试液至漏斗中，迅速打开漏斗节门至最大，使溶液自由地流到试样表面并沿斜面向下流动，直至流完后关闭节门，移开试样，再次称量滤纸质量并记为 m_1。若测试液从试样侧面流走则视为无效，需重取试样并重新测试。若出现 2 个以上无效测试时，其结果可保留并在报告中注明。

③渗入量测试结果的计算。渗入量 m 以滤纸吸收测试液的质量来计算，即 m_0 与 m_1 的差值，每个样品需测试 5 个试样，以所有测试结果的算术平均数为最终结果，精确至 0.1g。

（3）回渗量及渗漏量的测定。

①试验步骤。取足够层数的化学定性滤纸并叠放，其长与宽均为 150mm，层数应保证测试液不透过。将试样正面朝上放置于滤纸的中心，且其纵向与滤纸横向平行。用移液管精准移取上述测试液 5mL，将其放置于试样中心点上方，垂直距离为 5～10mm，使测试液能自由地流到试样表面，并同时开始计时，5min 后迅速将已知质量为 G_1 的若干层滤纸放到试样表面，同时放置标准压块（ϕ100mm，质量 1.2kg±0.002kg）于滤纸上，重新计时，1min 后移去压块，称量试样上方的滤纸重量并记为 G_2。

②结果的计算。回渗量 G 以滤纸吸收测试液的质量来计算，即 G_0 与 G_1 的差值，每个样品需测试 5 个试样，以所有测试结果的算术平均数为最终结果，精确至 0.1g。

7.1.2.8 透气度——卫生巾

参考标准：GB/T 30133—2013《卫生巾用面层通用技术规范》

测试器械：透气度测试仪

测试原理及方法：通过测量规定压差和时间内，通过给定面积试样的气流流量，计算得到透气率，具体测试步骤如下。

（1）切取宽度至少为 100mm、总长不低于 500mm 的试样若干。

（2）测定。

①将试样夹持在测试圆台上，保持试样平整不变形，测试位置需避开破损点，在低压一

侧放置密封硅胶垫圈。

②启动吸风机等装置使空气开始流动,调节流量使压力降逐步接近50Pa,待稳定后记录气流流量。

③每个试样的正反面应在相同条件下分别测试3次,即一个样品将获得6个测试数据,计算其算术平均值q_v,透气率R按式(7-6)计算,结果保留三位有效数字。

$$R = \frac{q_v}{A} \times 167 \tag{7-6}$$

式中:q_v——平均气流量,L/min;

A——试样面积,cm^2。

7.1.2.9 吸收量和保水量的测定

参考标准:GB/T 22875—2018《纸尿裤和卫生巾用高吸收性树脂》。

测试器械:天平、离心机。

测试原理及方法:通过吸水前后的质量差进行吸收量和保水量的评价,具体测试步骤如下。

(1)试剂和材料。称量9.00g(精确至0.01g)氯化钠于烧杯中,溶解后转移到1L的容量瓶中,用水稀释至刻度并摇匀,获得浓度为0.9%的生理盐水。

(2)仪器设备。精度为0.001g的天平;纸质茶袋,尺寸60mm×85mm,透气性为(230±50)L/(min·100cm²)(压差124Pa);夹子,固定茶袋用;离心机,直径200mm,转速1500r/min(可产生约250g的离心力)。

(3)吸收量的测定。称取0.200g试样,精确至0.001g,并将该质量记作m,将该试样全部倒入茶袋底部,附着在茶袋内侧的试样也应全部倒入茶袋底部,将茶袋封口。纸尿裤(片、垫)用高吸收性树脂选择生理盐水为试验溶液,卫生巾(护垫)用高吸收性树脂选择标准合成试液为试验溶液。将装有试样的茶袋浸泡至装有足够量试验溶液的烧杯中,浸泡时间为30min。轻轻地将装有试样的茶袋拎出,用夹子悬挂起来,静止状态下滴液10min后称量装有试样的茶袋质量m_1。多个茶袋同时悬挂时,注意茶袋之间不应接触。使用未装试样的茶袋同时进行空白试验,称取空白试验茶袋的质量,并将该质量记作m_2。

(4)保水量的测定。将测定完吸收量的装有试样的茶袋用离心机在250g离心力条件下脱水3min后,称量该茶袋的质量,并将该质量记作m_3。使用未装试样的茶袋同时进行空白试验,称取空白试验茶袋的质量并将该质量记作m_4。

(5)结果计算。吸收量和保水量可分别按式(7-7)和式(7-8)计算:

$$X = \frac{m_1 - m_2 - m}{m} \tag{7-7}$$

$$R = \frac{m_3 - m_4 - m}{m} \tag{7-8}$$

式中:X——试样的吸收量,g/g;

R——试样的保水量,g/g;

m——试样的质量,g;

m_1——装有试样的茶袋吸收液体后的质量,g;

m_2——空白试验茶袋的质量,g;

m_3——装有试样的茶袋脱水后的质量,g;

m_4——空白试验茶袋脱水后的质量,g。

7.1.2.10 加压吸收量的测定

参考标准:GB/T 22875—2018《纸尿裤和卫生巾用高吸收性树脂》。

测试器械:天平。

测试原理及方法:通过吸水前后的质量差进行吸收量和保水量的评价,具体测试步骤如下。

(1)试剂和材料。按照7.1.2.4方法配制浓度为0.9%的生理盐水。

(2)仪器设备。塑料圆桶,内径为(60.0±0.2)mm、高为(50.0±0.5)mm,且底面黏有36μm尼龙网;活塞(2068Pa),圆桶型,外径60mm,能与塑料圆桶紧密连接,且能上下自如活动,活塞为塑料圆筒和金属砝码组合。感量为0.001g的电子天平;内径为85mm、高为20mm,且黏有两条直径为2mm的金属线的浅底盘。

(3)将浅底盘放在平台上,加生理盐水至液面刚好超过浅底盘金属线。称取0.900 g试样,准确至0.001 g,装入塑料圆桶中,使其均匀分布。将活塞的塑料圆筒装入已装好待测样的塑料圆桶中,称量吸收液体前圆桶的质量 m_1。将活塞的金属砝码放置到塑料圆筒上,然后将整套装置置于浅底盘的中心位置。60min后,将塑料圆桶从浅底盘中提出,移除金属砝码,称量吸收液体后圆桶的质量 m_2。

(4)结果计算。加压吸收量按式(7-9)计算:

$$P = \frac{m_2 - m_1}{m} \tag{7-9}$$

式中:P——试样的加压吸收量,g/g;

　　m——试样的质量,g;

m_1——吸收液体前圆桶的质量,g;

m_2——吸收液体后圆桶的质量,g。

7.1.2.11 甲醛含量

参考标准:GB/T 2912.1—2009《纺织品　甲醛的测定　第1部分:游离和水解的甲醛(水萃取法)》。

等效标准:ISO 14184—1:1998《纺织品　甲醛的测定　第1部分:游离和水解的甲醛(水萃取法)》。

测试器械:分光光度计。

测试原理及方法:将试样使用水进行萃取后,经过乙酰丙酮可将其显色,利用分光光度计在412nm波长处对溶液进行检测,间接得到甲醛含量,具体测试步骤如下。

(1)配制乙酰丙酮溶液。将150g乙酸铵溶解于800mL蒸馏水中,加入3mL冰醋酸和2mL乙酰丙酮,用水标定至1000mL,棕色瓶储存。

(2)配制甲醛原液。使用蒸馏水将3.8mL甲醛溶液37%(质量分数)稀释至1L,使用亚硒酸钠法进行标定,将10mL甲醛原液添加到50mL亚硒酸钠溶液(0.1mol/L)中,并滴加2

滴百里酚酞指示剂(1g百里酚酞溶解于100mL乙醇中),用硫酸溶液(0.01 mol/L)滴定至蓝色消失,甲醛原液浓度按式(7-10)计算:

$$c = \frac{V_1 \times 0.6 \times 1000}{V_2} \tag{7-10}$$

式中:c——甲醛原液中的甲醛浓度,$\mu g/mL$;

V_1——硫酸溶液使用量,mL;

V_2——甲醛溶液使用量,mL。

重复一次后,计算两次结果的平均值,得到甲醛原液中的甲醛浓度。

(3)配制标准溶液。将10mL甲醛溶液稀释至200mL,其浓度为75mg/L。

(4)配制校正溶液。按照表7-6,将一定量标准溶液稀释至500mL,至少选取5种浓度,计算工作曲线$y = a + bx$,用于后续所有测量计算。

表7-6　标准溶液稀释参考

标准溶液体积/mL	所含甲醛浓度/($\mu g \cdot mL^{-1}$)	对应织物中甲醛浓度/($mg \cdot kg^{-1}$)
1	0.15	15
2	0.30	30
5	0.75	75
10	1.50	150
15	2.25	225
20	3.00	300
30	4.50	450
40	6.00	600

(5)取样。将试样剪碎并称取1g,精确至10mg,若甲醛含量过低则可增加至2.5g。

(6)制备萃取液。将试样放入具塞三角烧瓶或碘量瓶中,加入100mL蒸馏水,密封后放入(40±2)℃水浴中振荡(60±5)min后,过滤至另一具塞三角烧瓶或碘量瓶中得到萃取液,并用于后续分析。

(7)分别使用移液管精准移取萃取液和甲醛标准溶液各5mL至不同试管中,并分别加入5mL乙酰丙酮溶液,摇匀,于(40±2)℃水浴中显色(30±5)min后取出,常温避光冷却(30±5)min,使用5mL蒸馏水和5mL乙酰丙酮的混合溶液作为空白对照组,在分光光度计下检测412nm波长处的吸光值。

(8)若甲醛含量预期值或计算值超过500mg/kg,则需将萃取液稀释,使其吸光值在工作曲线范围内。

(9)结果计算:根据式(7-11)对样品吸光度进行校正,依据校正吸光值A并通过工作曲线查出甲醛含量c,再根据式(7-12)计算每个样品中所萃取的甲醛含量,重复一次后,计算两次结果的平均值作为试验结果,其结果修约至整数位。

$$A = A_a - A_b - A_c \tag{7-11}$$

式中:A——校正吸光度;

A_a——试样中测得的吸光度;

A_b——空白试剂中测得的吸光度;

A_e——空白试样中测得的吸光度(仅用于变色或污染的情况下)。

$$F = \frac{c \times 100}{m} \tag{7-12}$$

式中:F——织物中萃取的甲醛含量,mg/kg;

c——工作曲线中获得的萃取液甲醛浓度,μg/mL;

m——试样质量,g。

7.1.3 性能评价

热风法非织造材料具体性能评价参照以下相关质量要求。纸尿裤产品的内在质量要求见表7-7,外观质量要求见表7-8,卫生产品用热风法非织造材料微生物要求见表7-9,卫生巾用面层产品的质量要求见表7-10。

表7-7　纸尿裤产品的内在质量要求

序号	项目		指标					
			普通型			蓬松型		
			$15 \leqslant m \leqslant 40$	$40 < m \leqslant 70$	$70 < m \leqslant 100$	$15 \leqslant m \leqslant 40$	$40 < m \leqslant 70$	$70 < m \leqslant 100$
1	单位面积质量偏差率/%		±9			±11		
2	幅宽偏差/mm	$b \leqslant 200\text{mm}$	±2.5			±3.5		
		$200 < b \leqslant 400\text{mm}$	±4.0			±5.0		
		$400 < b \leqslant 600\text{mm}$	±6.0			±7.0		
		$b > 600\text{mm}$	±7.5			±8.5		
3	断裂强度/N ≥	纵向	12	36	50	10	20	37
		横向	2	6	8	1.5	3	6
4	断裂伸长率/% ≥	纵向	15			20		
		横向	25			30		
5	白度		75					
6	荧光物		无					
7	pH		符合 GB 18401—2010 的规定					
8	异味		符合 GB 18401—2010 的规定					
9	甲醛含量/(mg·kg⁻¹)		符合 GB 18401—2010 的规定					
10	液体穿透时间(卫生用产品)/s ≤		3					

注 (1)m表示实际单位面积质量,单位:g/m²。

　　(2)b表示实际幅宽,单位:mm。

　　(3)液体穿透时间只考核卫生用产品。

表 7-8　纸尿裤产品的外观质量要求

序号	项目	指标	
		普通型	蓬松型
1	布面	表面平整、无明显折皱、不起毛;不应有油污、斑渍、异物;目测可见的、直径≤1mm的深色点状物应≤1 个/10m²	
2	色差	≥3 级/批	
3	疵点	≤4mm² 的白点不多于 3 个/m²;长度≤1mm 的僵丝、硬丝、拼丝应不多于 1 个/20m²	
4	接头	≤2 个/卷,接头间距≥100m;接头处用有色胶带粘住,两端面可见	
5	破洞	面积在 4mm² 以上、中间无纤维的破洞,不允许	
6	分切端面	布边参差不齐≤4mm,纸芯外露≤4mm	布边参差不齐≤10mm

注　白点指纤维未经彻底开松分解而致布面上形成的白色条状或点状物。

表 7-9　卫生产品用热风法非织造材料微生物要求

项目	要求
细菌菌落综述/(CFU·g⁻¹ 或 CFU·mL⁻¹)	≤200
真菌菌落总数/(CFU·g⁻¹ 或 CFU·mL⁻¹)	≤100
大肠菌群	不得检出
致病性化脓菌(指绿脓杆菌、金黄色葡萄球菌与溶血性链球菌)	不得检出

表 7-10　卫生巾用面层产品的质量要求

项目		指标		
		非织造布	打孔膜	复合膜
定量偏差/%		±10		
抗张强度/(N·m⁻¹)　≥	纵向	400	200	300
伸长率/%　≥	纵向	20	90	25
可迁移性荧光增白剂		无		
渗入量/g　≥		1.5		
回渗量/g　≤		2.5	0.5	2.5
透气率/(mm·s⁻¹)　≥		1200		
pH		4.0~8.5		
交货水分/%　≤		8.0		

7.1.4　影响因素分析

非织造材料的透气性与纤维网的密度、加固工艺、加工工艺和后整理处理有关。随着面密度的增大,材料的厚度增大,空气在从高压处向低压处的过程中受到的阻力不断增大,使得最终材料的透气率值不断减小;在相同面密度条件下,热风非织造材料的透气率值要大于水刺非织造材料,这主要是由于热风非织造材料的结构蓬松,孔隙大,使空气通过材料时的阻力减小;纸尿裤、卫生巾等背层采用的是防水材料,需要进行防水处理防止液体漏出,因而透气率是比较低的,原因在于进行防水整理过程中使纤维网表面孔隙减小,透气性下降。

渗透性能与非织造材料的纤维亲水性、纤维细度以及纤网内毛细管的直径大小和数量有关。在一定范围内,纤维细度减小,纤网越蓬松,水平扩散面积增加;纤维细度增加,孔径增大,液体在垂直方向的渗透时间降低。此外,纤维的排列对液体的扩散性能有很大的影响。

影响热风非织造材料的生产工艺参数很多,主要包括纤网质量、热风温度、冷却速率等。

7.1.4.1 纤网质量

在相同的工艺参数条件下,纤网的密度越大,单位体积内纤维的数量越多,热风过程中形成的黏结点越多,获得最终产品的强度会增大。另外,热熔纤维在纤网中的组分配比也会显著影响热风非织造材料的力学性能。图 7-4 展示了不同热熔纤维种类以及配比下热风温度与非织造材料强力间的关系。可以看出,在相同的配比条件下,双组分热熔纤维形成的热风非织造材料高于单组分热熔纤维形成的热风非织造材料。

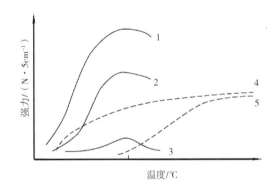

图 7-4 热熔纤维混合比热风温度与非织造材料强力的关系图

1—100%单组分热熔纤维　2—60%单组分热熔纤维　3—30%单组分热熔纤维

4—30%双组分热熔纤维　5—30%单组分热熔纤维

7.1.4.2 热风温度

热风温度对非织造材料的性能有直接影响。热风加固工艺通常根据所用热熔纤维的熔点来选取热风的温度,一般达到热熔纤维的软化或者熔融温度即可。在相同的热风加热时间内,热风温度高,可有效改善热熔纤维的黏合效果,提高最终产品的力学性能。适当提高热风温度,可提高纤网的输送速度,进而提高生产效率。但热风温度过高,超过热熔纤维的熔点之后,所得非织造材料的力学性能呈现下降的趋势。图 7-5(a)展示了不同热风温度下加热时间与热风非织造材料强力的关系。

在加热过程中,热风穿透速度同样会影响产品的品质。在其他参数一致的情况下,非织造材料的力学性能随热风穿透速度的增大呈现先增大后减小的趋势。研究表明过高的热风穿透速度会破坏纤网的结构。在热风加固过程中,通常根据纤网的克重来确定热风的穿透速度。图7-5(b)展示了不同热风穿透速度下加热时间与热风非织造材料强力的关系。

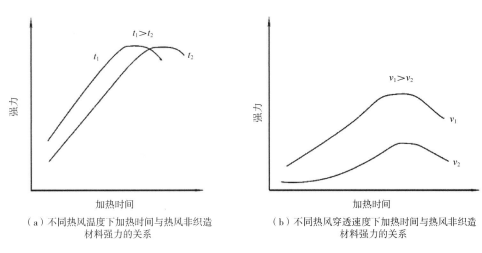

（a）不同热风温度下加热时间与热风非织造
材料强力的关系

（b）不同热风穿透速度下加热时间与热风非织造
材料强力的关系

图 7-5　加热时间—强力曲线

7.1.4.3　冷却速率

冷却速率会影响纤维的微观结构,与热风非织造材料的最终强力有十分密切的关系。图7-6分别展示了80%聚酯与20%聚烯烃双组份(Es)纤维以及100% ES纤维冷却速率与热风非织造材料强度之间的关系。从图7-6可以看出,冷却速率存在最优的区间。在热风加固工艺中需要根据纤维原料选定恰当的冷却速率。冷却速率过高或者过低都会降低热风非织造材料的力学性能。

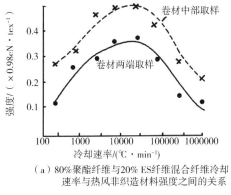

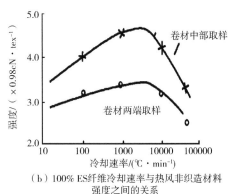

（a）80%聚酯纤维与20% ES纤维混合纤维冷却
速率与热风非织造材料强度之间的关系

（b）100% ES纤维冷却速率与热风非织造材料
强度之间的关系

图 7-6　冷切速率—强度曲线

7.2 隔离衣用非织造材料

7.2.1 概述

隔离衣是用于医护人员与患者接触时免于受到血液、体液等感染物质的传染与传播，或用于保护医护场所下的其他患者避免感染的防护服装。其不可用于甲类传染病的防护，防护等级及阻隔性能通常情况下低于医用一次性防护服及手术衣，根据 GB/T 38462—2020《纺织品　隔离衣用非织造布》，隔离衣用非织造材料一般可以划分为四个等级，级别越高，防护性能越强：Ⅰ级，可用于探视、清洁等用途；Ⅱ级，可用于常规护理、检查等；Ⅲ级，可用于患者有一定出血量、液体分泌物的场合；Ⅳ级，可用于长时间或者大量面对病人血液、体液或清洁医疗垃圾等。

7.2.2 标准及性能测试

隔离衣用非织造材料性能指标包括色牢度、长度、幅宽、面密度、断裂强度、胀破性能、静电性能、透湿性、卫生性能、防护性能、抗渗水性、血液体液防护性能等，参照执行 GB/T 250—2008《纺织品　色牢度试验　评定变色用灰色样卡》、GB/T 4666—2009《纺织品　织物长度和幅宽的测定》、GB/T 7742.1—2005《纺织品　织物胀破性能　第1部分:胀破强力和胀破扩张度的测定　液压法》、GB/T 12703.4—2010《纺织品　静电性能的测定　第4部分:电阻率》、GB/T 12704.1—2009《纺织品　织物透湿性试验方法　第1部分:吸湿法》、GB/T 15979—2002《一次性使用卫生用品卫生标准》、GB/T 19082—2009《医用一次性防护服技术要求》、GB/T 24218.1—2009《纺织品　非织造布试验方法　第1部分:单位面积质量的测定》、GB/T24218.3—2010《纺织品　非织造布试验方法　第3部分:断裂强力和断裂伸长率的测定(条样法)》、GB/T 24218.16—2017《纺织品　非织造布试验方法　第16部分:抗渗水性测定(静水压法)》、GB/T 24218.17—2017《纺织品　非织造布试验方法　第17部分:抗渗水性测定(喷淋冲击法)》、YY/T 0689-2008/ISO 16604:2004《血液和体液防护装备　防护服材料抗血液传播病原体穿透性能测试 PhiX174 噬菌体试验方法》等标准，具体内容如下。

7.2.2.1 色牢度试验

参考标准:GB/T 250—2008/ISO 105—A02:1993《纺织品　色牢度试验　评定变色用灰色样卡》。

测试仪器:基本灰色样卡。

测试原理及方法:按测试要求选取基本色卡样卡，隔离衣一般为一次性服装，一般只需要评价其上色变色牢度，因此选择上色基本样卡。

用中性灰颜色作为背景，将试样及原样各一块按同一方向并列紧靠置于其上同一平面，色卡样卡也靠近置于其上同一平面，观测光为北向自然光，或采用标准光源 D_{65}，入射光与非织造材料表面呈45°角，观察方向垂直材料表面。当原样和试后样之间的观感色差相当于灰色样卡某等级所具有的观感色差时,该级数就作为该试样的变色牢度级数。如果原样和试后样之间的观感色差接近于灰色样卡某两个等级中间,则试样的变色牢度级数评定为中间等级,如4~5级或2~3级。直接观感评定受个体主观因素影响,难免会产生误差,更客观科学的评定可以采用测色配色仪等。

基本灰色样卡即五档灰色样卡,由五对无光的灰色卡片(或灰色布片)组成,根据观感色差分为五个整级色牢度档次,在每两个档次中再补充半级档次,就扩编为九档卡。每堆的第一组成均为中性灰色,第二组成依此变浅,色差逐级增大,每对第二组成与第一组成色差规定见表7-11。

表7-11　每对第二组成与第一组成色差规定

牢度等级	CIELAB 色差	容差
5	0	0.2
(4~5)	0.8	±0.2
4	1.7	±0.3
(3~4)	2.5	±0.35
3	3.4	±0.4
(2~3)	4.8	±0.5
2	6.8	±0.6
(1~2)	9.6	±0.7
1	13.6	±1.0

7.2.2.2　胀破强度

参考标准:GB/T 7742.1—2005《纺织品　织物胀破性能　第1部分:胀破强力和胀破扩张度的测定　液压法》,对应 ISO:13938—1:1999,MOD。

测试器械:胀破仪。

测试原理及方法:将试样安装在测试仪器上,其下方紧贴着一层具有良好延展性的膜片,膜片下方提供一定强度的液压,试样会随着膜片在液压的作用下一起膨胀,液压以一个恒定速度增加,当试样破裂时得到胀破扩张度和胀破强力,相关测试及注意事项如下。

(1)测试步骤。

①在织物每个不同部位取试样各5个,测试面积为7.3cm^2。

②设定仪器中液体的恒定增长速率为100~500cm^3/min,精度为±10%,若无体积调节装置,则可进行预实验,将增长速率调整至胀破时间为20s±5s,并在报告中进行相关说明。

③将试样平整无张力地夹持在膜片上,开始升高液压,试样胀破后复位仪器,记录胀破体积、胀破压力或胀破高度,若破坏位置接近夹持边缘,应在报告中进行记录。

④采用步骤③相同的参数,在没有试样的情况下对膜片本身进行实验,即在相同实验面积、体积增长速率(或胀破时间)条件下,当膜片到达试样平均胀破高度(或胀破体积)时,记录此时胀破压力为膜片压力。

⑤使用步骤③的胀破压力减去步骤④中膜片压力,得到试样的胀破强力,单位为 kPa,保留三位有效数字,若使用胀破高度计算则单位为 mm,保留两位有效数字。

⑥若需要计算胀破体积平均值,则单位为 cm³,保留三位有效数字。

⑦若需要计算变异系数 CV 和 95% 置信区间,则 CV 修约至最接近的 0.1%,置信区间的有效数字与平均值相同。

(2)当胀破压力超过满量程 20% 时,则精度应为满量程的 ±2%。

(3)测试前根据试样厚度调整零点高度,当胀破高度小于 70mm 时,则精度应为 ±1mm。

(4)若试验仪器可显示胀破体积,则精度不可超过显示数值的 ±2%。

(5)试样的夹持过程中不得出现滑移、变形和损伤。

(6)所使用膜片厚度应小于 2mm,延伸性高,在测试范围内可完全恢复并可重复使用,对液体具有良好的抗性。

7.2.2.3 静电性能

参考标准:GB/T 12703.4—2010《纺织品 静电性能的评定 第 4 部分:电阻率》。

测试器械:三电极电阻测试仪(图 7-7)。

码7-2 静电性能测定

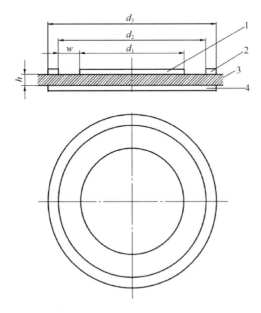

图 7-7 三电极电阻测试仪在平面试样上的测试示意图

1—被保护电极 2—保护电极 3—试样 4—不被保护电极

d_1—被保护电极内径 d_2—保护电极内径 d_3—不被保护电极内径 w—电极间隙 h—试样厚度

测试原理及方法:当试样的两点被施加一定的直流电压时,由于试样的极化和活动离子位移,通过试样的电流值会随时间逐渐减小并最终在 1min 内到达一个稳定值,利用所施加的电压和得到的电流值,可计算出该试样上两个测试点之间的电阻值,即为判断试样抗静电性的依据。测试方法有两种,直接法是测量加在试样上的直流电压和流过它的电流(伏安法)而求得未知电阻;比较法是确定电桥(电桥法)线路中试样未知电阻与电阻器已知电阻之间的比值,或是在固定电压下比较通过这两种电阻的电流。测量常用电压有100V、500V、1000V,记录1min后的数值,取两次电阻的几何平均值(对数算术平均值的反对数)作为结果;推荐使用的电极尺寸 d_1-d_3 分别为 50mm、60mm、80mm;试样形状无特别要求,只要满足三电极的测试范围即可,对于低于 $10^{10}\,\Omega$ 的电阻;测量装置测量未知电阻的总精确度应至少为±10%,而对于更高的电阻,总精确度至少为±20%。并在所有关键的绝缘部位插入保护导体,以规避所有外来寄生电压产生杂散电流的干扰,具体测试准备及步骤如下。

(1)试样预处理。如果需要,按程序对试样进行洗涤,洗涤后在50℃下预烘后在温度(20±2)℃,相对湿度35%±5%,环境风速在0.1m/s以下条件下调湿达到平衡。

(2)试样处置。测试时加电极到试样上和安放试样时均要极为小心,以免产生杂散电流通道。测量表面电阻时,不要清洗表面,表面被测部分不应被任何东西触及。

(3)电极。按实验条件要求,可以选择导电银漆、喷镀金属、蒸发或阴极真空喷镀金属、液体电极、胶体石墨、导电橡皮、金属箔等作为电极。

(4)按(1)(2)(3)进行准备。测量试样及电极的尺寸、表面间隙宽度 ω(两电极之间距离),精确至±1%。测定体积电阻率时,要测定每个试样的平均厚度,厚度测量点应均匀地分布在由被保护电极所覆盖的整个面积上。

①体积电阻。在测试前应使试样具有电介质稳定状态。为此,通过测量装置将试样的被保护电极1和不保护电极3短路,逐步增加电流测量装置的灵敏度到符合要求,同时观察短路电流的变化,如此继续到短路电流达到相当恒定的值为止,此值应小于电化电流的稳定值,或者小于电化100min的电流。由于短路电流有可能改变方向,因此即使电流为零,也要维持短路状态到需要的时间。当短路电流 I_0 变得基本恒定时(可能需要几小时),记下 I_0 的值和方向。然后加上规定的直流电压并同时开始计时,使用一个固定的电化时间如1min后的电流值来计算体积电阻率。

②施加规定的直流电压,测定试样表面的被保护电极1和不保护电极2的电阻。应在1min的电化时间后测量电阻,即使在此时间内电流还没有达到稳定的状态。

(5)结果计算。体积电阻率按式(7-13)计算,表面电阻率按式(7-14)计算:

$$\rho_v = R_v \times \frac{A}{h} \tag{7-13}$$

式中:ρ_v——体积电阻率,$\Omega\cdot m$(或 $\Omega\cdot cm$);

　　R_v——测得的体积电阻,Ω;

　　A——被保护电极的有效面积,m^2(或 cm^2);

　　h——试样的平均厚度,m(或 cm)。

$$\rho_s = R_s \times \frac{L}{w} \tag{7-14}$$

式中：ρ_s——表面电阻率，Ω；

$\quad\quad R_s$——表面电阻，Ω；

$\quad\quad L$——被保护电极的有效周长，m（或 cm）；

$\quad\quad w$——被保护电极和不保护电极间的距离，m（或 cm）。

7.2.2.4　防微生物穿透测定

参考标准：YY/T 0689—2008《血液和体液防护装备　防护服材料抗血液传播病原体穿透性能测试　Phi-X 174 噬菌体试验方法》。

测试器械：穿透试验槽如图 7-8 所示，试验仪器示意图如图 7-9 所示。

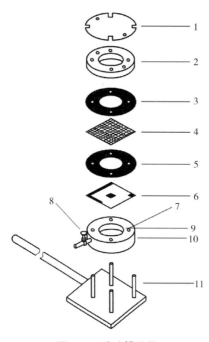

图 7-8　试验槽结构

1—透明盖　2—法兰盖　3—垫圈　4—阻滞筛
5—垫圈　6—试验样品　7—上部入口　8—排放阀
9—PTFE 垫圈　10—试验槽　11—试验槽支架

测试原理及方法：将试样安装在测试仪器上，加入相关微生物的悬浮液，在给定时间和压力下观察微生物是否能够穿透试样，相关注意事项如下。

（1）原料。噬菌体 Phi-X 174（滴度至少为 1.0×10^8 PFU/mL）、大肠杆菌、纯水、营养肉汤、氯化钙、氯化钾、氢氧化钠、聚山梨醇酯 80、琼脂。

（2）试样尺寸为 75mm×75mm，隔离服每个部件均需 3 个试样，若试样需要灭菌，则需在灭菌前对试样的厚度和单位面积质量进行测量，分别精确至 0.02mm 和 10g/m²，按照下述步骤（5）进行相容性测试。

（3）培养基配制。

①营养肉汤配制。将胰蛋白胨（8.0±0.1）g、氯化钾（5.0±0.06）g、氯化钙（0.2±0.003）g、聚山梨醇酯 80（0.1±0.00125）mL 溶解于（1000±12.5）mL 的纯水中，使用 2.5mol/L 的氢氧化钠将 pH 调至（7.3±0.1），于高温高压下进行灭菌。

②下层琼脂配制。将琼脂（15.0±0.19）g、营养肉汤（8.0±0.1）g、氯化钾（5.0±0.06）g、灭菌后且浓度为 1mol/L 的氯化钙（1.0±0.0125）mL 溶解于（1000±12.5）mL 的纯水中，使用 2.5mol/L 的氢氧化钠将 pH 调至（7.3±0.1），于高温高压下进行灭菌。

③上层琼脂配制。将 Bacto-琼脂（7.0±0.09）g、营养肉汤（8.0±0.1）g、氯化钾（5.0±0.06）g、灭菌后且浓度为 1mol/L 的氯化钙（1.0±0.0125）mL 溶解于（1000±12.5）mL 的纯水中，使用 2.5mol/L 的氢氧化钠将 pH 调至（7.3±0.1），于高温高压下进行灭菌。

（4）对照样品设计。

①气溶胶/空气污染对照物。使用平板或其他合适的方法测定悬浮的或空气携带的本

底数目。

②阴性对照样品。严格防渗的单一模制品,如医用包扎聚酯膜。

③阳性对照样品。由孔径为$(0.050 \pm 0.005)\mu m$滤膜过滤后的样品。

(5)材料相容性测定。

①将试样槽水平放置,将灭菌试样的外表面面向试验槽放入槽内。

②保持试验槽水平放置,将$2.0\mu L$含有900~1200PFU的噬菌体肉汤放在试样中央,加入5mL无菌噬菌体培养肉汤。

③将$2.0\mu L$噬菌体悬浮液加入5mL无菌噬菌体培养肉汤中,得到对照物。

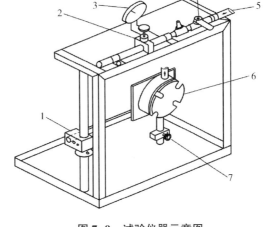

图7-9　试验仪器示意图
1—夹钳　2—压力调节器　3—气压表
4—供气阀　5—通向试验槽　6—试验槽　7—排放阀

④10min后,按照下述步骤(9)进行定量测定,计算质控物滴度与试样滴度之比。

⑤保持试验悬浮液的滴度,用于试验暴露的过程,等同于$2\times10^8 \sim 3\times10^8$ PFU/mL,若步骤④中滴度比值大于5.0,则噬菌体悬浮液应为1×10^9 PFU/mL。

(6)噬菌体悬浮液制备。

①将10~25mL营养肉汤加入250mL的锥形瓶中,用接种环将大肠杆菌接种到肉汤中,于$(36\pm1)℃$、$(225\pm25)r/min$的摇床中培养过夜。

②取上述菌液1mL与新鲜肉汤100mL共同加入1L的锥形瓶中,于$(36\pm1)℃$、$(225\pm25)r/min$的摇床中培养约3h,在分光光度计中640 nm下的吸光度为0.3~0.5。

③将5~10mL噬菌体Phi-X 174接种到上述菌液中,噬菌体滴度为$1.0\times10^9 \sim 1.0\times10^{10}$ PFU/mL,噬菌体与细菌个数比为0.1~2.0。

④将上述溶液在$(36\pm1)℃$培养,剧烈振荡1~5 h使细菌裂解,当640nm下的吸光度不在下降时可认为裂解完全。

⑤将上述溶液在10000r/min下离心20min,取出上层液体用$0.22\mu m$的滤膜过滤,测定其滴度(用于描述噬菌体的存活浓度,单位为 PFU/mL),此时滴度一般在$(5.0\pm2)\times10^{10}$ PFU/mL,于$(5\pm3)℃$下保存。

⑥稀释并根据步骤(5)控制噬菌体悬浮液的滴度,按照步骤(9)进行噬菌体最终浓度的测定。

(7)沉降平板制备。

①将2.5mL已熔化的无菌上层琼脂倒入无菌试管中,保持温度为$(45\pm2)℃$,每一平板制备一个试管。

②将$100\mu L$大肠杆菌培养液加入试管中,充分混合后将其倒入下层琼脂平板上,等待琼

脂凝固。

③平板应在制备后立即使用,试样平板和对照样一起培养。

(8)材料与噬菌体试验悬浮液接触。

①将60mLPhi-X 174噬菌体悬浮液从上部入口注入试验槽中,若发现液体穿过试样则终止试验。

②将空气管道连接到试验槽,在规定压力和时间点观察试样是否有液体浸润或穿过试样,若发生此类情况则记录该时间并终止试验。

③以(3.5±0.5)kPa/s的速率将压力从正常大气压下提升至14kPa并保持1min,随后卸掉压力至大气压并保持4min,打开排放阀将噬菌体悬浮液排出。

④稀释并测试从至少每组重复实验的最后一个试验槽收集到的噬菌体悬浮液,以确保试验过程中噬菌体未丧失活性。

⑤将试验槽水平放置在试验台上,打开透明盖,将5.0mL无菌营养肉汤缓慢加到试样的正常内表面的暴露位置上,轻轻摇动试验槽1min,确保液体与试样这个可视面接触,随后使用无菌移液器将液体转移至无菌样品瓶中,进行检测。

⑥对试验槽进行拆解、清洗和灭菌。

⑦该条件可用于大量血液或体液存在、直接接触、压迫及倾斜等条件时,不需支撑网支撑试样,当因材料变形导致测试失败时,则需使用支撑网支撑试样。

(9)试验液的定量测试。

①将2.5mL熔化的无菌上层琼脂培养基加入无菌试管中,保持温度为(45±2)℃。

②每个试样和对照样品收集来的试验液均制备2个平板。

③将试管从热台上移走,迅速加入0.5mL试验液,制备接种管。

④将100μL大肠杆菌培养物加入到每个接种管中,充分混合,倒在下层琼脂培养基平板的表面,待琼脂凝固并在(36±1)℃下培养,直至产生清晰可见的噬菌斑,通常至少需要6h,并按照步骤9)对其进行评价。

⑤若噬菌斑总数太大无法计算,则可对其进行一系列1∶10的稀释。

(10)结果解释。

①当使用沉降平板时,若观察到有本底计数(>0),视为无效试验。

②若阴性对照样品未检测到噬菌体,视为有效试验。

③当阳性对照样品检测到噬菌体,视为有效试验。

④材料试样显示无可见噬菌体穿透,视为通过试验。

7.2.2.5 抗合成血液穿透

参考标准:GB 19082—2009《医用一次性防护服技术要求》。

测试器械:穿透试验槽(图7-8和图7-9)。

测试原理及方法:将试样安装在测试仪器上,加入合成血液,在给定时间和压力下观察液体是否能够穿透试样,相关注意事项如下。

(1)合成血液配制。将0.04g吐温20、2g羧甲基纤维素钠、2.4g氯化钠、1.2g磷酸二氢钾、4.3g 磷酸氢二钠、1.0g 苋菜红染料溶解在 0.8L 水中,使用磷酸缓冲溶液将 pH 调节至 7.3±0.1,加水定容至 1L。

(2)试样尺寸为 75mm×75mm,数量为 3 片,多层材料或复合材料应将边缘封好,试验区域直径应大于 57mm。

(3)实验步骤。

①将试验槽水平放置并将试样外表面面向试验槽放置在槽内,按照图 7-8 组装试验槽。

②将 50~55mL 合成血液从注入口倒入试验槽内,观察 5min 内是否有液体穿过试样,若有则终止试验,若无则如图 7-9 所示进行空气管路联通,将压力缓慢升至 1.75kPa 并保持 5min,观察是否有液体穿过试样,若有则终止试验,判断其抗合成血液穿透等级为 1 级,若无则继续步骤③。

③将压力缓慢升至 3.5kPa 并保持 5min,观察是否有液体穿过试样,若有则终止试验,判断其抗合成血液穿透等级为 2 级,以此类推,可将压力逐级缓慢升至 7kPa、14kPa、20kPa,其对应等级分别为 3 级、4 级、5 级。

④若在 20kPa 下仍然未观察到液体穿透现象,则判断其为 6 级。

⑤试验结束后卸掉压力,将液体排空,取出试样,彻底清洗试验仪器的每一个部件。

7.2.2.6 微生物测定

参考标准:GB/T 15979—2002《一次性使用卫生用品卫生标准》。

测试器械:培养箱。

测试原理及方法:使用菌落数法检测样品的微生物,相关注意事项如下。

码7-3 产品抑菌
性能测定

(1)从同一批包装完好的产品中至少抽取 12 个试样,其中 1/4 用于留样,1/4 用于检测,1/2 用于复检,包装在检测前不得破损或开启。

(2)将用于测试的试样在无菌条件下打开包装,从每个试样中准确取样(10±1)g,将其剪碎并投入 200mL 无菌生理盐水中,充分混匀,待试样沉降后作为测试样液。

(3)细菌菌落总数测定。将营养琼脂熔化后保温至 45℃,每个试样准备 5 个培养皿,向培养皿中加入 1mL 测试样液以及 15~20mL 营养琼脂,充分混匀,待琼脂凝固后将培养皿翻转,放置于(35±2)℃培养液中培养 48h,取出并计算菌落数,单位为 CFU/g。

将每个试样的 5 个培养皿中的菌落总数除以 5,得到最终的菌落总数。

当菌落数小于 100 时,按实际数据报告,若大于 100 时,取 2 位有效数字报告。

(4)真菌测定。

①将沙式琼脂培养基熔化后保温至 45℃,每个试样准备 5 个培养皿,向培养皿中加入 1mL 测试样液以及 15~20mL 沙式琼脂培养基,充分混匀,待琼脂凝固后将培养皿翻转,放置于(25±2)℃培养液中培养一周,并分别在 3 天、5 天、7 天观察并计算菌落数,单位为 CFU/g,若菌落出现蔓延,则以前一次菌落数为准。

②将每个试样的 5 个培养皿中的菌落总数除以 5,得到最终的菌落总数。

③当菌落数小于 100 时,按实际数据报告,若大于 100 则取 2 位有效数字。

（5）绿脓杆菌测定。

①将 5mL 测试样液加入 50mL SCDLP 培养液中,充分均匀后在(35±2)℃培养液中培养 18~24 h,若样液中存在绿脓杆菌,则培养液会变成黄绿色或蓝绿色,其表面会有一层菌膜。

②准备十六烷三甲基溴化铵琼脂平板,从培养液的菌膜处挑取培养物进行画线接种,在 (35±2)℃培养液中培养 18~24h,观察培养情况,绿脓杆菌在该培养基上良好成长而其他菌 不能生长,菌落扁平且边缘不整,周围培养基略显粉红。

③对菌落进行革兰氏染色分析,若为阴性时则进行以下④~⑧测试。

④氧化酶实验。在培养皿中放置一块白色滤纸,用无菌玻璃棒将菌落挑起并涂在滤纸 上,滴加一滴浓度为 1% 的二甲基对苯二胺溶液,若 30s 内出现紫红色或粉红色,则为阳性, 无变化则为阴性。

⑤绿脓菌素实验。准备绿脓菌素测定专用培养基斜面,用无菌玻璃棒将菌落挑起并接 种在培养基中,在(35±2)℃培养液中培养 24 h,向培养物中加入 3~5mL 三氯甲烷并充分混 匀以溶解绿脓菌素,当三氯甲烷变成蓝色时,将其转移至试管中,加入 1mL 浓度为 1mol/L 的 盐酸,充分混匀后静置分层,若上层液体变成紫红色或粉红色则为阳性,无变化则为阴性。

⑥硝酸盐还原产气实验。准备硝酸盐陈培养基,使用无菌玻璃棒将菌落挑起并接种在 培养基中,在(35±2)℃培养液中培养 24h,若培养基小导管中出现气体则为阳性,无变化则 为阴性。

⑦明胶液化实验。准备明胶培养基,将菌落穿刺接种在培养基内,在(35±2)℃培养液 中培养 24h 后置于 4~10℃下,若培养基为液态则为阳性,若为凝固态则为阴性。

⑧42℃生长实验。准备普通琼脂培养基,将菌落接种在培养基上,在(42±2)℃培养液 中培养 24~48h,若有菌生长则为阳性,无变化则为阴性。

⑨若通过以上测试,证实为革兰氏阴性,且氧化酶及绿脓杆菌均为阳性时,可判定试样 中有绿脓杆菌;若绿脓菌素检测为阴性,但液化明胶、盐酸盐还原产气及 42℃生长均为阳性, 也可判定试样中有绿脓杆菌。

（6）金黄色葡萄球菌测定。

①将 5mL 测试样液加入 50mL SCDLP 培养液中,充分混合均匀后在(35±2)℃培养液中 培养 24h。

②准备血琼脂培养基,从上述菌液中取 1~2 接种环并画线接种在培养基上,在(35± 2)℃培养液中培养 24~48h,金黄色葡萄球菌菌落为金黄色,圆形,个头较大,形状突起,表面 光滑,不透明,周围出现溶血圈。

③对菌落进行革兰氏染色分析,若为阳性且呈葡萄状进行排列,无荚膜和芽孢,则进行 D~E 测试。

④甘露醇发酵实验。准备甘露醇培养基,将菌落接种在培养基上,在(35±2)℃培养液 中培养 24h,若甘露醇发酵产酸则为阳性,无变化则为阴性。

⑤血浆凝固酶实验。取洁净的载玻片,其两端分别滴加一滴生理盐水和兔血浆,并将菌 落分别与其混合,5min 内若血浆出现颗粒或块状凝固,而生理盐水无明显变化则为阳性,若

均无明显变化则为阴性,若均出现凝固现象则需进行试管凝固酶实验;取0.1mL新鲜血浆于无菌试管中并稀释至0.5mL,加入0.5mL菌液后充分混匀作为实验组,取血浆凝固酶阳性和阴性菌液各0.5mL作为阳性和阴性对照,在(35±2)℃培养液中培养,每30min观察一次,若24h内混合液体是否出现凝固现象则为阳性,无变化则为阴性。

⑥当疑似菌落为革兰氏阳性,葡萄状排列,并能使甘露醇发酵产酸及血浆凝固酶阳性时,可判定试样中有金黄色葡萄球菌。

(7)溶血性链球菌测定。

①将5mL测试样液加入50mL葡萄糖肉汤中,充分混合均匀后在(35±2)℃培养液中培养24h。

②准备血琼脂培养基,将上述菌液画线接种在培养基上,在(35±2)℃培养液中培养24h,溶血性链球菌菌落为灰白色,针尖状,形状突起,边缘整齐,表面光滑,半透明或不透明,周围出现无色透明溶血圈。

③对菌落进行革兰氏染色分析,若为阳性且呈链状排列,则进行④~⑤测试。

④链激酶实验。取5mL兔血浆与0.01g草酸钾混匀后,离心取上清液,得到草酸钾血浆;取0.2mL草酸钾血浆并稀释至1mL,加入0.5mL菌液和0.25mL浓度为0.25%的氯化钙溶液,充分混匀后再在(35±2)℃培养液中培养,每2min观察一次,血浆凝固后继续观察,记录其熔化时间,若2h内未熔化则继续放置24h后观察,若全部熔化则为阳性,不溶化为阴性。

⑤杆菌肽敏感试验。将菌液涂抹于血平板上,设置杆菌肽阳性菌液作为对照,用无菌镊子将含0.04单位杆菌肽的纸片平放于平板表面,在(35±2)℃下放置18~24h,若出现抑菌带则为阳性,若无则为阴性。

⑥当疑似菌落为革兰氏阳性,链状排列,血平板出现溶血圈,链激酶和杆菌肽阳性,可判定试样中有金黄色葡萄球菌。

7.2.2.7　外观疵点检验

参考标准:GB/T 38462—2020《纺织品　隔离衣用非织造布》。

测试器械:日光或日光灯。

测试原理及方法:将试样松弛地铺展在水平检验台上,使用日光或日光灯进行照明,照度不低于600 lx,目光保持与台面约60 cm,主要检验试样正面的疵点。

7.2.3　性能评价

各等级隔离衣具体性能评价参照以下相关质量要求。产品的内在质量要求见表7-12,抗静电质量要求见表7-13,幅宽偏差见表7-14。

表7-12　内在质量要求

考核项目	指标			
	Ⅰ级	Ⅱ级	Ⅲ级	Ⅳ级
单位面积质量偏差率/%	±6			

续表

考核项目	指标			
	Ⅰ级	Ⅱ级	Ⅲ级	Ⅳ级
喷淋冲击渗水量/g	≤4.5	≤1.0	≤1.0	不要求
静水压/kPa	不要求	≥1.8 (18cm H₂O)	≥4.4 (45cm H₂O)	≥9.8 (100cm H₂O)
阻微生物穿透	不要求	不要求	不要求	合格
抗合成血液穿透性/级	不要求	不要求	不要求	≥4
胀破强度/kPa	≥40			
断裂强力/N	≥20	≥20	≥30	≥45
透视率/(g·m⁻²·24h⁻¹)	≥3600			
抗静电性(表面电阻率)/Ω	不要求	≤1×10¹²		

表 7-13　抗静电质量要求

等级	要求/Ω
A 级	$P_s < 1 \times 10^7$
B 级	$1 \times 10^7 \leq P_s < 1 \times 10^{10}$
C 级	$1 \times 10^{10} \leq P_s \leq 1 \times 10^{11}$

表 7-14　幅宽偏差

幅宽/mm	幅宽偏差/mm
≤800	±3
>800	−3～+5

其中,对于隔离衣的微生物指标应包括:细菌菌落总数≤150CFU/g,真菌菌落总数≤80CFU/g,不得检出大肠菌群,不得检出致病性化脓菌(包括绿脓杆菌、金黄色葡萄球菌、溶血性链球菌)。

对于非耐久性抗静电非织造产品,洗前应达到表 7-13 要求,对于耐久性抗静电非织造产品,洗前、洗后表面电阻率都要满足表 7-13 要求。

外观上要求布面均匀、平整、无微孔和晶点,无明显折痕、破边破洞、油污斑渍,卷装整齐。染色布或印花布的布面色差、同批色差和同匹色差,均不应低于 3～4 级。幅宽偏差应符合表 7-14 规定。

7.2.4　影响因素分析

一般来说,透气性、透水性等方面均与非织造材料的原料、厚度、孔径大小和结构关系十分密切,对于一次性使用的产品来说,需要追求高产量和低成本,因此纺粘聚丙烯非织造材料在该领域得到了大量的使用和发展,在保证产品轻盈的基础上,又能提供致密的孔洞结构。通常情况下,隔离衣的厚度和孔径决定了其耐水压性能,厚度越大或孔径越小的隔离衣,耐水压能力越强。另外,孔径大小也决定了病菌穿透的能力,孔径越小、厚度越大,病菌穿透的可能性越小。隔离衣的强度则与纤维强度和孔隙率等有关,若加工方法相同,则纤维强度越大,所得制品的强度也越大,而孔隙率则侧面说明了纤维间的粘连程度,即蓬松度,孔隙率越大则纤维间的粘连点不够,强度下降。

7.3　防护服用覆膜材料

7.3.1　概述

防护服用覆膜材料应用包括手术医帽、口罩、医用床单、开口内裤(用于需插排液管的患者)等,应具备较好的柔软性、悬垂性、吸水性、防水性、拒水性、防菌性、安全性和舒适性要求。覆膜材料是将非织造基布与透气微孔膜相复合,覆膜形式可以是一布一膜(SF)或二布一膜(SFS),其中透气微孔膜通常采用聚四氟乙烯(PTFE)、聚乙烯(PE)透气膜或弹性聚氨酯(TPU)。基布采用具有一定力学性能的纺粘非织造材料或水刺非织造材料。发达国家也有采用拒水性的木浆/聚酯纤维水刺非织造材料的。手术罩布则多采用以木浆纤维与聚酯纤维经水刺复合的产品或在开口周边附加高吸水材料。

7.3.2　标准及性能测试

防护服用非织造材料质量指标可参照执行 GB 19082—2009《医用防护服技术要求》,性能指标包括拉伸性能、抗渗水性、抗湿性、阻燃性、抗静电性、抗血液穿透、致敏性等,参照执行 GB/T 3923.1—1997《纺织品　织物拉伸性能　第 1 部分:断裂强力和断裂伸长率的测定　条样法》、GB/T 4744—2013《纺织品　防水性能的检测和评价　静水压法》、GB/T 4745—2012《纺织品　防水性能的检测和评价　沾水法》、GB/T 7742.1—2005《纺织品　织物胀破性能　第 1 部分:胀破强力和胀破扩张度的测定　液压法》、GB/T 5455—2014《纺织品　燃烧性能　垂直方向　损毁长度、阴燃和续燃时间的测定》、GB/T 12703.4—2010《纺织品　静电性能的评定　第 4 部分:电阻率》、GB/T 12704.1—2009《纺织品　织物透湿性试验方法　第 1 部分:吸湿性》、GB/T 14233.1—2008《医用输液、输血、注射器具检验方法　第 1 部分:化学分析方法》、GB/T 14233.2—2005《医用输液、输血、注射器具检验方法　第 2 部分:生物学试验方法》、GB 15979—2002《一次性使用卫生用品卫生标准》、GB/T 16886.10—2017《医疗器械生物学评价　第 10 部分:刺激与皮肤致敏试验》、IST 40.2(01)《无纺布静电衰减标准测试方法》等,具体内容如下。

7.3.2.1　抗渗水性测试

参考标准:GB/T 4744—2013《纺织品　防水性能的检测和评价　静水压法》。

测试器械:静水压测试仪。

测试原理及方法:将试样水平安装在测试仪器上,其一面作为测试面,测试面上方承受以恒定速率上升的水压,当试样另一面出现三处渗水点时,记录第三处渗水点出现时的静水压值,即为测试结果,相关注意事项如下。

(1)实验水为蒸馏水或去离子水,水温为(20±2)℃或(27±2)℃,水压上升速率为(6±0.3)kPa/min或(60±3)cmH₂O/min。

(2)试验区面积为100cm²。

(3)以kPa(cmH₂O)表示每个试样的静水压值及平均值P,保留一位小数。

(4)按表7-15评价材料抗渗水性。

表7-15 抗静水压等级和防水性能评价

抗静水压等级/级	静水压	防水性能评价
0	$P<4$	抗静水压性能差
1	$4 \leqslant P<13$	具有抗静水压性能
2	$13 \leqslant P<20$	
3	$20 \leqslant P<35$	具有较好的抗静水压性能
4级	$35 \leqslant P<50$	具有优异的抗静水压性能
5级	$50 \leqslant P$	

注 不同水压上升速率测得的静水压值不同,表中的防水性能评价是基于水压上升速率6.0kPa/min得出。

7.3.2.2 表面抗湿性测试

参考标准:GB/T 4745—2012《纺织品 防水性能的检测和评价 沾水法》。

测试器械:喷淋装置(图7-10和图7-11)。

码7-4 表面抗湿性测试

测试原理及方法:将试样安装在环形夹持器上,保持夹持器与水平呈45°,试样中心位置距喷嘴下方一定的距离。用一定量的蒸馏水或去离子水喷淋试样。喷淋后,通过试样外观与沾水现象描述及图片的比较,确定织物的沾水等级,并以此评价织物的防水性能,相关注意事项如下。

(1)实验水为蒸馏水或去离子水,水温为(20±2)℃或(27±2)℃,经相关方同意,可使用其他温度的试验用水,水温在试验报告中报出。

(2)试样从织物的不同部位至少取三块试样,每块试样尺寸至少为180mm×180mm,试样应具有代表性,取样部位不应有折皱或折痕。

(3)试样正面朝上夹持在仪器上,除另有要求,织物经向或长度方向应与水流方向平行。

(4)将250mL试验用水迅速而平稳地倒入漏斗,持续喷淋25~30s。

(5)喷淋停止后,立即将夹有试样的夹持器拿开,使织物正面向下几乎呈水平,然后对着一个固体硬物轻轻敲打一下夹持器,水平旋转夹持器180°后再次轻轻敲打夹持器一下。

(6)敲打结束后,根据表7-16中沾水现象描述立即对夹持器上的试样正面润湿程度进行评级。重复以上步骤,对剩余试样进行测定。

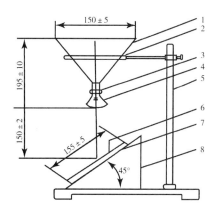

图 7-10 喷淋装置 (单位 : mm)

1—漏斗 2—支撑环 3—橡胶管 4—淋水喷嘴
5—支架 6—试样 7—试样夹持器 8—底座

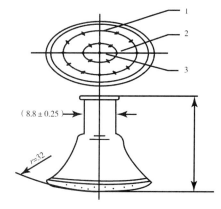

图 7-11 喷嘴

1—直径为 (21±0.5) mm 的圆周上均匀分布 12 个直径为
(0.86±0.05) mm 的孔 2—直径为 (10±0.5) mm
的圆周上均匀分布 6 个直径为 (0.86±0.05) mm 的孔
3—中心孔 , 直径为 (0.86±0.05) mm

表 7-16 沾水等级描述

沾水等级	沾水现象描述
0	整个试样表面完全润湿
1	受淋表面完全润湿
1～2	试样表面超出喷淋点处润湿 , 润湿面积超出受淋表面一半
2	试样表面超出喷淋点处润湿 , 润湿面积约为受淋表面一半
2～3	试样表面超出喷淋点处润湿 , 润湿面积少于受淋表面一半
3	试样表面喷淋点处润湿
3～4	试样表面等于或少于半数的喷淋点处润湿
4	试样表面有零星的喷淋点处润湿
4～5	试样表面没有润湿 , 有少量水珠
5	试样表面没有水珠或润湿

7.3.2.3 阻燃性能测试

参考标准 : GB/T 5455—2014《纺织品 燃烧性能 垂直方向损毁长度、阴燃和续燃时间》。
测试器械 : 垂直燃烧试验仪、垂直燃烧试验箱。

垂直燃烧试验箱内部尺寸为 (329±2) mm× (329±2) mm× (767±2) mm , 由耐热及耐烟雾侵蚀的材料制成。箱的前部设有由耐热耐烟雾侵蚀的透明材料制作的观察门。箱顶有均匀排列的 16 个内径为 12.5mm 的排气孔 , 为防止箱外气流的影响 , 距箱顶外 30mm 处加装顶板一块。箱两侧下部各开有 6 个内径为 12.5mm 的通风孔。箱顶有支架可承挂试样夹 , 试样夹侧面被试样夹固定装置固定 , 使试样夹与前门垂直并位于试验箱中心 , 试样夹的底部位于点火器管口最高点之上 17mm , 箱底铺有耐热及耐腐蚀材料制成的板 , 长宽较箱底各小

25mm,厚度约 3mm。另在箱子中央放一块可承受熔滴或其他碎片的板或丝网,其最小尺寸为 15mm×152mm×1.5mm,如图 7-12 所示。

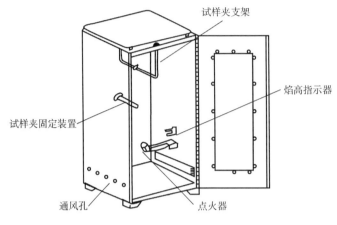

图 7-12　垂直燃烧试验箱

　　试样夹:由两块厚 2.0mm、长 422mm、宽 89mm 的 U 形不锈钢板构成,其内框尺寸为 356mm×51mm,如图 7-13 所示,试样固定于两板中间,两边用夹子夹紧。

　　点火器:管口内径为 11 mm,管头与垂线呈 25°,如图 7-14 所示。点火器入口气体压力为 1.7kPa,可控制点火时间精确至 0.05s。

　　直尺:最小刻度不得大于 1mm。密封容器。烘箱:应有通风和恒温控制,箱内温度为 (105±3)℃。干燥器。计时器:精确至 0.1s

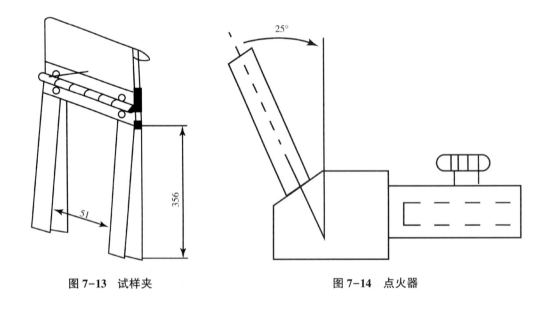

图 7-13　试样夹　　　　　　　　　图 7-14　点火器

　　测试原理及方法:用规定点火器产生的火焰,对垂直方向的试样底边中心点火,在规定的点火时间后,测量试样的续燃时间、阴燃时间及损毁长度,具体测试步骤如下。

（1）试样进行调湿或干燥条件确定。

条件 A：试样放置在 GB/T 6529—2008 规定的标准大气条件下进行调湿，然后将调湿后的试样放入密封容器内。

条件 B：将试样置于（105±3）℃的烘箱内干燥（30±2）min 取出，放置在干燥器中冷却，冷却时间不少于 30min。

其中，条件 A 和条件 B 所测结果不具可比性。

（2）气体选择。根据调湿条件选用气体，条件 A 选用工业用丙烷或丁烷或丙烷/丁烷混合气体；条件 B 选用纯度不低于 97%甲烷。

（3）重锤。每一重锤附以挂钩，挂钩由直径 1.1mm、长度约 76mm，在末端弯曲 13mm 呈 45°角的钢丝或不锈钢丝制成。共有 5 种不同质量的重锤（含挂钩），按表 7-17 选择使用。

表 7-17　织物单位面积质量与选用重锤质量的关系

织物单位面积质量 $G/(g \cdot m^{-2})$	重锤质量/g
$G < 101$	54.5
$101 \leqslant G < 207$	113.4
$207 \leqslant G < 338$	226.8
$338 \leqslant G < 650$	340.2
$G \geqslant 650$	453.6

（4）取样。根据调湿条件准备试样。

条件 A：尺寸为 300mm×89mm，纵向取 5 块，横向取 5 块，共 10 块试样。

条件 B：尺寸为 300mm×89mm，纵向取 3 块，横向取 2 块，共 5 块试样。

取样位置：剪取试样时距离布边至少 100mm，试样的两边分别与织物的纵向和横向平行，试样表面应无沾污，无褶皱。经向试样不能取自同一经纱，纬向试样不能取自同一纬纱。如果测试制品，试样中可包含接缝或装饰物。

（5）在温度 10~30℃，相对湿度 30%~80%的大气环境中进行试验。关闭试验箱前门，打开气体供给阀，点着点火器，调节火焰高度并稳定在（40±2）mm。在第一次试验前，火焰应在此状态下稳定燃烧至少 1min，然后熄灭火焰。

将试样从密封容器或干燥器内取出，装入试样夹中，试样应尽可能地保持平整，试样的底边应与试样夹的底边相齐，试样夹的边缘使用足够数量的夹子夹紧，然后将安装好的试样夹上端承挂在支架上，侧面被试样夹固定装置固定，使试样夹垂直挂于试验箱中心。

（6）关闭箱门，点着点火器，待火焰稳定后，移动火焰使试样底边正好处于火焰中点位置上方，点燃试样。此时距试样从密封容器或干燥器中取出的时间必须在 1min 以内。火焰施加到试样上的时间即点火时间根据选用的调湿条件确定，条件 A 为 12s，条件 B 为 3s。

（7）到点火时间后，将点火器移开并熄灭火焰，同时打开计时器，记录续燃时间和阴燃时间，精确至 0.1s。如果试样有烧通现象，进行记录。当用试验熔融性纤维制成的织物时，如果被测试样在燃烧过程中有熔滴产生，则应在试验箱的箱底平铺上 10mm 厚的脱脂棉。

（8）观察熔融脱落物是否引起脱脂棉的燃烧或阴燃，并记录。打开风扇，将试验中产生的烟气排出。

（9）打开试验箱，取出试样，沿着试样长度方向上损毁面积内最高点折一条直线，然后在试样的下端一侧，距其底边及侧边各约 6 mm 处，挂上选用的重锤，再用手缓缓提起试样下端的另一侧，让重锤悬空，再放下，测量并记录试样撕裂的长度，即为损毁长度，精确至 1 mm，如图 7–15 所示。对燃烧时熔融又连接到一起的试样，测量损毁长度时应以熔融的最高点为准。

（10）清除试验箱中碎片，关闭风扇，然后再测试下一个试样。

（11）结果计算与表示。根据调湿条件计算结果。

条件 A：分别计算经（纵）向、纬（横）向 5 块试样的续燃时间、阴燃时间和损毁长度的平均值，结果精确至 0.1s 和 1mm。

条件 B：计算 5 块试样的续燃时间、阴燃时间和损毁长度的平均值，结果精确至 0.1s 和 1mm。

7.3.2.4　静电衰减测试

参考标准：IST 40.2（01）*Standard Test Method for Electrostatic Decay of Nonwoven Fabrics*。

测试器械：静电衰减测试仪。

测试原理及方法：在试样上施加一定的高压，测量电荷量随时间的衰减行为。相关测试步骤如下：

（1）测试前，将样品在相对湿度为 50%±3%、温度为（23±1）℃的环境下静置 24h，且该环境同样为测试环境。

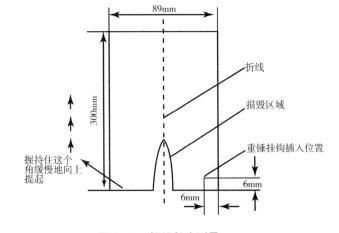

图 7–15　损毁长度测量

（2）在防护服的各关键部位均取一块 89 mm×（152±6）mm 的试样，取样时应佩戴棉质或乳胶手套以防试样污染。

（3）将试样安装在测试仪中，对其施加 5000V 的电压，随后测试电荷衰减时间，共测试 5 次，每次的结果均应满足性能要求。

7.3.2.5　皮肤刺激性测试

参考标准：GB/T 16886.10—2017《医疗器械生物学评价　第 10 部分：刺激与皮肤致敏试验》。

测试器械：静电衰减测试仪。

测试原理及方法：采用相关动物模型对试样的浸提液在试验条件下的皮肤反应进行试样的皮肤刺激性能测试，相关测试步骤如下。

（1）在无菌环境中从防护服上取 2.5cm×2.5cm 试样两片。

（2）准备生理盐水作为浸提介质，以 $1mL/cm^2$ 的比例准备浸提介质，将试样浸泡在其中，于 37℃ 下浸提 72 h，标记为实验组，同时准备无试样的浸提介质作为阴性对照组。

（3）准备健康初成年白化兔 3 只，同一品系，不限雌雄，体重不低于 2kg。

（4）试验前将兔子背部脊柱两侧去除足够面积的被毛（约 10cm×15cm）。

（5）将浸提液滴到 2.5 cm×2.5 cm 的吸水性纱布块上（一般为 0.5mL），以田字形对称地敷贴在兔子背部两侧，用绷带覆盖敷贴部位 4 h 或以上，对照组按照相同步骤进行操作。

（6）去掉绷带和纱布，使用持久性墨水标记接触部位。

（7）在去除纱布（24±2）h、（48±2）h 和（72±2）h 记录每只兔子各部位的情况，根据表 7-18 的标准进行记分，并将所有记分之和除以 6，得到每只兔子的原发性刺激指数。

表 7-18　皮肤反应记分系统

反应		刺激记分
红斑和焦痂形成	无红斑	0
	极轻微红斑（勉强可见）	1
	清晰红斑	2
	中度红斑	3
	重度红斑（紫红色）至无法进行红斑分级的焦痂形成	4
水肿形成	无水肿	0
	极轻微水肿（勉强可见）	1
	清晰水肿（肿起边缘清晰）	2
	中度水肿（肿起约 1mm）	3
	重度水肿（肿起超过 1 mm，并超出接触区）	4
刺激最高记分		8
应记录并报告皮肤部位的其他异常情况		

7.3.2.6　环氧乙烷残留量测试

参考标准：GB/T 14233.1—2008《医用输液、输血、注射器具检验方法　第 1 部分：化学分析方法》。

测试器械：气相色谱仪。

测试原理及方法：使用气相色谱仪对试样的浸提液进行环氧乙烷成分检测，相关测试步骤如下。

（1）气相色谱仪工作条件。氢焰检定器：灵敏度 $\geqslant 2×10^{-11}$ g/s（苯，二硫化碳）；色谱柱：能够完全分开杂质和环氧乙烷，具有一定的耐水性；仪器各部件温度：汽化室 200℃，检测室 250℃；气流量：氮气 15~30mL/min，氢气 30mL/min，空气 300mL/min。

（2）环氧乙烷标准液配制。向 50mL 容量瓶中加入约 30mL 水，加瓶塞后称重，随后注射 0.6mL 环氧乙烷，摇匀后加瓶塞称重，前后质量差即为环氧乙烷的重量，加水定容得到浓度为 10 mg/mL 的环氧乙烷标准液。

（3）标准曲线绘制。使用标准液配制 1~10μg/mL 6 个浓度的溶液,分别取 5mL 后置于 20mL 萃取容器中,密封,于（60±1）℃下平衡 40min,用进样器依次抽取各容器中的上部气体,注入进样室,记录环氧乙烷的峰高并绘制标准曲线。

（4）剪取 10mm² 的试样若干,取 1.0g 试样放入 20mL 萃取容器中,加入 5mL 水后密封,于（60±1）℃下平衡 40min。

（5）用进样器抽取萃取容器上部气体,注入进样室,记录环氧乙烷的峰高,根据标准曲线计算出对应的浓度,若检测结果不在标准曲线范围内,应调整标准溶液的浓度并重新绘制标准曲线。

（6）环氧乙烷的相对含量按式（7-15）计算:

$$C_{EO} = \frac{5c}{m} \tag{7-15}$$

式中: C_{EO} ——环氧乙烷相对含量,μg/g;

　　　 5 ——浸提液体积,mL;

　　　 c ——标准曲线上对应的浓度,μg/mL;

　　　 m ——有样品质量,g。

7.3.3　性能评价

医用一次性防护服性能需满足 GB 19082—2009《医用防护服技术要求》,其性能要求见表 7-19。

表 7-19　医用一次性防护服性能要求（GB 19082—2009）

性能		要求
液体阻隔功能	抗渗水性/kPa	关键部位静水压≥1.67（17cmH₂O）
	透湿量/（g·m⁻²·d⁻¹）	≥2500
	合成血液穿透性/kPa	≥1.75
	表面抗湿性	防护服外侧面沾水等级应不低于 3 级
断裂强力/N		≥45
断裂伸长率/%		≥30
过滤效率/%		≥70
阻燃性		损毁长度≤200mm;续燃时间≤15s;阴燃时间≤10s
抗静电性/μC		≤0.6
皮肤刺激性		原发性记分≤1
静电衰减性能/s		≤0.5
微生物指标/（CFU·g⁻¹）		大肠菌群、绿脓杆菌、金黄色葡萄球菌、溶血性链球菌不得检出; 细菌菌落总数≤200; 真菌菌落总数≤100
环氧乙烷残留量/（μg·g⁻¹）		≤10

7.3.4　影响因素分析

医用防护服密闭性更强,孔隙更小,与外界的物质交换更少,从而实现对病毒及其他污染物的防护隔绝作用。而作为服装需要兼顾考虑人体散发的热量及汗液或其他水汽,当医护人员穿上防护服时,人体所散发的热量和水汽无法得到有效排除,会造成不适感和疲劳感。常温状态下,人体在低强度运动中所散发的热量和水汽较少,主观穿着感没有明显影响,而随着运动强度的加剧,在防护服内极易产生严重的湿热感,因此不能长时间穿着,同时还要考虑改善穿着的舒适性。

防护服的主要性能影响因素与隔离衣类似,可参考 7.2.4,不同之处在于,防护服对各方面指标上的要求更加严苛。

7.4　口罩

7.4.1　概述

口罩是一种卫生用品,一般指戴在口鼻部位用于过滤进入口鼻的空气,以达到阻挡有害的气体、气味、飞沫、病毒等物质的作用。口罩本质上是以熔喷非织造材料为主体的高效过滤防护装置,它充分地发挥了熔喷非织造材料纤维细度细、孔径小、比表面积大、孔隙率高等优点,使得其包含惯性、拦截、扩散和重力作用在内的机械作用得以保障,进一步通过对材料驻极处理,加强静电吸引作用。

根据使用要求的不同,一般口罩分为医用防护口罩、医用外科口罩、日常防护型口罩。医用防护口罩是用于在医疗工作环境下过滤空气中的颗粒物,阻隔飞沫、血液、体液、分泌物等的自吸过滤式医用防护口罩,一般不设呼吸阀,具有良好的面部密合性,要求通过合成血液穿透测试,并对微生物指标有要求。医用外科口罩能够覆盖使用者的口、鼻等,为防止病原体微生物、体液、颗粒物等的直接透过提供物理屏障。日常防护型口罩用于日常空气污染环境中,满足人们对防护型口罩的需要。最明显的要求是符合该标准的口罩在非作业环境下具有防止细小颗粒物被吸入的功能。不同口罩技术要求分别对应 GB 19083—2021《医用防护口罩》、YY 0469—2011《医用外科口罩技术要求》、GB/T 32610—2016《日常防护型口罩技术规范》。

7.4.2　标准及性能测试

医用防护口罩用非织造材料性能指标包括防水性、毒性、致敏性、血液穿透性、泄漏率等,参照执行 YY/T 0691—2008《传染性病原体防护装备　医用面罩抗合成血穿透性试验方法(固定体积、水平喷射)》、GB 2626—2019《呼吸防护　自吸过滤式防颗粒物呼吸器》、GB/T 4745—2012《纺织品　防水性能的检测和评价　沾水法》、GB/T 12903—2008《个体防护装备术语》、GB/T 14233.1—2008《医用输液、输血、注射器具检验方法　第 1 部分:化学分析方法》、GB/T 16886.5—2017《医疗器械生物学评价　第 5 部分:体外细胞毒性试验》、GB/

T 16886.10—2017《医疗器械生物学评价　第 10 部分:刺激与皮肤致敏试验》、GB/T 16886.12—2017《医疗器械生物学评价　第 12 部分:样品制备与参照材料》、YY 0469—2011《医用外科口罩》、YY/T 0866—2011《医用防护口罩总泄漏率测试方法》、ISO 16900—5:2016《呼吸防护装置　测试方法和设备　第 5 部分:呼吸机,代谢模拟器,呼吸防护装置头模和体模,工具和验证手段》、ISO 16900-5:2016/Amd.1:2018《呼吸防护装置　测试方法和设备　第 5 部分:呼吸机,代谢模拟器,呼吸防护装置头模和体模,工具和验证手段　修订 1:呼吸防护装置头模前视和侧视图》等。

医用外科口罩参照执行 GB/T 14233.1—2008《医用输液、输血、注射器具检验方法　第 1 部分:化学分析方法》、GB/T 14233.2—2005《医用输液、输血、注射器具检测方法　第 2 部分:生物学试验方法》、GB 15979—2002《一次性使用卫生用品卫生标准》、GB/T 16886.5—2017《医疗器械生物学评价　第 5 部分:体外细胞毒性试验》、GB/T 16886.10—2017《医疗器械生物学评价　第 10 部分:刺激与皮肤致敏试验》等。

日常防护型口罩参照执行 GB 2890—2009《呼吸防护　自吸过滤式防毒面具》、GB/T 2912.1—2009《纺织品　甲醛的测定　第 1 部分:游离和水解的甲醛(水萃取法)》、GB/T 7573—2009《纺织品　水萃取液 pH 值的测定》、GB/T 10586—2006《湿热试验箱技术条件》、GB/T 10589—2008《低温试验箱技术条件》、GB/T 11158—2008《高温试验箱技术条件》、GB/T 13773.2—2008《纺织品　织物及其制品的接缝拉伸性能　第 2 部分:抓样法接缝强力的测定》、GB/T 14233.1—2008《医用输液、输血、注射器具检验方法　第 1 部分:化学分析方法》、GB 15979—2002《一次性使用卫生用品卫生标准》、GB/T 17592—2011《纺织品　禁用偶氮染料的测定》、GB/T 23344—2009《纺织品　4-氨基偶氮苯的测定》、GB/T 29865—2013《纺织品　色牢度试验　耐摩擦色牢度　小面积法》等。

7.4.2.1　合成血液穿透

参考标准:YY/T 0691—2008《传染性病原体防护装备　医用面罩抗合成血穿透性试验方法(固定体积、水平喷射)》。

等效标准:ISO 22609:2004《传染性病原体防护装备　医用面罩抗合成血穿透性试验方法(固定体积、水平喷射)》。

测试器械:血液穿透试验仪(图 7-16)。

图 7-16　血液穿透试验装置

测试原理及方法:医用面罩样品支撑在试验装置上,一定体积的合成血水平喷射到面罩样品上,模拟面罩被穿孔血管血液喷溅的场景。试验方法中确定了液体体积、喷射距离、喷口口径和喷射速度,使之与医学活动过程保持一致。在面罩与佩戴者脸部接触的一侧出现合成血的穿透,则面罩不合格。口罩血液穿透测试参照面罩方法,具体步骤如下。

(1)取样。选择5个口罩样品进行试验,试验前将样品放置在温度为(21±5)℃、相对湿度为85%±5%的环境中预处理至少4h,口罩样品从环境箱中取出1min内做测试。

(2)在一只口罩内侧表面滴上一小滴合成血(约0.1mL),应保证穿透材料的液体都可以看到。否则,需要将滑石粉洒在口罩的内表面增加液滴的可视性。

(3)将样品从预处理室取出,定位并固定在样品固定装置上使得合成血喷射到靶区。如果口罩有褶皱,将褶皱展开后固定在样品固定装置上以保证靶区为单层材料,以样品的中心作为试验的靶区。将喷射头安放在距试样靶区(300±10)mm的位置。

(4)分别以血压10.6kPa、16.0kPa和21.3kPa将合成血喷向口罩试样,保证合成血喷到口罩的靶区。试验在试样从预处理室取出后60s内进行。

(5)在合成血喷向靶区(10±1)s检查试样观测面。在合适的光照条件下,注意在口罩的观测面是否有合成血出现或能表明合成血出现的迹象。如果怀疑有可见的合成血穿透现象,用棉签擦拭靶区观测面。

(6)结果记录为"合格/不合格"。

(7)测试剩余的样品。

7.4.2.2　过滤效率和气流阻力

参考标准:GB 19083—2010《医用防护口罩技术要求》。

测试器械:颗粒过滤效率试验仪。

测试原理及方法:通过对颗粒过滤效率进行检测来评价口罩对固体颗粒的过滤性能,具体步骤如下所述。

(1)应该使用6个口罩样品进行试验。3个经过温度预处理,3个不经过预处理。预处理的条件为:

①(70±3)℃环境试验箱中放置24h。

②(-30±3)℃环境试验箱中放置24h。经温度预处理后应在室温条件下恢复至少4h。

(2)气体流量稳定至(85±2)L/min,规定试验条件用的氯化钠气溶胶颗粒大小分布应为粒数中值直径在(0.075±0.020)μm,几何标准差不超过1.86,浓度不超过200mg/m³。

(3)口罩对非油性颗粒的过滤效率一级应≥95%,二级应≥99%,三级应≥99.97%,口罩的吸气阻力不得超过343.2Pa(35mH₂O)。

7.4.2.3　细菌过滤效率

参考标准:YY 0469—2011《医用外科口罩技术要求》。

测试器械:细菌过滤效率试验仪(图7-17);高压蒸汽灭菌器(恒温121~123℃);培养箱(恒温37℃±2℃);分析天平(可称量0.001g);旋涡式混匀器(可容纳16mm×150mm的试管);轨道式振荡器(转速100~250r/min);冰箱(2~8℃);六层活细胞颗粒采样器;真空泵

(57L/m);气泵/压力泵(至少103Pa);蠕动泵(流速0.01mL/min);喷雾器;玻璃气溶胶室(60cm×8cm直径的玻璃管);菌落计数器(可以计数400菌落/板);秒表(精确度0.1s);吸管(1.0mL±0.05mL);流量计;气溶胶冷凝器;压力表(准确至35kPa±1kPa);空气调节器。

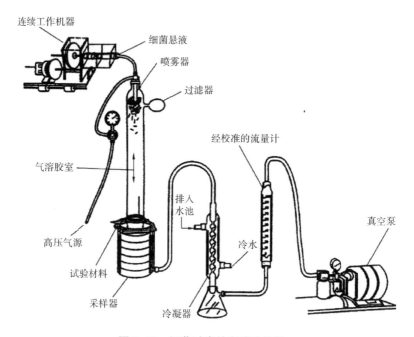

图7-17　细菌过滤效率试验仪器

测试原理及方法:通过对细菌过滤效率进行检测来评价口罩对细菌的过滤性能,具体步骤如下。

(1)取3个样品,试验前将样品放置在温度为(21±5)℃、相对湿度为85%±5%的环境中预处理至少4h。

(2)将金黄色葡萄球菌ATCC 6538接种在适量的胰蛋白酶大豆肉汤中,在(37±2)℃振荡培养(24±2)h后,用1.5%的蛋白胨将上述培养物稀释至约5×10⁵CFU/mL浓度。

(3)试验系统中先不放入样品,将通过采样器的气体流速控制在28.3L/min。向喷雾器输送细菌悬浮液的时间设定为1min,空气压力和采样器允许时间设定为2min,将细菌气溶胶收集到胰蛋白酶大豆琼脂上,作为阳性质控值,以此值计算气溶胶流速,应为(2200±500)CFU,否则需调整培养物的浓度。

(4)计算出细菌气溶胶的平均颗粒直径(MPS),应为(3.0±0.3)μm,细菌气溶胶分布的几何标准差应不超过1.5。

(5)阳性质控测试完成后,将琼脂平板取出标上层号。然后放入新的琼脂平板,将试验样品夹在采样器上端,被测试面上。按照上述程序进行采样。

(6)在一批试验样品测试完成后,再测试一次阳性质控。然后收集2min气溶胶室中的空气样品作为阴性质控,在此过程中,不能向喷雾器中输送细菌悬液。

将琼脂平板在(37±2)℃培养(48±4)h,然后对细菌颗粒气溶胶形成的菌落形成单位(阳性孔)进行计数,并使用转换表将其转换成可能的撞击颗粒数。转换后的数值用于确定输送到试样的细菌颗粒气溶胶的平均水平。

按式(7-16)计算实验结果:

$$BFE = \frac{c - T}{c} \times 100\%$$
(7-16)

式中:BFE——细菌过滤效率;

  c ——阳性质控平均值;

  T ——试验样品计数之和。

7.4.2.4　吸气阻力

参考标准:GB/T 32610—2016《日常防护型口罩技术规范》。

测试器械:呼气和吸气阻力检测仪(图7-18)。

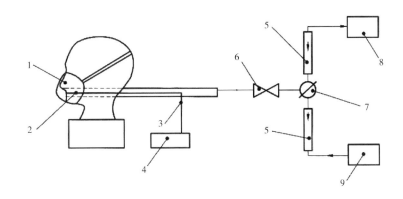

图 7-18　呼气和吸气阻力检测仪示意图

1—被测样品　2—试验头模呼吸管道　3—测压管　4—微压计　5—流量计　6—调节阀

7—切换阀　8—抽气泵(用于吸气阻力检测)　9—空气压缩机(用于呼气阻力检测)

测试原理及方法:呼气与吸气阻力是口罩的重要性能,具体步骤如下所述。

(1)选取4个样品,其中2个为未处理样品,另2个为按规定预处理后样品。若被测样品具有不同的型号,则每个型号应有两个样品,其中1个为未处理样品,另1个为按规定预处理后样品。将样品从原包装中取出,顺序按下述条件处理。

①在(38±2.5)℃和85%±5%相对湿度环境下放置(24±1)h。

②在(70±3)℃干燥环境下放置(24±1)h。

③在(-30±3)℃环境下放置(24±1)h。

在进行每一步骤前,应使样品温度恢复室温后至少4h,再进行后续测试。经预处理后样品应放置在气密性容器中,并在10 h内检测。

(2)测试环境温度为(25±5)℃,相对湿度为30%±10%。通气量恒定为(85±1)L/min。

(3)检查检测装置的气密性及工作状态,将通气量调节至(85±1)L/min,并将检测装置的系统阻力设定为0。

131

（4）将被测试样佩戴在匹配的试验头模上，调整口罩的佩戴位置及头带的松紧度，确保口罩与试验头模的密合。再将通气量调节至（85±1）L/min，测定并记录吸气阻力。在测试过程中，采取适当方法，避免试样贴附在呼吸管道口。

7.4.2.5 呼气阻力

参考标准：GB/T 32610—2016《日常防护型口罩技术规范》。

测试器械：呼气和吸气阻力检测仪（图7-18）。

测试原理及方法：总体试验方法同7.4.2.4，区别在于空气压缩机排气量不小于100L/min。

7.4.2.6 阻燃性能

参考标准：GB 19083—2010《医用防护口罩技术要求》。

测试器械：燃烧器。

测试原理及方法：通过测量试样的燃烧时间来评价其阻燃性能，具体试验步骤如下所述。

（1）将试样进行预处理，操作方法如7.4.2.4所述。

（2）燃烧器的顶部与试样的底部距离为（20±2）mm，火焰高度设定为（40±4）mm，在燃烧器上方（20±2）mm进行温度检测，应为（800±50）℃。

（3）以（60±5）mm/s的速度移动火焰，记录试样经过一次火焰之后的状态，并记录。

7.4.3 性能评价

7.4.3.1 医用防护口罩

医用防护口罩需满足我国国家标准GB 19083—2021《医用防护口罩》。对非油性颗粒物的过滤效率分了三个等级，N95为≥95%，N99为≥99%，最高级N100为≥99.97%。医用防护口罩重要技术指标包括合成血液穿透性能以及非油性颗粒过滤效率和气流阻力，性能要求见表7-20。

表7-20 医用防护口罩相关性能要求

性能	指标		
	N95	N99	N100
过滤效率/%	≥95	≥99	≥99.97
吸气阻力/Pa	≤210	≤240	≤250
呼气阻力/Pa	≤210	≤240	≤250
合成血液穿透/kPa	将2mL合成血液以16（120mmHg）压力喷向试样不出现渗透		
表面抗湿性	口罩外侧面沾水等级应不低于3级		
微生物指标/（CFU·g⁻¹）	细菌菌落总数≤200,真菌菌落总数≤100,不得检出大肠菌群、绿脓杆菌、金黄色葡萄球菌、溶血性链球菌		
环氧乙烷残留量/（μg·g⁻¹）	≤10		

性能	指标		
	N95	N99	N100
阻燃性能/s	不具有易燃性,续燃时间≤5		
皮肤刺激性	原发性记分≤0.4		
细胞毒性/%	细胞相对增殖率(存活率)≥70		

7.4.3.2　医用外科口罩

医用外科口罩需符合我国医药行业标准 YY 0469—2011《医用外科口罩技术要求》,相关性能要求见表 7-21。

表 7-21　医用外科口罩相关性能要求

性能		指标
合成血液穿透/kPa		将 2mL 合成血液以 10.7(80mmHg)压力喷向试样不出现渗透
过滤效率/%	细菌	≥95
	颗粒	≥30
压力差/Pa		口罩两边进行气体交换时的压力差≤49
阻燃性能/s		不具有易燃性,续燃时间≤5
微生物指标/(CFU·g^{-1})		细菌菌落总数≤100,真菌菌落总数≤100,不得检出大肠菌群、绿脓杆菌、金黄色葡萄球菌、溶血性链球菌
环氧乙烷残留量/(μg·g^{-1})		≤10
皮肤刺激性		原发性记分≤0.4
细胞毒性/级		毒性≤2
迟发型超敏反应		无致敏反应

7.4.3.3　日常防护型口罩

日常防护型口罩需满足我国国家标准 GB/T 32610—2016《日常防护型口罩技术规范》。主要技术指标包括吸气阻力、呼气阻力和过滤效率等,相关性能要求见表 7-22。

表 7-22　日常防护口罩相关性能要求

性能	指标
耐摩擦色牢度(干/湿)/级	≥4
甲醛含量/(mg·kg^{-1})	≤49
pH	4.0~8.5
可分解致癌芳香胺染料	不得使用
环氧乙烷残留量/(μg·g^{-1})	≤10

性能	指标
吸气阻力/Pa	≤175
呼气阻力/Pa	≤145
口罩带及口罩带与口罩主体连接处断裂强力/N	≥20
呼气阀盖牢度	不滑脱、断裂、变形
微生物指标/(CFU·g^{-1})	细菌菌落总数≤200,真菌菌落总数≤100,不得检出大肠菌群、绿脓杆菌、金黄色葡萄球菌、溶血性链球菌
口罩下方视野/(°)	60

7.4.4　影响因素分析

熔喷非织造材料适宜用作高效、低阻过滤材料。其过滤机理主要包括机械作用和静电吸引作用两方面,其机械作用主要与材料的结构相关,静电吸引作用与材料的带电性能相关,是通过对材料驻极处理来实现的。因此,要提高熔喷材料的过滤性能,一般也要从这两方面来考虑,近些年来熔喷非织造材料研究方向主要为以下几个方面。一是纤维直径纳米化技术。通过改良喷丝板结构设计与选用高熔指聚合物切片的方法,减小熔喷材料直径,提高过滤效率。二是聚合物改性技术。通过无机物有机物改性树脂切片的方法,增强驻极效果,可提高熔喷材料的过滤性能。采用聚合物改性及助剂添加技术,可突破熔喷非织造滤料存放时效短的共性技术问题,提升我国防护产品的战略储备能力。

熔喷非织造过滤材料制备过程可以分为三部分,分别为熔体熔融挤出、熔喷和驻极处理,各部分工艺参数又可以分为在线参数和离线参数。在熔融挤出过程中的离线参数有螺杆直径、螺杆长径比、螺杆的线型、熔体过滤器和熔体计量泵等,在线参数有料筒温度和螺杆转速。熔喷过程中的离线参数有喷丝孔直径、喷丝孔长径比、喷丝孔密度和气缝宽度及均匀性等。主要的在线参数有喷丝板温度、热气流温度和压力、接收距离、网帘速度和抽吸风压力等。驻极一般常用的以电晕放电驻极为主,参数有驻极电压、驻极距离、驻极时间和环境温湿度等,各参数的合理匹配直接影响产品质量。在熔喷过程中常见的问题有布面出现晶点和料滴,这是由于喷丝孔的熔体未经过牵伸直接滴落到网帘上。一般可以通过增大测吹风速度和风量、适当提高熔体温度、降低熔体挤出量等来调节。除此之外,对于熔喷材料发脆或者存放一段时间后发脆的问题,与纤维的细度、纤维均匀性、纤维的粘连程度以及纤维的结晶性能相关。

7.5　敷料用非织造材料

7.5.1　概述

敷料是一类覆盖、保护破损皮肤,同时提供有利于伤口愈合环境的替代性材料。"伤口润湿环境愈合"理论的提出打破了传统伤口干态微环境利于伤口愈合的理论,为新型敷料的设计提供了思路。理想敷料应该具备以下功能:

(1)使伤口保持恒定的温度(37℃)。

(2)敷料与伤口接触时能保持一定湿度。

(3)能吸收多余渗出物。

(4)具备良好的通透性。

(5)防止微生物、有害颗粒及其他有害物质污染伤口。

因此,研究敷料结构对伤口微环境透湿性能的影响,这对制备高效愈合性伤口敷料具有重要的指导意义。

现阶段除了传统的棉纱布,商用敷料多采用新型医用材料,如壳聚糖、海藻酸盐、水凝胶、水胶体等亲水性敷料材料以及聚乙烯、聚己内酯等薄膜类疏水性敷料材料。目前改善敷料透湿性主要从多种材料组合、物理化学改性和生物物质添加三方面着手,并多与静电纺技术相结合。

7.5.2　标准及性能测试

目前针对非织造材料的敷料相关标准还不完善,在此参照 YY/T 0854.1—2011《全棉非织造布外科敷料性能要求　第 1 部分:敷料生产用非织造布》。敷料用非织造材料性能指标包括生物负载、面密度、断裂强力、液体吸收时间、干燥失重、干态落絮、柔软性、水中溶出物、荧光物质、酸碱度、非极性溶出物、表面活性物质、硫酸盐灰分、可浸提的着色物质等,参照执行 GB/T 19973.1—2012《医疗器械的灭菌　微生物学方法　第 1 部分:产品上微生物总数的估计》、YY/T 0331—2006《脱脂棉纱布、脱脂棉黏胶混纺纱布的性能要求和试验方法》、YY 0854.1—2011《全棉非织造布敷料性能要求　第 1 部分:敷料生产用非织造布》、YY/T 0472.2—2004《医用非织造敷布试验方法　第 2 部分:成品敷布》等标准,具体内容如下。

7.5.2.1　生物负载测试

参考标准:YY/T 0854.1—2011《全棉非织造布外科敷料性能要求　第 1 部分:敷料生产用非织造布》。

测试器械:培养箱。

测试原理及方法:通过将试样进行微生物洗脱处理后进行培养,观察培养基中的菌落生长状况,以此表征试样的生物负载能力,相关注意事项如下。

(1)在无菌环境下取面积为 $1dm^2$ 的试样,放入装有 200mL 无菌 NaCl 注射液的无菌拍打式匀浆器专用样品袋中,并将其放入拍打式匀浆器中,设定运行速度为 260r/min,时间为60s,进行微生物洗脱,纯无菌 NaCl 注射液作为阴性对照组。

(2)使用两张 0.45μm 的滤膜对 100mL 上述浆料进行低压过滤,之后菌面朝上贴在营养琼脂培养基和玫瑰红钠琼脂培养基平板上。

(3)将营养琼脂培养基平板于 35℃ 培养箱中培养 3 天,玫瑰红钠琼脂培养基平板于25℃培养箱中培养 5 天,待培养结束后对各个平板进行菌落数计算。

（4）按式（7-17）计算试样的生物负载性能：

$$A = 2 \times (X_1 + X_2) \tag{7-17}$$

式中：A ——生物负载，CFU/dm^2；

$\quad X_1$ ——营养琼脂培养基平板菌落数，CFU；

$\quad X_2$ ——玫瑰红钠琼脂培养基平板菌落数，CFU。

7.5.2.2 吸水性测试

参考标准：YY/T 0472.1—2004《医用非织造敷布试验方法　第 1 部分：敷布生产用非织造布》。

测试器械：秒表、天平。

测试原理及方法：吸水性的指标可以用吸水时间和吸水量表示。吸水时间是指一个试验样品被试验液完全浸湿并将试验液吸入其内所需的时间。吸水量是指经过一个标准的浸没时间后，或使非织造材料完全湿透并经排空后，每单位质量的非织造材料吸收液体的质量，以百分比表示，相关测试步骤如下。

（1）吸水时间的测定。在非织造材料上沿机器方向切取五个宽（76±1）mm、足够长的试样，每片质量为（5±0.1）g，这些试样应从整张非织造材料上等间隔裁取。对试样进行状态调节。每一个试样沿长度方向卷成直径相同的松卷，然后放入质量为 3g 的桶装金属网篮中，两端略微超出网篮。将装有试样的网篮，从 25cm 的高度落入盛水的器皿中，记录网筐入水至完全沉入液面以下所需要的时间。测试 5 次，取其平均值，即为吸水时间。

（2）吸水量的测定。取样时，要求沿非织造材料机器方向剪取 5 块（100±1）mm×（100±1）mm 试样，如果一块试样质量小于 1g，则取两层或多层，直到总质量至少为 1.0g；不锈钢丝网规格为 120mm×120mm，孔径 2mm；装有实验液的深盘若干个（盘深约 80mm，规格约为 254mm×254mm）；带有盖子的玻璃称量容器。测试时，在规定条件下对样品进行状态调节后放入带盖玻璃容器中称重 M_k，精确至 0.01g，随后将试样用小夹子固定在金属网上。在深盘内装入水（水深约为 65mm），把带有试样的金属网放入盘中液面下 20mm 处，放入时使其倾斜以免存积气泡。1min 后将丝网和试样取出，留下角部的一个小夹子，去掉其他夹子，垂直悬挂（120±3）s 后，将试样移至玻璃称重容器内称重得 M_n。

（3）实验结果。记录整个试样湿润所需要的时间。测试 5 次，取其平均值，即为吸水时间，试样吸水率按式（7-18）计算：

$$W_A = \frac{M_n - M_k}{M_k} \times 100\% \tag{7-18}$$

式中：W_A ——吸水率；

$\quad M_k$ ——试样的原始质量，g；

$\quad M_n$ ——试样吸水后的质量，g。

7.5.2.3 干燥失重测试

参考标准：YY 0854.1—2001《全棉非织造布外科敷料性能要求　第 1 部分：敷料生产用非织造布》。

测试器械:刚性支撑系统。

测试原理及方法:称取试样 5g,在 100~105℃ 的烘箱中 30min,取出后放置 30min,再次进行称量,试样两次的重量差按式(7-19)计算:

$$L = \frac{m_1 - m_2}{m_1} \times 100\% \tag{7-19}$$

式中:L ——干燥失重;

　　m_1 ——干燥前重量,g;

　　m_2 ——干燥后重量,g。

7.5.2.4　干态落絮测试

参考标准:YY/T 0506.4—2016《病人、医护人员和器械用手术单、手术衣和洁净服　第 4 部分:干态落絮试样方法》,等效于 ISO 9073-10、INDA IST 160.1、DIN EN 13795-2 等标准。

码7-5　干态落絮测试

测试器械:Geblo 扭曲干态微粒发生器(图 7-19)、扭曲箱和空气采集器。

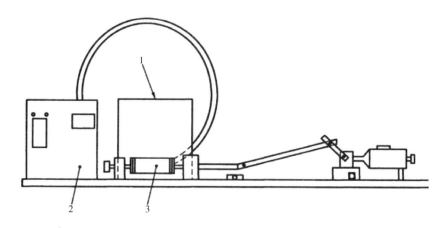

图 7-19　Geblo 扭曲干态微粒发生器

1—试验箱　2—微粒计数器　3—试件

测试原理及方法:样品在试验箱内经受一个扭转和压缩的综合作用,在此扭曲过程中从试验箱中抽出空气,用粒子计数器对空气中的微粒计数并分类,微粒测量范围为 0.3~25μm,空黑流量为(28.3±1.4)L/min,采样时间可在 1s 和 24h 范围内,相关测试步骤如下。

(1)从供应使用的产品上裁取两组试件,每组 7 个试件。一组的一面标记为 A,另一组的另一面标记为 B。试验中实际只用 5 个试件,最上层和最下层的两片用于保护供试样品。两组试件应保存在洁净环境中,确保试件无皱褶。

(2)清洁弯曲箱,并检查箱内空气质量尽可能保持清洁。

(3)将试件卷成筒状,接口处用热熔胶粘住,仔细将试件安装于圆盘上,用夹具固定。

(4)微粒计数器设定为 30s 计数时间和 1s 的重新计数时间(运行模式)。

(5)启动弯曲装置,同时启动微粒计数器,直到完成连续 10 次 30s 计数。

（6）使弯曲装置和计数器停止运行。取下试件,并在下一次试验前清洁弯曲箱。

（7）记录读数装置上的各类大小微粒的结果。

（8）对所有10个试件(5个试验A面,5个试验B面)重复进行该步骤,记录读数装置上的各类大小微粒的结果。

7.5.3 性能评价

敷料用非织造材料需满足 YY/T 0854.1—2011《全棉非织造布外科敷料性能要求　第1部分:敷料生产用非织造布》,产品物理与化学质量指标见表7-23,机械性能要求见表7-24。

表7-23　产品物理与化学质量要求

性能		指标
生物负载/(CFU·dm⁻¹)		≤150
物理性能	克重	≤标称值的7%
	断裂强度、液体吸收量、弯曲刚度	见表7-15
	液体吸收时间/s	≤5
	干燥失重/%	≤8.0
	干态落絮	落絮系数≤4
化学性能	水中溶出物/%	≤0.50
	荧光	无荧光物质
	酸碱度	检测溶液不应显粉红色
	非极性溶出物/%	≤0.50
	表面活性物质	无表面活性物质
	硫酸盐灰分/%	≤0.40
	可浸提的着色物质	按 YY 0331—2006 中 5.14 试验时,获得的液体的颜色应不深于 YY 0331—2006附录A规定的对照液 Y,GY,或按以下方法制备的对照溶液:向 3.0mL 初级蓝色溶液中加入 7.0mL 的盐酸溶液(质量浓度为10g/L 的 HCl),并用盐酸溶液(质量浓度为 10g/L 的 HCl)将 0.5mL 的上述溶液稀释至10.0mL

表7-24　产品机械性能要求

规格(克重)/(g·m⁻²)	断裂强力/(N·5cm⁻¹)		液体吸收量/%	弯曲刚度/(mN·cm)
	纵向	横向		
≤30	≥20	≥15	≥750	≤0.4
>30~35	≥25	≥20	≥700	≤0.6
>35~40	≥30	≥25	≥650	≤0.8

续表

规格(克重)/ ($g \cdot m^{-2}$)	断裂强力/($N \cdot 5cm^{-1}$)		液体吸收量/%	弯曲刚度/($mN \cdot cm$)
	纵向	横向		
>40~50	≥35	≥30	≥600	≤1.5
>50	≥40	≥35	≥400	—

7.5.4 影响因素分析

医用敷料的制备方法有很多,非织造材料由于其较高的孔隙率和良好的结构可控性,在该领域得到了很好的发展。对于伤口处理的功能来说,主要功能是将伤口与外界环境隔离,保护伤口不受侵害并促进伤口愈合。某些功能性则限定了敷料的原材料选择,如海藻酸钙纤维具有止血的作用,壳聚糖纤维具有抗菌的作用。另外,敷料的降解性也是需要考虑的,若能够随着伤口的愈合而逐渐将敷料降解并吸收,则减少了患者更换敷料的不便。再者,材料的厚度将明显影响其与伤口的贴合程度。

7.6 医用包装非织造材料

7.6.1 概述

医疗消毒灭菌技术在不断研究与实践中得到了快速进步并逐渐成熟,因此很多不同质地、用途的医用灭菌包装材料逐步出现在市场中,当前国内各大医院常用的主要有医用棉布、纱布、非织造材料、纸塑包装、硬质容器以及皱纹纸等,这些医用包装材料都具有一定的阻菌效果,能够使医疗器材经灭菌后在一定有效期内保证 10^{-6} CFU 的无菌水平。其中,非织造医用包装材料中相对较为领先的是美国杜邦公司开发的 Tyvek,对体积大、强度要求高、灭菌或运输条件十分严苛的医疗器械具有较高的适应性。

非织造材料重量较轻、孔洞小而密、使用便捷,可以让蒸汽渗透,适用于压力蒸汽灭菌、环氧乙烷灭菌及过氧化氢等离子灭菌,具有良好的阻菌效果。非织造医用包装材料的原料大多是聚丙烯,以纺粘—熔喷—纺粘(SMS)结构较为常见,阻水性能好、阻菌能力强、机械强度高,其化学分子结构并不牢固,分子链容易断裂,可以在环境中有效降解,降低污染,其污染程度只有塑料袋的10%,故其应用范围更加广泛。在特定的温湿度条件下,一次性非织造布包装的无菌物品拥有约6个月的灭菌有效期,略低于环氧乙烷灭菌的纸塑包装,但明显优于棉布、纱布及压力蒸汽灭菌的纸塑包装。

7.6.2 标准及性能测试

医用包装非织造材料质量指标参考 YY/T 0698.9—2009《最终灭菌医疗器械包装材料 第9部分:可密封组合袋、卷材和盖材生产用无涂胶聚烯烃非织造布材料 要求和试验方法》,

性能指标包括脱色、面密度、抗张强度、撕裂强度、分层系数、耐破度、透气性、静水压等,参照执行 GB/T 451.2—2002《纸和纸板定量的测定》、GB/T 451.3—2002《纸和纸板厚度的测定》、GB/T 454—2002《纸耐破度的测定》、GB/T 455—2002《纸和纸板撕裂度的测定》、GB/T 458—2002《纸和纸板透气度的测定》、GB/T 4744—2013《纺织品 防水性能的检测和评价 静水压法》、GB/T 12914—2018《纸和纸板 抗张强度的测定 恒速拉伸法》、ISO 6588—2012《纸、纸板和纸浆 水提物 pH 值的测定 热萃取》、ISO 11607-1—2006《最终灭菌医疗器械的包装 第 1 部分:材料、灭菌隔层和包装系统的要求》、ASTM D 2724—2007《服装用无纺织物、熔凝织物和叠层织物的试验方法》等标准,具体内容如下。

7.6.2.1 脱色测试

参考标准:ISO 6588—2012《纸、纸板和纸浆 水提物 pH 值的测定 热萃取》。

测试器械:加热器。

测试原理及方法:将(2.0±0.1)g 样品置于 100mL 高纯水中并持续煮沸 1h±5min 后,过滤后将滤液在非酸性气氛(CO_2、SO_2、H_2S 等)中冷却至(60±5)℃,并对其进行颜色的目力检验。

7.6.2.2 定量差测试

参考标准:GB/T 451.2—2002《纸和纸板定量的测定》。

等效标准:ISO 536:1995《纸和纸板定量的测定》。

测试器械:分析天平。

测试原理及方法:通过天平进行试样重量测量,根据计算公式得到定量差,具体步骤如下所述。

(1)当整批中纸张数量≤1000 时最少抽取 10 张样品,当为 1001~5000 时最少抽取 15 张样品,当>5000 时最少抽取 20 张样品。

(2)从上述样品中取不少于 5 张样品,其总面积至少够 10 个试样,将 5 张样品沿纵向叠放,沿横向剪取 0.01m² 的试样两叠,共 10 个试样,使用天平进行称量。

(3)试样的定量 G 及定量差 S 按式(7-20)和式(7-21)计算:

$$G = M \times 10 \tag{7-20}$$

$$S = \frac{G_{max} - G_{min}}{G} \times 100\% \tag{7-21}$$

式中:G ——定量平均值,g/m²;

M ——10 片试样的总质量,g;

S ——定量差;

G_{max} ——定量最大值,g/m²;

G_{min} ——定量最小值,g/m²。

7.6.2.3 抗张强度测试

参考标准:GB/T 12914—2018《纸和纸板 抗张强度的测定 恒速拉伸法(20mm/min)》。

测试器械:抗张试验仪。

测试原理及方法:在一定的拉伸速度下,抗张试验仪将试样拉伸至断裂,记录其抗张力,具体步骤如下所述。

(1)当整批中纸张数量≤1000 时最少抽取 10 张样品,当为 1001~5000 时最少抽取 15 张样品,当>5000 时最少抽取 20 张样品。

(2)剪取宽度为(15±0.1)mm 的试样,且其长度足够两夹头的距离,两长边应足够平直,其平行度误差不高于±0.1mm,试样适量若干。

(3)将试样安装于两夹头之间,以 20mm/min 的速率进行拉伸直至断裂,记录最大抗张力。

(4)去掉距夹持线 10 mm 断裂的数据,保证纵横两个方向各有 10 个有效结果,抗张强度按式(7-22)计算。

$$S = \frac{\overline{F}}{b} \tag{7-22}$$

式中: S ——抗张强度,kN/m;

$\overline{F}$ ——平均最大抗张力,N;

b ——试样宽度,mm。

7.6.2.4　撕裂度测试

参考标准: GB/T 455—2002《纸和纸板撕裂度的测定》。

等效标准: ISO 1974:1990《纸板　撕裂度的测定(爱利门道夫法)》。

测试器械:爱利门道夫撕裂度仪。

测试原理及方法:在一叠试样上设置一个预切口,在试样面的垂直方向设置一个移动平面摆并施加撕力,使得试样撕至设定距离,此时测量摆的势能损失,并以此表示为试样的撕裂度,按式(7-23)计算。

$$F = \frac{S \cdot P}{n} \tag{7-23}$$

式中: F ——撕裂度,mN;

S ——试样方向上的平均刻度,mN;

P ——换算因子,即刻度的设计层数,通常为 16;

n ——同时撕裂的试样层数,通常为 4。

7.6.3　性能评价

医用包装非织造材料需满足 YY/T 0698.9—2009《最终灭菌医疗器械包装材料　第 9 部分:可密封组合袋、卷材和盖材生产用无涂胶聚烯烃非织造布材料 要求和试验方法》,产品的相关性能要求见表 7-25。

表 7-25　无涂胶聚烯烃非织造医用包装材料相关性能要求

考核项目	指标
脱色	不脱色

考核项目		指标
定量差/%		±7
抗张强度/(kN·m⁻¹)	纵向	≥4.8
	横向	≥5.0
撕裂度/mN	纵向	≥1000
	横向	≥1000
耐磨度/kPa		≥575
透气度/(μm·Pa⁻¹·s⁻¹)		≥1
静水压/mm		≥1000

7.6.4 影响因素分析

对于医院内重复使用率较高的医疗器械,由于不需长时间保存,一般会选取透气性好、孔径稍大、阻菌效果稍差的棉布或纱布包装材料。反之,对于长时间无菌保存的物品则需要阻菌性能更加优异的非织造材料。需要注意的是,灭菌方式对于包装材料的使用性能存在很大影响,聚丙烯等非织造材料由于其较低的软化温度而不太适用于高温高压灭菌法,更适合环氧乙烷灭菌方式,对材料的物理与化学性能没有太大影响,且其拒水能力也能够阻挡一定的污染性液体浸透到包装材料内部,在当前的医疗耗材中应用十分广泛。

7.7 水刺非织造清洁擦拭材料

7.7.1 产品概述

水刺非织造清洁擦拭材料是指通过梳理成网、水刺加固及抗菌等功能整理而制成的具有擦拭功能的非织造材料。特殊的纤维缠结结构使其纤维间有较大的孔隙,材料蓬松,手感柔软,悬垂透气,吸水性好,且具有一定的力学性能,国际上婴儿揩布、湿面巾、家用清洁用品等都大量采用。应用于湿巾、干巾等不同擦拭领域时,要求材料具有如下特征。

(1)较强的耐磨性。材料的自发尘程度与耐磨性相关,耐磨性较差会引起纤维脱落产生掉屑,相当于二次污染。同时为提高擦拭材料的使用寿命,使其经过多次洗涤后仍能反复使用,均要求擦拭材料具有一定的耐磨性。

(2)较高的吸水性。在生活和工作环境中,大多数污垢是湿态或液态,因此需要擦拭材料具有高的吸水性。另外,干态污渍不易拭去,可以通过加水擦拭,使其更易去除。擦拭材料的吸水性越好,其吸污去污能力越强。

(3)良好的柔软性。擦拭材料常用于某些高精度仪器和电子产品中,要求在擦拭过程中,表面不能留有划痕,以免对仪器造成损伤影响其使用,故要求擦拭材料具有良好的柔软性。

(4)一定的抗菌性。日常生活中存在着无数的细菌,公共场合更多,一旦人们使用带有细菌的擦拭材料,就相当于人为传播细菌,这些细菌中含有大量的致病菌,容易引起疾病和交叉感染,且擦拭材料是细菌和微生物繁殖的优良载体,因此,要求擦拭材料对有害细菌具有高效广谱的抗菌作用,重复使用产品能耐受多次洗涤,对使用者无毒,对皮肤有益菌无害。

水刺非织造擦拭材料根据用途、厚薄、使用次数、干湿状态可以分为不同的类别,如图 7-20 所示。

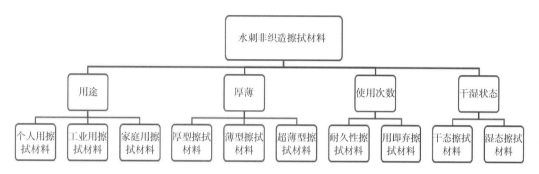

图 7-20　水刺非织造擦拭材料分类

7.7.2　标准及性能测试

水刺非织造清洁擦拭材料质量指标参照 FZ/T 64012.2—2001《水刺法非织造布　第 2 部分:卫生用卷材》,性能指标测试参照执行 GB 250—2008《评定变色用灰色样卡》、GB 6529—2008《纺织品　调湿和试验用标准大气》、FZ/T 60003—1991《非织造布单位面积质量的测定》、FZ/T 60005—1991《非织造布断裂强力及断裂伸长的测定》等标准,涉及纤维含量时参照执行 GB/T 2910.11—2009《纺织品定量化学分析　第 11 部分　纤维素纤维与聚酯纤维的混合物(硫酸法)》等标准,用作湿巾材料时参照执行 GB/T 27728—2011《湿巾》等标准,具体测试内容如下。

7.7.2.1　可迁移性荧光增白剂的测定

参考标准:GB/T 27728—2011《湿巾》。

测试器械:紫外灯(波长 254nm 和 365nm)。

测试原理及方法:将试样置于波长 254nm 和 365nm 紫外灯下观察荧光现象及可迁移性荧光增白剂试验,定性测定试样中是否有可迁移性荧光增白剂,具体操作步骤如下:

(1)将抽取的试样重叠平铺于玻璃板上,将一块纱布置于湿巾上方中心位置,再抽取 2 片湿巾依次盖在纱布上方,确保纱布全部被覆盖。

(2)然后在湿巾的上方依次放置一块玻璃板和一个平底重物,加压 5min 后,取出纱布,将纱布平均折成四层放在玻璃表面皿上。

(3)每个试样进行两次平行试验。进行空白试验时,湿巾用 4 块经蒸馏水完全润湿的纱布代替。

(4)实验结果。将放置试样纱布和空白试验纱布的玻璃表面皿置于紫外灯下约20cm处，以空白试验纱布为参照，观察试样纱布的荧光现象，若两个试样纱布没有明显荧光现象，则判该试样无可迁移性荧光增白剂；若均有明显荧光现象，则判该试样有可迁移性荧光增白剂；若只有一个试样纱布有明显荧光现象，则重新进行试验；若两个重新试验的试样纱布均没有明显荧光现象，则判该试样无可迁移性荧光增白剂，否则判该试样有可迁移性荧光增白剂。

7.7.2.2 陶瓷腐蚀性的测定

参考标准：GB/T 27728—2011《湿巾》。

测试器械：陶瓷洗涤剂。

测试原理及方法：将陶瓷试片完全浸于卫具用湿巾溶液中，经一定时间后，观察并确定其受腐蚀的程度，具体操作步骤如下。

(1)陶瓷试片的制备。将3片陶瓷试片用陶瓷洗涤剂清洗干净，风干。

(2)试验溶液的制备。取足够数量的湿巾样品，揭去外包装，戴上洁净的聚乙烯(PE)薄膜手套，将湿巾中的溶液挤入100mL的烧杯中待用，溶液量约为80mL。

(3)将3片清洗好的试片放入盛有试验溶液的100mL烧杯中浸泡4h。

(4)观察试片表面及试验溶液的变色情况。

(5)用铅笔在试片表面划写，再用湿白布擦去划痕。

(6)实验结果。若无变色情况出现，且划痕可擦去，则判定该试片合格，否则判该试片不合格；若3片试片中有2片以上不合格，则判该项目不合格；若有1片不合格，则重新测定3片试片，重新测定后，若3片试片均合格，则判该项目合格，否则判为不合格。

7.7.2.3 金属腐蚀性的测定

参考标准：GB/T 27728—2011《湿巾》。

测试器械：分析天平(分度值0.1 mg)、恒温干燥箱。

测试原理及方法：将金属试片完全浸于一定温度的厨具用湿巾挤出溶液中，以金属试片的质量变化和表面颜色的变化来评定厨具用湿巾对金属的腐蚀性，具体操作步骤如下。

(1)金属试片的打磨和清洗。用砂纸(布)将金属试片打磨光亮，打磨好的试片先用脱脂棉擦净，再用镊子夹取脱脂棉将试片依次在丙酮→无水乙醇→热无水乙醇中擦洗干净，热风吹干，放在干燥器中保存待用。

(2)试验溶液的制备。取足够数量的湿巾样品，揭去外包装，戴上洁净的聚乙烯(PE)薄膜手套，将湿巾中的溶液挤入100mL的烧杯中待用，溶液量约为80mL。

(3)将4片新打磨清洗好的金属试片中的3片分别在分析天平上称量，计为m_1(准确至0.1mg)，然后用细尼龙丝扎牢，吊挂于广口瓶中，试片不应互相接触。

(4)将试样溶液倒入广口瓶中，并保持溶液高于试片顶端约10mm，盖紧瓶口后置于(40±2)℃恒温干燥箱中放置4h。

(5)试验完成后，取出试片先用蒸馏水漂洗2次，再用无水乙醇清洗2次，立即用热风吹干。与另1个打磨清洗好的金属试片对比检查外观，去掉尼龙丝后再次称重，计为m_2。

（6）实验结果。金属试片试验前后的质量变化 Δm，单位为 mg，按式（7-24）计算。

$$\Delta m = |m_1 - m_2| \tag{7-24}$$

式中：m_1——金属腐蚀性试验前金属试片的质量，mg；

　　　m_2——金属腐蚀性试验后金属试片的质量，mg。

若试验前后金属试片的质量变化不大于 2.0 mg，且试片表面无腐蚀点，无明显变色，则判该试片合格，否则判该试片不合格；若 3 片试片中有 2 片以上不合格，则判该项目不合格；若有 1 片不合格，则重新测定 3 片试片，重新测定后，若 3 片试片均合格，则判该项目合格，否则判为不合格。

7.7.2.4　去污力的测定

参考标准：GB/T 27728—2011《湿巾》。

测试器械：分析天平（分度值 0.1 mg）、标准摆洗机、温度计（0~100℃，0~200℃）等。

测试原理及方法：将标准人工油污均匀附着于不锈钢金属试片上，分别放入湿巾挤出溶液和标准溶液中，在规定条件下进行摆洗试验，测定湿巾溶液的去油率与标准溶液的去油率，然后将两者的去油率进行比较，以判定其去污力，具体操作步骤如下。

（1）金属试片的打磨和清洗。用砂纸（布）将金属试片打磨光亮，打磨好的试片先用脱脂棉擦净，再用镊子夹取脱脂棉将试片依次在丙酮→无水乙醇→热无水乙醇中擦洗干净，热风吹干，放在干燥器中保存待用。

（2）人工油污的制备。将牛油、猪油、精制植物油以 0.5∶0.5∶1 的比例配制，并加入其总质量 10% 的单硬脂酸甘油酯，此即为人工油污（置于冰箱冷藏室中，可保质 6 个月）。将装有人工油污的烧杯放在电热板上加热至 180℃，在此温度下搅拌均匀后，移至磁力搅拌器上搅拌，自然冷却至所需浸油温度（80±2）℃，备用。

（3）试片的制备。将 6 片打磨清洗好的金属试片用 S 形挂钩挂好，挂在试片架上，连同试片架一起置于（40±2）℃的恒温干燥箱中 30min。分别用分析天平称量（精确至 0.1mg），计为 m_0。待人工油污温度为（80±2）℃时，戴上洁净的手套，逐一将金属试片连同 S 形挂钩从试片架上取下，手持 S 形挂钩将金属试片浸入油污中约 60 s，试片上端约 10mm 的部分不浸油污。然后缓缓取出，待油污下滴速度变慢后，挂回原试片架上 30min。待油污凝固后，将试片取下，然后用脱脂棉将试片底端多余的油污擦掉。再将试片连同 S 形挂钩一起用分析天平精确称量，计为 m_1。此时每组金属试片上油污量应确保为 0.05 ~0.20 g。

（4）试验溶液的准备。称取烷基苯磺酸钠 14 份（以 100% 计），乙氧基化烷基硫酸钠 1 份（以 100% 计），无水乙醇 5 份，尿素 5 份，加水至 100 份，混匀，用盐酸溶液或氢氧化钠溶液，调节 pH 为 7~8。吸取 1mL 溶液到 500mL 容量瓶中，用蒸馏水定容到刻度，备用。

（5）试验溶液的准备。取足够数量的湿巾样品，揭去外包装，戴上洁净的聚乙烯（PE）薄膜手套，将湿巾中的溶液挤入 500mL 的烧杯中待用，溶液量约为 400mL。

（6）将盛有 400mL 试验溶液的烧杯置于（30±2）℃恒温水浴中，使溶液温度保持在（30±2）℃。将涂油污的金属试片夹持在标准摆洗机的摆架上，使试片表面垂直于摆动方向，试片涂油污部分应全部浸在溶液中，但不可接触烧杯底和壁。在溶液中浸泡 3min 后，立即开动摆洗机摆洗 3min,然后在(30±2)℃的 400mL 蒸馏水中摆洗 30 s。摆洗结束后,取出金属试片,连同原 S 形挂钩挂于试片架上。将试片架放入(40±2)℃的恒温干燥箱中,烘 30min,烘干后冷却至室温,连同原 S 形挂钩称重为 m_2。

(7)取 400mL 标准溶液放入烧杯中,将烧杯置于(30±2)℃恒温水浴中,按步骤(6)进行标准溶液的去污力试验。

(8)试验溶液和标准溶液分别测定 3 片金属试片,按式(7-25)分别计算试验溶液和标准溶液的去油率。

(9)实验结果。去油率 X,以%表示,按式(7-25)计算。

$$X = \frac{m_1 - m_2}{m_1 - m_0} \times 100\% \tag{7-25}$$

式中: m_0——涂污前金属试片的质量,g;

  m_1——涂污后金属试片的质量,g;

  m_2——洗涤后金属试片的质量,g。

若试验溶液的去油率大于或等于标准溶液的去油率,则判该试样的去污力合格,否则判为不合格。

7.7.3 性能评价

水刺法非织造清洁擦拭材料按交货批号的同一品种、同一规格作为检验批,按表 7-26 规定从一批产品中随机抽取相应数量的卷数进行性能测试与评价。物理性能要求见表 7-27,外观质量要求布面均匀、平整,无明显折痕、破边破洞。染色布卷与卷之间色差不低于 3 级,幅宽按用户要求,幅宽偏差见表 7-28。

表 7-26　取样卷数

一批的卷数	批样的最少卷数
<25	2
26~150	3
≥151	5

表 7-27　物理性能要求

项目		指标		
		A 类	B 类	C 类
断裂强力/N ≥	$M \le 30$	20	10	6
	$30 < M \le 40$	30	15	7
	$40 < M \le 50$	40	20	9
	$50 < M \le 60$	50	25	11
	$60 < M \le 70$	65	30	18

续表

项目		指标		
		A 类	B 类	C 类
断裂强度/N　≥	70<M≤80	80	40	22
	>80	100	50	26
单位面积质量 CV 值/%　≤	M≤50	7		
	M<50	5		
单位面积质量偏差率/%　不超过		±7		
吸水率/%　≥	M≤80	700		
	M>80	500		

注　（1）断裂强力考核纵向和横向两个方向。

　　（2）M 表示单位面积质量,单位为 g/m²。

　　（3）吸水能力仅考核对吸水性有要求的产品。

表 7-28　幅宽偏差

幅宽/cm	幅宽偏差/mm
<50	±3
50~100	±4
>100	±6

7.7.4　影响因素分析

水刺法非织造清洁擦拭材料是利用高压水针穿刺纤网实现纤维间的缠结加固,产品面密度较小时,面密度不匀会直接反映在产品外观及使用性能上,影响产品重量 CV 值的主要因素有车间温湿度、开清系统、梳理系统、水刺系统等。

车间温湿度对纤维原料的回潮率、强力、导电性有一定影响,从而直接影响纤维原料的开松与梳理效果;车间温湿度适当,纤维原料才能保持良好的蓬松度,在生产中才能达到充分开松梳理,混合才能均匀,重量 CV 值才能有效控制;一般情况下,车间温度控制在 20~35℃,相对湿度控制在 50% ~ 78%,具体要根据纤维原料特点进行选择。

开清工序要提前开包,给原料预留自然蓬松时间;不同原料混合使用时,要保证抓取量前后一致,并配合均匀喂入、均匀混合。梳理工序要控制好气压棉箱的横向均匀度,这是控制重量 CV 值的关键;同时要调节好梳理机工艺参数,保证输出纤网厚薄一致,不出现匀斑、破网等现象;一般给棉罗拉与给棉板的隔距可为 0.75~1.00mm,工作辊、剥取辊与锡林的隔距可为 0.3~0.8mm,道夫与锡林隔距可为 0.3~0.5mm,若锡林底部罩板入口处有吸道夫棉网现象,应适当加大罩板与锡林的隔距;漏底与各辊之间的隔距要保证进口大于出口;梳理机速比也会影响重量 CV 值,一般工作辊与主锡林速比控制在 1∶10 左右,道夫与主锡林速比控制在 1∶50 左右,道夫与杂乱辊速比控制在 25∶1 左右;梳理机针布选型、针布寿命、针布光洁程度、针布有无歪针和倒针等,都会影响纤网均匀性。

水刺加固的镍网选型、水针压力、水质、负压抽吸的稳定性都是影响产品均匀性的因素。镍网目数小,透气量大,纤维间缠结效果好,但产品外观和纹路不够细腻;镍网目数大,透气量小,纤维间缠结差,会产生云斑、鱼鳞斑、破洞;水刺非织造材料镍网的透气率一般选在6%~11%。水针压力小,不利于穿刺纤网,纤维间无法形成有效缠结,水针压力大,会使纤维产生过大的横向位移,导致产品厚薄不匀;真空抽吸要及时排除纤网中的多余水分,如果抽吸不稳定,纤网中的滞留水分会削弱水针压力及作用,导致纤网云斑或破洞;真空抽吸与水针压力要保持平衡,具体要与产品面密度相匹配,面密度增大,水针压力与真空抽吸量也要同步增大。水刺用水中混入油剂、微生物、纤维等杂质,生产中就会出现堵塞水针板孔眼、水刺加压不匀和压力削弱,从而间接影响产品重量 *CV* 值。

7.8 可冲散水刺擦拭材料

7.8.1 概述

可冲散水刺擦拭材料要同时具备以下三个条件,即在产品的预期使用条件下,能够保持抽水马桶和排水管道系统的畅通;与现有的污水输送、处理、再利用和处置等系统相容;在合理的时间内,废弃物变得不可识别,并且对环境友好。欧美、日本等于 20 世纪 80 年代就开始了可冲散材料研究,第一代为 80 年代的"可引发分散性"乳胶黏合干法纸技术,利用特殊黏结剂使产品真正达到可冲散分散效果。这种含有类黏合剂的擦拭巾具有较高的湿态使用强力,但在大量的水中几乎没有强力。即产品使用时具有一定的湿强力,丢入马桶后能稀释分散。但硼酸有刺激性、有毒,不适用于卫生用品,所以并没有被人们接受。第二代为金佰利 Kimberly-Clark 公司于 2001 年开发的可逆离子键驱动的可分散厕用湿巾(Cottonelle Roll-wipe),气流成网的纤维网经丙烯酸胶乳黏合后生产出厕用湿巾,其中络合剂为普通食盐,稀释会引发黏合剂湿强降低,从而使湿巾在马桶中有大量水的情况下分散。但该产品仍存在某些不足,如在硬度高的水中不易分散、盐度较高具有刺激性等。第三代产品是 2009 年金佰利公司新上市的 Cottonelle Soothing Clean 可冲散湿巾产品,该产品不含酒精,富含芦荟和维生素 E,适合日常使用并可在马桶冲水后分散。该产品仍使用触发型黏合剂,但纤维基材中除了纸浆外,还包含 Lyocell(再生纤维素纤维)。前面三代可冲散产品性能及工艺水平虽然在逐步提升,但一直存在分散慢或湿强度低、添加的特种黏合剂或暂时性湿强剂,对环境存在一定的安全隐患。第四代可冲散非织造材料是非织造技术与造纸技术的有机融合,以木浆纤维和 6~12mm 纤维素类纤维为原料,按 65/35~80/20 比例混合后湿法成网,再经多道水刺加固缠结而成,有白色和不同色度的木浆本色,面密度范围以 45~80g/m² 为宜。

7.8.2 标准及性能测试

第四代湿法成网、水刺加固的可冲散擦拭材料质量指标参照相关企业标准,性能指标测试参照执行 GB/T 6529—2008《纺织品　调湿和实验用标准大气》,GB/T 8424.2—2001《纺织品　色牢度试验　相对白度的仪器评定方法》,GB/T 15979—2002《一次性使用卫生用品卫生标准》,GB/T 24218.1—2009《纺织品　非织造布试验方法　第 1 部分:单位面积质量的测定》,GB/T 24218.2—2009《纺织品　非织造布试验方法　第 2 部分:厚度的测定》,GB/T 4666—2009(ISO 22198:2006)《纺织品　织物长度和幅宽的测定》,GB/T 24218.3—2010《纺织品　非织造布试验方法　第 3 部分:断裂强力和断裂伸长率的测定(条样法)》等标准,具体测试内容如下。

7.8.2.1　可冲散性能测试方法

参考标准：GB/T 40181—2021《一次性卫生用非织造材料的可冲散性试验方法及评价》。

测试器械:晃荡箱、磁力搅拌器。

测试原理及方法:在此只阐述生产企业常规质量控制过程中进行的测试内容,即晃荡箱分解试验法及磁力搅拌器试验法。

(1)晃荡箱分解试验。

测试仪器:塑料晃荡箱内部尺寸 43cm×33cm×30cm,在一个装置上一般同时设置 3 个,上面分别加透明塑料盖,以方便观察测试过程,并防止实验过程中水溅出;3 个塑料晃荡箱固定在一个平面上,凸轮杠杆机构以 26r/min 的转速带动平面总体前后振荡。多孔筛筛网直径为 20cm,孔径为 12.5mm;其他仪器包括温度计分度值为 0.1℃、计时器、镊子、滤网孔径小于 1mm 的手柄式滤勺、大烧杯、小烧杯等,测试用自来水的温度为(22±3)℃。

测试原理与方法:将待测试样放在一个装有 2L 自来水的晃荡箱内,以一定的频率和幅度晃荡 60min 后,把试样转移到孔径为 12.5mm 的多孔筛上,用一定的水压冲洗残留物 2min,收集留在多孔筛上的试样并烘干称重,按式(7-26)计算筛网通过率即试样分解百分率,并根据标准评价该项是否合格。

$$P = \left(1 - \frac{M_1}{M_0}\right) \times 100\% \qquad (7-26)$$

式中: P ——试样分解百分率;

M_1 ——剩余试样干重,g;

M_0 ——试样干重,g。

具体测试中样品为可冲散干/湿巾成品时,预清洗去除样品中的水溶性添加剂,取 6 片作为试样,取 10 片干/湿巾称取试样的干重;样品为非成品时,在距布边 100mm 以上的区域裁取 200mm×150mm 的试样 6 片,称取干重的试样 10 块。在断开电源的安全状态下,向 3 个晃荡箱内加入 2L 自来水,测试并记录水温。向每个晃荡箱中放入一块试样,盖上透明塑料盖,湿巾试验晃动 60min,干巾成品或非成品试样晃动 10min。向大烧杯中加入 2L 自来水,向小烧杯中加入 0.5L 自来水,用手柄筛过滤勺将晃荡箱中的试样全部转移到装有 2L 自来水的大烧杯中,滤勺上残余试样用小烧杯中 0.5L 的水冲洗到大烧杯中。将大烧杯中的所有试样转移到孔径为 12.5mm 的筛网上,必要时用自来水清洗大烧杯。调节水的流量可以用量筒测量喷头的出水量至少三次,变化小于5%并在4L/min规定实验上限。开启流量为4L/min的莲蓬淋浴头,手持莲蓬淋浴头在筛网上方大约10~15cm的位置,不断地使喷头在整个筛网表面上方移动,冲洗均匀分布在网筛整个表面上的残余样品,冲洗2min后,关闭水龙头,用镊子收集筛网上的所有残留物烘干称重,按式(7-26)计算筛网通过率,即试样分解百分率。

(2)磁力搅拌器试验法。磁力搅拌器试验法是将待测试样放在一个装有300mL自来水的烧杯中,烧杯放在恒温加热磁力搅拌器上,转子转动150s后,把试样转移到孔径为12.5mm的多孔筛上,冲洗残留物2min,收集留在多孔筛上的试样并烘干称重,筛网通过率按式(7-27)计算。

$$G = \frac{m_1 - m_2}{m_1} \times 100\% \tag{7-27}$$

式中:G——筛网通过率;

m_2——剩余试样干重,g;

m_1——试样干重,g。

试样规格为(100±2)mm的正方形,如果为湿巾成品,需要预清洗去除样品中的水溶性添加剂,取6片作为试样,取10片称取试样的干重;测试用自来水的温度为(20±5)℃;转子为直径35mm、厚度12mm的圆盘状物体,恒温加热磁力搅拌器转速为(1200±10)r/min。将裁剪好的试样放入烘箱烘至恒重,记录此时各试样的质量m_1;将装有300mL水(温度20℃±5℃)的烧杯放在恒温加热磁力搅拌器上,将转子转速调整为(1200±10)r/min。投入试样,搅拌150s后取下烧杯,将混合物沿顺时针方向均匀地倒在网孔孔径为12.5mm的过滤网上。将水压为4L/min的淋浴头放在滤网上方10~15cm处冲洗残留物2min。将滤网上的残留物移至器皿中,放入烘箱烘干至恒重,记录此时剩余试样质量m_2,按式(7-27)计算筛网通过率。

7.8.2.2 湿态断裂强力测试方法

参考标准:GB/T 24218.3—2010《纺织品 非织造布试验方法 第3部分:断裂强力和断裂伸长率的测定(条样法)》。

测试器械:等速伸长(CRE)试验仪。

测试原理及方法:湿用非织造材料需要具有一定的湿态强力才能保证其使用性能。取整门幅样布,确保所取样品没有明显的缺陷和褶皱等,将样布折叠平整后平摊于试验台上,用取样工具沿样布纵向、横向随机裁取尺寸为5cm×20cm的各5块长方形试样为实验测试样,对每片测试样调湿后称重,精确至0.01g;将试样置于合适的器皿中,用移液枪或移液管移取试样质量(2.5±0.1)倍的蒸馏水或去离子水均匀加注在试样上,待试样充分、均匀润湿后进行拉伸试验,并在60min内完成试验,拉伸测试夹距(100±1)mm,拉伸速度50mm/min,重复测试所得结果取平均值作为该试样的湿态断裂强力及湿态断裂伸长率。如果试样为湿巾成品可以直接试验。

7.8.3 性能评价

可冲散水刺擦拭材料具有吸水保水性好、擦拭性能优异、用后可以直接冲入马桶、保护环境等特点,被广泛用于用即弃干湿擦拭,如婴儿湿巾、湿厕巾、厨房清洁巾等。不同应用领域对产品性能要求有所不同,可冲散湿巾卷材外观质量指标要求见表 7-29,内在质量要求见表 7-30 和表 7-31,可冲散性能指标要求见表 7-32,微生物卫生性能要求见表 7-33 的规定。

表 7-29　外观质量要求

项目			指标
白度/(%·卷$^{-1}$)≥			80
拼接次数/(次·卷$^{-1}$)≤			4
皱褶/(条·卷$^{-1}$)≤		连续性皱褶	0
		严重性皱褶	0
		间断性中等皱褶	3
		间断性轻微皱褶	10
水刺纹/(条·卷$^{-1}$)		明显	0
		轻微	5
棉块 m	产品表面或里面的纤维束,当它们呈硬块状,过分浓密或松散地附着在产品上,每 50m^2 允许的最大个数	$m>12.7mm$	不允许
		$6.4≤m<12.7mm$	≤5 个
		$3.2≤m<6.4$	≤8 个
		$m<3.2mm$	不计个数
孔 k	每 50m^2 允许的个数	$k≥6.4mm$	不允许
		$3.2≤k<6.4$	≤5 个
		$k<3.2mm$	≤10 个
虫迹			不允许
毛发			不允许
污渍			不允许
尘埃 c	每 50m^2 允许的个数	$c≥2.5mm^2$	不允许
		$1.0mm^2≤c<2.5mm^2$	允许 2 个
		$0.5mm^2≤c<1.0mm^2$	允许 6 个
		$c<0.5mm^2$	不计个数

表 7-30　内在质量要求(一)

项目		指标
单位面积质量/ (g·m^{-2})	$40≤M<60$	±3
	$60≤M<80$	±4
幅宽偏差/mm	$W≤500$	±3
	$500<W≤1000$	±4
	$W>1000$	±5

表 7-31　内在质量要求(二)

单位面积质量/(g·m⁻²)	厚度偏差/mm	干态横向强力/(N·5cm⁻¹) ≥	干态纵向强力/(N·5cm⁻¹) ≥	湿态横向强力/(N·5cm⁻¹) ≥	湿态纵向强力/(N·5cm⁻¹) ≥
40≤M<45	0.29±0.03	4.5	9.0	1.2	2.0
45≤M<50	0.31±0.03	5.5	12.0	1.5	3.0
50≤M<55	0.33±0.03	6.5	15.0	2.0	4.0
55≤M<60	0.35±0.03	7.5	18.0	2.5	5.0
60≤M<65	0.37±0.03	9.5	21.0	3.0	6.0
65≤M<70	0.39±0.03	11.5	24.0	3.5	7.0
70≤M<75	0.41±0.03	13.5	27.0	4.0	8.0

表 7-32　可冲散性能要求

检测项目	指标
试样分解百分率/%	干巾和非干/湿巾成品试样,至少 5 个试样的分解百分率>90%
	湿巾试样,至少 5 个试样的分解百分率>70%

表 7-33　微生物卫生性能要求

微生物卫生性能	细菌菌落总数/(CFU·mL⁻¹或 CFU·g⁻¹)	真菌菌落总数/(CFU·mL⁻¹或 CFU·g⁻¹)	大肠菌群
指标	200	100	不得检出

7.8.4　影响因素分析

可冲散性是可冲散非织造材料的重要应用指标,设备条件、原料质量、工艺控制都会影响材料的可冲散性,为了保证材料的柔软、蓬松、不掉毛、可冲散及使用力学性能,并兼顾纤维素纤维特点,水刺加固采用低压多次,烘燥采用低温多烘。当材料可冲散性变差时,可以适当降低水刺压力,减小布面拉伸,调节斜网参数,但要保证材料的基本力学性能。

可冲散材料的横向湿态强力低是生产中经常遇到的问题,适当增加水刺压力、增加冲浆泵频率、调节斜网脱水速度及调整纤维成网取向,可以提高材料的横向湿态强力及均衡材料的 MD/CD 值。

7.9　CP 复合水刺非织造材料

7.9.1　概述

CP 复合水刺非织造材料是指干法梳理纤网与木浆纤维通过水刺加固复合而得到的制

品,C(carding)代表梳理成网,P(wood pulp)代表木浆,除了双层复合 CP 形式外,还有三层三明治复合(CPC)等不同形式。纤网由单一纤维或几种纤维原料经混合、开松、梳理后形成,其纤维相互缠结及纤网三维立体结构赋予复合材料优异的力学性能、柔韧性、弹性、蓬松度和结构稳定性。木浆层可以通过气流成网或湿法成网获得,也可以是木浆纸,木浆纤维的环保可再生特性、高倍率吸水性、高致密防透过性和价格优势,有效补偿了传统梳理水刺产品的缺陷。CP 复合水刺非织造材料按照应用性能又可以分为木浆复合水刺非织造材料及功能性(拒水、阻燃)木浆复合水刺非织造材料,广泛应用于医疗、卫生、家居、工业等不同领域,如婴儿纸尿裤、妇女卫生巾、尿布、高档电子擦拭布、家庭干湿擦拭布等。

7.9.2　标准及性能测试

木浆复合水刺非织造材料质量指标参照 GB/T 26379—2011《纺织品　木浆复合水刺非织造布》,性能指标测试参照执行 GB/T 3920—2008《纺织品　色牢度试验　耐摩擦色牢度(ISO 105-X12:2001,MOD)》、GB/T 4667—1995《机织物幅宽的测定》、GB/T 4744—2013《纺织品　防水性能的检测和评价　静水压法(ISO 811:1981)》、GB/T 4745—2012《纺织品　沾水法(ISO 4920:2012)》、GB/T 5455—2014《纺织品　燃烧性能　垂直方向损毁长度、阴燃和续燃时间的测定》、GB/T 24120—2009《纺织品　抗乙醇水溶液性能的测定》、GB/T 24218.1—2009《纺织品　非织造布试验方法　第 1 部分:单位面积质量的测定(ISO 9073—1:1989,MOD)》、GB/T 24218.3—2010《纺织品　非织造布试验方法　第 3 部分:断裂强力和断裂伸长率的测定(条样法)(ISO 9073—3:1989,MOD)》、GB/T 24218.6—2010《纺织品　非织造布试验方法　第 6 部分:吸收性的测定(ISO 9073—6:2000,MOD)》等标准,具体测试内容如下。

7.9.2.1　荧光物质检验方法

参考标准:SN/T 4490—2016《进出口纺织品　荧光增白剂的测定》。

测试器械:晃荡箱、磁力搅拌器。

测试原理及方法:荧光物质是指为了增加非织造材料在日光下的白度,而人为添加的能吸收紫外光,释放出波长为 400～500nm 的紫、蓝色可见光,通过紫、蓝色光与白色泛黄的纺织品中黄色的补色原理,实现材料增白效果的有机化合物。超标接触荧光物质会对人体健康造成潜在危害,因此,直接接触皮肤的卫生用品中不允许添加荧光物质,可以根据试样在紫外光照射下有无荧光释放,定性判断其中是否存在荧光物质。如果试样中含有荧光物质,用波长 300～400nm 的紫外光照射试样时,其中处于普通基态的荧光物质分子会吸收激发能量而处于激发状态。激发态分子的能量一部分消耗于振动,并处于振动能级,从振动能级回到基态时,多余的能量依其他的形式释放出来,即为荧光。

荧光物质检测参照。随机取有代表性的纤维混合样品约 50g 或 25cm×25cm 有代表性非织造材料试样三块,也可以用整块试样直接测试。在暗室中用波长为 300～400nm 的紫外光垂直照射样品或试样,在视距 40cm 左右、角度 45°位置用肉眼直接观察,若样品或试样反射出连续且较强的紫、蓝色荧光,就判定该样品或试样含有荧光物质。

7.9.2.2 抗乙醇水溶液性能的测定

参考标准：GB/T 24120—2009《纺织品　抗乙醇水溶液性能的测定》。

测试器械：抗乙醇水溶液检测仪（图 7-21）。

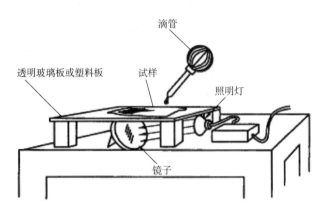

图 7-21　抗乙醇水溶液检测仪

测试原理及方法：采用具有不同表面张力的乙醇水溶液所组成的系列标准试液，滴加在试样测试面，在一定时间内，观察标准试液液滴在试样表面的润湿和渗透情况，并确定抗酒精等级。抗乙醇等级是指在规定时间内，不能使织物润湿/渗透的相应乙醇水溶液的最高级数，具体测试步骤如下。

（1）按表 7-34 配制标准试液。

表 7-34　标准试液

抗乙醇级别	质量分数/%	
	乙醇[a]	水
0	0	100
1	10	90
2	20	80
3	30	70
4	40	60
5	50	50
6	60	40
7	70	30
8	80	20
9	90	10
10	100	0

a 甲醇、异丙酮等其他有机溶剂的使用应经相关方的同意。

（2）裁取 200mm×200mm 试样 3 块,按标准调湿 4h。将两块试样测试面朝上平行放置在滤纸上,并一起置于平整光滑台面上,戴手套抚平材料表面的绒毛。

（3）抗乙醇沾湿性能试验。将 0 级标准试液液滴(直径 5mm 或体积 0.05mL) 小心滴加在其中一块试样的 5 个位置,液滴间距约 4.0cm,滴加时滴管离材料表面约 0.6cm,从 45°角方向观察液滴(30±2)s,液滴状态判定可参照图 7-22,滴中有 3 滴或以上呈现大接触角的圆珠状(图中 A),视为通过,调整液滴滴加位置,继续采用 1 级试液进行试验,以此类推,直到观察到液滴周围出现明显的润湿或芯吸现象为止;如 5 滴中有 3 滴或以上出现局部加深的半球状液滴(图中 B),视为不通过,该级数表述为此级数减去半级;如 5 滴中有 3 滴或以上完全润湿或接触角减小的芯吸(图中 C、D),视为不通过,初定为抗乙醇沾湿等级。取第 2 块试样重复上述试验,如果结果与第 1 块试样相同,确定该级为抗乙醇沾湿等级。如果结果不同,则取第 3 块试样重复上述试验,取两个相同结果为该试样抗乙醇沾湿等级;如果 3 块试样结果都不相同,则取中间值为该试样抗乙醇沾湿等级。

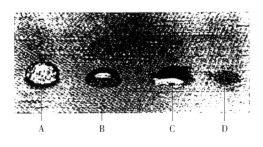

图 7-22　样表面标准试液液滴状态

A—通过(明显球珠状液滴)　　B—不完全通过(局部加深的半球状液滴)

C—不通过(出现芯吸和/或完全润湿)　　D—不通过(完全润湿)

（4）抗乙醇渗透性能试验。将 0 级标准试液液滴(直径 5mm 或体积 0.05mL) 小心滴加在其中一块试样的 5 个位置,液滴间距约 4.0cm,滴加时滴管离材料表面约 0.6cm,从 45°角方向观察液滴 5min,在滴加的液滴中发现有 1 滴背面相应位置处颜色加深,即视为渗透,如 5 个液滴背面颜色基本没有变化,则视为未渗透,调整液滴滴加位置,继续采用 1 级试液进行试验,以此类推,直到观察到液滴渗透为止,初定为抗乙醇渗透等级。取第 2 块试样重复上述试验,如果结果与第 1 块试样相同,确定该级为抗乙醇渗透等级。如果结果不同,则取第三块试样重复上述试验,取两个相同结果为该试样抗乙醇渗透等级;如果 3 块试样结果都不相同,则取中间值为该试样抗乙醇渗透等级。

7.9.3　性能评价

CP 复合水刺非织造材料包括普通木浆复合水刺非织造材料与功能性木浆复合水刺材料,其内在质量要求见表 7-35 和表 7-36,外观质量要求见表 7-37。

表 7-35　普通木浆复合水刺非织造布的内在质量要求

项目		指标			
单位面积质量 $M/(g \cdot m^{-2})$		$M \leqslant 50$	$50 < M \leqslant 60$	$60 < M < 70$	$M \geqslant 70$
单位面积质量偏差率/%	$\leqslant$	±5			
单位面积质量不匀率/%	$\leqslant$	5.0			
横向断裂强力/N	$\geqslant$	22	30	36	43
吸收量/%	$\geqslant$	400			
耐摩擦色牢度/级　　　$\geqslant$	干摩	3			
	湿摩	2~3			
幅宽偏差/mm	$\leqslant$	±4.0			

注　耐摩擦色牢度仅对有色产品适用。

表 7-36　功能性木浆复合水刺非织造布的内在质量要求

项目		指标	
单位面积质量 $M/(g \cdot m^{-2})$		$M \leqslant 70$	$M > 70$
单位面积质量偏差率/%	$\leqslant$	±5.0	
单位面积质量不匀率/%	$\leqslant$	5.0	
横向断裂强力/N	$\geqslant$	22	28
耐干摩擦色牢度[a]/级	$\geqslant$	3	
幅宽偏差/mm	$\leqslant$	±4	
抗渗水性[b]/cmH$_2$O	$\geqslant$	18	20
沾水性[b]/级	$\geqslant$	3	
抗酒精性[b]/级	$\geqslant$	7	
阻燃性	损毁长度/mm　　$\leqslant$	200	
	续燃时间/s　　　$\leqslant$	15	
	阴燃时间/s　　　$\leqslant$	15	

a 耐摩擦色牢度仅对有色产品适用。

b 抗渗水性、沾水性、抗酒精性指标仅适用于有拒水功能的木浆复合水刺非织造布,阻燃性指标仅适用于有阻燃功能的木浆复合水刺非织造布。

表 7-37　木浆复合水刺非织造布的外观质量要求

项目		指标
线性疵点	轻微	允许
	显著	不允许
线性疵点/[条·m^{-1}(幅宽)]	较显著	≤2
豁边、切边不良/(cm·100m^{-1})		≤60

续表

项目		指标
卷边不良/(cm · 100m⁻¹)		≤200
印染疵点	色花	无明显色花
	批间色差/级	≥3
拼接次数ᵃ/(次 · 1000m⁻¹)		≤3
污渍、色斑(4~50 mm²)/(个 · 100m⁻¹)		≤10
杂质(4~30 mm²)/(个 · 100m⁻¹)		≤10
污渍、色斑、杂质(≤4mm²,非周期性)		允许
污渍、色斑、杂质(非周期性)		不允许
破损疵点		不允许
明显分层		不允许
虫迹		不允许

a 最小拼接长度不小于 50m。

7.9.4　影响因素分析

荧光物质对医疗卫生类材料存在潜在危害,在 CP 复合水刺非织造材料中不可以添加。含有木浆短纤维的 CP 及 CPC 复合水刺非织造材料用作手术衣等用途时,干态落絮是重要的应用性能指标,木浆原料纤维种类和性能是影响干态落絮性能的重要指标,产于寒冷地区的针叶木浆纤维长度长、力学性能好,木浆落絮量小,而棉短绒浆、草浆及速生桉树类木浆落絮量会增大;复合工艺条件也会影响干态落絮性能,工艺上要兼顾木浆纤维短的特点,采用低压多次水刺,以实现木浆纤维与干法梳理纤维网的有效复合。

7.10　湿法/纺粘水刺复合非织造材料

7.10.1　概述

湿法/纺粘水刺复合非织造材料是指湿法成网的湿纸页与聚合物直接成网的纺粘层通过水刺加固复合而得到的制品,湿法层主要是木浆纤维,质量占比为 60%~80%;纺粘层主要是 PP 纺粘非织造材料,质量占比为 20%~40%;纺粘层可以采用在线直接制备,也可以通过放卷机将制备好的纺粘材料送入复合区域,木浆层通过湿法成网得到湿纸页后,通过水刺预刺转移到纺粘层上,再经过低压多次水刺复合成湿法/纺粘水刺复合非织造材料。纺粘层中长丝纤维间相互交叉黏合,成为具有优异力学性能的一体化载体,木浆纤维的环保可再生特性、高倍率吸湿性、高致密防透过性和价格优势,有效补偿了纺粘非织造材料的缺陷。湿法/纺粘水刺复合非织造材料可以广泛应用于医疗、卫生、家居、工业等不同领域,如婴儿纸尿裤、妇女卫生巾、尿布、高档电子揩拭布、家庭干湿揩拭布等。

7.10.2 标准及性能测试

湿法/纺粘水刺复合非织造材料质量指标参照相关企业标准,性能指标测试参照执行 GB/T 6529—2008《纺织品 调湿和实验用标准大气》、GB/T 24218.1—2009《纺织品 非织造布试验方法 第1部分:单位面积质量的测定》、GB/T 24218.2—2009《纺织品 非织造布试验方法 第2部分:厚度的测定》、GB/T 4666—2009(ISO 22198 2006)《纺织品 织物长度和幅宽的测定》、GB/T 24218.3—2010《纺织品 非织造布试验方法 第3部分:断裂强力和断裂伸长率的测定(条样法)》、GB/T 7573—2009《纺织品 水萃取液pH值的测定》、GB/T 2912.1—2009《纺织品 甲醛的测定 第1部分:游离和水解的甲醛(水萃取法)》、GB/T 24218.6—2010《纺织品 非织造布试验方法 第6部分:吸收性的测定》、GB/T 15979—2002《一次性使用卫生用品卫生标准》等标准,具体测试内容如下。

7.10.2.1 结合牢度检验方法

参考标准: FZ/T 01085—2018《黏合衬剥离强力试验方法》。

测试器械:万能试验机。

测试原理及方法:湿法/纺粘水刺复合非织造材料中的两层在复合前都已经单独成网,分别为湿法层的湿纸页和聚合物直接成网的纺粘层,但两者之间复合不是通过黏合剂等其他介质,而是借助水刺机械力作用,使纤维发生位移。纺粘层中纤维主要表现为平面位移,给木浆纤维的穿刺留出空间,湿纸页中纤维纵向位移,穿刺到纺粘纤网之中,使两层结合为一体,结合牢度直接影响材料的性能。湿法/纺粘水刺复合非织造材料结合牢度检验目前没有现行标准,可以参照剥离强度测试相关方法。实际应用中以揉搓湿态试样一定次数后观察材料是否有分层现象来评价。

7.10.2.2 打浆度测试方法

参考标准: GB/T 3332—2004《纸浆 打浆度的测定(肖伯尔—瑞格勒法)标准》。

测试器械:肖伯尔打浆度仪(又称叩解度仪)。

测试原理及方法:打浆是湿法成网的重要基础,直接影响成品的质量,通常用打浆度表征打浆质量。打浆度又称叩解度,表示在铜网上抄造纸张时,浆料滤水快慢的程度,是衡量纸浆质量的指标之一,能综合反映纤维被切断、润胀、分丝、帚化、细纤维化程度,是打浆度的测试依据。

将一定体积和浓度且温度调节至(20.0 ± 0.5)℃的纸浆悬浮液倒入肖伯尔打浆度仪的滤水室中,滤液通过滤网上的纤维滤层流入一个备有底孔和侧管的漏斗内,然后将从侧管流出的滤液收集在一个有肖伯尔刻度值的量筒中,读取SR值,如果排水1000mL,液面显示的肖伯尔刻度值为0,即SR值为0,如果排水0,液面显示的肖伯尔刻度值为100,即SR值为100,用该值来表示纸浆悬浮液的滤水速率,具体操作步骤如下。

(1)调节并确认仪器水平,彻底清洗打浆度仪的漏斗和滤水室,并最后用20.0℃±0.5℃的水冲洗,以调节打浆度仪的温度,浸湿铜网,防止实验时水量减少。

（2）完成清洗和预湿后，使锥形体下降并关紧，把两个 SR 量筒分别放在侧管和底管下面。

（3）将 2g 绝干浆打浆后充分稀释成 1000mL 的纸浆悬浮液，并在充分搅拌的情况下全部倒入密封状态的滤水室中，5s 后打开开关使密封锥形体自动提起，侧管不再滴水时，读取并记录其下方 SR 量筒上液面对应的 SR 值，准确至 1SR。

（4）纸浆悬浮液要在制备后 30min 内完成试验，超过 30min 的要先对纸浆悬浮液做解离处理。试验中要使用标准蒸馏水或去离子水，以避免水中溶解物质及 pH 值影响打浆度测试结果。

（5）每份试样测试两次，取平均值，如果重复测定的 SR 值之差大于 4%，要检查仪器并重新取样测试。

（6）实验完成后，用水清洗滤水室、分离室、伞形框架及管路等，并把所有设备复位，清理试验台。

7.10.2.3 外观质量处理

湿法/纺粘水刺复合非织造材料外观质量处理包括拼接、皱褶检测、明显水刺纹检测等。当产品出现不允许的外观质量问题时，需对该部分试样予以剪除，反面用普通双面胶粘贴，允许卷材重叠，接头处剪齐，正面两端各贴一条长 50mm、宽 30mm 的红色胶带，两端外露红胶带 5cm，红胶带和双面胶必须对正贴直，该处理方式出现的次数称为拼接次数，以每卷计数。皱褶以每卷整门幅试样检测，分连续性皱褶、严重性皱褶、间断性中等皱褶和间断性轻微皱褶，试样纵向 2m 以上连续性出现皱褶视为连续性皱褶，单条皱褶长度大于 50cm，宽度大于 2cm 及布面明显凸起的皱褶视为严重性皱褶，单条皱褶长度在 20~50cm，宽度在 1~2cm 及布面无明显凸起的皱褶视为间断性中等皱褶，单条长度小于 20cm，宽度小于 1cm 及布面无明显凸起的皱褶视为间断性轻微皱褶。水刺纹以每卷整门幅试样检测，分为明显和轻微两种，水刺纹处布面打穿并单条水刺纹宽度超过 2mm 的视为明显水刺纹，水刺纹处布面无明显打穿并单条水刺纹宽度在 2mm 以内的视为轻微水刺纹。

7.10.3 性能评价

湿法/纺粘水刺复合非织造材料产品内在质量要求见表 7-38 和表 7-39，微生物指标见表 7-40，外观质量要求见表 7-41。

表 7-38　内在质量要求（一）

项目		指标
单位面积质量/(g·m^{-2})	$30 \leqslant M < 60$	±3
	$60 \leqslant M < 90$	±4
幅宽偏差/mm	$W \leqslant 500$	±3
	$500 < W \leqslant 1000$	±4
	$W > 1000$	±5

表7-39 内在质量要求(二)

单位面积质量/ (g·m⁻²)	厚度偏差	干态横向强力/ (N·5cm⁻¹) ≥	干态纵向强力/ (N·5cm⁻¹) ≥	湿态横向强力/ (N·5cm⁻¹) ≥	湿态纵向强力/ (N·5cm⁻¹) ≥
35≤M<40	0.23±0.03	8	21	6	17
40≤M<45	0.24±0.03	10	24	7	18
45≤M<50	0.25±0.03	12	27	8	19
50≤M<55	0.27±0.03	14	30	9	21
55≤M<60	0.29±0.03	16	35	10	23
60≤M<65	0.31±0.03	18	40	11	25
65≤M<70	0.33±0.03	20	45	12	28
70≤M<75	0.35±0.03	23	50	14	31
75≤M<80	0.38±0.03	26	55	16	34
80≤M<85	0.41±0.03	29	60	18	37
85≤M<90	0.44±0.03	32	65	20	40

表7-40 微生物要求

微生物卫生性能指标	细菌菌落总数/ (CFU·mL⁻¹·g⁻¹)	真菌菌落总数/ (CFU·mL⁻¹·g⁻¹)	大肠菌群
要求	200	100	不得检出

表7-41 外观质量要求

项目			指标
白度/(%·卷⁻¹) ≥			80
拼接次数/(次·卷⁻¹) ≤			4
皱褶/(条·卷⁻¹) ≤	连续性皱褶		0
	严重性皱褶		0
	间断性中等皱褶		3
	间断性轻微皱褶		10
水刺纹/(条·卷⁻¹)	明显		0
	轻微		5
棉块 m	产品表面或里面的纤维束,当它们呈硬块状,过分浓密或松散地附着在产品上,每50m² 允许的最大个数	m>12.7mm	不允许
		6.4<m≤12.7mm	≤5个
		3.2<m≤6.4mm	≤8个
		m≤3.2mm	不计个数

项目			指标
孔 k	每50m² 允许的个数	k≥6.4mm	不允许
		3.2≤k<6.4mm	≤5个
		k<3.2mm	≤10个
虫迹			不允许
毛发			不允许
污渍			不允许
尘埃 c	每50m² 允许的个数	c>2.5mm²	不允许
		1.0mm²<c≤2.5mm²	允许2个
		0.5mm²<c≤1.0mm²	允许6个
		c<0.5mm²	不计个数

7.10.4 影响因素分析

湿法/纺粘水刺复合非织造材料结合牢度的主要影响因素是水刺工艺,水刺压力过大或过小、水针孔过粗,都会削弱复合材料的结合牢度,且导致木浆流失。影响打浆度的因素很多,主要的有比压、浓度、通过量、时间、温度、打浆刀片状况以及个人的操作水平、责任心等。当打浆度低于工艺条件过多时,纤维的初生壁和次生壁外层没有得到较好的破除,纤维的润胀、切断、帚化以及细纤维化未达到工艺要求。在抄造时会出现网部脱水过快、纤维结合不好、组织不均匀等现象,较大程度地影响纸张组织匀度、强度和平滑度。打浆度的升高,表明结合力在不断增长,但纤维的平均长度则相对不断下降,湿重降低。对于游离状打浆,纤维的平均长度的降低则更为迅速。过度打浆,纤维得到大量的切断,纤维的润胀、帚化、细纤维化也不断加剧,在纸机网部,浆料的滤水变得困难,水线延长,造成出伏辊的湿纸页水分偏大,纸张湿纸强度降低,发生断头。另外,由于湿纸页水分偏大,如果压榨压力不相适应,易发生压花,造成多次粘辊、断头。打浆度高的浆料,在抄造中,由于湿纸页在不断干燥的过程中易发生收缩,纸机各部的速比也不断发生变化,纸页结构受到牵引力的影响,尺寸不稳定,强度也下降。在压轧部、干燥部都会出现断头的现象。影响拼接次数的主要因素是布面污点及杂物,造成布面污点及杂物的原因是系统清洁度,要保证系统定期停机清洗。影响布面皱褶的主要因素是基布皱褶、退卷轴偏斜、退绕不同步等,退卷方面的问题可以通过合理的机械配合来克服。

第8章 过滤用非织造材料

8.1 袋式除尘器用滤料

8.1.1 概述

袋式除尘器在我国已经发展了 70 余年,主要用于工业粉尘与高温烟尘治理领域。它主要是依靠纤维滤料为原料的滤袋进行吸附,适用范围非常广,涵盖了工业生产中的大部分粉尘,除尘效率也可以近乎达到 100%,在保证同样除尘效率的情况下,造价较低,而且操作和维护方法比较简单。针刺非织造材料是袋式除尘器的核心过滤材料,它是由不同材质的短纤维经过开松、梳理,再经机械或气流形成纤网,中间夹入基布,通过针刺复合,从而形成三维立体结构的非织造毡料,再经烧毛、轧光、热定型、浸渍涂层等后整理工艺制成。滤袋用非织造材料应满足高效低阻、耐高温、耐腐蚀、耐磨、机械强度高、使用寿命长、使用成本低等工程应用要求。

8.1.2 标准及性能测试

袋式除尘器用滤料性能参考执行 FZ/T 64055—2015《袋式除尘用针刺非织造过滤材料》,性能指标测试参照执行 GB/T 3923.1—2013《纺织品 织物拉伸性能 第 1 部分:断裂强力和断裂伸长率的测定(条样法)》、GB/T 4666—2009《纺织品 织物长度和幅宽的测定》、GB/T 4745—2012《纺织品 防水性能的检测和评价 沾水法》、GB/T 5453—1997《纺织品 织物透气性的测定》、GB/T 5455—2014《纺织品 燃烧性能 垂直方向损毁长度、阴燃和续燃时间》、GB/T 6719—2009《袋式除尘器技术要求》、GB/T 12703.2—2009《纺织品 静电性能的评定 第 2 部分:电荷面密度》、GB/T 12703.4—2010《纺织品 静电性能的评定 第 4 部分:电阻率》、GB/T 19977—2014《纺织品 拒油性 抗碳氢化合物试验》、GB/T 24218.1—2009《纺织品 非织造布试验方法 第 1 部分:单位面积质量的测定》、GB/T 24218.2—2009《纺织品 非织造布试验方法 第 2 部分:厚度的测定》、FZ/T 01034—2008《纺织品 机织物拉伸弹性试验方法》等标准,具体测试内容如下。

8.1.2.1 定负荷伸长率

参考标准:FZ/T 01034—2008《纺织品 机织物拉伸弹性试验方法》。

测试仪器:等速伸长试验仪。

测试原理和方法:织物经定力的拉伸,产生形变,经规定时间后释去拉伸力,使其在规定时间回复后测量其残留伸长,据此计算弹性回复率和塑性变形率,以表征织物拉伸弹性,具体的测试方法如下。

（1）取样。

①取样应具有代表性,确保避开明显的折皱及影响试验结果的疵点。

②试样的裁剪按 GB/T 3923.1—2013 规定。在距样品布边 10cm 处剪取,每块试样不应含有相同的纱线。

③试样的尺寸和数量。每个样品至少剪取经向、纬向各三块试样,试样长度应满足隔距长度 200mm,宽度应满足有效宽度 50mm。

（2）调湿。试样的预调湿和调湿按 GB 6529—2008 规定执行,试验在 GB 6529—2008 规定的二级温带标准大气中进行。

（3）仪器设置。

①试验前应校准仪器及记录装置的零位、满力。

②校正隔距长度为 200mm,并使夹钳相互对齐和平行。

③设定拉伸速度,根据预实验,达到规定力时的伸长率≤8%时,拉伸速度为 20mm/min;伸长率>8%时,拉伸速度为 100mm/min。

（4）夹持试样。

①采用预张力夹持。将试样夹持在夹钳中间位置,保证拉力中心线通过夹钳的中心。试样可采用表 8-1 中的预张力夹持,如果产生的伸长率大于 2%,则减小预张力值。

表 8-1　预加张力值

织物种类	预张力值/N		
	<200g/m²	200~500g/m²	>500g/m²
普通机织物	2	5	10
弹力机织物	0.3 或较低值	1	1

注　对于弹力机织物,预加张力是指施加在弹力纱方向的力。

②采用松式夹持。当采用松式夹持试样方法时,计算伸长率时所需要的初始长度应为隔距长度与试样达到采用的预张力时伸长量之和。

（5）测定和计算。

①根据产品要求或双方协议确定定力值。

②启动仪器,拉伸试样至定力,读取试样长度 L_1。

③按式（8-1）计算每块试样的定力伸长率,测定结果以三块试样的平均值表示,修约至 0.1%。

$$定力伸长率 = \frac{L_1 - (L_0 + \Delta L)}{L_0 + \Delta L} \times 100\% \tag{8-1}$$

式中：L_0——隔距长度,mm;

　　L_1——试样拉伸至定力时的长度,mm;

　　ΔL——松式夹持试样时达到预张力时的伸长,mm。预张力夹持时 ΔL 为 0。

8.1.2.2 动态过滤性能

参考标准：GB/T 6719—2009《袋式除尘器技术要求》。

测试仪器：滤料动态过滤性能测试仪(图 8-1)。

测试原理和方法：规定浓度的含尘气体在规定流量下经过试样,粉尘在试样表面不断累积形成粉饼,阻力不断增加,当阻力达到一定值时,采用压缩气体对试样进行清灰,清灰后阻力下降,试样继续过滤含尘气体,如此重复一定次数。最终记录试样初始阻力、不同阶段残余阻力,不同阶段第一个清灰周期和最后一个清灰周期粉尘过滤效率,具体的测试方法如下。

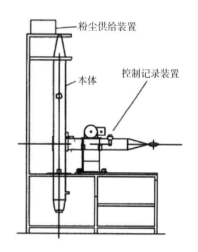

图 8-1　滤料动态过滤性能
测试仪示意图

(1)测试顺序。

①初始滤料样品滤尘性能测定。在滤料夹具上安装滤料样品,滤料样品规格为 ϕ150mm,当压力损失达到 1000Pa 时进行清灰,反复 30 次后测定高效滤膜增重及出口粉尘浓度并记录。

②老化处理。滤尘过程中进行间隔 5s 的反吹清灰,反复 10000 次。

③稳定化处理。为使老化后的滤料样品滤尘性能稳定,按照①进行 10 次滤尘—清灰操作。

④稳定化滤料滤尘性能测定。对于经上述稳定化处理的滤布,按照①进行 30 次滤尘—清灰操作。测试粉尘通过量及出口粉尘浓度并记录。

⑤在①~④测试中均记录全过程各瞬时阻力值。

(2)测试条件(表 8-2)。

表 8-2　滤料动态粉尘性能测试条件

项目	符号	数值/种类
测试用粉尘	—	氧化铝
入口粉尘浓度	Cin	5g/m^3
过滤速度	V	2m/min
清灰阻力	ΔPe	1000Pa
喷吹压力	P	500kPa
脉冲喷吹时间	tp	50ms

(3)测试步骤。

①记录检测室温度、相对湿度及大气压力。

②由检测条件调整检测装置包括气体流量、粉尘供给量、清灰阻力、清灰次数、喷吹压力、脉冲喷吹时间等。

③粉尘在 105~110℃ 温度下干燥 3h 以上,在干燥器中放置 1h 以上。

④根据质量法求入口粉尘浓度。

⑤将滤料样品裁剪后安装到滤料夹具上,对夹具进行称量。

⑥称量高效滤纸并装入采样部分。

⑦开动真空泵,进行初始滤料样品滤尘性能测试,记录全过程瞬时阻力值。

⑧取出滤料夹具并称重,求出残留粉尘量。

⑨取出高效滤纸并称重,计算出口粉尘浓度。

⑩测定残余阻力,记录采样时间,并计算出滤尘效率。

⑪把滤料夹具重新安装到实验装置上,更换高级滤纸,进行老化处理。

⑫进行稳定化处理。

⑬取出滤料样品,称量后计算粉尘残留量。

⑭将滤料样品重新安装到滤料夹具上,称量后装到检测装置上。

⑮称量高级滤纸,安装到滤纸夹具上。

⑯开启真空泵进行初始滤料样品滤尘性能测试。

⑰全部过程均应考虑高级滤纸的恒重。

8.1.2.3　静态过滤性能

参考标准:GB/T 6719—2009《袋式除尘器技术要求》,HJ/T 324—2006《环境保护产品技术要求　袋式除尘器用滤料》。

测试仪器:滤料静态过滤性能测试仪(图 8-2)。

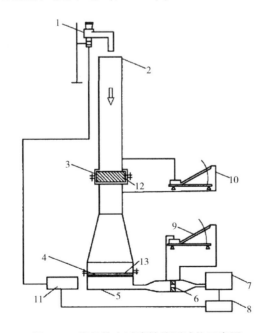

图 8-2　滤料静态过滤性能测试仪示意图

1—发尘器　2—管道　3—滤料试样夹具　4—高效滤膜夹具　5—均压室　6—孔板
7—抽气机　8—调压器　9,10—微压计　11—电源　12—滤料　13—高效滤膜测试原理与方法:静态除尘效率是指从滤料洁净状态开始,连续滤尘但不清灰,当粉尘负荷与过滤风速达到规定值时的过滤效率,具体测试方法如下。

(1)将滤料样品夹在滤料静态过滤性能测试仪的夹具上。

(2)经恒重后的高效滤膜称重后置于滤膜夹具处。

(3)启动抽气机7,调节流量,控制滤料滤速为(1.0 ± 0.1)m/min。

(4)启动发尘器,控制粉尘浓度为(5 ± 0.5)mg/m³,连续发尘10g。

(5)停止测试后,对高效滤膜和滤袋进行称重。

(6)滤袋的静态除尘率按式(8-2)计算:

$$\eta_j = \frac{\Delta G_f}{\Delta G_f + \Delta G_m} \times 100\% \tag{8-2}$$

式中:η_j——滤料的静态除尘率;

ΔG_f——受检滤料捕集的粉尘量,g;

ΔG_m——高效滤膜捕集的粉尘量,g。

(7)按(1)~(5)程序测试第二个滤料试样的静态除尘率,如果与第一条滤料静态除尘率的误差小于5%,取二者平均值作为滤料的静态除尘率;误差大于5%时,补做第三个滤料样品,取三者平均值作为滤料的静态除尘率。

(8)测试采用的氧化铝粉尘,粒度分布见表8-3。

表8-3 测试用氧化铝粉尘粒径分布

粒径/μm	<4	<25	<100
百分比/%	50	90	99

8.1.2.4 疏油性能

参考标准:GB/T 19977—2014《纺织品 拒油性 抗碳氢化合物试验》。

测试仪器:滴瓶、白色洗液垫、试验手套、工作台。

测试原理与方法:将选取的不同表面张力的一系列碳氢化合物标准试液滴加在试样表面,然后观察湿润、芯吸和接触角的情况。拒油等级以没有润湿试样的最高试液编号表示,具体的测试方法如下。

(1)取样,需要约20cm×20cm的试样3块。所取试样应有代表性,包含织物上不同的组织结构或不同的颜色,并满足试验的需要。试验前,试样应在GB/T 6529—2008规定的标准大气中调湿至少4h。

(2)试验应在GB/T 6529—2008规定的标准大气中进行。如果试样从调湿室中移走,应在30min内完成试验。把一块试样正面朝上平放在白色洗液垫上,置于工作台上。当评定稀松组织或薄的试样时,试样至少要放置两层,否则试液可能浸润白色洗液垫的表面,而不是实际的试验试样,在结果评定时会产生混淆。

(3)在滴加试液之前,戴上干净的试验手套抚平绒毛,使绒毛尽可能顺贴在试样上。

(4)从编号1的试液开始,在代表试样物理和染色性能的5个部位上,分别小心地滴加

1 小滴(直径约 5mm 或体积约 0.05mL),液体之间间隔大约 4.0cm。在滴液时,吸管口应保持距试样表面约 0.6cm 的高度,不要碰到试样。以约 45°角观察液滴 30s±2s。评定每个液体,并立即检查试样的反面有没有润湿。

(5)如果没有出现任何渗透、润湿或芯吸,则在液滴附近不影响前一个试验的地方滴加高一个编号的试液,再观察 30s±2s。评定每个液滴,并立即检查试样的反面有没有润湿。

(6)继续步骤(5)的操作,直到有一种试液在 30s±2s 内使试样发生润湿或芯吸现象,每块试样上最多滴加 6 种试液。

(7)取第 2 块试样重复操作,有可能需要第 3 块试样。

8.1.2.5　电荷密度

参考标准:GB/T 12703.2—2009《纺织品　静电性能的评定　第 2 部分:电荷面密度》。

码8-1　电荷密度测定

测试仪器:法拉第筒系统(图 8-3)。外筒直径 50~70cm,高 85~100cm,内筒直径 40~60cm,高 75~95cm,电容器的泄漏电阻 $1×10^{14}Ω$ 以上,电容值应与静电电压表量程相匹配,绝缘支架的绝缘电阻应在 $1×10^{12}Ω$ 以上。系统电容可用精密万用电桥或其他电容测量仪测量。

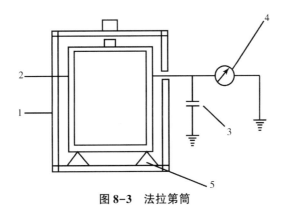

图 8-3　法拉第筒

1—外筒　2—内筒　3—电容器　4—静电电压表　5—绝缘支架

摩擦装置如图 8-4 所示,摩擦布(标准布)是 150mm×350mm 的锦纶平纹布。取长为 400mm 的硬质聚氯乙烯管,以摩擦布的长边方向为卷绕方向,在其上缠绕 5 圈,制成摩擦棒,要求摩擦布的两端拉紧,塞入管内,以固定在摩擦棒上。把一块尺寸为 100mm× 450mm、材料与摩擦布相同的织物,用胶带从四面裹在金属板上制成垫板,垫板大小为 320mm×300mm,厚度为 3mm。用聚乙烯包皮线接地。绝缘棒为直径 20mm,长 500mm 的有机玻璃或丙烯棒。

测试原理和方法:将经过摩擦装置摩擦后的试样投入法拉第筒,以测量试样的电荷面密度,具体的测试方法如下。

(1)取样。调湿和试验用大气的环境条件为:温度 20℃±2℃,相对湿度 35%±5%,环境风速应在 0.1 m/s 以下。试样应在距布边 1/10 幅宽内,距布端 1 m 以上的部位裁取,不应有

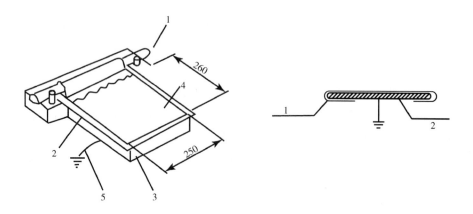

（a）1—绝缘棒 2—垫板 3—垫座 4—试样 5—接地线 　　（b）1—标准布 2—垫板

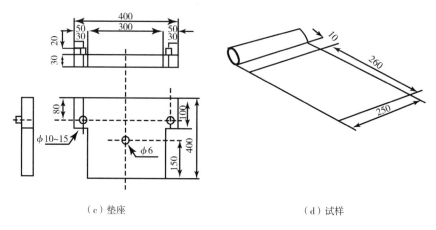

（c）垫座　　　　　　　　　　　　（d）试样

图8-4　摩擦装置示意图（单位：mm）

影响测试的疵点。随机裁取6块试样（经向3块，纬向3块），尺寸为250mm×400mm，按图8-4（d）将长向一端缝制为套状，未被缝部分长度为270mm（有效摩擦长度260mm）。将绝缘棒插入缝好的套内，放置于垫板上，勿使之产生皱褶。

（2）具体步骤。

①双手持缠有标准布的摩擦棒两端，由前端向体侧一方摩擦试样（注意不应使摩擦棒转动），约1s摩擦一次，连续5次（图8-5）。

②握住绝缘棒的一端，如图8-6所示，使棒与垫板保持平行地由垫板上揭离，并在1s内迅速投入法拉第筒，读取静电压或电量值。此时，试样应距人体或其他物体300mm以上。

③每块试样进行三次测试，每次测试后应消电直至确认试样不带电时再进行下一次测试。

（3）结果计算与表达。读取静电电压值或电量值，电荷面密度按式（8-3）计算：

$$\sigma = \frac{Q}{A} = \frac{C \cdot V}{A} \tag{8-3}$$

图 8-5　摩擦示意图
1—样品　2—垫板

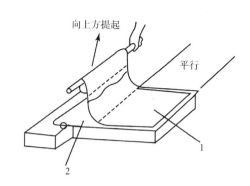

图 8-6　揭离试样示意图
1—试样　2—垫板

式中：σ——电荷面密度，$\mu C/m^2$；

$\quad\ \ Q$——电荷量测定值，μC；

$\quad\ \ C$——法拉第系统总电容量，F；

$\quad\ \ V$——电压值，V；

$\quad\ \ A$——试样摩擦面积，m^2。

计算每个试样 3 次测试的平均值，作为该试样的测量值。取 6 块试样测试结果中的最大值，作为该样品的试验结果。

8.1.2.6　耐腐蚀性能

参考标准：GB/T 6719—2009《袋式除尘器技术要求》附录 D。

测试仪器：拉伸试验仪。

测试原理与方法：滤料的耐腐蚀性以滤料经酸或碱性物质溶液浸泡后的强度保持率表示，具体测试方法如下。

（1）在 $3m^2$ 滤料样品上随机剪取 500mm×400mm 滤料 3 块。

（2）取其中一块按 GB/T 3923.1—2013 测定其经纬向断裂强度 f_0。

（3）将第 2 块浸在温度 85℃、质量分数 60% 的 H_2SO_4 溶液中。

（4）将第 3 块浸于质量分数为 40% 的 NaOH 常温溶液中。

（5）24h 后将它们全部取出，经过清水充分漂洗，并在通风橱中干燥。

（6）按 GB/T 3923.1—2013 测定其经纬向断裂强力 f_i。其经纬向断裂强力保持率 λ 按式（8-4）计算：

$$\lambda = \frac{f_i}{f_0} \times 100\% \eqno(8-4)$$

式中：λ——断裂强力保持率；

$\quad\ f_0$——滤料初始断裂强力，N；

$\quad\ f_i$——第 i 种检验的滤料强力，N。

为测试滤料耐有机物的腐蚀性，可将上述的酸、碱溶液，改换为相应的有机溶液，按上述步骤,测定其强力保持率 λ。

8.1.2.7 耐温性能

参考标准: GB/T 6719—2009《袋式除尘器技术要求》附录 C。

测试仪器:拉伸试验仪。

码8-2 空气
过滤材料耐温
性能测试

测试原理与方法:滤料耐温特性以热处理后滤料的强度保持率及热收缩率表示,具体测试方法如下。

(1)在滤料样品上随机剪取 500mm×400mm 滤料 4 块。

(2)取出其中一块试样,分别测定其经纬向断裂强度 f_0 及断裂伸长率 λ_{L_0}。

(3)将其余三块分别测量其经向、纬向长度 L_0,标记后平行悬挂于高温箱内。

(4)以 2℃/min 速度升温至该滤料最高连续使用温度后恒温并开始计时。

(5)恒温 24h 后取出滤料,滤料冷却后分别测定各块滤料经纬向长度 L_1,经纬向断裂强力 f_1 及断裂伸长率。

(6)滤料经热处理后的经纬向断裂强力保持率 λ 和经纬向热收缩率 θ 按式(8-5)和式(8-6)计算:

$$\lambda = \frac{f_1}{f_0} \times 100\% \tag{8-5}$$

$$\theta = \frac{L_0 - L_1}{L} \times 100\% \tag{8-6}$$

式中:λ——热处理后滤料的经纬向强度保持率;

θ——热处理后滤料的经纬向热收缩率;

f_0——未经处理滤料经纬向断裂强力,样条尺寸为 5cm×20cm,N;

f_i——热处理后滤料经纬向断裂强力的平均值,N;

L_0——未经热处理滤料的经纬向长度,mm;

L_1——热处理后滤料的经纬向长度,mm。

8.1.3 性能评价

依据 FZ/T 64055—2015《袋式除尘用针刺非织造过滤材料》标准,袋式除尘用针刺非织造过滤材料内在质量要求见表 8-4,外观质量要求见表 8-5。

表 8-4 滤料的内在质量性能要求

序号	项目	指标					
		有基布					无基布
		常温	中温	高温			
				聚四氟乙烯	玻璃纤维/玄武岩	其他	
1	单位面积质量偏差/%	±5					

续表

序号	项目		指标					
			有基布					无基布
			常温	中温	高温			
					聚四氟乙烯	玻璃纤维/玄武岩	其他	
2	单位面积质量 CV 值/%	≤	3					
3	幅宽偏差/%	≥	0					
4	厚度偏差/%		±8					
5	厚度 CV 值/%	≤	5					
6	透气率偏差/%		±20					
7	透气率 CV 值/%	≤	8					
8	断裂强力/N ≥	纵向	1000	1000	700	2000	900	900
		横向	1100	1100	700	2000	1200	1000
9	断裂伸长率/% ≤	纵向	45	35	40	10	35	45
		横向	50	50	50	10	50	50
10	定负荷伸长率/% ≤	纵向	0.65					1.2
		横向	4.2					2.7
11	残余阻力/Pa	≤	300					
12	动态除尘效率/%	≥	99.99					
13	疏水性能/级	≥	4					
14	疏油性能/级	≥	3					
15	表面电阻/Ω	<	1010					
16	电荷密度/($\mu C \cdot m^{-2}$)	≤	7					
17	耐腐蚀性能	断裂强力保持率/%≥	纵/横向	95				
18	耐温性能	断裂强力保持率/%≥	纵/横向	100				
		热收缩率/%	纵向	1.5				
			横向	1				
19	阻燃性能		火焰中只能阴燃,不应产生火焰,离开火源,阴燃在 15s 内自行熄灭					

注　(1)序号 1~12 是基本物理指标,为必测项目,序号 13~19 为特殊功能指标,具有特殊功能产品选择相应项目进行测试。

(2)耐温特性的断裂强力保持率和热收缩率是指在连续工作温度下 24h 后测试所得。

表 8-5　外观质量要求

序号	项目	要求
1	破洞,边裂,烧焦,污点	不得出现
2	停车痕	针眼不明显,不影响表面状况,不得超过 2 处
3	布面折痕	由卷绕或轧光引起的皱纹,可恢复,不得超过 2 处

8.1.4　影响因素分析

袋式除尘器依据滤料固有的物理过滤特性以及附着在滤料表面粉尘层的过滤性来截留烟气中具有一定颗粒度的粉尘。它依赖于滤料在厚度方向的纤维密度来决定过滤能力,属于深层过滤技术。滤料是袋式除尘器的核心,关系到除尘器能否长期、可靠、高效地使用。滤料失效的形式有不可恢复性堵塞失效、高温失效、腐蚀性失效、机械损失失效等,袋式除尘滤料性能的主要影响因素有以下方面。

8.1.4.1　滤料的材质

袋式除尘器主要应用在工业锅炉、流化床锅炉、窑炉及燃煤电站锅炉的烟气除尘。此类烟气温度往往都比较高,气体通入除尘器时温度一般在 100~300℃。当燃烧高硫煤或者烟气未经脱硫处理,烟气中硫氧化物、氮氧化物浓度很高时会腐蚀滤袋,导致滤袋寿命缩短。因此袋式除尘器的滤料必须采用耐高温、耐腐蚀的纤维材料,主要有玻纤布/毡、NOMEX 针刺毡、P84 针刺毡等,考虑到滤袋的耐磨性、耐高温以及费用等因素,化工行业一般选用 NO-MEX 针刺毡,垃圾焚烧炉除尘则选用 PTFE 针刺毡。

8.1.4.2　滤料的结构

滤料的结构包括纤维的直径、纤维排列的方式、孔隙结构和滤料的克重等。滤料的结构特点如果不符合当前环境下粉尘厚度的需求,没有形成一种有效的捕捉过程,可能导致它的过滤层无法实现对粉尘的吸附,或者在清灰的过程中没有得到相应的处理,引发工作效率降低,还会导致其他零部件造成损失。

8.1.4.3　袋式除尘器的清灰方式

袋式除尘器的清灰方式也是影响除尘效率的主要因素。在袋式除尘器的工作过程中,在初层的作用下,粉尘会在滤袋的表面凝聚,这时粉尘会增加除尘器的运作阻力,导致滤袋中的压差出现,致使除尘效率降低,在这种情况下,一定要注意清灰的间隔时间,还要避免对初层结构的破坏。

8.2　液体过滤用袋式过滤器

8.2.1　概述

液体过滤已经渗透到人们生活中的诸多领域,无论是食品饮料行业、生物医药行业还是航天工业等都需要液体净化过滤,其是利用过滤介质的特殊结构,使液体中的杂质在液体流过介质中的孔隙时被截留在介质的表面或内部而除去。非织造液体过滤材料一般由针刺工艺制得,其纤维三维杂乱分布,增加了悬浮粒子与单纤维碰撞和黏附的概率,过滤效果优异。此类材料具有较优的容纳污垢能力、极低的压降和较好的化学稳定性,从而满足洁净高效、寿命持久的过滤要求。

8.2.2　标准及性能测试

液体过滤用袋式过滤器质量指标参照 JB/T 11713—2013《液体过滤用袋式过滤器》,性能指标测试参照执行 GBT 30176—2013《液体过滤用过滤器　性能测试方法》、GB 150.4—2011《压力容器　第四部分:制造、检验和验收》、GB/T 4774—2013《过滤与分离　名词术语》、GB/T 10894—2004《分离机械　噪声测试方法》、GB/T 18853—2015《液压传动过滤器　评定滤芯过滤性能的多次通过方法》、GJB 420B—2015《航空工作液固体污染度分级》、NB/T 47003.1—2009《钢制造焊接常压容器》、TSG 21—2016《固定式压力容器安全技术监察规程》等标准,具体测试内容如下。

8.2.2.1　透水率和透水阻力

参考标准:GBT 30176—2013《液体过滤用过滤器 性能测试方法》。

测试仪器:液体过滤器过滤性能测试系统(图 8-7)。

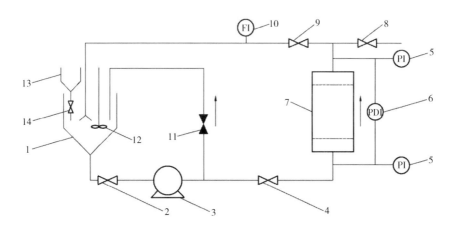

图 8-7　液体过滤器过滤性能测试系统

1—试验液储槽　2—试验液储槽底阀　3—泵　4—回路阀　5—压力表　6—差压计
7—过滤器　8—取样及排放阀　9—回路阀　10—流量计　11—节流阀　12—搅拌器
13—固相添加装置　14—固相添加装置出口阀

测试原理和方法:保持过滤元件试样进水侧为恒压,在一定压差作用下测量透水通量,即可获得透水率。过滤元件试样的透水阻力可以由测得的透水率、过滤元件试样两侧压差、试验温度下水的黏度计算得出,透水率和透水阻力具体测试方法如下。

(1)系统经洁净水清洗到固体污染度符合 GJB 420B—2015 中规定的 4 级要求。

(2)在试验液储槽中加入洁净水,将被测过滤元件装入过滤器 7,调节阀门 4、9、11,使过滤元件两侧保持指定的压差进行透水试验,记录透水通量。

(3)计算透水率。按式(8-7)计算对应的透水率:

$$Q_{si} = \frac{V_i}{A} \tag{8-7}$$

式中:Q_{si}——试样在某定压差下的透水率,m³/(m²·s);

$\quad V_i$——试样在某定压差下的透水通量,m³/s;

$\quad A$——过滤元件试样的透水面积,m²。

按式(8-8)计算平均透水率:

$$Q_s = \frac{\sum Q_{si}}{n} \tag{8-8}$$

式中:Q_s——平均透水率,m³/(m²·s);

$\quad n$——重复测定次数。

透水阻力按式(8-9)计算:

$$R_{ms} = \frac{\Delta P_s}{\mu Q_s} \tag{8-9}$$

式中:R_{ms}——过滤元件试样阻力,m⁻¹;

$\quad \Delta P_s$——过滤元件试样两侧压差,Pa;

$\quad \mu$——试验温度下水的黏度,Pa·s。

8.2.2.2　压降—通量

参考标准:GB/T 30176—2013《液体过滤用过滤器性能测试方法》。

测试仪器:液体过滤器过滤性能测试系统。

测试原理和方法:压降是在规定的流体流通条件下被测试过滤器上游、下游的压差值,等于通过过滤器筒体与过滤元件的压力损失之和。在规定压差和温度为25℃的条件下,试验液通过被测试过滤器,单位时间、单位过滤面积上透过试验液的体积称为液体通量。常温条件下,可将渗透液的体积换算至25℃条件下的体积,作为液体通量,压降—通量的测试方法如下。

(1)在试验液储槽内加入洁净水,打开阀门2,关闭阀门4,8,9,11,启动泵3。打开阀门4,8,清洗系统。

(2)待系统清洗干净,关闭阀门8,打开阀门9,使系统内洁净水通过不装过滤元件的过滤器7。

(3)调节节流阀11,使得通过过滤器的流量达到过滤元件的额定值,记录过滤器前后的压差和流量。按合适的相等增量加大流量,流量测点应不少于4点,同时记录各流量测点相对应的过滤器筒体的压降。

(4)从(3)被测过滤元件的额定值按(3)测定的流量测点逐渐减少流量,记录各流量测点相对应的过滤器筒体的压降,计算各流量点的平均压降 Δp_1。

(5)将被测过滤元件装入过滤器筒体,按(3)、(4)测得相应流量点测量的压降,并分别求得对应流量点平均压降 Δp_2。

（6）数据处理。

$$\Delta p = \Delta p_2 - \Delta p_1 \tag{8-10}$$

式中：Δp_2——试验用过滤器总压降，MPa；

　　　Δp_1——试验用过滤器筒体的压降，MPa；

　　　Δp——试验用过滤元件的压降，MPa。

（7）根据试验测定的压降和流量，过滤元件的通量等于流量除以过滤面积，得到压降和通量的关系，绘制压降—通量曲线。

（8）针对任意过滤器，可以用不安装过滤元件的实际过滤器按步骤（3）和（4）测定压降—流量曲线，再根据过滤元件的压降通量曲线算出该过滤器的额定流量。

8.2.2.3　截留精度

参考标准：GBT 30176—2013《液体过滤用过滤器性能测试方法》。

测试仪器：液体过滤器过滤性能测试系统。

测试原理和方法：过滤器的截留精度由过滤元件最大透过粒径、β 比值或截留粒径表示，使用单次通过法测定。过滤元件对某一规定粒径粒子的截留率达到 90%，称该粒径为过滤元件的截留粒径。过滤器上游料液单位体积内所含某一粒径段（或大于某一给定尺寸）的颗粒数与经过滤器后所得滤液单位体积内所含该粒径段（或大于同一尺寸）的颗粒数之比为过滤比（β 比值）。如实际工艺要求符合多次通过过程的，则可采用多次通过法测定。过滤元件单次通过法截留性能测试系统如图 8-8 所示，截留精度具体测试方法如下。

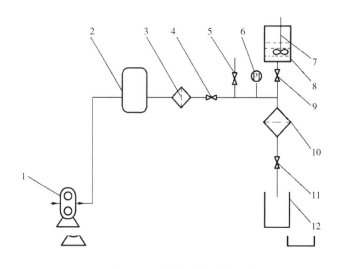

图 8-8　截留性能测试系统

1—空压机　2—缓冲罐　3—空气过滤器　4—稳压调节阀　5—放空阀　6—压力表
7—搅拌器　8—给料槽　9—进料阀　10—过滤器　11—排液阀　12—滤液罐

（1）系统经洁净水清洗到固体污染度应符合 GJB 420B—2015 中规定的 4 级要求。

（2）将被测过滤元件装入过滤器 10 内。

(3)将试验液放入给料槽8中,打开阀门9,使适量的试验液进入过滤器10,关闭阀门9。

(4)启动空压机1,调节阀门4,使过滤器内的压力达到指定值,打开阀门11,使试验液在规定压差下通过过滤元件。

(5)过滤一定时间后,关闭空压机1、阀门4和阀门11。

(6)取滤前、滤后的液样,用光阻式自动颗粒计数器分别测定其不同粒径颗粒的颗粒数。

(7)卸下过滤元件试样,用洁净水彻底清洗整个管路系统。

(8)数据处理。滤液中最大粒子的直径即为过滤元件的最大透过粒径。过滤元件对某种粒径颗粒的截留率按式(8-11)计算:

$$R_i = \left(1 - \frac{N_{pi}}{N_{bi}}\right) \times 100\% \tag{8-11}$$

式中:R_i——某种粒径的截留率;

N_{pi}——单位体积滤液中该粒径颗粒的个数,个/L;

N_{bi}——单位体积试验液中该粒径颗粒的个数,个/L。

截留率达到90%的颗粒粒径就是截留粒径。过滤元件的过滤比(β比值)按式(8-12)计算:

$$\beta_i = \frac{N_{bi}'}{N_{pi}'} \tag{8-12}$$

式中:β_i——某个粒径段的β比值,量纲为1;

N_{pi}'——单位体积滤液中某粒径段(或大于某粒径)颗粒个数,个/L;

N_{bi}'——单位体积试验液中某粒径段(或大于某粒径)颗粒个数,个/L。

8.2.2.4　视在纳污量

参考标准:GB/T 30176—2013《液体过滤用过滤器性能测试方法》。

测试仪器:液体过滤器过滤性能测试系统。

测试原理和方法:向试验系统添加试验粉末,当被测试过滤元件压降达到极限压差值时,所添加试验粉末的总质量为视在纳污量,测试方法如以下所示。

(1)视在纳污量试验可在液体过滤器过滤性能测试系统上进行。在试验液储槽1内加入洁净水,打开阀门2,关闭阀4、8、9、11,启动泵3。打开阀门4、8,清洗系统。

(2)关闭阀门8,打开阀门9、11,用节流阀11调整试验系统流量至额定值,测量被试过滤器壳体压差。关闭试验系统。

(3)将被试测试过滤元件装入过滤器壳体内。启动试验系统,调整试验系统流量至额定值。

(4)按一定速率向被测试过滤器上游添加试验粉尘,直至过滤元件压差达到规定的极限压差。

(5)关闭试验系统,试验结束。

(6)数据处理。被测过滤元件压降达到极限压差值时,向试验系统添加试验粉末的总质量按式(8-13)计算:

$$M_i = \frac{G_i \times q_i \times t_f}{1000} \tag{8-13}$$

式中：M_i——视在纳污量，g；

$\quad$ G_i——粉尘添加装置中的平均质量污染度，mg/L；

$\quad$ q_i——平均注入流量，L/min；

$\quad$ t_f——达到最终压差时的实际试验时间，min。

8.2.2.5 再生性能

参考标准：GB/T 30176—2013《液体过滤用过滤器性能测试方法》。

测试仪器：液体过滤器过滤性能测试系统。

测试原理和方法：对一定浓度的悬浮物料进行滤饼过滤，形成滤饼后再卸饼，卸饼后对过滤元件洗涤、再生，然后用洁净水在液体过滤器性能测试系统中进行透水率测试，再计算绝对再生效率、相对再生效率和实际再生效率，具体测试步骤如下。

（1）对 3 个清洁过滤元件试样进行透水性能测定，计算出每个试样的透水率和平均透水率，以此作为比较再生后的效果的基准（详见 8.2.2.1），以清洁过滤元件试样透水率测试的压差为再生后过滤元件透水率测试的压差。

（2）选择的过滤元件试样，用实际工况用的物料进行过滤试验。对于滤饼过滤，形成一定厚度的滤饼，过滤结束后尽量模拟实际生产中的卸饼方式卸除滤饼；对于深层过滤，过滤压差达到额定值，过滤结束。

（3）对滤饼过滤，一定压力下，用小喷头均匀喷洒清洗过滤元件试样进行再生；对深层过滤，可采用一定浓度酸、碱、高温或超声波等合适的方法进行洗涤再生。

（4）在该清洁过滤元件试样透水率测试压差下，测定再生后过滤元件试样的透水性能（详见 8.2.2.1），再计算出绝对再生效率和相对再生效率。

（5）重复以上加压过滤、卸饼、再生及再生后透水性能测试等各步骤，当相对再生效率连续 3 次满足 100%±10% 时，停止试验。

（6）数据处理。第 i 次再生后的绝对再生效率按式（8-14）或式（8-15）计算：

$$\eta_{ji} = \frac{R_{mso}}{R_{msi}} \times 100\% \tag{8-14}$$

式中：η_{ji}——第 i 次再生后的绝对再生效率；

$\quad$ R_{mso}——清洁过滤元件试样的透水阻力，m^{-1}；

$\quad$ R_{msi}——第 i 次再生后过滤元件试样的透水阻力，m^{-1}。

$$\eta_{ji} = \frac{Q_{si}}{Q_{so}} \times 100\% \tag{8-15}$$

式中：Q_{so}——清洁过滤元件试样的透水率，$m^3/(m^2 \cdot s)$；

$\quad$ Q_{si}——第 i 次再生后过滤元件试样的透水率，$m^3/(m^2 \cdot s)$。

第 i 次再生后的相对再生效率按式（8-16）或式（8-17）计算：

$$\eta_{xi} = \frac{R_{msi-1}}{R_{msi}} \times 100\% \tag{8-16}$$

式中:η_{xi}——第 i 次再生后的相对再生效率;

R_{msi-1}——第 $i-1$ 次再生后过滤元件试样的透水阻力,m^{-1}。

$$\eta_{xi} = \frac{Q_{si}}{Q_{si-1}} \times 100\% \tag{8-17}$$

式中:Q_{si-1}——第 $i-1$ 次再生后过滤元件试样的透水率,$m^3/(m^2 \cdot s)$。

当连续 3 次的相对再生效率均在 100%±10% 范围内时,则过滤元件试样的实际绝对再生效率 η 按式(8-18)计算:

$$\eta = \frac{\eta_{ji} + \eta_{ji+1} + \eta_{ji+2}}{3} \times 100\% \tag{8-18}$$

式中:η——实际绝对再生效率;

η_{ji}——第 i 次再生后过滤元件试样的绝对再生效率;

η_{ji+1}——第 $i+1$ 次再生后过滤元件试样的绝对再生效率;

η_{ji+2}——第 $i+2$ 次再生后过滤元件试样的绝对再生效率。

取 3 个试样的绝对再生效率和相对再生效率的算术平均值,分别作为该过滤元件试样针对特定物料的绝对再生效率和相对再生效率。

8.2.3　性能评价

液体过滤用袋式过滤器具体性能评价参照以下相关质量要求。

8.2.3.1　基本要求

(1)过滤器应符合本标准的规定,并按经规定程序批准的图样及技术文件制造。

(2)属"固定式压力容器安全技术监察规程"监察范围内的过滤器,设计、制造应符合 TSG R0004—2009 的规定。

8.2.3.2　技术参数要求

(1)过滤器设计压力应符合产品技术文件的规定,按 GB/T 2346—2003 的规定选择。

(2)过滤器设计温度应符合产品技术文件的规定。

(3)过滤器的过滤精度应符合产品技术文件的规定。

(4)滤袋的透气速率、透水速率、顶破强度应符合产品技术文件的规定。

8.2.3.3　材料和外购件要求

(1)采用的材料应有供应商的质量证明书,如无质量证明书时,需按有关标准进行检验,合格后方能使用。金属材料应符合 GB/T 699—2015、GB/T 700—2006、GB/T 711—2017、GB 713—2014、GB/T 3280—2015、GB/T 4237—2015、GB/T 8163—2018、GB/T 14976—2012、GB/T 12771—2019 的规定;非金属材料应符合相应的国家标准和行业标准规定。

(2)铸件应符合 GB/T 2100—2017、GB/T 11352—2009、GB/T 14408—2014 的规定。

(3)锻件应符合 NB/T 47008—2017、NB/T 47010—2017 的规定。

(4)材料的选用应与需过滤的物料相容,且符合应用行业要求。

(5)材料代用时,应选用性能相同或较优的材料,并需经设计部门同意。

(6)外购件应有供应商提供的合格证明。

8.2.3.4 结构要求

(1)结构上要方便固定、更换滤袋。

(2)滤袋要设置保护网。

(3)过滤元件与壳体间的内密封性要满足设计要求。

8.2.3.5 制造要求

(1)受压元件焊接应符合 NB/T 47015—2011《压力容器焊接规程》的要求。

(2)焊接接头的无损检测应符合 GB 150—2011 的要求。

(3)过滤器壳体在规定压力试验条件下,各部件密封处、各结合面及焊接接头无任何泄漏。

(4)碳钢过滤器内外表面除锈,外表面应涂敷防腐涂料,符合 JB/T 4711—2003、NB/T 10558—2021 的规定。

(5)耐蚀钢过滤器内外表面要经酸洗钝化,必要时进行蓝点检测,无蓝点为合格。

(6)整个过滤器表面应无尖角、毛刺、锐边,法兰密封面不得有划伤和撞痕。

8.2.3.6 安全要求

(1)快开式过滤器的快开门设置安全联锁装置。

(2)顶盖开启采用门轿式和快开式的过滤器,应设置保险机构,防止顶盖开启后,发生回落或整体倾覆。

8.2.4 影响因素分析

液体滤袋寿命短,而过滤材料的使用寿命与材料的渗透性密切相关。如果材料的渗透率低,则滤袋的原始压差小,启动压力慢,这样滤袋的寿命长,反之亦然。另外,表面处理工艺的好坏也会影响滤袋的使用寿命。液体过滤毡需通过适当的表面燃烧处理,如果过分追求表面光洁度,熔化的纤维将堵塞过滤通道,这自然会降低液体渗透率,增加过滤材料的压降,并最终降低过滤袋的使用寿命。

研究表明,线缝过滤袋在使用初期时受压力挤压,会出现有少许没有过滤的液体溢出滤袋,形成短路,使过滤效率受到影响。若提前将过滤袋进行热熔处理,滤袋就具有无针孔、强度高的优点,过滤效率也可随之提升。

滤袋是一种非织造材料,无法单独承受过滤时产生的压力,应与过滤篮一起使用,并确保滤袋与滤篮的尺寸匹配,滤袋的大小不合适或滤袋被悬吊,则无法将压力有效地传递到滤篮上,滤袋很快就会损坏。

8.3 熔喷非织造空气过滤材料

8.3.1 概述

空气过滤材料在治理环境污染中起着重要作用,发展空间也越来越大,成为国际滤材市场中增速最大的组成部分之一。熔喷非织造材料的纤维直径小,且随机排列,具有一定的杂乱性,这种结构使其具有更大的比表面积、更小的孔径等特点。经过静电驻极处理的熔喷过滤材料具有初始阻力低、容尘量大、过滤效率高、使用寿命长、价格低廉等特点,广泛应用于电子制造、食品、材料、化工、机场、宾馆等场所的空气净化处理,以满足人们日益增强的卫生、饮食和环境的需求。

8.3.2 标准及性能测试

熔喷非织造空气过滤材料质量指标参照 FZ/T 64078—2019《熔喷法非织造布》和 GB/T 38413—2019《纺织品细颗粒物过滤性能测试试验方法》,性能指标测试参照执行 GB/T 250—2008《纺织品 色牢度试验 评定变色用灰色样卡》、GB/T 4666—2009《纺织品 织物长度和幅宽的测定》、GB/T 5455—2014《纺织品 燃烧性能 垂直方向损毁长度、阴燃和续燃时间的测定》、GB/T 11048—2018《纺织品 生理舒适性 稳态条件下热阻和湿阻的测定(蒸发热板法)》、GB/T 14295—2019《空气过滤器》、GB/T 24218.1—2009《纺织品 非织造布试验方法 第1部分:单位面积质量的测定》、GB/T 24218.2—2009《纺织品 非织造布试验方法 第2部分:厚度的测定》、GB/T 24218.3—2010《纺织品 非织造布试验方法 第3部分:断裂强力和断裂伸长率的测定(条样法)》、GB/T 24218.15《纺织品 非织造布试验方法 第15部分:透气性的测定》、GB/T 26125—2011《电子电气产品 六种限用物质(铅、汞、镉、六价铬、多溴联苯和多溴二苯醚)的测定》、GB/T 32610—2016《日常防护型口罩技术规范》、FZ/T 01130—2016《非织造布 吸油性能的检测和评价》、GB/T 6529—2008《纺织品 调湿和试验用标准大气》、GB/T 6682—2008《分析实验室用水规格和试验方法》、GB/T 8629—2017《纺织品 试验用家庭洗涤和干燥程序》、GB/T 10586—2006《湿热试验箱技术条件》、GB/T 10589—2008《低温试验箱技术条件》、GB/T 11158—2008《高温试验箱技术条件》等标准,具体测试内容如下。

8.3.2.1 过滤效率(空气过滤器计数效率)

参考标准:GB/T 14295—2019《空气过滤器》。

测试仪器:风道系统、人工尘发生装置和测量设备。

测试原理和方法:将含尘气流以很小的流速通过强光照明区,被测空气中的尘粒依次通过时,每个尘粒将产生一次光散射,形成一个光脉冲信号,根据光脉冲信号幅度的大小与粒子表面的大小成正比关系,由光电倍增管测得粒子数及亮度,确定其过滤效率。对于粗效过滤器,可依据≥5μm的粒径档的过滤效率判断其优劣,对于一般的中效空气过滤器可用≥2μm的粒径档的过滤效率判断其好坏,对于高中效空气过滤器可采用≥1μm的粒径档的过滤效率判断其性能的优劣,至于亚高效、高效过滤器可以采用≥0.5μm的粒径档的过滤效率判断其性能的优劣。

(1)计数效率具体测试过程如下。

①启动风机,调节风量至受试空气过滤器的额定风量。

②开启气溶胶发生器,待稳定后,在受试空气过滤器上游采样处和下游采样处用粒子计

数器进行测试,气溶胶的发生浓度应确保下游浓度测试时每次采样的粒子数不少于 100 个。

③当用两台粒子计数器试验时,对于试验的每一批过滤器,在试验开始前,应在下风侧采样点轮流采样各 10 次,设备各自测得的平均浓度为 $\overline{N}_1$ 和 $\overline{N}_2$,$\overline{N}_1$、$\overline{N}_2$ 和 $(\overline{N}_1 + \overline{N}_2)/2$ 之差应在 ±20% 以内。对下风侧的平均浓度 $\overline{N}_2$ 应用 $\overline{N}_1 / \overline{N}_2$ 进行修正。

④当用两台粒子计数器上、下游同时测试时,待上、下风侧采样数字稳定后,各取连续 5 次读数的平均值,求 1 次效率(E_1);再取连续 5 次读数的平均值,再求 1 次效率(E_2)。

⑤当只用 1 台计数器试验时,应待数值稳定后,先下风侧,后上风侧各测 5 次,取 5 次平均值,求 1 次效率(E_1);当仪器从上风侧移向下风侧试验时,应使仪器充分自净,然后重新操作,取 5 次平均值,再求 1 次效率(E_2)。

⑥步骤④和⑤中的各两次(任意粒径)计数效率值 E_1 和 E_2 应符合表 8-6 的规定。

表 8-6　计数效率值表

第一次效率值 E_1	第二次计数效率 E_2 和 E_1 之差
$E_1 < 40\%$	$< 0.3E_1$
$40\% \leqslant E_1 < 60\%$	$< 0.15E_1$
$60\% \leqslant E_1 < 80\%$	$< 0.08E_1$
$80\% \leqslant E_1 < 90\%$	$< 0.04E_1$
$90\% \leqslant E_1 < 99\%$	$< 0.02E_1$
$E_1 \geqslant 99\%$	$< 0.01E_1$

⑦受试空气过滤器粒径分组计数效率应按式(8-19)进行计算,计算结果保留小数点后 1 位数。

$$E_i = \left(1 - \frac{N_{2i}}{N_{1i}}\right) \times 100\% \tag{8-19}$$

式中:E_i——粒径分组($\geqslant 0.5\mu m$ 和 $\geqslant 2.0\mu m$)计数效率;

N_{1i}——上风侧某粒径粒子计数浓度的平均值,个/m^3;

N_{2i}——下风侧某粒径粒子计数浓度的平均值,个/m^3。

(2)PM_x 净化效率实验具体步骤如下。

①开启试验装置风机,调节风量至受试空气过滤器额定风量并保持稳定。

②开启气溶胶发生器,在入口处管道中发生满足 PM_x 试验浓度要求(浓度范围应为 150~750$\mu g/m^3$)的微粒,且颗粒物浓度保持稳定。

③在受试空气过滤器上游采样处和下游采样处用粉尘仪进行测试,取不少于 6 次稳定测试数据的平均值作为上游浓度值或下游浓度值。6 次稳定数据的变异系数不应大于 5%。

④PM_x 净化效率应按式(8-20)进行计算,计算结果保留小数点后 1 位数。

$$E_{PMx} = \left(1 - \frac{C_{PMx,2}}{C_{PMx,1}}\right) \times 100\% \tag{8-20}$$

式中：E_{PMx}——受试空气过滤器 PM_x 净化效率；

$\quad C_{PMx,1}$——上游采样处 PM_x 的平均质量浓度，$\mu g/m^3$；

$\quad C_{PMx,2}$——下游采样处 PM_x 的平均质量浓度，$\mu g/m^3$。

8.3.2.2 过滤阻力（空气过滤器）

参考标准：GB/T 14295—2019《空气过滤器》。

测试仪器：风道系统、人工尘发生装置和测量设备。

测试原理和方法：启动风机，测试 50%、75%、100% 和 125% 额定风量下的阻力，并绘制风量阻力曲线。

8.3.2.3 过滤效率（空气过滤器计重效率）

参考标准：GB/T 14295—2019《空气过滤器》。

测试仪器：风道系统、标准试验尘发生器和测量设备。

测试原理和方法：过滤器装在标准试验风洞内，上风端连续发尘。每隔一段时间，测量穿过过滤器的粉尘重量或过滤器上的集尘量，由此得到过滤器在该阶段按粉尘重量计算的过滤效率。最终的计重效率是各试验阶段效率依发尘量的加权平均值。计重法试验的终止试验条件为：约定的终阻力值，或效率明显下降时。终止试验时，过滤器容纳试验粉尘的重量称为容尘量，具体测试过程如下。

（1）先称量受试空气过滤器和末端过滤器的质量，应精确到 0.1g。

（2）应确保受试空气过滤器安装边框不发生泄漏。

（3）启动风机，调节风量至受试空气过滤器的额定风量。

（4）将标准试验尘装入发尘器中，控制每次加入发尘器的粉尘质量，以保证容尘量。试验结束之前至少分 4 次加尘。调节并控制试验空气中的粉尘浓度在 $(70\pm7)\,mg/m^3$ 范围内。

（5）保持额定风量和发尘的压缩空气压力，直至标准试验尘全部发完。

（6）在保持原有风量的情况下，用避开受试空气过滤器证明单一股压缩气流将沉积在受试空气过滤器上风侧风道内壁的粉尘沿与受试空气过滤器偏斜方向重新吹入气流中。

（7）测量该发尘期间每次发尘结束时受试空气过滤器的阻力。

（8）关闭风机，重新称量受试空气过滤器和末端过滤器质量，以测量被两者捕集到的标准试验尘的质量。

（9）用毛刷将可能沉积在受试空气过滤器与末端空气过滤器之间的标准试验尘收集起来称重，应精确到 0.1g。

（10）将末端空气过滤器增加的质量与步骤（9）收集的标准试验尘的质量相加，得到未被受试空气过滤器捕集的标准试验尘质量。

（11）试验结束之后，称量受试空气过滤器的质量，受试空气过滤器所增加的质量与未被受试空气过滤器捕集的标准试验尘质量之和应等于发尘总质量，误差宜小于 3%。

（12）平均计重效率按式（8-21）和式（8-22）计算：

$$A = \frac{1}{W}(W_1 A_1 + \cdots + W_k A_k + \cdots W_f A_f) \tag{8-21}$$

$$W = W_1 + \cdots + W_k + \cdots + W_f \tag{8-22}$$

式中：A——受试空气过滤器达到终阻力后的平均计重效率，%；

　　W——发尘总量，g；

　　W_k——第 k 次发尘量，g；

　　W_f——最后一次发尘直至达到终阻力时的发尘量，g。

（13）容尘量应由受试空气过滤器的质量增量按式（8-23）进行计算：

$$C = W_{11} + \cdots + W_{1k} + \cdots + W_{1f} \tag{8-23}$$

式中：C——容尘量，g；

　　W_{11}——在第一次发尘过程中受试空气过滤器的质量增量，g；

　　W_{1k}——在第 k 次发尘过程中受试空气过滤器的质量增量，g；

　　W_{1f}——在最后一次发尘直至达到终阻力过程中受试空气过滤器的质量增量，g。

码8-3　口罩用熔喷材料过滤性能测试

8.3.2.4　过滤效率（口罩）

参考标准：GB/T 32610—2016《日常防护型口罩技术规范》、GB/T 38413—2019《纺织品　细颗粒物过滤性能试验方法》。

测试仪器：过滤测试装置（图8-9）。

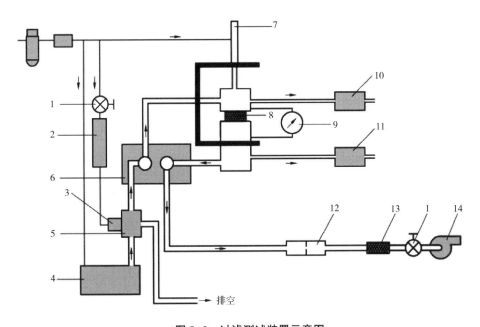

图8-9　过滤测试装置示意图

1—流量调节阀　2—加热器　3—气溶胶中和器　4—气溶胶发生器　5—混合腔　6—开关阀

7—气压缸　8—试样　9—压力计　10—上游光度计　11—下游光度计　12—流量计　13—滤料　14—真空泵

测试原理和方法：通过气溶胶发生系统产出一定粒径的气溶胶，以气溶胶作为模拟环境中细颗粒物的试验尘源。在规定试验条件下使气溶胶通过试样，气溶胶在试样表面不断累积,当试样上达到一定气溶胶加载质量时或当过滤阻力达到一定值时,计算过滤效率。过滤效率为在规定条件下,纺织品过滤前后细颗粒物浓度的差值与过滤前细颗粒物浓度之比,具体操作如下。

(1)样品准备。测试前先进行取样,从过滤用样品上均匀裁剪圆形试样,直径至少为150mm,或者方形试样,边长至少为150mm,试样上不应出现折痕、褶皱、孔洞、污物或者其他异常。取16个样品,分为两组,一组使用盐性介质测试,一组使用油性介质测试。每组中5个为未经处理样品,3个为按规定预处理样品。根据产品测试需要,对样品进行预处理:

①将样品从原包装中取出,按下列步骤处理:

a. 在38.0℃±2.5℃和85%±5%相对湿度环境下放置(24±1)h。

b. 在70℃±3℃干燥环境下放置24±1h。

c. 在−30℃±3℃环境下放置24±1h。

在进行上述 b. 和 c. 处理步骤前,应使样品温度恢复室温后至少4h后再进行后续步骤。步骤 c. 结束后样品应放置在气密性容器中,并在10h内进行测试。

②将样品按照 GB/T 8629—2017 中的 A 型标准洗衣机,洗涤程序4H,使用标准洗涤剂连续洗涤3次,洗涤后悬挂晾干。根据产品标准或利益相关方协商确定,洗涤次数也可另行规定,需在实验报告中标明。

③测试在温度为 25℃±5℃、相对湿度为 30%±10% 的大气环境中进行试验。

(2)仪器准备。

①检查气溶胶发生器中溶液量,量不足时应及时添加。

②打开外部气源,打开仪器电源,根据采用油性气溶胶发生器或非油性气溶胶发生器情况,调节夹具压力阀、气溶胶发生器压力阀等参数,使设备进入测试状态。

③当进行非油性气溶胶测试时,开启气溶胶中和器,消除颗粒所带的静电。当进行油性气溶胶测试时,则不需要开启中和器。

④当进行非油性气溶胶测试时,开启加热器,对气溶胶进行干燥形成 NaCl 颗粒物。当进行油性气溶胶测试时,则不需要开启加热器。

⑤仪器开启后,需要至少30min的时间使仪器处于稳定状态。

(3)设置气流量。气流量设置范围应为 0~100L/min。一般情况下,口罩气流量为85L/min(如采用多重过滤元件,应平分流量,如双过滤元件,每个过滤元件的检测气流量应为42.5L/min;若多重过滤元件有可能单独使用,应按单一过滤元件的检测条件检测)。也可按照产品标准要求或者客户要求设置气流量,需在试验报告中给出。

(4)启动测试。

①用适当的夹具将口罩罩体或过滤元件气密连接在检测装置上。

②检测开始后,记录试样的过滤效率,采样频率≥1 次/min。检测应一直持续到口罩罩体上颗粒物加载至30mg为止。

(5)数据处理。以整个测试过程中所获得的过滤效率的最小值作为该批口罩样品材料的过滤效率。数值保留一位小数。

8.3.2.5　初阻力值(口罩)

参考标准：GB/T 38413—2019《纺织品细颗粒物过滤性能测试试验方法》。

测试仪器：过滤测试装置。

测试原理和方法：通过气溶胶发生系统产出一定粒径的气溶胶，以气溶胶作为模拟环境中细颗粒物的试验尘源。在规定试验条件下使气溶胶通过试样，气溶胶在试样表面不断累积，当试样上达到一定气溶胶加载质量时或当过滤阻力达到一定值时，计算初阻力。初阻力为在规定条件下，纺织品过滤前洁净状态时的阻力值。以 3 块试样初阻力的平均值作为该样品初阻力的测试结果，单位为帕(Pa)，结果保留一位小数。

8.3.2.6　容尘时间(口罩)

参考标准：GB/T 38413—2019《纺织品　细颗粒物过滤性能试验方法》。

测试仪器：过滤测试装置。

测试原理和方法：通过气溶胶发生系统产出一定粒径的气溶胶，以气溶胶作为模拟环境中细颗粒物的试验尘源。在规定试验条件下使气溶胶通过试样，气溶胶在试样表面不断累积，当试样上达到一定气溶胶加载质量时或当过滤阻力达到一定值时，计算容尘时间。容尘时间为在规定条件下，纺织品经过滤达到一定容尘量或一定过滤阻力时所需的测试时间。对于过滤用织物，以 3 块试样容尘时间的平均值作为该样品容尘时间的测试结果，单位为分(min)，结果保留一位小数。

8.3.2.7　终阻力值(口罩)

参考标准：GB/T 38413—2019《纺织品　细颗粒物过滤性能试验方法》。

测试仪器：过滤测试装置。

测试原理和方法：通过气溶胶发生系统产出一定粒径的气溶胶，以气溶胶作为模拟环境中细颗粒物的试验尘源。在规定试验条件下使气溶胶通过试样，气溶胶在试样表面不断累积，当试样上达到一定气溶胶加载质量时或当过滤阻力达到一定值时，计算终阻力。终阻力为在规定条件下，纺织品过滤容尘后需要更换或再生时的阻力值。对于过滤用织物，如果终阻力值选取等于初阻力值的 2 倍，则直接计算初阻力值的 2 倍即为该样品终阻力的测试结果，单位为 Pa，结果保留一位小数；如果终阻力值是产品标准或利益相关方协商确定，则以该值作为测试结果，单位为 Pa，结果保留一位小数。

8.3.2.8　容尘量(口罩)

参考标准：GB/T 38413—2019《纺织品　细颗粒物过滤性能试验方法》。

测试仪器：过滤测试装置。

测试原理和方法：通过气溶胶发生系统产出一定粒径的气溶胶，以气溶胶作为模拟环境中细颗粒物的试验尘源。在规定试验条件下使气溶胶通过试样，气溶胶在试样表面不断累积，当试样上达到一定气溶胶加载质量时或当过滤阻力达到一定值时，计算容尘量，以此来表示样品的过滤性能。容尘量为在规定条件下，纺织品过滤容尘后单位面积织物捕集细颗粒物的质量。对于过滤用织物，按式(8-24)分别计算每块试样的容尘量，以 3 块试样容尘量的平均值作为该样品容尘量的测试结果，结果保留一位小数。

$$C = \frac{\Delta W}{S} \tag{8-24}$$

式中：C——容尘量，mg/cm^2；

ΔW——试样最终质量和初始质量的差值，mg；

S——有效过滤面积，cm^2，一般为 $100~\text{cm}^2$。

8.3.3 性能评价

熔喷非织造材料具体性能评价参照以下相关质量要求，产品基本项技术要求见表 8-7，产品外观质量要求见表 8-8，工业领域用熔喷非织造空气过滤器额定风量下的阻力和效率见表 8-9，防护口罩内在质量要求见表 8-10，防护口罩过滤效率级别及要求见表 8-11。

表 8-7　产品基本项技术要求

项目		规格/$(\text{g}\cdot\text{m}^{-2})$												
		10	15	20	30	40	50	60	70	80	90	100	110	120	150
幅宽偏差/mm		$-1\sim+3$												
单位面积质量偏差率/%		± 8		± 7				± 5					± 4		
单位面积质量变异系数/%		$\leqslant 7$						$\leqslant 5$							
断裂强力/N	横向	$\geqslant 2$			$\geqslant 6$			$\geqslant 10$							
	纵向	$\geqslant 4$			$\geqslant 9$			$\geqslant 15$							
纵横向断裂伸长率		$\geqslant 20$												

注　(1) 规格以单位面积质量表示，标注规格介于表中相邻规格之间时，断裂强力按内插法计算相应考核指标；超出规格范围的产品，按合同执行。

(2) 内插法的计算公式：$Y = Y_1 + \dfrac{Y_2 - Y_1}{X_2 - X_1}(X - X_1)$，其中 X 为单位面积质量，Y 为断裂强力。

表 8-8　外观质量要求

项目		指标
同批色差/级		4~5
破洞		不允许
针孔	不明显	$\leqslant 10$ 个/100cm^2
	明显	不允许
晶点*	面积<1mm²	$\leqslant 10$ 个/100cm^2
	面积≥1mm²	不允许
飞花*		不允许
异物		不允许

* 仅考核用于民用口罩的熔喷法非织造布。

注　(1) 晶点是指布面存在的点状聚合物颗粒。

(2) 飞花是指布面存在的已固结的由飞絮/飞花形成的纤维块或纤维条，表面有凸起感。

表 8-9　空气过滤器额定风量下的阻力和效率

效率级别	代号	迎面风速/(m·s⁻¹)	额定风量下的效率 E/%		额定风量下的初阻力(ΔP_i)/Pa	额定风量下的终阻力(ΔP_l)/Pa
粗效 1	C1	2.5	标准试验尘计重效率	50>E≥20	≤50	200
粗效 2	C2			E≥50		
粗效 3	C3		计数效率（粒径≥2.0μm）	50>E≥10		
粗效 4	C4			E≥50		
中效 1	Z1	2.0	计数效率（粒径≥0.5μm）	40>E≥20	≤80	300
中效 2	Z2			60>E≥40		
中效 3	Z3			70>E≥60		
高中效	GZ	1.5		95>E≥70	≤100	
亚高效	YZ	1.0		99.9>E≥95	≤120	

表 8-10　防护口罩内在质量要求

项目			指标
耐摩擦色牢度(干/湿)ᵃ/级		≥	4
甲醛含量/(mg·kg⁻¹)		≤	20
pH			4.0~8.5
可分解致癌芳香胺染料ᵃ/(mg·kg⁻¹)		≤	禁用
环氧乙烷残留量ᵇ/(μg·g⁻¹)		≤	10
吸气阻力/Pa		≤	175
呼气阻力/Pa		≤	145
口罩带及口罩带与口罩体的连接处断裂强力/N		≥	20
呼吸阀盖牢度ᶜ			不应出现滑脱、断裂和变形
微生物	大肠菌群		不得检出
	治病性化脓菌ᵈ		不得检出
	真菌菌落总数/(CFU·g⁻¹)	≤	100
	真菌菌落总数/(CFU·g⁻¹)	≤	200
口罩下方视野		≥	60°

a 仅考核染色和印花部分。

b 仅考核经环氧乙烷处理的口罩。

c 仅考核配有呼吸阀的口罩。

d 指绿脓杆菌、金黄色葡萄球菌与溶血性链球菌。

表 8-11　防护口罩过滤效率级别及要求

过滤效率分级		Ⅰ级	Ⅱ级	Ⅲ级
过滤效率/% ≥	盐性介质	99	95	90
	油性介质	99	95	80

8.3.4　影响因素分析

熔喷非织造材料具有纤维细度细、孔径小、比表面积大、孔隙率高等特点,适宜用作高效、低阻过滤材料,主要应用于空气过滤器和个体防护口罩等。其过滤机理主要包括机械作用和静电吸引作用两方面,其中机械作用又包含惯性、拦截、扩散和重力作用,主要与材料的结构相关。静电吸引作用与材料的带电性能相关,一般是通过对材料驻极处理来实现的。因此,影响熔喷非织造空气过滤材料性能的因素主要与材料的结构和带电性能两方面相关。

(1)纤维直径及直径分布。纤维直径是影响熔喷空气过滤材料的一项重要性能,纤维直径越小,过滤效率越高,但是相应的过滤阻力也越高。这是由于纤维直径越小,材料内部的孔径也越小,因此可以提高对颗粒物的拦截作用。此外,纤维直径减小还可以提供更大的表面积以捕获颗粒物。进一步,表面积增大意味着可以携带更多驻极电荷,从而提高静电吸引过滤作用,因此细纤维滤材的静电吸引过滤效果要明显优于粗纤维滤材,这也是驻极体熔喷材料的过滤效率要远远高于驻极体纺粘材料的重要原因。

(2)孔隙结构。熔喷过滤材料的孔隙结构也是影响其过滤性能的一项重要指标,一方面材料的机械过滤作用如拦截、扩散效应、惯性碰撞和重力作用等都是通过内部的孔径通道结构来实现的,孔径的大小和分布直接决定其过滤效率;另一方面,孔隙结构的通道性能还会影响过滤过程中空气的流动性,进而影响过滤阻力,因此合理而有效地控制孔隙结构可以提高材料的综合过滤性能。研究发现孔径越大、孔径分布越分散,过滤效率越低,过滤阻力也越小。

(3)过滤材料的内部结构。熔喷空气过滤材料的内部结构包括纤维的排列方式、堆积密度等。纤维的排列方式决定气穿过滤材时与纤维的相互作用,进而影响气流中颗粒物的运动轨迹,因此最终决定纤维对颗粒物的捕获机理。堆积密度对过滤性能的影响类似于孔隙率对过滤性能的影响,当堆积密度增加时,纤维之间的空间减小,材料的孔隙率也减小,对颗粒物的机械拦截效果增强,同时,堆积密度增加也会导致过滤阻力增大。

(4)克重和厚度。熔喷空气过滤材料的过滤效率随克重或厚度的增加而增加,这是由于克重或厚度增加导致纤维数量增多,颗粒物经过滤材的时间延长,从而大幅增加了颗粒物被捕获的概率,但是同样也会增加过滤阻。

(5)表面静电情况。通过静电吸引作用,可以大幅度的提高熔喷材料的过滤效率,而不会增加空气阻力,因此表面静电情况对熔喷空气过滤材料的过滤性能有重要影响。表面静电情况与驻极方法和功能助剂相关。当前熔喷空气过滤材料的驻极方法以电晕驻极为主,自新冠疫情发生以来,一些熔喷材料生产厂家引进了水驻极设备,通过高压水射流与熔喷纤维的高速摩擦产生大量电荷,与电晕驻极相比,电荷存储稳定性大幅度提升,过滤效率的耐高低温湿热稳定性也显著改善。除此之外,通过引进一些功能助剂,形成更多有助于电荷存储的陷阱,也能改善熔喷材料的过滤性能。

8.4　电磁屏蔽及吸收材料

8.4.1　概述

随着现代电子产业的飞速发展,人们在日常生活中被动或主动接触的电磁辐射越来越多。传统的电磁屏蔽及吸收材料主要由金属组成,其密度大、成本高、加工难度大,限制了相关产品的普及和使用,而纺织基材电磁屏蔽材料不仅拥有较好的屏蔽效果,还保留了纺织品原有的透气、柔软等优点,不仅可以制成屏蔽服装、精密仪器防护罩,还可制成军用屏蔽帐篷等,具有良好的应用前景。目前纺织屏蔽材料一般含有碳材料、导电聚合物材料、金属材料等,通过共混纺丝法、混纺交织法、表面涂层法等方法制得。此类电磁屏蔽及吸收材料要求具有优良的屏蔽效能,柔软,不易脱落,耐水洗,经济环保等特性。

8.4.2　标准及性能测试

电磁屏蔽及吸收材料质量指标参照 GB/T 30139—2013《工业用电磁屏蔽织物通用技术条件》、GB/T 34938—2017《平面型电磁屏蔽材料通用技术要求》和 GB/T 30142—2013《平面型电磁屏蔽材料屏蔽效能测量方法》,性能指标测试参照执行 GB/T 191—2008《包装储运图示标志》、GB/T 3923.1—2013《纺织品　织物拉伸性能　第 1 部分:断裂强力和断裂伸长率的测定　条样法》、GB/T 17759—2009《本色布布面疵点检验方法》、GB/T 24218.3—2010《纺织品　非织造布试验方法　第 3 部分:断裂强力和断裂伸长率的测定(条样法)》、GB/T 26667—2021《电磁屏蔽材料术语》、GJB 6190—2008《电磁屏蔽材料屏蔽效能测量方法》FZ/T 14010—2006《普梳涤与棉混纺印染布》、UL 94—2009《设备和器具部件用塑料材料的可燃性试验》等标准,具体测试内容如下。

8.4.2.1　屏蔽效能

参考标准:GB/T 30142—2013《平面型电磁屏蔽材料屏蔽效能测量方法》、GJB 6190—2008《电磁屏蔽材料屏蔽效能测量方法》。

测试仪器:法兰同轴装置、信号发生器、频谱分析仪、网络分析仪、衰减器、屏蔽室等。

测试原理和方法:屏蔽效能为在同一激励电平下,无屏蔽材料时接收到的功率或场强与有屏蔽材料时接收到的功率或场强之比。测量方法有法兰同轴装置法和屏蔽室法,法兰同轴装置法适用于薄型导电材料的屏蔽效能测量,根据测量频率范围分为 30MHz~1.5GHz 法兰同轴装置法、30MHz~3GHz 法兰同轴装置法。屏蔽室法适用于屏蔽材料在 10kHz~40GHz 频率范围的屏蔽效能测量。屏蔽室屏蔽效能应大于被测材料屏蔽效能至少 6dB,也可采用屏蔽半暗室或屏蔽全暗室。

(1)法兰同轴装置法具体测试过程如下。

①测量条件。环境温度:23℃±5℃;环境相对湿度:40%~75%;大气压力:86~106kPa;试样测量前应在上述环境中保持48h;环境电磁噪声对测量结果不应产生影响。

②被测试样要求。用法兰同轴装置测量屏蔽效能的被测试样应满足以下要求:

a. 被测试样分参考试样和负载试样,参考试样和负载试样应是电薄材料。

b. 参考试样和负载试样的材质应相同,30MHz~1.5GHz法兰同轴装置法对被测试样的形状和尺寸要求如图8-10所示,30MHz~3GHz法兰同轴装置法对被测试样的形状和尺寸要求如图8-11所示。图8-10(a)、图8-11(a)中参考试样分为两部分(画有网纹部分),测量时,中间圆形部分安装在装置的中心导体上,环形部分安装在装置的外导体法兰上。

c. 被测试样应在温度23℃±5℃、相对湿度40%~75%的条件下存放48h后,立即开展测量。

d. 参考试样和负载试样厚度应相等(当两种试样平均厚度之差小于25μm时,本方法认为参考试样和负载试样厚度相等),各自表面各点厚度之差应小于平均厚度的5%。

e. 将被测试样夹放在法兰同轴装置中,并夹紧被测试样,使被测试样与装置法兰面紧密接触,避免因接触不良而引起的测量误差。由于噪声电平会影响接收机的灵敏度,因此测量屏蔽效能值高于60dB以上的待测试样时应使用双层屏蔽或半刚性电缆。

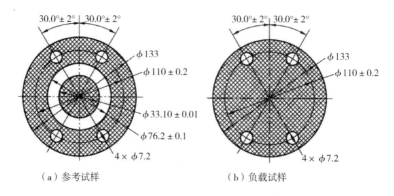

（a）参考试样　　　　　　　　　（b）负载试样

图8-10　参考试样和负载试样的尺寸要求

（30MHz~1.5GHz法兰同轴装置法,单位:mm）

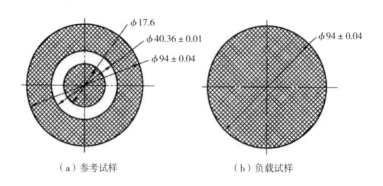

（a）参考试样　　　　　　　　　（b）负载试样

图8-11　参考试样和负载试样的尺寸要求

（30MHz~3GHz法兰同轴装置法,单位:mm）

③测量方法。用法兰同轴装置对平面型电磁屏蔽材料的屏蔽效能开展测量时,常用的测量方法有:信号发生器/频谱分析仪测量法、带跟踪信号源的频谱分析仪测量法及网络分析仪测量法。

a. 使用信号发生器/频谱分析仪测量方法的步骤如下。

第一,按图8-12连接测量系统,将信号发生器通过衰减器接入该装置的一端,装置的另一端通过衰减器与频谱分析仪相连接,测量时注意测量电缆应尽量短。

第二,接通测量设备的电源,待设备工作稳定后进行测量。

第三,将参考试样固定于法兰同轴装置中,采用30MHz~1.5GHz法兰同轴装置时,用力矩改锥拧紧尼龙螺钉,采用30MHz~3GHz法兰同轴装置时,拧紧旋钮固定并标记至某一个刻度。

第四,信号发生器调到30MHz频率点上,输出电平置于0,调节频谱分析仪频率至30MHz,读取最大值,并记下此读数P_1(dBm)。

第五,保持信号发生器输出电平不变,改变信号发生器的输出频率,测量参考试样在不同频率点上的P_1(dBm)。

第六,调松法兰同轴装置,取出参考试样,将负载试样固定于装置中,采用30MHz~1.5GHz法兰同轴装置时,用力矩改锥以第三步中相同力矩拧紧尼龙螺钉,采用30MHz~3GHz法兰同轴装置时,拧紧旋钮至第三步的同一刻度。

第七,保持信号发生器频率和输出电平不变,观察频谱分析仪读数,如果读数大于它的噪声电平至少10dB,记下此时频谱分析仪的读数P_2(dBm)。

第八,保持信号发生器的电平输出不变,改变信号发生器的输出频率,测量负载试样在不同频率点上的P_2(dBm)。

第九,被测试样屏蔽效能应按式(8-25)计算:

$$SE_{dB} = P_1 - P_2 \tag{8-25}$$

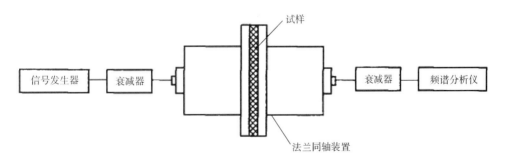

图8-12　信号发生器/频谱分析仪测试系统示意图

b. 使用带跟踪信号源的频谱分析仪测量屏蔽效能的步骤如下:

第一,按图8-13要求连接测量系统,将带跟踪信号源的频谱分析仪的输出端与法兰同轴装置的一端连接,输入端与装置的另一端连接。

第二,接通测量设备的电源,待设备工作稳定后进行测量。

第三,将参考试样固定于法兰同轴装置中,采用 30MHz~1.5GHz 法兰同轴装置时,用力矩改锥拧紧尼龙螺钉,采用 30MHz~3GHz 法兰同轴装置时,拧紧旋钮固定并标记至某一个刻度。

第四,对测量系统做传输校准。

第五,调松法兰同轴装置,取出参考试样,将负载试样固定于装置中,采用 30MHz~1.5GHz 法兰同轴装置时,用力矩改锥以第三步中相同力矩拧紧尼龙螺钉,采用 30MHz~3GHz 法兰同轴装置时,拧紧旋钮至第三步的同一刻度。

第六,测量负载试样的屏蔽效能。

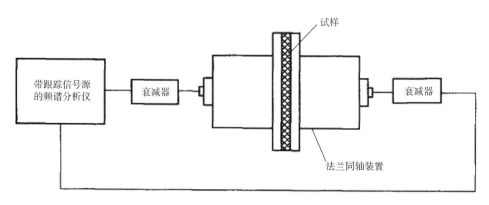

图 8-13　跟踪信号源/频谱分析仪测量系统示意图

c. 使用网络分析仪测量屏蔽效能的步骤如下:

第一,按图 8-14 要求连接测量系统,将网络分析仪输入端与法兰同轴装置的一端相连接,输出端连接装置另一端。

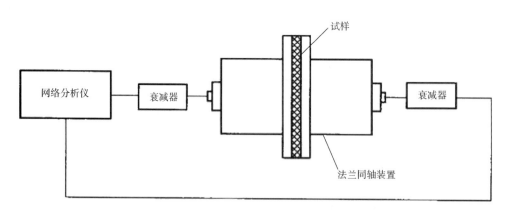

图 8-14　网络分析仪测量系统示意图

第二,接通测量设备的电源,待设备工作稳定后进行测量。

第三,将参考试样固定于法兰同轴装置中,采用 30MHz~1.5GHz 法兰同轴装置时,用力矩改锥拧紧尼龙螺钉,采用 30MHz~3GHz 法兰同轴装置时,拧紧旋钮固定并标记至某一个刻度。

第四,对测量系统做传输校准。

第五,调松法兰同轴测量装置,取出参考试样,将负载试样固定于装置中,采用 30MHz～1.5GHz 法兰同轴装置时,用力矩改锥以第三步中相同力矩拧紧尼龙螺钉,采用 30MHz～3GHz 法兰同轴装置时,拧紧旋钮至第三步的同一刻度。

第六,测量负载试样的屏蔽效能。

(2)屏蔽室法测定屏蔽效能的具体方法如下。

①屏蔽室法测量屏蔽效能的试样应满足以下要求。

a. 试样的面积应大于屏蔽室测试窗的尺寸,试样表面应平整;

b. 如试样表面不导电,应将试样沿不导电表面部分除去,露出导电表面,保证试样安装时试样四周边沿与测试窗有良好的导电连接。

②测试配置。将试样纺织在屏蔽室测试窗上时,测试窗的法兰面上应安装导电衬垫,导电衬垫的屏蔽效能应大于试样屏蔽效能 10dB 以上。试样的边沿用导电胶带封贴,将试样贴在测试窗上,用压力钳夹紧试样或用螺钉固定试样,保证试样与屏蔽室测试窗良好的电连接,避免因电接触不良引入测量偏差。

发射天线放置在屏蔽室外部,接收天线放置在屏蔽室内部。屏蔽室内尽量不放置与测量无关的金属物体,在测量过程中,天线位置、仪器、屏蔽室内的其他物体,位置保持不变。10kHz～30MHz 频段内测量磁场屏蔽时环天线采用共轴法布置;10kHz～30MHz 频段内测量磁场屏蔽时天线摆放采用垂直放置,天线放置高度要保证天线杆底部与测试窗底部平行;在 30MHz～40GHz 频段内,测量天线应垂直极化放置,发射、接收天线对准屏蔽室测试窗的中心;在 200～1000MHz 频段内,优先选择偶极天线。天线距屏蔽材料的距离应符合表 8-12 的要求。

表 8-12　天线距屏蔽材料的距离

场型	频率范围	距离/m
磁场	10kHz～30MHz	0.3
电场	10kHz～30MHz	0.3
电场	30MHz～1000MHz	1.0
电场	10GHz～18GHz	0.6
电场	18GHz～40MHz	0.3

③测试步骤。

第一,按要求连接测量设备并预热。

第二,打开屏蔽室测试窗。

第三,设置发射设备合适的输出幅度,测量所有测试频率点无被测试样时接收设备的指示值。

第四,将被测试样安装在测试窗上,并把所有压力钳(或专用螺钉)锁紧。

第五,保持发射设备各频率点输出幅度与第三步中相同,记录所有频率点有被测试样时接收设备的指示值。

第六,计算各频率点被测试样的屏蔽效能(图8-15和图8-16)。

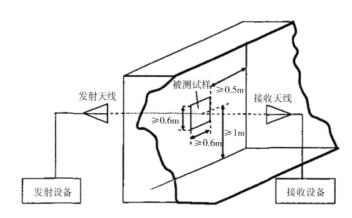

图8-15 0.6m窗口屏蔽效能测试

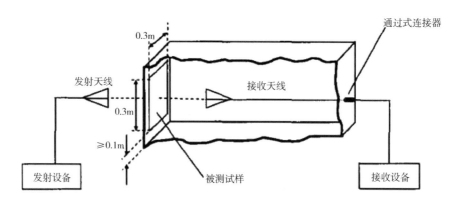

图8-16 0.3m窗口屏蔽效能测试

8.4.2.2 表面电阻

参考标准:GB/T 30139—2013《工业用电磁屏蔽织物通用技术条件》附录B。

测试仪器:金属化处理织物的测试仪器,数字微欧计、表面电阻测试夹具、取样器、测试平台;导电纤维织物的测试仪器,直流低电阻测试仪、表面电阻测试夹具。

测试原理和方法:将待测试试样置于表面电阻测试系统中的两个电极之间,两电极间的电阻值即为待测试样表面电阻值,具体测试过程如下。

(1)测试环境。

①试验室温度为23℃±5℃,相对湿度为45%~65%。

②状态调节。试验前,试样应在试验温度下存放1h以上,以使试样达到温度和相对湿度的要求,试验期间的环境温度和相对湿度应在报告中说明。

(2)测试试样。在待检产品的头尾部各取同幅宽度不少于60mm的样品,在两个样品的左、中、右位置各取 2 个试样(纵横向各 1 个),试样尺寸为长 50mm,宽 25.4mm(共计 12 个)。

(3)测试步骤。表面电阻测试系统组成如图 8-17 所示。

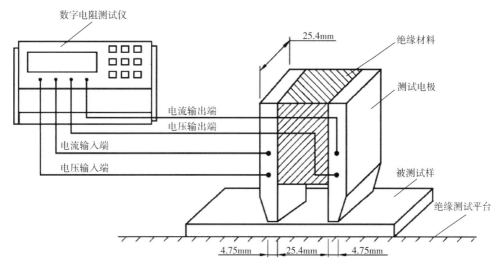

图 8-17　表面电阻测试系统

①接上电源和测量导线,接通电源,预热 30min。

②按下最低量程的量程开关,校准并调零。

③选择适宜的量程,将试样置于绝缘橡胶平板上,将测试电极夹具与试样表面完全接触。

④待显示数据稳定后,读取数据并记录。

(4)测试结果。12 个试样电阻值的几何平均值,即为该产品的表面电阻。

注:几何平均值为此 12 个测量值乘积的 12 次方根。

8.4.2.3　金属层结合力

参考标准:GB/T 30139—2013《工业用电磁屏蔽织物通用技术条件》附录 C。

测试仪器:压敏胶黏带,耐摩擦色牢度试验机,切割工具(美工刀、手术刀或其他锋利的刀刃),辅助工具(钢尺、钢化平板玻璃)。

测试原理和方法:将压敏胶黏带粘贴到金属镀膜织物上,施加特定的压力使胶带与金属层织物紧密接触,然后在规定条件下剥离胶带,观察胶带剥离的金属颗粒情况,评定基体材料和金属层结合的程度,具体测试方法如下。

(1)测试环境。

①试验室温度为 23℃±5℃,相对湿度为 45%~65%。

②状态调节。试验前,试样应在试验温度下存放 1h 以上,以使试样达到温度和相对湿度的要求,试验期间的环境温度和相对湿度应在报告中说明。

(2)测试试样。在待检产品的头部和尾部各取同幅宽度不少于 200mm 的样品,在钢化平板玻璃上用切割刀具和钢尺在两个样品的左、中、右位置各取 2 个试样(纵横向各 1 个),试样尺寸为长 180mm±5mm,宽 25mm±1.0mm(共计 12 个)。

(3)测试步骤。

①取一卷压敏胶黏带,匀速地拉出一段胶带,去除头上的一段 2~3 圈,然后剪下长度约 120mm 的测试胶带。

②压敏胶黏带与试样的贴合。将胶带一端折叠 12mm,黏附在试样一侧的表面,用手指把胶带部位压平;用夹紧装置将试样固定在耐摩擦色牢度试验机底板上,使试样的长度方向与仪器的动程方向一致;将摩擦布固定在试验机的摩擦头上,使摩擦布的经向与摩擦头运行方向一致;在试样的长度方向上,在 30s 内往返摩擦 25 次,往复动程为 100mm,垂直压力为 9N。为了保证胶黏带与金属层接触良好,取下试样,透过胶黏带看到的金属层颜色全面接触是有效的显示。

③间隔 30s 后,拿住胶黏带的自由端,以尽可能与试样的呈 180° 的方向,快速(0.5s~1.0s)平稳地撕离胶黏带。

④测试完成后将黏胶带平粘在白纸上。

⑤重复步骤①~④,测试其他试样。

(4)等级评定。将 12 个经过测试后的试样,放在同一张白纸上观察,为体现测试结果的重复性和再现性,按照 12 个试样结合力的最低等级进行该卷产品的评定。

目视观察胶黏带有无金属颗粒附着,并按以下标准进行评级。

1 级:测试胶带黏附金属屑连成片状,且每平方厘米大于 1 个。

2 级:测试胶带黏附金属屑连成片状,且每平方厘米小于 1 个。

3 级:测试胶带黏附金属屑呈点状,且每平方厘米大于 100 个点。

4 级:测试胶带黏附金属屑呈点状,且每平方厘米小于 100 个点。

5 级:测试胶带无黏附金属屑。

8.4.3　性能评价

金属化处理的电磁屏蔽及吸收材料性能要求见表 8-13、表 8-14,外观质量要求见表 8-15。

表 8-13　金属化处理织物的性能要求

项目		导电布	导电纱网	导电非织造布	导电金属丝网
屏蔽效能(30MHz~18GHz)/dB	≥	45	45	50	40
表面电阻/Ω		0.01~1.0	0.01~1.0	0.01~0.5	0.01~0.5
金属层结合力[a]/级	≥	4	—	—	—

a 此项不包括表面金属层做过涂覆处理的导电布。

注　金属化处理织物的 Z 轴电阻、克重、厚度、断裂强力和断裂伸长率、耐盐雾性能等指标,依据产品类别、材质等的不同,由供需双方协商确定;阻燃类的导电布,根据用户要求按照 UL 94 分类 V 或 VTM 标准评定其阻燃性能等级;金属化处理织物用于服用时,参考民用电磁屏蔽织物的相关指标。

表 8-14　导电纤维织物的性能要求

项目		不锈钢纤维织物	镀银纤维织物	螯合型导电纤维织物
屏蔽效能(30MHz~3GHz)/dB ≥		40	40	40
屏蔽效能(3~18GHz)/dB ≥		30	30	30
表面电阻[a]/Ω ≤		100.0	5.0	5.0
断裂强力[b]/N	经向 ≥	260	260	260
	纬向 ≥	200	200	200

a 对于表面电阻与屏蔽效能不对应的电磁屏蔽织物,此项不要求。

b 断裂强力指标参照 FZ/T 14010—2006 中表 1 的要求,特殊规格、材质的指标由供需双方协商确定。

注　导电纤维织物的成分含量、克重、厚度、幅宽等指标,依据产品类别、材质等的不同,由供需双方协商确定;导电纤维织物用于服用时,参考民用电磁屏蔽织物的相关指标。

表 8-15　金属化处理织物的外观质量要求

缺陷分类	外观指标	100m² 容许缺陷数/个	100m² 累计容许缺陷数/个
漏斑	≤5mm²	10	20
孔洞	≤3mm²	1	
皱褶	≤300mm	10	
断经断纬[a]	≤300mm	2	
污渍	≤10mm²	10	

a 此项不适用于导电非织造布。

注　(1)漏斑,基体表面金属层覆盖不严,致使导电织物形成表面局部颜色不一致。

(2)孔洞,3 根及以上经纬纱共断或单断经、纬纱,反面形似破洞。

(3)皱褶,应无死折,无明显色差皱褶。

(4)断经断纬,织物内经纱或纬纱断缺。

(5)污渍,织物表面沾污后留下的痕迹。

8.4.4　影响因素分析

随着电子工业的发展,各家对电磁干扰、信息安全、人员安全问题都越来越重视。在不同目的和使用条件的工程应用中,往往需兼顾其他方面进行综合设计,所以开发综合性能好、方便、适用且成本低的电磁屏蔽材料具有重要的社会和经济效益。电磁屏蔽及吸收材料性能的主要影响因素如下。

8.4.4.1　材料特性

材料的导电性和导磁性越好,屏蔽效能越高。

8.4.4.2　屏蔽剂的种类和数量

电磁屏蔽剂有银、铜等金属材料以及金属氧化物、非金属材料等。屏蔽剂种类不同,电磁屏蔽材料的屏蔽性能不同。研究发现以银包铜粉和铁氧体分别作为涂层剂,材料的电磁屏蔽性能有所不同。一般来讲,对同一种纤维,随着涂层中金属质量分数的增大,屏蔽效能增大,但当金属质量分数增加到一定程度时,屏蔽效能可能不再增加。

8.4.4.3 涂层型复合电磁屏蔽材料的涂层厚度

涂层的不同厚度使材料体现出不同的屏蔽效能,一般认为,厚度越大,屏蔽效果越好,但在特殊情况下,可能会因为厚度过大,导致屏蔽效果减弱,所以存在一个最佳厚度。

8.4.4.4 涂层型复合电磁屏蔽材料的烘干工艺

在涂层材料的制备中,最后要对涂层进行烘干,烘干温度和烘干时间也会影响其电磁屏蔽性能。烘干温度会使涂层在材料上的聚集形态发生变化,影响成品外观和使用性能。烘干时间不同,涂层材料的屏蔽效果不同。为了制得特定屏蔽效能的涂层,必须注意控制烘干工艺。

第9章 服用非织造材料

非织造技术是一门多学科交叉的纤维结构材料加工技术,新材料、新技术、新理念的专业知识结构要求学生必须具备适应行业高速发展、专业知识快速更新的终身学习能力,以人为本,把重视人、理解人、尊重人、爱护人、提升和发展人的精神贯注于教育教学的全过程、全方位。

服用非织造材料与传统纺织材料的结合,更是现代与传统技术的结合。服装领域的非织造产品主要有衬布、喷胶棉、热熔棉、纺丝绵、服装标签等服装用非织造布热熔黏合衬可起到补强、保形等作用,具有成本低,工艺流程短,生产效率高,产品硬挺有弹性,质量稳定等优点,适应当今服装要求应用范围不断扩大,用量也不断增加,是较为普遍的服装用黏合衬。用途可分为外衣黏合衬、皮革黏合衬、鞋帽黏合衬、装饰用黏合衬四类。除非织造热熔黏合衬外,非织造布还可用来制作保暖絮片,用于防寒服、被褥、睡袋等防寒保温用品的衬垫上面。

9.1 针刺法非织造黏合衬

9.1.1 概述

针刺法非织造黏合衬以涤纶短纤维为主要原料,经针刺加固热烫定形制成,主要用于春秋衫、男女外衣等的前身、驳头和领衬等垫衬。一般克重较大($50\sim100g/m^2$),多用作中厚型黏合衬布,具有较好的耐洗涤性和手感,强力也较大。

9.1.2 标准及性能测试

针刺法非织造黏合衬性能参考执行 FZ/T 64042—2014《针刺非织造服装衬》,性能测定参照 GB/T 250—2008《纺织品 色牢度试验 评定变色用灰色样卡》、GB/T 2910(所有部分)—2009《纺织品 定量化学分析》、GB/T 3917.3—2009《纺织品 织物撕破性能 第3部分:梯形试样撕破强力的测定》、GB/T 4666—2009《纺织品 织物长度和幅宽的测定》、GB/T 5711—2015《纺织品 色牢度试验 耐干洗色牢度》、GB/T 6152—1997《纺织品 色牢度试验 耐热压色牢度》、GB/T 6529—2008《纺织品 调湿和试验用标准大气》、GB/T 8170—2008《数值修约规则与极限数值的表示和判定》、GB/T 8629—2001《纺织品 试验用家庭洗涤和干燥程序》、GB/T 18383—2007《絮用纤维制品通用技术要求》、GB/T 18401—2010《国家纺织产品基本安全技术规范》、GB/T 23327—2009《机织热熔黏合衬》、GB/T 24218.1—2009《纺织品 非织造布试验方法 第1部分:单位面积质量的测定》、GB/T

28465—2012《服装衬布检验规则》、FZ/T 29862—2013《纺织品　纤维含量的标识》、FZ/T 01057(所有部分)—2007《纺织纤维鉴别试验方法》、GB/T 31902—2015《服装衬外观疵点检验方法》、FZ/T 01076—2019《黏合衬组合试样制作方法》、FZ/T 01083—2017《黏合衬干洗后的外观及尺寸变化试验方法》。

9.1.2.1　梯形试样撕破强力的测定

参考标准:GB/T 3917.3—2009《纺织品　织物撕破性能　第3部分:梯形试样撕破强力的测定》。对应 ISO:9073—4:1997《纺织品　非织造布试验方法　第4部分:耐撕裂性的测定》。

测试仪器:等速伸长(CRE)试验仪,夹钳,梯形样板(图9-1)。

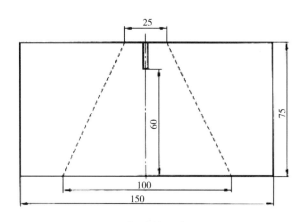

图9-1　梯形样板(单位:mm)

测试原理及方法:在试样上用虚线画一个等腰梯形(图9-1),用强力试验仪的夹钳夹住梯形上两条不平行的两条虚心。对试样施加连续增加的力,使撕破沿试样宽度方向传播,测定平均最大撕破力,单位为N,具体测试步骤如下。

(1)按要求取样,确保试样没有明显疵点和折痕。

(2)沿纵向和横向各剪五块试样,试样尺寸(75±1)mm×(150±2)mm,用梯形样板在每块试样上画出等腰梯形,并按图9-1所示剪一个切口。

(3)按 GB/T 6529—2008 规定对试样调湿和试验。

(4)试验夹钳间距离为(25±1)mm,拉伸速度为100mm/min。

(5)安装试样,用夹钳夹持等腰梯形的两腰线,使梯形短边保持拉紧,切口位于两夹钳中间。

(6)启动仪器,记录从切口撕破的撕破强力。

(7)计算纵向与横向五块试样结果的平均值,并计算变异系数,精确到0.1%。

注:(1)撕破强力通常不是一个单值,而是一系列峰值。

(2)有效峰值是指出现在夹钳位移低于64mm时的峰值。

(3)电子记录器可获得每块试样的平均撕破强力。人工计算平均值时,应在夹钳位移对应的首个强力峰值与夹钳位移等于64mm时的峰值区间内计算。

9.1.2.2　耐干洗色牢度的测定

参考标准：GB/T 5711—2015《纺织品　色牢度试验　耐四氯乙烯干洗色牢度》，对应ISO105-D01:2010。

测试仪器：装有旋转轴的水浴锅，旋转轴呈放射形支撑多只不锈钢容器，不锈钢容器用耐溶剂的密封圈密封；耐腐蚀的不锈钢圆片，棉斜纹布袋，评定变色和沾色的分光光度测色仪或色度计。

测试原理及方法：将试样和不锈钢片一起放入棉布袋内，置于四氯乙烯内搅动，然后将试样挤压或离心脱液，在热空气中烘燥，用评定变色用灰色样卡评定试样的变色。试验结束，用透射光将过滤后的溶剂与空白溶剂对照，用评定沾色用灰色样卡评定溶剂的着色，具体测试步骤如下：

（1）取（100±2）mm×（40±2）mm试样一块，正面与一块（100±2）mm×（40±2）mm多纤维贴衬织物相接触，沿一短边缝合，形成组合试样1。

（2）取（100±2）mm×（40±2）mm试样一块，夹于两块（100±2）mm×（40±2）mm单纤维贴衬织物之间，沿一短边缝合，形成组合试样2。

（3）将水浴锅水温升至试验温度（30±2）℃，将一个组合试样和12片不锈钢圆片放入棉布袋中，用方便的方式封口后，放入干燥的不锈钢容器内。

（4）在通风橱中向每个不锈钢容器中加入200mL四氯乙烯溶剂，盖上盖子，放回到试验装置中。

（5）所有容器放置完毕后，启动旋转轴与容器组件，以（40±2）r/min转速运转30min。

（6）在通风橱中从容器中取出棉布袋，挤去或离心去除多余的溶剂，保持试样与贴衬缝合处连接，将组合试样打开，悬挂于通风设备中干燥。

（7）以原样和原贴衬织物作为参照样，评定试样的变色和贴衬织物沾色。

9.1.2.3　耐热压色牢度的测定

参考标准：GB/T 6152—1997《纺织品　色牢度试验　耐热压色牢度》，对应ISO 105-X11:1994。

测试仪器：加热装置（由一对光滑的平行板组成，装有能精确控制的电加热系统，并能赋予试样以4kPa±1kPa的压力）；平滑石棉板（厚3~6mm）；衬垫（单位面积质量260g/m²的羊毛法兰绒）；未染色、未丝光的漂白棉布；棉贴衬织物；评定变色用灰色样卡；评定沾色用灰色样卡。

测试原理及方法：干压，将干试样在规定温度和规定压力的加热装置中受压一定时间；潮压，将干试样用一块湿的棉贴衬织物覆盖后，在规定温度和规定压力的加热装置中受压一定时间；湿压，将湿试样用一块湿的棉贴衬织物覆盖后，在规定温度和规定压力的加热装置中受压一定时间。试验后立即用灰色样卡评定试样的变色和贴衬织物的沾色，然后在规定的空气中暴露一段时间后再做评定。具体测试步骤如下：

（1）取40mm×100mm试样一块，在标准大气环境中调湿。

（2）根据纤维的类型和织物或服装的组织结构来确定加压温度。

（3）测试。干压，把干试样置于覆盖在羊毛法兰绒衬垫的棉布上，放下加热装置的上平板,使试样在规定温度受压 15s;潮压,把试样置于覆盖在羊毛法兰绒衬垫的棉布上,取一块 40mm×100mm 的棉贴织物浸在三级水中,经挤压或甩水使之含有身质量的水分,然后将这块湿织物放在干试样上,放下加热装置的上平板,使试样在规定温度受压 15s;湿压,将试样和一块 40mm×100mm 的棉贴衬织物浸在三级水中,经挤压或甩水使之含自身质量的水分后,把湿的试样置于覆盖在羊毛法兰纵衬垫的棉布上,再把湿的棉贴衬织物放在试样上,放下加热装置的上平板,使试祥在规定温度受压 15s。

(4)评定。立即用相应的灰色样卡评定试样的变色,然后试祥在标准大气中调湿 4h 后再做一次评定。用棉贴衬织物沾色较重的一面评定棉贴衬织物的沾色。

9.1.2.4 服装衬外观疵点检验方法

参考标准:GB/T 31902—2015《服装衬布外观疵点检验方法》。

测试仪器:验布机。

测试原理及方法:根据不同种类黏合衬以及黏合衬的颜色深浅使用不同光源进行照射,通过人眼观察法进行判断。具体测试步骤如下:

(1)抽取试样。

(2)将验布机或将服装衬平摊在桌面上。

(3)检验时,检验人员的眼睛与布面的距离为 60cm,可以正视,也可以斜视布面。

9.1.3 性能评价

产品外观质量要求见表 9-1,理化性能要求见表 9-2。

表 9-1 产品外观质量要求

<table>
<tr><th colspan="3">项目</th><th>一等品</th><th>合格品</th></tr>
<tr><td rowspan="7">局部性疵点</td><td colspan="2">破边</td><td>不允许</td><td>深入布边 3cm 以内,长 5cm 及以下,每 20m 内允许 2 处</td></tr>
<tr><td colspan="2">破洞</td><td colspan="2">不允许</td></tr>
<tr><td colspan="2">烘焦、板结</td><td colspan="2">不允许</td></tr>
<tr><td colspan="2">拉毛</td><td colspan="2">每 30m 允许有 5 处不连续的轻微拉毛</td></tr>
<tr><td colspan="2">厚薄均匀性</td><td>均匀</td><td>无明显不均匀</td></tr>
<tr><td colspan="2">油污、斑渍</td><td>不允许</td><td>面积在 2cm² 及以下,每 20m² 内允许 2 处</td></tr>
<tr><td colspan="2">起毛起球影响布面平整的折皱</td><td>不允许</td><td>不明显</td></tr>
<tr><td rowspan="6">散布性疵点</td><td colspan="2">幅宽偏差率/%</td><td>−1.0~+1.0</td><td>−1.5~+1.5</td></tr>
<tr><td rowspan="4">色差/级</td><td>同类布样</td><td>≥3</td><td>≥2~3</td></tr>
<tr><td>参考样</td><td>≥2~3</td><td>≥2</td></tr>
<tr><td rowspan="2">包装</td><td>箱内卷与卷</td><td>≥3~4</td><td>≥2~3</td></tr>
<tr><td>箱与箱</td><td>≥3</td><td>≥2</td></tr>
<tr><td colspan="2">每卷允许段数和段长</td><td colspan="2">一剪二段,每段不低于 10m</td></tr>
</table>

表 9-2 理化性能要求

项目		一等品	合格品
纤维含量偏差率/%		按 FZ/T 29862—2013 要求考核	
单位面积质量偏差率/%		−7.0~+7.0	−8.0~+8.0
组合试样干洗尺寸变化率/%	纵向	−2.0	≥−2.0
	横向	≥−1.0	≥−1.5
撕破强力/N		≥10.0	≥10.0
染色牢度/级	耐干洗 变色	≥4	≥3~4
	耐干洗 溶剂沾色	≥4	≥3~4
	耐热压 变色	≥3~4	≥3
	耐热压 沾色	≥3~4	≥3

9.1.4 影响因素分析

在针刺法非织造黏合衬加工中,影响产品性能及质量的因素有很多,比如纤维自身特性、纤网的特性、针刺工艺参数以及刺针的特性等。

9.1.4.1 原料

原料的种类,原料的自身特性,如卷曲度、长度、细度和强力等以及原料的配比。

9.1.4.2 纤网的层数以及组合排列方式

铺网的主要形式有三种:一是平行式铺叠网,二是交叉式铺网,三是组合式铺网。

9.1.4.3 针刺工艺参数

针刺工艺参数主要包括针刺深度、植针密度、针刺密度、步进量、针刺力等。

9.2 水刺法非织造黏合衬

9.2.1 概述

水刺法非织造黏合衬以原色涤纶或涤黏短纤梳理成网,利用高速高压的水流对纤网冲击,促使纤维相互缠结抱合粘接为基布,经涂层等整理加工而成的黏合衬。水刺法非织造黏合衬按基布纤维可分为涤纶、涤黏水刺非织造黏合衬;按用途可分为衬衫衬和外衣衬。水刺法非织造黏合衬具有无环境污染,不损伤纤维,产品无黏合剂,不起毛、不掉毛、不含其他杂质,产品具有吸湿、柔软、强度高、表观及手感好等特点。

9.2.2 标准及性能测试

(1)单位面积质量试验方法按 GB/T 24218.1—2009 执行。

(2)剥离强力试验方法按 FZ/T 01085—2018 执行。

（3）黏合衬水洗后的外观及尺寸变化试验方法按 FZ/T 01084—2017 执行。

（4）组合试样干热尺寸变化率试验方法按 FZ/T 01082—2017 执行。

（5）组合试样经蒸汽熨烫后尺寸变化率试验方法按 FZ/T 60031—2020 执行。

（6）横向断裂强力试验方法按 GB/T 24218.3—2010 执行。

（7）涂布量偏差率试验方法按 FZ/T 01081—2018 执行。

（8）组合试样洗涤后外观变化试验方法按 FZ/T 01083—2017，FZ/T 01084—2017 执行。

（9）组合试样热熔胶渗胶试验方法按 FZ/T 01110—2020 执行。

（10）掉粉检验方法按 FZ/T 60034—2021 执行。

（11）幅宽检验方法按 GB/T 4666—2009 执行。

（12）色差检验方法按 GB/T 250—2008 执行。

（13）外观质量局部性疵点检验方法按 GB/T 31902—2015 执行。

9.2.3　性能评价

水刺法非织黏合衬性能参考执行 FZ/T 64048—2014《水刺非织造黏合衬》产品的评等分为理化性能要求（表9-3）和外观质量要求（表9-4）两个方面。理化性能包括单位面积质量偏差率，剥离强力，水洗尺寸变化率、组合试样干热尺寸变化率、组合试样经蒸汽熨烫后尺寸变化率，横向断裂强力、涂布量偏差率，组合试样洗涤后外观变化、组合试样热熔胶渗胶，安全性能。外观质量包括布面疵点（局部性疵点和散布性疵点）每卷允许段数和段长。

表 9-3　理化性能要求

项目				优等品	一等品	合格品
单位面积质量偏差率/% ≥	按设计规定			±5.0	±7.0	±8.0
剥离强力/N ≥	衬衫衬	水洗或干洗前		15.0	12.0	10.0
		水洗或干洗后		12.0	10.0	8.0
	外衣衬	水洗或干洗前		12.0	10.0	8.0
		水洗或干洗后		10.0	8.0	6.0
水洗尺寸变化率/% ≥	纵向	涤纶		-1.5	-1.5	-2.0
		涤黏		-2.0	-2.0	-2.5
	横向	涤纶、涤黏		-1.5	-2.0	-2.5
组合试样干热尺寸变化率/% ≥	纵向			-1.5	-1.5	-2.0
	横向			-1.0	-1.0	-1.5
组合试样经蒸汽熨烫后尺寸变化率/% ≥	纵向			-0.8	-1.0	-1.5
	横向			-0.8	-1.0	-1.5
横向断裂强力/N ≥				10.0	8.0	5.0
涂布盘偏差率/%				±10.0	±12.0	±15.0

续表

项目		优等品	一等品	合格品
组合试样洗涤后外观变化/级	≥	4	4	3
组合试样热熔胶渗胶		正面渗胶 不允许	正面渗胶 不允许	正面渗胶 不允许

表 9-4 外观质量要求

	项目			优等品	一等品	合格品
局部性疵点	漏点(连续3点或直径小1cm)/(处·100m⁻²)			≤5	5	≤15
	杂质,异物(1~3mm)/(处·100m⁻²)			3	4	10
	折皱,宽2mm/(m·100m⁻²)			5	15	≤25
	卷边不齐/(m·100m⁻²)			4	≤5	≤6
	切边不良/(cm·100m⁻¹)			≤10	20	≤40
	掉粉			按 FZ/T 60034—2021 执行		
	油污、污渍、浆斑、虫迹			不允许	不允许	不允许
	色纤维			不允许	不允许	不明显
	明显折边、紧边、边扎破			不允许	不允许	不允许
散布性疵点	幅宽偏差/cm			−1.0~ +2.0	−1.5~ +2.0	−2.0~ +2.0
	色差/级		同类布样	≥3	≥3	≥2~3
			参考样	≥2~3	≥2~3	≥2
		包装	箱内卷与卷	≥4	≥3~4	
			箱与箱	≥3~4	≥3	
每卷允许段数和段长	一剪二段 每段不低于10m			二剪三段 每段不低于5m		三剪四段 每段不低于5m

9.2.4 影响因素分析

9.2.4.1 纤维取向

纤维织物的力学性能主要包含拉伸力和弯曲强度,两者与纤维取向有着重要关系。受纤维网的成型、缠结和移动等因素影响,在实际生产线中,交叉成网的垂直力度与平行拉伸力均较强。

9.2.4.2 水针

水针的压力、水刺头的参数及水刺的距离会明显影响水刺非织造黏合衬的相关性能,不同间距的水针会形成不同密度、结构的非织造布。高压、水针少及较大水针间距会产生不同密度结构的纤维网,低射速、水针多及较小的间距会形成均匀分布的纤维网。

9.2.4.3　托网帘

托网帘是水刺加固的重要部件,主要起到一定托持纤维的作用,还能够在水刺加固的过程中使水射流穿过纤网射到托网帘后,在网帘上形成不同方向的反射流,以便水射流再次通过纤维网,并能够实现缠结,同时能够有效去除滞留水,提升纤维的缠结效果。

9.3　纺熔法非织造黏合衬

9.3.1　概述

纺熔法非织造衬布是目前应用最为广泛的非织造黏合衬之一,通过在纺粘法非织造布表面涂敷热熔胶制备而成,具有较高的力学性能和较好的手感,同时耐水洗性也较好,产品的克重范围较大,适用于各类服装用黏合衬布。热黏合法非织造黏合衬是用热黏合法非织造材料作为衬布的基布生产而成,克重较小,可以生产 $15\sim30g/m^2$ 的高档薄型黏合衬布。

9.3.2　标准及性能测试

(1)熔融温度试验方法按 GB/T 16582—2008 执行。

(2)熔体流动速率试验方法按 HG/T 3697—2002 中 5.3 执行。

(3)含水率试验方法按 GB/T 6284—2006 执行,温度为 80~90℃。

(4)灰分试验方法:共聚酰胺类产品按 GB/T 9345.4—2008 方法执行,共聚酯类产品按 GB/T 9345.1—2008 执行,煅烧温度 750℃±50℃。

(5)单位面积质量试验方法按 GB/T 24218.1—2009 执行。

(6)纵向断裂强力试验方法按 GB/T 24218.3—2010 执行。

(7)剥离强力试验方法按 FZ/T 01085—2018 执行。

(8)组合试样干洗,水洗后外观变化试验方法按 FZ/T 01083—2017、FZ/T 01084—2017 执行。

(9)组合试样热熔胶渗胶试验方法按 FZ/T 01110—2020 执行。

(10)幅宽检验方法按 GB/T 4666—2009 执行。

(11)外观质量局部性疵点检验方法按 GB/T 31902—2015 执行。

9.3.3　性能评价

熔喷纤网非织造黏合衬性能参考执行 FZ/T 64041—2013《熔喷纤网非织造黏合衬》产品的评等分为理化性能要求(表9-5)和外观质量要求(表9-6)两个方面。理化性能包括熔融温度偏差、熔体流动速率偏差、含水率、灰分、单位面积质量偏差率,纵向断裂强力,剥离强力,组合试样洗涤后外观变化、组合试样热熔胶渗胶、安全性能。外观质量包括局部性疵点和散布性疵点,每卷允许段长和段数。

表 9-5　理化性能要求

项目			PA	PES
熔融温度偏差 /℃			$M\pm5$	$M\pm5$
熔体流动速率偏差 /（g·10min^{-1}）			±2.5	±2.5
含水率 /%			≤2.0	≤1.0
灰分 /%			≤0.5	≤0.5
单位面积质量偏差率 /%			±10.0	±10.0
纵向断裂强力/N	单位面积质量	<10.0g/m²	≥2.0	≥1.0
		10.0~20.0g/m²	≥3.0	≥2.0
		>20.0~30.0g/m²	≥5.0	≥3.0
		>30.0~40.0g/m²	≥10.0	≥5.0
		>40.0g/m²	≥15.0	≥7.0
剥离强力/N	洗涤前	衬衫衬	≥10.0	≥10.0
		外衣衬	≥8.0	≥8.0
		丝绸衬	≥5.0	≥5.0
		裘皮衬	≥5.0	≥5.0
	洗涤后	衬衫衬	≥8.0	≥8.0
		外衣衬	≥6.0	≥6.0
		丝绸衬	≥3.0	≥3.0
组合试样洗涤后外观变化/级			≥4	≥4
组合试样热熔胶渗胶			正面渗胶不允许	正面渗胶不允许

表 9-6　外观质量要求

项目			指标
局部性疵点	破损（直径≥0.5cm）/（个·100m^{-1}）		3
	卷边不齐/（m·100m^{-1}）		≤5
	褶皱		不允许
	杂质、异物、胶粒		不允许
	切边不良/（cm·100m^{-1}）		不允许
	油污、污渍、浆斑、虫迹		不允许
散布性疵点	幅宽偏差	门幅≤50mm	±1.0
		门幅>50mm	−1.0~+5.0
	外观		纤网分布均匀,符合标样
每卷允许段数和段长	卷长	<100m	1 段
		100~2500m	3 段,每段不低于 100m

9.3.4 影响因素分析

影响纺熔法非织造衬布性能的主要因素有切片质量、纺丝工艺、铺网方式、热轧工艺。

9.3.4.1 切片质量

切片中杂质含量应限制在 0.025% 以内,以保证纺丝顺利进行。另外,切片中水分应控制在 0.05% 以内,否则将影响纺丝成型。

9.3.4.2 纺丝工艺

(1)纺丝温度。应稍高一些,其目的是增加熔体的流动性能,保证喷丝的顺畅,但过高的箱体温度会引发大量断头丝、毛丝,不利于生产的顺利进行,一般熔体实际温度应比切片熔点高 20~25℃,纺丝质量好。

(2)纺丝速度。合理设计纺丝泵转速对稳定生产、提高产品质量至关重要。

(3)拉伸条件,牵伸机结构。主要为喷口宽度与牵伸风道的设计。喷口与牵伸风道应小,提高牵伸速度。

(4)冷却条件。对牵伸影响较大,冷却不充分、冷却条件过强均对产品强力有重要影响。

9.3.4.3 铺网方式

铺网应使纤维均匀,不因外界因素而产生波动或丝束产生飘动,不同铺网方式,铺成纤网各有所长。主要有三种形式:排笔式铺网,产品横向强力差别较小,但布面并丝较多;打散式铺网,布面必会产生"云斑",摆丝器摆动频率要很高;喷射式铺网,并丝极少、无云斑、柔软性好、延伸度高,但布纵横向强力差别大。

9.3.4.4 热轧工艺

热轧产品中,黏合结构中的黏结点是产品质量的关键。面密度一定的条件下,增加轧辊的温度,能促使高聚物充分软化、熔融,增加黏结强度,有助于增强薄型纺粘非织造布的强力;其他条件不变的情况下,提高轧机的压力有助于改善非织造布的力学指标,但是其影响有限,过高的压力会造成轧点磨损和产生缠辊现象;当温度和压力不变时,生产速度增加,非织造布的强力会下降。这是因为热轧时间变短,黏结不完全造成的,可通过补偿温度和压力来维持强力的稳定。

9.4 缝编非织造黏合衬

9.4.1 概述

缝编非织造黏合衬是用涤纶牵伸丝、经缝编工艺对非织造布沿纵向定型加固的黏合衬。缝编非织造黏合衬按基布原料,可分为涤纶、锦纶、锦涤缝编非织造黏合衬;一般毛型化学纤维、黏胶纤维、涤纶及聚氯乙烯纤维、羊毛等长度较长的纤维均为纤网型缝编法非织造材料适宜的加工原料,一般要求纤维细度为 0.33~0.88tex(3~8旦),最粗可达 1.56tex(14旦),纤维必须有一定的卷曲度,棉纤维及下脚纤维一定要与涤纶或黏胶纤维混合,并且纤网中至少含有

20%以上长度超过 60mm 的纤维,才可以采用纤网缝编加工。按缝编针距,可分为 18 针/25mm、14 针/25mm、9 针/25mm、7 针/25mm 缝编非织造黏合衬。缝编非织造黏合衬的结构正面呈现出明显的线圈结构,背面纤维头端裸露于材料表面,沿材料表面的横向可以看到明显的针迹。为了改善其性能,使其更适合最终应用,还可以对缝编非织造黏合衬进行后整理。

9.4.2　标准及性能测试

（1）单位面积质量试验方法按 GB/T 24218.1—2009 执行。

（2）剥离强力试验方法按 FZ/T 01085—2018 执行。

（3）纵向断裂强力、纵向断裂伸长率试验方法按 GB/T 24218.3—2010 执行。

（4）涂布量偏差率试验方法按 FZ/T 01081—2018 执行。

（5）组合试样洗涤后外观变化试验方法按 FZ/T 01083—2017、FZ/T 01084—2017 执行

（6）组合试样热熔胶渗胶试验方法按 FZ/T 01110—2020 执行。

（7）掉粉按 FZ/T 60034—2021 执行。

（8）幅宽检验方法按 GB/T 4666—2009 执行。

（9）色差检验方法按 GB/T 250—2018 执行。

（10）外观质量局部性疵点检验方法按 GB/T 31902—2015 执行。

9.4.3　性能评价

缝编非织造黏合衬性能参考执行 FZ/T 64040—2013《缝编非织造黏合衬》产品的评等分为理化性能要求（表 9-7）和外观质量要求（表 9-8）两个方面。理化性能包括单位面积质量偏差率、剥离强力,水洗尺寸变化率、组合试样干热尺寸变化率、纵向断裂强力、纵向断裂伸长率,缝编涤纶牵伸丝干热外观变化、涂布量偏差率、组合试样洗涤后外观变化、组合试样热熔胶渗胶、安全性能。外观质量包括布面疵点（局部性疵点、散布性疵点和缝编要求）,每卷允许段长和段数。

表 9-7　理化性能要求

项目			优等品	一等品	合格品
单位面积质量偏差率/%	按设计规定		−5.0~5.0	−7.0~7.0	−8.0~8.0
剥离强力/N	水洗或干洗前		≥10.0	≥8.0	≥6.0
	水洗或干洗后		≥8.0	≥6.0	≥4.0
水洗尺寸变化率/%	纵向	涤纶	≥−1.0	≥−1.3	≥−2.0
		锦涤、锦纶	≥−1.5	≥−2.0	≥−2.0
	横向	涤纶、锦涤、锦纶	≥−0.8	≥−1.0	≥−1.5
组合试样 干热尺寸变化率/%	纵向		≥−1.3	≥−1.5	≥−2.0
	横向		≥−0.8	≥−1.0	≥−1.5
纵向断裂强力/N			≥90.0	≥90.0	≥90.0
纵向断裂伸长率/%			≥10.0	≥10.0	≥10.0

项目	优等品	一等品	合格品
缝编涤纶牵伸丝干热外观变化	缝编线与基布收缩一致压烫后表面平整	缝编线与基布收缩一致,压烫后表面平整	
涂布量偏差率/%	−10.0~+10.0	−12.0~+12.0	−15.0~+15.0
组合试样洗涤后外观变化/级	≥4	≥4	≥3
组合试样热熔胶渗胶	正面渗胶不允许	正面渗胶不允许	正面渗胶不允许

表 9-8　外观质量要求

项目				优等品	一等品	合格品
局部性疵点	漏点(连续3点或直径小于1cm)/(处·100m⁻²)			≤5	≤5	≤15
	杂质、异物,1~3mm²/(处·100m⁻²)			≤5	≤5	≤15
	褶皱,宽2mm/(m·100m⁻²)			≤20	≤50	≤80
	卷边不齐/(m·100m⁻²)			≤6	≤8	≤10
	切边不良/(cm·100m⁻¹)			≤10	≤20	≤40
	掉粉			不允许	不允许	不允许
	油污、污渍、浆斑、虫迹、色纤维			不允许	不允许	不允许
	明显折边、紧边、边扎破			不允许	不允许	不允许
散布性疵点	幅宽公差/cm			−1.0~2.0	−1.5~2.0	−2.0~2.0
	色差/级	同类布样		≥3	≥3	≥2.3
		参考样		≥2~3	≥2~3	≥2
		包装	箱内卷与卷	≥4	≥3~4	—
			箱与箱	≥3~4	≥3	—
缝编要求	脱线,≤10cm/(处·100m⁻¹)			不允许	3	5
	缝边针			无跳针、浮针、漏针、偏针	跳针、浮针、漏针每处不超过2针,不允许超过3处/100m	
	缝边质量			轨迹匀、直、牢固,宽狭一致,无折皱夹布;接针套正缝合1cm以上固定缝制,起止处应打回针		
	针迹密度/(针·30mm⁻¹)			≥9		
	缝编针距/(设计规定)			符合要求		
	每卷允许段数和段长			一剪二段每段不低于10m	二剪三段每段不低于5m	三剪四段每段不低于5m

9.4.4　影响因素分析

9.4.4.1　机号

机号越大,意味着有更多的线圈纵行,形成织物线圈越紧密,手感越硬,当线圈过于紧密时,线圈相互挤压,织物纹路不清晰,织物外观效果变差。机号越小,线圈密度越小,手感柔软,线圈间距越大,织物越松散,纤网裸露越多,织物外观散乱。当机号较小时,形成的织物线圈稀疏,织物松散而无力。

9.4.4.2　纤维细度和长度

纤维越细,非织造材料表面结构越细腻;纤维越长,非织造材料结构越稳定。

9.4.4.3　纤网形式与面密度

槽针勾取的为横向排列的纤维束,因此横向纤维的多少决定被槽针勾取纤维束的多少。同型号槽针进行勾取时,横向纤维比例大,勾取的纤维量多,形成线圈的纤维束直径大,线圈风格粗犷,由于勾取纤维较多,带动周围纤维同时运动,造成整个织物更加紧凑。当纤网面密度大时,纤网厚度增加,针勾抓取更多纤维的概率增大,但是要穿透厚度较大纤网,则需要较高的针杆高度,相应针宽也要增加,从而造成织物背面针孔增大,线圈稀疏,织物松弛。

9.4.4.4　植针密度

缝编机机号越大,植针密度越大,形成的纤网型缝编非织造材料表面线圈结构越细小,结构越紧凑;反之,植针密度小,材料表面线圈结构变大,纹路疏松。

9.5　针刺保暖絮片

9.5.1　概述

针刺保暖絮片不用化学黏合剂和热黏合材料,可赋予材料稳定的三维立体空间结构、产品成本低,具有柔软性、保暖性和蓬松性等特点。随着物质生活水平的提高,人们对轻薄、环保类保暖絮片的需求日益增加。如今,采用远红外发热聚酯等功能纤维来代替昂贵纤维原料,生产加工的絮料类产品越来越多,其优异的保暖保健性能可满足人们日常所需。

9.5.2　标准及性能测试

(1)纤维含量按 GB/T 2910—2019、FZ/T 01057—2007 执行。

(2)单位面积质量按 GB/T 24218.1—2009 执行。

(3)组合试样干热尺寸变化率,组合试样干洗尺寸变化率按 FZ/T 01076、FZ/T 01082—2017、FZ/T 01083—2017 执行。

(4)撕裂强力按 GB/T 3917.3—2009 执行。

9.5.3　性能评价

针刺絮片性能参考执行 FZ/T 64026—2011《针刺絮片衬》,产品的评等分为理化性能要求(表9-9)和外观质量要求(表9-10)两个方面。理化性能包括纤维含量偏差、单位面积质量偏差率、组合试样干热尺寸变化率、组合试样干洗尺寸变化率、撕裂强力、安全性能。外观质量包括外观疵点、幅宽偏差率和每卷允许段数和段长。

表9-9 理化性能要求

项目		一等品	合格品
纤维含量偏差/%		按GB/T 29862—2013要求考核	
单位面积质量偏差率/%		-7.0~+7.0	-8.0~+8.0
组合试样干热尺寸变化率/%	纵向	≥-1.5	≥-2.0
	横向	≥-1.0	≥-1.5
组合试样干洗尺寸变化率/%	纵向	≥-2.0	≥-2.0
	横向	≥-1.0	≥-1.5
撕裂强力/N		≥10.0	

表9-10 外观质量要求

	项目	一等品	合格品
外观疵点	破边	不允许	深入布边3cm以内,长5cm及以下,每20m内允许2处
	破洞	不允许	
	烘焦、板结	不允许	
	拉毛	40m允许有5处不连续的轻微拉毛	
	厚薄均匀性	均匀	无明显不均匀
	油污、斑渍	不允许	面积在2cm²及以下,每20m内允许2处
	起毛起球	不允许	不明显
幅宽偏差率/%		-1.0~+1.0	-1.5~+1.5
每卷允许段数和段长		一剪二段,每段不低于10m	

9.5.4 影响因素分析

9.5.4.1 原料选择

保暖材料由传统的羊毛、羽绒和裘皮等天然材料转为物理改性的涤纶合成或混合型的保暖材料。国内相继开发出了远红外保暖织物、化纤混合保暖絮片、羽绒喷胶棉、太空棉、仿丝棉、热熔棉、熔喷远红外保健棉、超微细聚丙烯熔喷纤维保暖材料和大豆、玉米等可降解环保纤维的非织造保暖絮片,具有轻薄、柔软、保暖、透气、防霉蛀与保健多功能复合性能。

9.5.4.2 工艺参数

参数的合理选择对保暖絮片的质量有重要影响,特别是絮片的针刺密度将直接影响其保暖性与弹性。

9.5.4.3　结构

从单一结构到复合结构,单一结构的传统保暖材料将逐渐被复合结构的非织造保暖材料替代,因为优化的复合结构能使厚重的材料变得轻薄,且多种材料性能的互补能增强其他方面的性能。

9.6　热熔化纤絮片

9.6.1　概述

热熔絮片是以化纤和低熔点热熔粘接纤维或者以纯棉花、化纤棉、低熔点粘接纤维等几种原料以一定比例混合,经过开松、除杂、再混合、梳理、棉网杂乱、铺网、热熔使低熔点粘接纤维化后与其他纤维发生交联,从而把棉花和其他化纤棉交联黏合起来所得到的具有较好蓬松度和纵横向强度的化纤或棉絮片。

9.6.2　标准及性能测试

(1)纤维含量按 GB/T 2910—2009(所有部分)、FZ/T 01057—2007(所有部分)执行。

(2)纤维含油率按 GB/T 6504—2017 执行。

(3)单位面积质量按 GB/T 24218.1—2009 执行。

(4)耐水洗性按 GB/T 8629—2001 中 7A 程序执行,干燥程序按 GB/T 8629—2001 中 F 程序执行。

(5)色差按 GB/T 250—2008 执行。

(6)幅宽按 GB/T 4666—2009 执行。

(7)外观疵点检验按 GB/T 31902—2015 执行。

(8)蓬松度按 GB/T 24442.1—2009 附录 A 执行。

9.6.3　性能评价

热熔化纤絮片性能参考执行 DB37/T 3059—2017《热熔化纤絮片通用技术要求》产品的评价分为理化性能要求(表 9-11)和外观质量要求(表 9-12)两个方面。理化性能包括纤维含量偏差率、纤维含油率、单位面积质量偏差率、蓬松度、压缩回弹性能、耐水洗性。外观质量包括外观疵点、幅宽偏差率和每卷允许段数和段长。

表 9-11　理化性能要求

项目	一等品	合格品
纤维含量偏差率/%	按 GB/T 29862—2013 要求考核	
纤维含油率/%	≤1.0	
单位面积质量偏差率/%	−5.0~+5.0	

项目		一等品	合格品
蓬松度/（cm² · g⁻¹）		≥65	≥60
压缩回弹性能/%	压缩率	≥40	≥35
	回复率	≥70	≥65
耐水洗性		水洗 5 次,不露底,无明显破损、分层	

表 9-12 外观质量要求

	项目	一等品	合格品
外观疵点	破边	不允许	深入布边 3cm 以内,长 5cm 及以下,每 20m 内不多于 2 处
	纤维分层	不明显	
	破洞	不允许	
	厚薄均匀性	均匀	无明显不均匀
	油污、淡斑	不允许	不允许
	起毛	不允许	不明显
	色差/级	不低于 4~5	不低于 4
幅宽偏差率/%		-1.0~+1.0	-1.5~+1.5
每卷允许段数和段长		100m 以上 3 段,100m 及以下为 2 段,每段不低于 6m	

9.6.4　影响因素分析

9.6.4.1　热熔纤维含量

选用的热熔纤维混配比一定要科学合理。热熔纤维比例过小,加固效果不好,产品强力与平整性降低,成品表面容易起毛;热熔纤维含量过大,纤维网平整性变好,强力增加不明显,保暖性下降,手感也发硬。科学合理的热熔纤维混配比可以保证絮片的强力、平整性和抗起毛起球性等性能指标;保证絮片的蓬松性,不至于过于板结。

9.6.4.2　熔融温度

烘箱温度对絮片的外观质量与理化性能有很大影响。为使热熔纤维能够充分熔融并与其他纤维充分黏合,需要准确控制热空气温度,这样才能使絮片的强力与平整性都比较好。热空气温度过低,不能使热熔纤维充分熔融,造成产品强力与表面平整性的下降;热空气温度过高,热熔纤维充分熔融,黏合效果较好,但过高的温度致使絮片的外观质量下降。并且温度过高会使热熔纤维过分熔融,黏合点处的纤维状整体被破坏,失去了原有的纤维结构,絮片强力会降低。

9.6.4.3　熔融时间和网帘速度

网帘速度是影响絮片产品质量的一个重要因素。烘燥时间较短时,热熔纤维没有完全熔融,黏结效果不好,强力与平整性都一般,且絮片易产生分层现象;如果时间延长,能使热熔纤维完全熔融,黏合效果好,絮片的强力与平衡性都比较好;当熔融时间过长时,热熔纤维熔融部分已经完全熔融,黏结点数增加不明显,黏结效果难以提升且浪费能源,网帘速度需根据烘燥风压、絮片克重、絮片厚度等参数进行调整。

9.6.4.4　热空气风压

热风烘燥质量跟热空气风压直接相关。风压过小,纤维网在运行中不易被完全穿透,造成絮片中间层黏合效果不好,强力下降且易分层;风压过大,风虽可以完全穿透纤维网,使热熔纤维充分熔融,但易造成纤网的破坏,使产品平整性下降。

9.6.4.5　网帘网孔大小和经纬网衔合方式

影响产品平整性的重要因素还有输网帘网孔大小和网帘经纬网线衔合方式。网孔过小,絮片平整性较好,但造成热风穿透纤维网困难,热黏合效果较差;网孔过大,絮片平整性较差,但热黏合效果较好。网帘是否适合热风烘燥工艺可通过实际生产情况判断。

9.7　毛型复合絮片

9.7.1　概述

毛型复合絮片是以毛或毛与其他纤维混合材料为絮层原料,以单层或多层薄型材料为复合基,经针刺等复合加工而成。毛型复合絮片按结构组成可根据絮层纤维、复合基、结构类型等分类;按用途则可分为服装用、被褥用及其他填充用。随着经济与纺织技术的发展,各种新型保暖絮片百花齐放般地出现在人们的日常生活中。

9.7.2　标准及性能测试

(1)纤维含量的测定按 GB/T 2910—2009 执行。

(2)单位面积质量的测定按 GB/T 24218.1—2009 执行。

(3)热阻的测定按 GB/T 11048—2008 执行,选用 A 型仪器。

(4)水洗性能的测定按 GB/T8629—2001、GB/T 8630—2013 执行。

(5)透气率的测定按 GB/T 5453—1997 执行。

(6)压缩弹性率的测定按 GB/T 24442.1—2009 方法 A 执行。

(7)蓬松度的测定按 GB/T 24442.1—2009 附录 A 执行。

(8)钻绒的测定参照 GB/T 12705.2—2009 执行。

9.7.3　性能评价

毛型复合絮片性能参考执行 FZ/T 64006—2015《复合保温材料毛复合絮片》产品的评等分为内在质量要求(表9-13)和外观质量要求(表9-14)。内在质量包括絮层中毛纤维含量偏差、单位面积质量偏差、热阻、水洗性能、蓬松度、压缩弹性率、钻绒等。外观质量按局部性疵点和散布性疵点综合考核。

表 9-13 理化性能要求

项目		优等品	一等品	合格品
毛纤维含量偏差率/% ≥		按 GB/T 29862—2013 考核		
单位面积质量偏差率/%≥	150g/m²	-5.0	-7.0	-9.0
	>150g/m²	-3.0	-5.0	-7.0
热阻/(m²·K·W⁻¹) ≥	≤100g/m²	0.192	0.144	0.090
	>100~200g/m²	0.300	0.240	0.120
	>200~300g/m²	0.360	0.300	0.160
	>300g/m²	0.420	0.360	0.220
水洗性能	尺寸变化率/%	-4.0~2.0	-5.0~3.0	-6.0~3.0
	外观变化	基本不变	轻微	明显
透气率/(mm·s⁻¹) ≥		180		
蓬松度/(cm³·g⁻¹) ≥		55	45	35
压缩弹性率/% ≥		90	80	75
钻绒/级 ≥		4	3.5	3

表 9-14 外观质量要求

疵点名称	轻缺陷	重缺陷
分层、厚薄段、拼搭不良	不影响总体效果	影响总体效果
折痕、针迹条纹、拉毛	每100cm	>300cm
杂质	软质粗≤3mm	硬质；软质粗>3mm
边不良，刺破	每50cm	>200cm
油污渍	每10cm	>50cm
破损、锈渍	≤2cm	>2cm
有效幅宽偏差率	—	超过-2%
散布性疵点	不影响总体效果	影响总体效果

9.7.4 影响因素分析

9.7.4.1 原料选择

由传统的羊毛、羽绒和裘皮等天然材料转为物理改性的涤纶合成或混合型的保暖材料。国内相继开发出远红外保暖织物、化纤混合保暖絮片、羽绒喷胶棉、太空棉、仿丝棉、热熔棉、熔喷远红外保健棉、超微细聚丙烯熔喷纤维保暖材料，通过多组分纤维混纺的方式可以充分发挥化纤与天然纤维各自的优势，降低成本，制得的保暖絮片综合性能都较为优异。

9.7.4.2 加工工艺

第一种是针刺法，采用刺针对纤维网或非织造布反复进行穿刺，使絮片手感丰满结实，

具有三维立体结构,弹性、蓬松性、保暖性较好。其工艺流程为:

开松→梳理→铺网→针刺预成型→絮片

第二种是热黏合法,必须是两种纤维及以上混纺,其中一种纤维作为黏合纤维,熔点低于混纺中的其他纤维,这样当混纺纤维进入干燥机后,干燥温度高于黏合纤维的熔点,黏合纤维先于其他纤维变软熔化,从而与混纺中未熔化的纤维黏合在一起,形成絮片。

第 10 章　家居装饰用非织造材料

随着国民经济的飞速发展和人民生活水平的显著提升,人们对家居装饰品的档次以及产品性能要求越来越高。近年来,非织造材料由于具备美观大方、价格低廉以及生态环保等特点,开始逐渐应用到家居装饰领域,已成为一种越来越普遍的家居装饰用重要产品,深受国内外消费者的青睐。其具体应用涉及墙纸、地毯、帷幕与窗帘、台布以及家具包覆布等。虽然家居装饰用非织造材料发展迅猛,无论在数量方面还是在质量方面正逐渐趋于成熟,但是目前大部分产品仍缺乏生产以及测试标准,只有墙纸和地毯这两类产品具有相关的行业标准可供参考,本章将针对这两类产品进行详细的介绍。

10.1　非织造墙纸

10.1.1　概述

非织造墙纸主要分为纯非织造墙纸和非织造基底墙纸两大类。纯非织造墙纸是指以非织造材料为主要原料,直接印刷而成的墙纸。非织造基底墙纸是指以非织造材料为基底,以聚氯乙烯塑料和金属材料等复合材料为面层,经延压或涂布以及印刷、压花或发泡复合而成的墙纸。

对于墙纸使用的最早记录可追溯到 13 世纪的欧洲,到了 16 世纪开始采用模板印刷加工墙纸,并且该工艺一直延续到 18 世纪。19 世纪,圆筒印刷的出现大幅降低了墙纸的印刷成本。近年来,由于新型加工工艺的出现以及印刷方法的不断进步,开始出现了非织造墙纸等高端产品,带动了墙纸领域的迅猛发展。与传统的纯纸墙纸以及聚氯乙烯(PVC)墙纸相比,非织造墙纸的环保性以及颜色持久性均较高。但是,非织造墙纸与 PVC 墙纸相比花色相对单一,并且色调较浅。由于非织造墙纸代表了墙纸领域中的高端产品,其价格显著高于普通墙纸,目前普通壁纸的均价大约在 100 元/卷以下,但是对于相同大小的非织造布墙纸,其价格差别较大,从 300 多元/卷到 1800 多元/卷不等,档次更高的甚至高达 2000 元/卷以上。非织造墙纸在目前国际市场上极为流行,代表了壁纸行业低碳、环保的主流发展趋势。

非织造墙纸常选用涤纶、丙纶、腈纶等合成纤维以及棉、麻等天然纤维的混合物,经过干法、湿法或者纺粘法成网之后,采用热黏合、化学黏合、针刺或者水刺等加固方法固结,最后经由染色、印花、喷塑等工艺加工而成,其面密度一般为 $40\sim90 \mathrm{g/m^2}$。按照可擦拭性能,非织造墙纸可分为可拭墙纸、可洗墙纸、特别可洗墙纸以及可刷洗墙纸四大类。

10.1.2　标准及性能测试

非织造墙纸的性能指标测试参考执行 JG/T 509—2016《建筑装饰用无纺墙纸》、GB/T

450—2008《纸和纸板　试样的采取及试样纵横向、正反面的测定》、GB/T 451.1—2002《纸和纸板尺寸及偏斜度的测定》、GB/T 2910.11—2009《纺织品　定量化学分析　第 11 部分：纤维素纤维与聚酯纤维的混合物（硫酸法）》、GB/T 10739—2002《纸、纸板和纸浆试样处理和试验的标准大气条件》、GB/T 14624.1—2009《胶印油墨颜色检验方法》、GB/T 14624.2—2008《胶印油墨着色力检验方法》、GB 18585—2001《室内装饰装修材料　壁纸中有害物质限量》、HJ/T 371—2007《环境标志产品技术要求　凹印油墨黄和柔印油墨》、HJ/T 2502—2010《环境标志产品技术要求　壁纸》、QB/T 3805—1999《聚氟乙烯壁纸》、QB/T 4034—2010《壁纸》等标准。具体测试内容如下：

10.1.2.1　墙纸用非织造基材定量化学分析

（1）墙纸用非织造基材的定量化学分析参考执行 GB/T 2910.11—2009《纺织品　定量化学分析　第 11 部分：纤维素纤维与聚酯纤维的混合物（硫酸法）》。

①原理。用硫酸把纤维素纤维从已知干燥质量的混合物中溶解去除，收集残留物，清洗、烘干和称重，用修正后的质量计算其占混合物干燥质量的百分率。由差值得出纤维素纤维的百分含量。

②试剂。所用的全部试剂为分析纯。石油醚，馏程为 40～60℃。蒸馏水或去离子水。硫酸（质量分数为 75%）：将 700mL 浓硫酸（$\rho = 1.84$g/mL）小心地加入 350mL 水中，溶液冷却至室温后，再加水至 1L。硫酸溶液浓度范围允许在 73%～77%（质量分数）之间。稀氨水溶液：将 80mL 浓氨水（$\rho = 0.880$g/mL）加水稀释至 1L。

③设备坩埚。容量为 30～40mL，微孔直径为 90～150μm 的烧结式圆形玻璃砂芯过滤坩埚，坩埚应带有一个磨砂玻璃瓶塞或表面玻璃皿。装有变色硅胶干燥器的抽滤装置。能保持温度为（105±3）℃的干燥烘箱。精度 0.0002g 或以上的分析天平。容积（mL）是试样质量（g）的 20 倍索氏萃取器或其他能获得相同结果的仪器。容量不少于 500mL 的具塞三角烧瓶。可以保持温度在（50±5）℃的加热设备。

④通用程序。

a. 烘干。全部烘干操作在密闭的通风烘箱内进行，温度为（105±3）℃，时间一般不少于 4h，但不超过 16h。试样烘至恒重。

b. 试样的烘干。将称量瓶和试样，连同放在旁边的瓶盖一起烘干。烘干后，盖好瓶盖，再从烘箱内取出并迅速移入干燥器内。

c. 坩埚与残留物的烘干。将过滤坩埚，连同放在旁边的瓶盖一起在烘箱内烘干。烘干后拧紧坩埚磨口瓶塞并迅速移入干燥器内。

d. 冷却。进行整个冷却操作直至完全冷却，任何情况下冷却时间不得少于 2h，将干燥器放在天平旁边。

e. 称重。冷却后，从干燥器中取出称量瓶或坩埚，并在 2min 内称出质量，精确到 0.0002g。在干燥、冷却和称重操作中，不要用手直接接触坩埚、试样或残留物。把准备好的试样放入三角烧瓶中，每克试样加入 200mL 硫酸溶液，塞上玻璃塞，插动烧瓶将试样充分润湿后，将烧瓶保持（50±5）℃放置 1h，每隔 10min 摇动一次。将残留物过滤到玻璃砂芯坩埚，真空抽吸排液,再加少量硫酸清洗烧瓶。真空抽吸排液,加入新的硫酸溶液至坩埚中清洗残留物,重力排液至少1min后再用真空抽吸。冷水连续洗涤若干次,稀氨水中和两次,再用冷水洗涤每次洗涤先重力排液再抽吸排液。最后将坩埚和残留物烘干,冷却,称重。

⑤结果计算和表示。

a. 以净干质量为基础,按式(10-1)计算不溶组分的净干质量分数:

$$P = \frac{m_1 d}{m_0} \times 100\% \tag{10-1}$$

式中:P——不溶组分净干质量分数;

m_0——试样的干燥质量,g;

m_1——残留物的干燥质量,g;

d——不溶组分的质量变化修正系数。

b. 以净干质量为基础结合公定回潮率,按式(10-2)计算不溶组分百分率:

$$P_M = \frac{P(1 + 0.01 a_2)}{P(1 + 0.01 a_2) + (100 - P)(1 + 0.01 a_1)} \times 100\% \tag{10-2}$$

式中:P_M——结合公定回潮率的不溶组分百分率;

P——净干不溶组分百分率;

a_1——可溶组分的公定回潮率;

a_2——不溶组分的公定回潮率。

c. 以净干质量为基础,结合公定回潮率以及预处理中非纤维物质和纤维物质的损失率,计算按式(10-3):

$$P_A = \frac{P[1 + 0.01(a_2 + b_2)]}{P[1 + 0.01(a_2 + b_2)] + (100 - P)[1 + 0.01(a_1 + b_1)]} \times 100\% \tag{10-3}$$

式中:P_A——混合物中净干不溶组分结合公定回潮率及非纤维物质去除率的百分率;

P——净干不溶组分百分率;

a_1——可溶组分的公定回潮率;

a_2——不溶组分的公定回潮率;

b_1——预处理中可溶纤维物质的损失率,和/或可溶组分中非纤维物质的去除率;

b_2——预处理中不溶纤维物质的损失率,和/或不溶组分中非纤维物质的去除率。

第二种组分的百分率(P_{2A})等于$100-P_A$。

采用某种特殊预处理时,则要测出两种组分在这种特殊预处理中的b_1和b_2值。如若可能,可以通过提供每一种组分的纯净纤维进行特殊预处理来测得。除含有的天然伴生物质或制造过程产生的物质外,纯净纤维不应有非纤维物质,这些物质通常是以漂白的或未经漂白的状态存在的,这些物质在待分析材料中可以找到。

(2)如果墙纸用非织造基材仅由涤纶和黏胶组成,可参考执行 GB/T 2910.11—2009《纺织品 定量化学分析 第11部分:纤维素纤维与聚酯纤维的混合物(硫酸法)》。

①测试器械。有玻璃塞的三角烧瓶、烘干箱、浓硫酸(98%,质量分数)等。

②测试原理及方法。使用硫酸将涤纶进行降解后,测量剩余黏胶的含量,具体操作步骤如下。

a. 取约 2g 的水刺布样品放入 105℃ 的烘干箱内烘 20min 后拿出来称重(g)。

b. 配制 64% 的硫酸溶液。

c. 用量筒量取 36mL 水,用玻璃棒引流入锥形瓶里面。

d. 再用量筒量取 64mL 的 98% 浓硫酸,然后用玻璃棒引流入加过水的锥形瓶里摇匀。

e. 将烘好的样品布放进装有配好试剂的锥形瓶中盖好玻璃瓶塞,垫上湿巾布,同一个方向摇晃 3~5min。

f. 整个锥形瓶用自来水冲几次后将里面反应后剩余的物质取出,再在流动自来水下冲洗 5min 左右,并将所用实验仪器也冲洗干净,归位。

g. 冲洗后的样品展开放入 105℃ 的烘干箱烘 30min 取出,称重记为 m_2。

h. 用废弃的湿巾布将工作台面擦拭干净。

i. 结果表示。

涤纶含量和黏胶含量按式(10-4)和式(10-5)计算:

$$T = \frac{m_2}{m_1} \times 100\% \tag{10-4}$$

$$R = 100\% - T \tag{10-5}$$

式中:T——涤纶含量,取两位小数;

R——黏胶含量,取两位小数;

m_1——洗涤前试样的质量,g;

m_2——洗涤后试样的质量,g。

10.1.2.2　墙纸用非织造基材用墨物理性能检测

(1)试验仪器。常规实验室仪器、pH 计或 pH 试纸、刮板细度计、3# 察恩杯及秒表、分光光度计、烘箱、能保持温度在(200±2)℃ 的实验室小型凹版打样机、丝网打样机。

(2)试验步骤。

①将 1~2g 油墨试样平铺于已知重量的称量瓶中称重,放入(120±1)℃ 的恒温干燥箱中,干燥 2h 时取出放入干燥器中冷却至室温进行称重。计算按式(10-6):

$$W = \frac{m_2 - m_0}{m_1 - m_0} \times 100\% \tag{10-6}$$

式中:W——固含量;

m_0——空称量瓶的质量,g;

m_1——烘干前试样和空称量瓶的总质量,g;

m_2——烘干后试样和空称量瓶的总质量,g。

②用 pH 计或 pH 试纸测定油墨的 pH。

③用刮板细度计测定油墨的细度。

④凹印黏度测定条件为 20℃,使用标准 3# 察恩杯。

⑤油墨相对着色力检验,用分光光度仪测定试样与标样的比值。

检验原理:以定量白膜将试样和标样分别稀释,对比稀释后油墨的浓度,以百分数表示。

工具与材料:调墨刀、刮片、刮样纸:80g/m² 胶版印刷纸,符合 QB/T 1012—1991 A 型,规格 210mm×70mm,顶端往下 130mm 处有 20mm 宽黑色实地横道,胶印白墨、胶印黑墨、分析天平:精度 0.001g,玻璃片。

检验条件:检验应在温度(23±2)℃条件下进行;观察冲淡刮样时,应在 D₆₅ 标准光源下进行。

检验步骤:用分析天平,在玻璃片上称取白墨 2g,试样油墨 0.2g,用同样的方法,相同的比例,称取白墨和标样油墨,将称取好的墨样分别用调墨刀充分调匀。用调墨刀取调匀的标准样约 0.5g 涂于刮样纸的右上方,再取调匀的试样约 0.5g 于刮样纸的左上方,两者应相邻而不相连。将刮片置于涂好的油墨样品上方,使刮片主体部分与刮样纸呈 90°角。用力自上而下将油墨于刮样纸上刮成薄层,至黑色横道下 1/2 处时,减小用力,使刮片内侧角度近似 25°角,使油墨在纸上涂成较厚的墨层。观察试样与标样的面色、墨色是否一致;若不一致,则改变试样白墨的用量,至冲淡试样与标样达到一致。刮样后,以 30s 内观察的墨色为准。

检验结果:着色力按式(10-7)计算:

$$S = \frac{B}{A} \times 100\% \tag{10-7}$$

式中:S——着色力(以标样为 100% 计);

$\quad A$——冲淡标样白墨用量,g;

$\quad B$——冲淡试样白墨用量,g。

测试白墨消色力时,则以标样和试样分别代替以上所用的白墨,按白墨 2g,黑墨 0.2g 称量,测试步骤同上,但 A 为试样白墨量,B 为标样白墨量。

⑥油墨总色差检验,用分光光度仪测定试样与标样的差值。

检验原理:将试样与标样并列刮样,在标准光源下对比评定变色用灰色样卡,目测检视试样与标样两者颜色差异程度。

工具与材料:调墨刀、刮片、玻璃板、刮样纸:80g/m² 胶版印刷纸,规格 210mm×70mm,顶端往下 130mm 处印有 20mm 宽黑色实地横道,黑色横道供检视油墨遮盖力、玻璃纸、符合 GB 250—2008 的评定变色用灰色样卡。

检验条件:检验应在温度(23±2)℃条件下进行,检视面色及墨色应在入射角 45°±5°的 D₆₅ 标准光源下进行,检视底色应将刮样对光透视。

检验步骤:用调墨刀取标样及试样各约 5g,置于玻璃板上,分别将其调匀。用调墨刀取标样约 0.5g 涂于刮样纸的右上方,再取试样约 0.5g 涂于刮样纸左上方,两者应相邻而不相连。将刮片置于涂好的油墨样品上方,使刮片主体部分与刮样纸呈 90°角。用力自上而下将油墨于刮样纸上刮成薄层,至黑色横道下 1/2 处时,减小用力,使刮片内侧角度近似 25°角,使油墨在纸上涂成较厚的墨层。最终刮样形状应与图 10-1 中的相似。刮样纸上的油墨薄层称为面色;刮样纸下部的油墨厚层称为墨色;刮样纸上的油墨薄层对光透视称为底色。油墨颜色试验完毕,将玻璃纸覆盖在厚墨层上。

检验结果:在刮样后 5min 内,对比评定变色用灰色样卡,目测检视试样与标样两者面色、底色和墨色的差异程度。试样与标样的黏性值之差不得大于 1。

评定变色用灰色样卡的使用方法:

范围:适用于油墨颜色差异的评定。油墨颜色刮样、展色样、印刷品样均可参照此法评定。

注意:将试样与标样并列,在标准光源下对比评定变色用灰色样卡(以下简称样卡),目测检视试样与标样两者颜色差异程度。本方法只提示两颜色之间差别,合格与否需自行根据实际要求设定范围。

油墨颜色刮样对比评定:当两者底色、面色、墨色完全一致时,对比样卡相应级数,颜色在 5 级。评定该试样与标样颜色相符。当两者颜色存在差异,对比样卡相应级数,面色、底色在 4~5 级,墨色在 4 级。评定该试样与标样颜色近似。当两者颜色存在较大差异,对比样卡相应级数,面色在 3~4 级,墨色在 3 级,底色在 4 级。评定该试样与标样颜色不符。

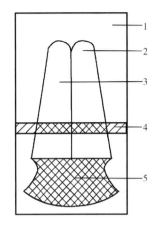

图 10-1　颜色刮样示意图
1—刮样纸　2—试样　3—标样
4—黑色横道　5—厚墨层

展色样、印刷品样对比评定:当两者颜色对比样卡相应级数,面色在 5 级。评定该试样与标样颜色无差异。当两者颜色对比样卡相应级数,面色在 4~5 级间,评定该试样与标样颜色有差异。当两者颜色对比样卡相应级数,面色在 4 级,评定该试样与标样颜色有较大差异。

在耐高温非织造纸上用纯介质或含 10% 色墨的介质刮样,表干后切半置于 200℃ 烘箱烘烤 60s,然后用分光光度仪测量表干后标样与烘烤后试样的色差。

在承印物上刮样,完全烘干后切成两半,印刷面对印刷面重合置于玻璃板上,纸张上面放置 200mm×60mm 平板并加压 10kg,一起置于 50℃ 烘箱内 12h,取出后检查其粘连程度。

用凹版或丝网打样机对标样和试样做同等条件的印刷,目视对比标样和试样,如标样和试样一致,视为试样附着牢度检验合格。

10.1.2.3　尺寸误差

墙纸用非织造基材的尺寸误差测试参考执行 GB/T 451.1—2002《纸和纸板尺寸及偏斜度的测定》。

(1)尺寸的测定。

①平板纸的尺寸是用分度值 1mm,长度 2000mm 的钢卷尺来测量的。从任一包装单位中取出三张纸样测定其长度和宽度。测定结果以平均值表示,精确至 1mm。

②卷筒纸只测量卷筒宽度,其结果以测量三次的平均值来表示,精确至 1mm。

③盘纸的尺寸是测量卷盘的宽度,其结果以测量三次的平均值来表示,精确至 0.1mm。应用精度 0.02mm 的游标卡尺进行测量。

（2）偏斜度的测定。

①平板纸和纸板的偏斜度是指平板纸的长边（或短边）与其相对应的矩形长边（或短边）的偏差最大值，其结果以偏差的毫米数或偏差的百分数来表示。

②从任一包装单位中抽取三张纸样（纸板取六张纸样）进行测定。

③将平板纸按长边（或短边）对折，使顶点 A 与 D（或 A 与 B）重合，然后测量偏差值，即 BC（或 CD）两点间的距离（图 10-2），测量应准确至 1mm。

④如平板纸板较厚不易折叠，可将两张纸板正反面相对重叠，使正面的点 A 与 D 分别与反面的 D' 与 A' 重合，然后测量偏差值，即 BC'（或 CB'）两点间的距离（图 10-3），测量应准确至 1mm。

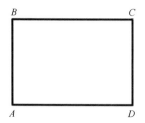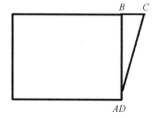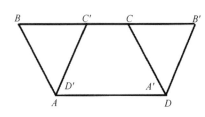

图 10-2　平板纸对折示意图　　　　图 10-3　厚型平板纸对折示意图

（3）结果表示。以平均值表示测定结果。如果用偏差的毫米数表示偏斜度，卷盘纸修约至 0.1mm，其他修约至整数。如果用偏差的百分数表示偏斜度，其结果保留两位有效数字，并按式（10-8）进行计算。

$$r = \frac{d'}{d} \times 100\% \qquad (10\text{-}8)$$

式中：r——偏斜度；

　　　d'——偏差值，mm；

　　　d——边长，mm。

10.1.2.4　外观质量

采用标准光源箱进行检验，其中套印精度应采用刻度为 0.1mm 的钢板尺进行测量。

10.1.2.5　褪色性

墙纸用非织造基材的褪色性测试参考执行 QB/T 4034—2010《壁纸　附录 A（规范性附录）褪色性的测定》。

（1）仪器设备。日晒气候试验仪（推荐氙灯褪色仪）。

（2）试验步骤。切取尺寸为 45mm×130mm，且长边平行于纵向的试样 2 片。将试样装在试样夹上，试样夹孔以外部分用压板压紧，使照射部分与未照射部分境界分明，孔部试样表面不应有皱纹或凹凸不平，将试样夹插在试样回转架上，下端固定。在机内黑板温度不超过 45℃，相对湿度 60%~70% 的条件下，使试样表面受到 20h 的充分照射。然后取出试样，置于冷暗处 2h 以上。

（3）结果评定。在室内光线充足的情况下,按下述标准进行评定。以两次试验等级较低者为最终试验结果。

①基本灰色样卡即五档灰色样卡由五对无光的灰色卡片(或灰色布片)组成,根据观感色差分为五个整级色牢度档次,即 5、4、3、2、1。在每两个档次中再补充一个半级档次,即 4~5、3~4、2~3、1~2,就扩编为九档卡。每对的第一组成均是中性灰色,第二组成只有色牢度是 5 级的与第一组成相一致。其他各对的第二组成依次变浅,色差逐级增大,各级观感色差均经色度确定。

②纸片或布片应是中性灰色,并应在含有镜面反射光的条件下使用分光光度测色仪加以测定。色度数据应以 CIE 1964 补充标准色度系统(10°观察者)和 D_{65} 照明体计算。

③每对第一组成的三刺激值 Y 应为 12±1。

④每对第二组成与第一组成的色差应符合表 10-1 规定。

表 10-1　色差对比表

牢度等级	CIELAB 色差	容差
5	0	0.2
(4~5)	0.8	±0.2
4	1.7	±0.3
(3~4)	2.5	±0.35
3	3.4	±0.4
(2~3)	4.8	±0.5
2	6.8	±0.6
(1~2)	9.6	±0.7
1	13.6	±1.0

括号里的数值仅适用于九档灰色样卡。

⑤灰色样卡的使用。将纺织品原样和试后样各一块按同一方向并列紧靠置于同一平面,灰色样卡也靠近置于同一平面上。背景宜为中性灰颜色,近似本灰色样卡 1 级和 2 级之间(近似蒙赛尔色卡 N5)。如需避免背衬对纺织品外观的影响,可取原样两层或多层垫衬于原样和试后样之下。北半球用北空光照射,南半球用南空光照射,或用 600lx 及以上等效光源。入射光宜与纺织品表面呈约 45°角,观察方向大致垂直于纺织品表面。按照本灰色样卡的级差来目测评定原样和试后样之间的色差。试样的外观颜色在观察时会受到背景和遮盖材料颜色的影响。为了得到可靠的结果,遮盖原样和遮盖试后样的套板应使用颜色一致的材料。宜使用中性色的背景材料和套板,若使用得当灰色或黑色的套板也可以。例如:遮盖试后样使用的是黑色套板,那么原样也应使用完全一致的黑色材料。如果只使用唯一的中性色遮盖物,那么应把试后样和原样完全包围。如果使用的是五档灰色样卡,当原样和试后样之间的观感色差相当于灰色样卡某等级所具有的观感色差时,该级数就作为该试样的变色牢度级数。如果原样和试后样之间的观感色差接近于灰色样卡某两个等级的中间,则试

样的变色牢度级数评定为中间等级,如4~5级或2~3级。只有当试后样和原样之间没有观感色差时才可定为5级。如果使用的是九档灰色样卡,当原样和试后样之间的观感色差最接近于灰色样卡某等级所具有的观感色差时,该级数就作为该试样的变色牢度级数。只有当试后样和原样之间没有观感色差时才可定为5级。在做出一批试样的评级之后,要将评定为同级的各对原样和试后样相互间再作比较。这样能看出评级是否一致,因此时评级上的任何差错都会显得特别突出。若某对色差程度和同组的其他各对不一致时,宜重新对照灰色样卡再做评定,必要时宜改变原来评定的色牢度级数。

⑥色牢度试验中颜色变化的说明。按照⑤规定使用本灰色样卡时,不论色相、深度或明度的单一或组合变色特征,均不做数上的评定,原样和试后样之间的总色差才是评定的依据。如果需要在试验中记录纺织品颜色变化的特征,例如评定纺织品上的染料,可在数字评级中加上适当的品质术语,见表10-2。

表10-2　颜色变化特征的描述

等级	含义	
	相当于灰色样卡的色差级数	颜色变化特征
3	3	仅深度变浅
3 较红	3	深度未明显变浅,但颜色较红
3 较浅、较黄	3	深度变浅,色相也有变化
3 较浅、较蓝、较暗	3	深度变浅,色相、明度有变化
4~5 较红	4 和 5 之间	深度未明显变浅,但颜色稍红

当颜色在两个或三个特征上发生变化时,表明每种变化既不可行也没有必要。当记录品质术语的空间受到限制时,如在图形卡上,可使用表10-3的缩写词。

表10-3　品质术语缩写词

缩写词	含义	法文缩写词
Bl	较蓝	B
G	较绿	V
R	较红	R
Y	较黄	J
W	较浅	C
Str	较深	F
D	较暗	T
Br	较亮	Pu

10.1.2.6　耐摩擦色牢度

墙纸用非织造基材的耐摩擦色牢度测试参考执行QB/T 4034—2010《壁纸 附录B(规范性附录)耐摩擦色牢度的测定》。

（1）仪器设备。耐摩擦色牢度试验机：试验机进行往复直线摩擦，摩擦头的摩擦面直径为 1.6cm，向下压力为 2N，摩擦行程为 10cm，摩擦速度为 30 次/min。

（2）摩擦用棉布。采用褪毛、不上浆、漂白的、不含整理剂的漂白棉细布，剪成 5cm×5cm 的方形。试验前和试样一起在试验条件下放置 4h 以上方可进行试验。

（3）试样制备。按样品的纵横向分别切取大小为 30mm×220mm 的试样，如果试样长边为纵向，则为纵向实验，反之为横向试验。每个方向应保证做 3 次有效试验。

（4）试验步骤。

①干摩擦。将试样放在摩擦色牢度试验机测试台上，两端以夹样器固定（以摩擦时试样不松动为准）。然后将干的摩擦布固定在摩擦头上，往复摩擦 25 次。

②湿摩擦。将试样固定在测试台上，摩擦布用蒸馏水润湿，使摩擦布含水率达到 95%～105%，用湿摩擦布往复摩擦 5 次。摩擦试验后，将湿摩擦布放在室温下干燥。

（5）结果评定。按以下方法进行评定，以等级最低者为最终试验结果。

①基本灰色样卡即五档灰色样卡由五对无光的灰色或白色卡片（或灰色、白色布片）组成，根据观感色差分为五个整级色牢度档次，即 5、4、3、2、1。在每两个档次中再补充一个半级档次，即 4~5、3~4、2~3、1~2，就扩编为九档卡。每对的第一组成均是白色，第二组成只有色牢度是 5 级的与第一组成相一致。其他各对的第二组成依次变深，色差逐级增大，各级观感色差均经色度确定。

②纸片或布片应是白色或中性灰色，并应在含有镜面反射光的条件下使用分光光度测色仪加以测定。色度数据应以 CIE 1964 补充标准色度系统（10°观察者）和 D_{65} 照明体计算。

③每对第一组成的三刺激值 Y 应不低于 85。

④每对第二组成与第一组成的色差应符合表 10-4 的规定。

表 10-4　色差

牢度等级	CIELAB 色差	容差
5	0	0.2
(4~5)	2.2	±0.3
4	4.3	±0.3
(3~4)	6.0	±0.4
3	8.5	±0.5
(2~3)	12.0	±0.7
2	16.9	±1.0
(1~2)	24.0	±1.5
1	34.1	±2.0

注　括号里的数值仅适用于九档灰色样卡。

⑤灰色样卡的使用。将一块未沾色的贴衬织物（原贴衬）和色牢度试验中组合试样的一部分（试后贴衬）按同一方向并列紧靠置于同一平面，灰色样卡也靠近置于同一平面上。背

景宜为中性灰颜色,近似变色用灰色样卡1级和2级之间(近似蒙赛尔色卡N5)。如需避免背衬对纺织品外观的影响,可取未沾色未染色的纺织品两层或多层垫衬于原贴衬和试后贴衬之下。北半球用北空光照射,南半球用南空光照射,或用600lx及以上等效光源。入射光宜与纺织品表面呈约45°角,观察方向大致垂直于纺织品表面,按照本灰色样卡的级差来目测评定原贴衬和试后贴衬之间的色差。试样的外观颜色在观察时会受到背景和遮盖材料颜色的影响。为了得到可靠的结果,遮盖原贴衬和遮盖试后贴衬的套板应使用颜色一致的材料。宜使用中性色的背景材料和套板,若使用得当灰色或黑色的套板也可以。例如:遮盖试后贴衬使用的是黑色套板,那么原贴衬也应使用完全一致的黑色材料。如果只使用唯一的中性色遮盖物,那么应把试后贴衬和原贴衬完全包围。如果使用的是五档灰色样卡,当原贴衬和试后贴衬之间的观感色差相当于灰色样卡某等级所具有的观感色差时,该级数就作为该试样的沾色牢度级数。如果原贴衬和试后贴衬之间的观感色差接近于灰色样卡某两个等级的中间,则试样的沾色牢度级数评定为中间等级,如4~5级或2~3级。只有当试后贴衬和原贴衬之间没有观感色差时才可定为5级。如果使用的是九档灰色样卡,当原贴衬和试后贴衬之间的观感色差最接近于灰色样卡某等级所具有的观感色差时,该级数就作为该试样的沾色牢度级数。只有当试后贴衬和原贴衬之间没有观感色差时才可定为5级。在做出一批试样的评级之后,要将评定为同级的各对原贴衬和试后贴衬相互间再作比较。这样能看出评级是否一致,因为此时评级上的任何差错都会显得特别突出。若某对的色差程度和同组的其他各对不一致时,宜重新对照灰色样卡再作评定,必要时宜改变原来评定的色牢度级数。

10.1.2.7 遮蔽性

墙纸用非织造基材的遮蔽性测试参考执行 QB/T 4034—2010《壁纸　附录 C(规范性附录)遮蔽性的测定》。

(1)仪器设备。由两种比色片交替地粘在纸板上组成的灰色标准样板,其形状和尺寸如图 10-4 所示。色标 a 使用明度为 9.4±0.1 无彩色,色标 b 使用明度为 8.8±0.1 无彩色,且表面应均匀,无光泽。

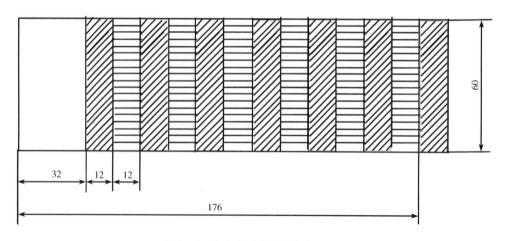

图 10-4　灰色标准样板(单位:mm)

（2）试验步骤。切取大小为 200mm×200mm 的试样 1 片,将遮蔽性试验用灰色标准样板紧贴于试样,移动灰色标准样板,按表 10-5 评定透过试样的能见度。光线应采用北窗的昼光,避免阳光直射,或者采用光照度在 540lx 以上的照明装置。

表 10-5　试样能见度评定

遮蔽性/级	判定
1	明显表露
2	稍微表露
3	很少表露
4	不表露

10.1.2.8　湿润拉伸负荷

墙纸用非织造基材的湿润拉伸负荷测试参考执行 QB/T 4034—2010《壁纸》第 6.8 部分。湿润拉伸负荷试验:把试样浸泡在与实验场所环境温度相同的水中 5min,然后把试样取出,用吸水纸将试样中多余的水吸掉,并立即进行拉伸试验。

码10-1　壁纸润湿拉伸负荷测定

（1）原理。抗张强度试验仪在恒速拉伸的条件下,将规定尺寸的试样拉伸至断裂,测定其抗张力。如需要,可测定试样的伸长率,记录其最大抗张力。如果连续记录抗张力和伸长率,则可计算出抗张能量吸收。从获得的结果和试样的定量,可以计算出抗张指数和抗张能量吸收指数。

（2）仪器。

①抗张强度试验仪。在恒定拉伸速率下拉长一定尺寸的试样,用于测定抗张力。如有必要,还可测定相应的伸长率。在电子积分仪或类似仪器上,抗张力可以记录为伸长率的函数,抗张强度试验仪主要由两部分组成。

a. 抗张力的测定和记录装置。其精度应为 ±1%。如果需要,伸长率的精度应为 ±0.1%。伸长率的精度是非常重要的,为了精确测定实际伸长率,推荐将合适的记录仪直接放在试样上,这样可以避免测定时发生明显的伸长。例如,试样在夹头处发生不可察觉的松弛,或者由于仪器接头处的滑动而导致试样松弛。后者是由仪器的磨损导致的,同时与施加的负荷有关。

b. 夹头。配两个夹头,为了夹住规定宽度的试样,每个夹头应沿一条直线将试样的全宽牢固地夹住,不应损坏或滑动试样。夹头应配有调节夹力的部件。夹头的夹面应在同一平面上。而且在试验过程中,试样也应位于这一平面上。夹头将试样夹在圆柱面和平面之间,或者两个圆柱面之间,试样面与圆柱面相切。如果试样在测定过程中不发生损伤或滑动,也可使用其他类型的夹头。在加荷过程中,夹线间的平行度应保持在 1° 以内,而且夹线与作用力方向和试样长边应保持偏差不大于 1° 的垂直,如图 10-5 所示。夹线间的距离应调节到所规定的试验长度,且偏差应不大于 ±1mm。

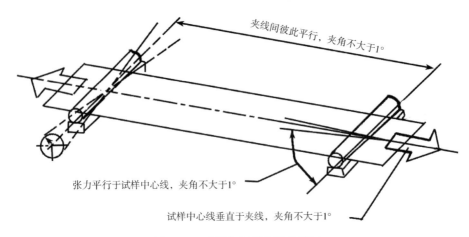

夹线间彼此平行，夹角不大于1°。

张力平行于试样中心线，夹角不大于1°。

试样中心线垂直于夹线，夹角不大于1°

图 10-5　夹线与试样间的关系图

②裁切装置。将试样裁切至规定尺寸。

（3）在线测定。如积分仪，读数精度应为±1%。在试验过程中，可以对不同的试样长度进行自动分析。若需要测定抗张能量吸收，应使用该仪器。

（4）结果分析。绘制抗张力伸长率曲线并测定该曲线最大斜率。

10.1.2.9　黏合剂可拭性

墙纸用非织造基材的黏合剂可拭性测试参考执行 QB/T 4034—2010《壁纸 附录 D（规范性附录）黏合剂可拭性的测定》。

（1）仪器设备。仪器设备如图 10-6 所示。摩擦头底面长 50mm，宽 29mm，有一块两端用夹具固定的软质聚氨酯泡沫塑料。摩擦头和软质聚氨酯泡沫塑料的总质量为（100±5）g。

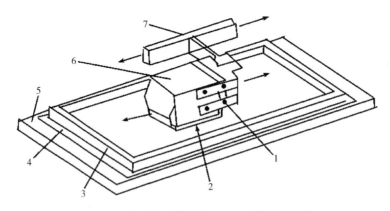

图 10-6　黏合剂可拭性及壁纸可洗性测试装置

1—平行四边形联动装置　2—摩擦材料　3—框架　4—试样　5—压板　6—摩擦头　7—往复连杆和枢轴

（2）摩擦用软质聚氨酯泡沫塑料。采用开孔不规则结构的软质聚氨酯泡沫塑料，其表观密度（22±1）kg/m³，硬度（20.5±2.5）N（压痕法），厚度 $6.0_{0}^{+3.2}$ mm，宽291mm，其长度应覆盖摩擦头 50mm 的底面并能用夹具固定。

（3）试验步骤。切取长边平行于横向,大小为 300mm×150mm 的试样 4 片。将试样压在压板上,然后在试样上加入 30mL 蒸馏水,10s 后放下摩擦头开始试验,摩擦速度为（30±3）次/min,摩擦次数为 20 次,注意软质聚氨酯泡沫塑料不可损坏。完成摩擦试验后取下试样,在（105±2）℃的烘箱中烘 4min,然后进行评定。

（4）结果评定。在光线充足的情况下,将每个试样与对照样挂在墙上,在 1m 远处进行观察。如果没有出现外观上的损伤和变化,则判定试样合格。若发生争议时,用观察箱进行评定。将每个试样与对照样在观察箱内进行比较,在 1m 远处观察。如果没有出现外观上的损伤和变化,则判定试样合格。观察箱如图 10-7 所示,内部涂有无光泽中性灰色油漆,箱底照明度为 750～1500lx。

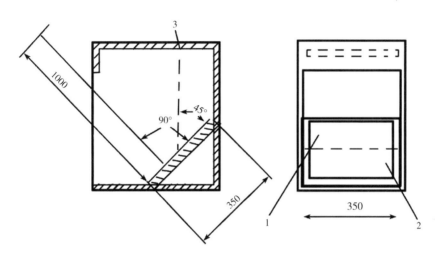

图 10-7　观察箱（单位:mm）

1—对照样品　2—试样　3—光源

10.1.2.10　可洗性测试

墙纸用非织造基材的可洗性测试参考执行 QB/T 4034—2010《壁纸 附录 E（规范性附录）可洗性的测定》。

（1）试剂。用蒸馏水配成的浓度为 2% 的软性肥皂液;白色氧化铝粉末（即 F180 磨料）,其粒度应符合表 10-6 规定。用白色氧化铝粉末与肥皂液按 75∶25（质量比）的比例,在（23±1）℃下混合而成的研磨膏。

表 10-6　筛孔尺寸及对应数据

筛孔尺寸/μm	通过和应筛目	筛余物/%
125	120	0
90	170	0～15
63	230	≥40
53	270	≥65

（2）仪器。可洗和特别可洗摩擦头，底面长 50mm，宽 29mm，有一块两端用夹具固定的毛毡片。摩擦头和毛毡片总质量为（550±10）g。可刷洗摩擦头，底面装有刷子，摩擦头和刷子的总质量为（600±10）g。

（3）摩擦用毛毡片和刷子。可洗和特别可洗采用白色 60# 毛毡片，其羊毛纤维含量为 97%，密度（0.181±0.027）g/cm³，厚度（6.0±1.2）mm。毛毡片宽（29±1）mm，长度应覆盖摩擦头 50mm 的底面，并可用夹具固定。可刷洗用刷子装用 56 簇直径为（0.350±0.025）mm，长（11±1）mm 的尼龙 66 鬃毛，每簇（21±2）根。排列尺寸如图 10-8 所示。

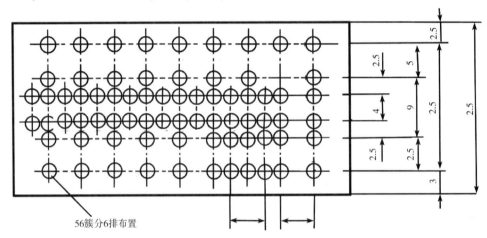

56簇分6排布置

图 10-8　刷子毛束布置平面图（单位：mm）

（4）试验步骤。

①可洗。切取长边平行于横向，大小为 300mm×150mm 的试样 4 片。将试样压在压板上，然后在试样上加入 30mL 肥皂液，开始进行摩擦试验。摩擦速度为（120±10）次/min，摩擦次数为 30 次。毛毡片实际摩擦时间应不超过 8h，同时绒毛不可有脱落，实验前毛毡应在水中浸泡 15min。完成摩擦试验后，取下试样进行冲洗，先检查润湿试样能否有损伤痕迹。然后在（105±2）℃的烘箱中烘 4min，再检查干燥试样能否有损伤痕迹。

②特别可洗。除摩擦次数为 100 次外，其他均同①规定。

③可刷洗使用摩擦头，刷子鬃毛不得弯曲。将试样压在压板上，用研磨膏 5g 遍布于要刷洗的试样表面，再在试样上加入肥皂液 20mL，然后进行摩擦试验。摩擦速度为（30±3）次/min，摩擦次数为 40 次。完成摩擦试验后，取下试样进行冲洗，然后在（105±2）℃的烘箱中烘 4min，再检查干燥试样能否有损伤痕迹。

（5）结果评定。在光线充足的情况下，将每个试样与对照样挂在墙上，在 1m 远处进行观察。如果没有出现外观上的损伤和变化，则判定试样合格。若发生争议时，用观察箱进行评定。将每个试样与对照样在观察箱内进行比较，在 1m 远处观察。如果没有出现外观上的损伤和变化，则判定试样合格。观察箱如图 10-7 所示，内部涂有无光泽中性灰色油漆，箱底照明度为 750~1500lx。

10.1.2.11　环保性能

墙纸用非织造基材的环保性能测试参考执行 GB 18585—2001《室内装饰装修材料　壁纸中有害物质限量》和 HJ 2502—2010《环境标志产品技术要求 壁纸》。

(1)重金属(或其他)元素含量的测定。

①原理。在规定的条件下,将试样中的可溶性有害元素萃取出来,测定萃取液中重金属(或其他)元素的含量。

②试剂。在分析中如没有特别注明,只使用分析纯的试剂和蒸馏水或去(脱)离子水。盐酸(HCl)溶液,(0.07±0.005)mol/L 和(2±0.1)mol/L。

③仪器。常用的实验室设备和玻璃器皿。pH 计,pH 精确至±0.2。磁力搅拌器,转速(1000±10)r/min。烘箱,能够保持温度在(37±2)℃。带 0.45μm 的微孔膜。原子吸收分光光度计。ICP 感耦等离子体原子发射光谱计。

④试验步骤。精确称取 1g(精确至 0.0001g)小正方形试样放入容积为 100mL 的玻璃容器中,然后加入(50±0.1)mL 的 0.07mol/L 盐酸,摇荡 1min,测定溶液的 pH。如果 pH>1.5,边摇荡边逐滴加入 2mol/L 盐酸,直至 pH 在 1.0~1.5 之间。把容器放在磁力搅拌器上,一并放入(37±2)℃的烘箱中,并在此温度下搅拌(60±2)min,然后取走搅拌器。再在(37±2)℃的烘箱中静置(60±2)min,立即用带 0.45μm 的微孔膜过滤溶液。收集滤液,留待测定重金属(或其他)元素的含量。可以采用原子吸收分光光度法和 ICP 感耦等离子体原子发射分光光度法两种方法进行测定,仲裁时按原子吸收分光光度法进行。

⑤结果计算。按式(10-9)计算出每种重金属(或其他)元素在试样中的含量,以 mg/kg 表示。

$$R = \frac{c}{m} \times 50 \tag{10-9}$$

式中:R——被测试样的重金属(或其他)元素的含量,mg/kg;

　　c——重金属(或其他)元素在萃取液中的浓度,mg/L;

　　m——试样的质量,g。

测试结果需经式(10-10)修正后作为分析结果报出,并修约至小数点后第 3 位。

$$R_1 = R(1-T) \tag{10-10}$$

式中:R_1——修正后被测试样的重金属(或其他)元素含量,mg/kg;

　　R——被测试样的重金属(或其他)元素含量,mg/kg;

　　T——修正因子(表 10-7)。

表 10-7　修正因子

元素	锑	砷	钡	镉	铬	铅	汞	硒
T	0.6	0.6	0.3	0.3	0.3	0.3	0.5	0.6

例如:测得铅的结果是 120mg/kg,相应的修正因子 T 为 0.3,修正后的分析结果是:R_1 = 120×(1-0.3) = 120×0.7 = 84mg/kg。

（2）氯乙烯单体含量的测定。

①应用范围。适用于用液上气相色谱法测定聚氯乙烯（PVC）树脂中残留氯乙烯单体（RVCM）含量的方法。适用于氯乙烯（VC）均聚物、共聚物树脂及其制品中残留氯乙烯单体的测定。本方法最低检出量为 0.5mg/kg。

②方法原理。将试样溶解在合适的溶剂中，用液上气相取样的气相色谱法测定氯乙烯的含量。

③试剂及材料。纯度大于 99.5% 的氯乙烯，N,N-二甲基乙酰胺（DMAC，在测试条件下不含有与氯乙烯的色谱保留时间相同的任何杂质），空气，氮气，氢气。

④样品的储存和保管。把水分含量合格的试样，按批号装满于广口瓶中，密封保存。必须在 24h 内进行测定。凡是超过 24h 者，要注明试样的储存时间。聚氯乙烯制品的试样，放在有盖的广口瓶中即可。

⑤仪器。带氢火焰离子化鉴定器（FID）的气相色谱仪（色谱柱，所使用的色谱柱应能使试样中杂质与氯乙烯完全分开，每升或每千克含有 0.02mg 氯乙烯的溶液得到的色谱峰高，至少是基线噪声的 5 倍）；恒温器（70℃±1℃，并有取样孔）；1.5mL 医用注射器；1μL、10μL、100μL 微量注射器，若干支；样品瓶（25mL±0.5mL，使用温度 90℃，耐压 0.5kgf/cm²，带硅橡胶盖和金属螺旋密封帽，如图 10-9 所示）；分析天平（分度值为 0.1mg）；秒表（分度值为 0.2s；50~100mL 耐压氯乙烯容器；磁力搅拌器；电子计算器；刻度放大镜或读数显微镜。

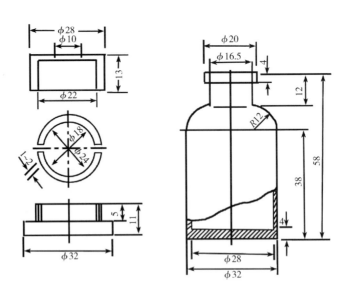

图 10-9　实验样品瓶

⑥安全措施。氯乙烯是有害气体，故在配制样品和排放等处理时，都要在通风橱中进行。

⑦氯乙烯标准气和标准样的配制。

a. 标准气的配制。在样品瓶中放几颗玻璃珠后，盖紧密封，在分析天平上称重（精确至

0.1mg）。用注射器从氯乙烯容器中取出 5mL 气体（取气时注射器先用氯乙烯气体洗两次）注入瓶中，再称重（精确至 0.1mg）。摇匀后静置 10min，立即使用。该气体浓度 C_1 约为 400μg/mL。可按式（10-11）计算：

$$C_1 = \frac{W_2 - W_1}{V_1 + V_2} \times 10^6 \tag{10-11}$$

式中：W_1——放进玻璃珠的样品瓶重量，g；

　　　W_2——放进玻璃珠的样品瓶注入 5mL 氯乙烯气体后的重量，g；

　　　V_1——样品瓶的体积，mL；

　　　V_2——加入氯乙烯的体积，mL。

b. 标准样的配制。在两个系列各三个样品瓶中，用微量注射器分别准确地注入 3mL DMAC，再分别准确地注入 0.5μL、5μL、50μL 标准气摇匀待用。每个标准样中氯乙烯单体（VCM）的含量（μg）按式（10-12）计算：

$$VCM = C_1 \times V \tag{10-12}$$

式中：C_1——标准气浓度，μg/mL；

　　　V——加入的标准气的体积，mL。

⑧分析步骤。

试样溶液的制备：在分析天平上称取两份已充分混合均匀的试样 0.3~0.5g（准确到 0.1mg），置于样品瓶中，再放入一根 φ2mm×25mm 镀锌的铁丝，立即盖紧；将上述样品瓶放在电磁搅拌器上，在缓慢搅拌下，用注射器准确地注入 3mL DMAC，使试样溶解。

试样的平衡：把标准样和试样一起在恒温器（70±1）℃中放置 30min 以上，使氯乙烯在气液两相中达到平衡；依次从平衡后的标准样和试样瓶中，用注射器迅速取出 1mL 上部气体，注入色谱仪中分析（当试样含量低时，可取 2~3mL 气体，但要确保有一个含量相近的标准样，并取相同量的气体，在仪器同一灵敏度下分析），记录氯乙烯的峰面积（或峰高）。注射器预先恒温到与样品相同的温度。

⑨结果表示。试样中残留氯乙烯单体（RVCM）含量（mg/kg），按式（10-13）计算：

$$RVCM = \frac{A_1 \times C_1 \times V}{A_2 \times W} \tag{10-13}$$

式中：A_1——试样中氯乙烯的峰面积（或峰高），cm²（或 mm）；

　　　A_2——与试样含量相近的标准样的峰面积（或峰高），cm²（或 mm）；

　　　C_1——标准气的浓度，μg/mL；

　　　V——与试样含量相近的标准样的体积，mL；

　　　W——试样重量，g。

两个平行试验的结果的算术平均值作为本试验的结果。

（3）甲醛含量的测定。

①原理。将试样悬挂于装有 40℃ 蒸馏水的密封容器中，经过 24h 被水吸收，测定蒸馏水中的甲醛含量。在 24h 内，被水吸收的甲醛用乙酰丙酮为试剂的空白溶液作参照，进行光度

测定。

②试剂。在分析中如没有特别说明,只使用分析纯的试剂和蒸馏水或去(脱)离子水;乙酰丙酮(体积分数为 0.4%,优级纯);醋酸胺(200g/L,优级纯);甲醛溶液(350~400g/L);碘(I_2)溶液(0.05mol/L);硫代硫酸钠($Na_2S_2O_3$)溶液(0.1mol/L);氢氧化钠(NaOH)溶液(1mol/L);硫酸(H_2SO_4)溶液(1mol/L);淀粉溶液(质量分数为 1%)。

③甲醛标准溶液。

甲醛标准溶液 A。将 1mL 甲醛溶液置于容量瓶中,用水稀释至 1000mL,并按以下步骤进行标定。吸取 20mL 稀释后的甲醛溶液 A,与 25mL 碘溶液和 10mL 氢氧化钠溶液混合,放在暗处保存 15min,再加入 15mL 硫酸溶液。用硫代硫酸钠溶液反滴定过量的碘,接近滴定终点时,加几滴淀粉溶液作为指示剂。用 20mL 水做空白平行试验,并按式(10-14)计算甲醛标准溶液 A 的浓度。

$$c = (V_0 - V) \times c' \times \frac{1000}{20} \times 15 \qquad (10-14)$$

式中:c——甲醛溶液 A 的浓度,mg/L;

　　V——试样耗用硫代硫酸钠溶液的体积,mL;

　　V_0——空白样耗用硫代硫酸钠溶液的体积,mL;

　　c'——硫代硫酸钠溶液的浓度,mol/L。

甲醛标准溶液 B。按照标准溶液 A 的浓度,计算出含 15mg 甲醛所需标准溶液 A 的体积。用微量滴定管量取此体积的甲醛标准溶液 A 至容量瓶中,加水稀释至 1000mL。1mL 此溶液含 15μg 甲醛溶液。

④校准溶液:按表 10-8 规定,在 6 个盛有甲醛标准溶液 B 的 100mL 容量瓶中加入不同的水进行稀释,制成甲醛系列校准溶液,使甲醛含量范围为 0~15μg/mL 不等。

表 10-8　甲醛系列校准溶液

加入标准溶液 B 的体积/mL	加入水的体积/mL	甲醛含量/($\mu g \cdot mL^{-1}$)
0	100	0
20	80	3
40	60	6
60	40	9
80	20	12
100	0	15

⑤装置。容量瓶(50mL、100mL、1000mL);滴定管和微量滴定管;移液管;烘箱;水浴锅(可以保持 40℃±2℃ 的温度);分光光度计(能够测出波长为 410~415nm 时的吸光度);带盖的聚乙烯或玻璃广口瓶(容量为 1000mL,瓶盖下应装有一个吊钩)。

⑥试验步骤。将 50 块长方形试样悬挂在 1000mL 广口瓶盖的吊钩上(图 10-10),使试样的装饰涂面分别相对,保持试样不接触广口瓶壁和液面,并称重,如果试样太厚,吊钩上挂

不下 50 块试样,应最大限度地往上挂,并统计块数和重量。用 50mL 的移液管将 50mL 水加入 1000mL 的广口瓶中,拧紧瓶盖密封,并将广口瓶移入 (40±2) ℃ 的烘箱中保持 24h。24h 后,将试样从广口瓶中移出,打开瓶盖并取出试样。用移液管从广口瓶中吸取 10mL 吸收水,放入一个 50mL 的容量瓶中,再用移液管分别吸取 10mL 各种甲醛校准溶液,分别放入各个 50mL 的容量瓶中。在每一个容量瓶中分别加入 10mL 乙酰丙酮溶液和 10mL 醋酸胺溶液,盖紧瓶盖并摇晃。将各个容量瓶放在 (40±2) ℃ 的水浴中加热 15min 后,从水浴中移出并放至暗处,在室温下冷却 1h。参照水的空白试验,用分光光度计测量在 410~415nm 波长时容量瓶中溶液的最大吸光度;或参照水的空白试验,用光程长为 10mm 的石英样品池测量波长 500~510nm 时容量瓶中溶液的荧光值。按试验的相同步骤做一平行空白试验。绘制与甲醛校准溶液浓度相对应的

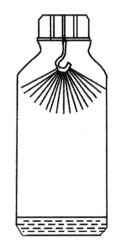

图 10-10　试样布置图

吸光度或荧光值的曲线图,并根据吸光度或荧光值从曲线图上读取样品释放出的甲醛浓度。

　　⑦结果计算。用曲线图上读取的样品的甲醛浓度值减去平行空白试验中甲醛的浓度值,即为光谱测量结果。按式 (10-15) 计算试样在 24h 内释放出的甲醛量,以 mg/kg 表示,修约至整数。

$$G = 50 \times \frac{C}{m} \tag{10-15}$$

式中:G——从壁纸中释放出的甲醛量,mg/kg;

　　　C——经空白试验校正的光谱测量结果,μg/mL;

　　　m——挂在吊钩上的试样质量,g。

10.1.3　性能评价

　　非织造墙纸具体性能评价参照以下相关质量要求。墙纸用非织造基材需符合表 10-9 的规定。墙纸用墨需符合表 10-10 的规定。墙纸用墨的环保性能需符合表 10-11 和表 10-12 的规定。墙纸用墨中不能包含表 10-11 中列出的物质,对于一些有害物质的限量要求需符合表 10-12 的规定。产品的外观质量要求见表 10-13,物理性能要求见表 10-14。当非织造墙纸用于有污染和湿度较高的地方时,其可洗性要求见表 10-15。非织造墙纸的环保性能要求见表 10-16。此外,成品墙纸的有效宽度和有效长度误差应为 ±1.5%。

表 10-9　墙纸用非织造基材

项目		指标
化学纤维	长纤长度 L_1/mm	$L_1 \geqslant 20$
	短纤长度 L_2/mm	$5 \leqslant L_2 < 20$
	长径比	$\geqslant 300$

续表

项目		指标
成分比例	木浆/%	≤65
	化学纤维/%	≥15
	黏合剂/%	10~30
	填料/%	≤20

表 10-10　墙纸用墨的物理性能要求

项目	指标			
	溶剂型油墨		水性油墨	
	介质	色墨	介质	色墨
固含量/%	—		≥20	
pH	—		7.5~9.5	
细度/μm	<25		<25	
凹印黏度/s	—		20~32	
相对着色力/%	—	100±3	—	100±3
总色差,ΔE(与标样比)	—	ΔE<0.5	—	ΔE<0.5
耐高温,ΔE(与标样比)	ΔE<0.5		ΔE<0.5	
抗粘性	无粘连		无粘连	
附着牢度	近标样		近标样	

表 10-11　墙纸用墨禁止人为添加的物质

禁用种类	禁用物质
元素及其化合物	铅(Pb)、镉(Cd)、汞(Hg)、硒(Se)、砷(As)、锑(Sb)、六价铬(Cr^{6+})等元素及其化合物
乙二醇醚及其酯类	乙二醇甲醚、乙二醇甲醚醋酸酯、乙二醇乙醚、乙二醇乙醚醋酸酯、二乙二醇丁醚醋酸酯
邻苯二甲酸酯类	邻苯二甲酸二辛酯(DOP)、邻苯二甲酸二正丁酯(DBP)
酮类	3,5,5-三甲基-2-环己烯基-1-酮(异佛尔酮)

表 10-12　墙纸用墨中有害物质的限量要求

控制指标	溶剂基油墨	溶剂	水基凹印油墨	水基柔印油墨
卤代烃类溶剂[a]/(mg·kg^{-1}) ≤	5000	—	—	—
苯含量[a]/(mg·kg^{-1})　　≤	500		—	—
苯类溶剂含量[a]/(mg·kg^{-1})≤	5000		—	—
甲醇含量[b]/% ≤	2	—	2	0.3
氨及其化合物含量[b]/%　≤	3	—	3	3

续表

控制指标	溶剂基油墨	溶剂	水基凹印油墨	水基柔印油墨
铅、镉、六价铬、汞的总量[a]/(mg·kg⁻¹)	100	—	100	100
			90	90
铅/(mg·kg⁻¹)	90		75	75
镉/(mg·kg⁻¹)	75		60	60
六价铬/(mg·kg⁻¹)	60		60	60
汞/(mg·kg⁻¹)	60			
VOC 含量/%　≤	—		30	10

a 产品应按照所标注的黏度最低值进行配比,如果没有要求按照黏度 25mPa·s 进行稀释后测定。

b 仅对醇基油墨提出甲醇和氨及其化合物的限量要求。

表 10-13　非织造墙纸的外观质量要求

缺陷种类	要求
色差	不允许有明显差异
伤痕和皱褶	不允许有
气泡	不允许有
套印精度	偏差不大于 1.5mm
露底(干燥后)	不允许有
漏印	不允许有
污染点	不允许有目视明显的污染点

表 10-14　非织造墙纸的物理性能要求

项目			要求
褪色性/级			≥4
耐摩擦色牢度/级	干摩擦	纵向	≥4
		横向	
	湿摩擦	纵向	≥4
		横向	
遮蔽性/级			≥3
湿润拉伸负荷/(kN·m⁻¹)		纵向	≥0.67
		横向	
黏合剂可拭性		横向	20 次无外观上的损伤和变化

表 10-15　非织造墙纸的可洗性要求

使用等级	指标
可洗	30 次无外观上的损伤和变化
特别可洗	100 次无外观上的损伤和变化
可刷洗	40 次无外观上的损伤和变化

表 10-16　壁纸中的有害物质限量值

有害物质名称		限量值/$(mg \cdot kg^{-1})$
重金属(或其他)元素	钡	≤1000
	镉	≤25
	铬	≤60
	铅	≤90
	砷	≤8
	汞	≤20
	硒	≤165
	锑	≤20
氯乙烯单体		≤1.0
甲醛		≤120

10.1.4　影响因素分析

目前,墙纸企业都在大力研发非织造墙纸,但是由于所用非织造技术的差别化和多样化,导致产品质量参差不齐,并且缺乏统一的标准。影响非织造墙纸质量的因素非常多,提高非织造底布的成网均匀度是提升非织造墙纸产品质量的首要因素。从世界墙纸行业的发展趋势来看,增强非织造墙纸的绿色环保性是必然的,而非织造墙纸的功能性提升也将成为今后研发的重点。总之,未来非织造墙纸的开发方向应该从功能性着手,增强其抗污性、防霉菌性、可剥离性、可水洗性、阻燃性以及无毒副作用等性能,同时增加花色品种和图案,提升产品档次。

10.2　针刺地毯

10.2.1　概述

针刺地毯是指以短纤维为原料,梳理成网后在针刺机上用刺针穿刺纤网,使纤维相互缠结,并在毯背涂上黏合剂,经加热固化而制成的地毯产品。针刺地毯广泛应用于欧美、日本等发达国家和地区,是一种非常流行的大众化家居装饰用品。相比之下,我国的针刺地毯起步较晚,于 20 世纪 80 年代开始生产、使用。针刺地毯按照耐热性能可分为普通(不耐热)针刺地毯和耐燃针刺地毯两大类。每类按照毯面结构特征又可细分为条纹、花纹、绒面、毡面四种。

非织造针刺地毯与手工地毯、纺织地毯、簇绒地毯等其他种类的地毯产品相比,具备工艺流程短、生产效率高等特点,其产品性价比高,深受国内外消费者的喜爱。针刺地毯常选用的原料包括丙纶、涤纶、锦纶、腈纶以及羊毛等,可满足不同消费人群的特异性需求。例如,丙纶针刺地毯价格低廉,广泛应用于商场、办公场所。相比,羊毛针刺地毯档次更高、性能更优,可以依据实际需求应用于一些高端的场合。

10.2.2 标准及性能测试

针刺地毯的性能指标测试参考执行 QB/T 2792—2006《针刺地毯》GB 3920—2008《纺织品 耐摩擦色牢度试验方法》、GB 6529—2008《纺织品的调湿和试验用标准大气》、GB 8170—2008《数值修约规则》、GB 11049—2008《地毯燃烧性能 室温片剂试验方法》、SN/T 0910—2000《进出口纺织品检验规程》、QB 1087—2001《机制地毯 物理试验的取样和试样的截取法》、QB 1089—2001《机制地毯厚度的试验方法》、QB 1091—2001《地毯在动态负载下厚度减少的试验方法》、QB/T 1188—2001《地毯质量的试验方法》等标准。具体测试内容如下。

10.2.2.1 幅宽尺寸偏差

(1)原理。采用钢卷尺测量地毯产品不同部位的幅宽尺寸。

(2)工具。刻度值可读到 mm 的钢卷尺,尺子的总长度需大于地毯产品的幅宽。

(3)测量方法。将每卷地毯展开铺平,在松弛状态下,至少选择 5 个不同的部位测量幅宽尺寸,测量值精确到 1mm。

(4)结果计算与表达。幅宽偏差百分率按式(10-16)计算,结果精确至小数点后一位。

$$D = \frac{L_1 - L_s}{L_s} \times 100\% \tag{10-16}$$

式中:D——幅宽尺寸偏差百分率;

L_1——实测幅宽尺寸的算术平均值,mm;

L_s——标称尺寸,mm。

10.2.2.2 外观变化(四足)

(1)原理。将针刺地毯试样与特制的四足体踩踏器放入滚筒内,让滚筒旋转带动四足体随机踩踏地毯试样,达到规定的滚动次数后,观察试样毯面的色泽和外观结构变化。

(2)设备。由四只金属柱体顶端汇集铸成的四足体踩踏器,各金属柱体底部自由端均镶嵌一个聚氨基甲酸酯半球形脚;一端带有封闭盖子的聚乙烯圆管型滚筒,其内径为 200～210mm,筒深为 190～195mm,壁厚为 6mm,滚筒转速(50±2)r/min;吸尘器。

(3)试样的选取和准备。选样要能代表一个批次的产品,在地毯试样的相邻部位截取一块长 620mm,宽 185mm 作为疲劳试样用,再取一块机制方向长 300mm,宽 185mm 试样作为不经疲劳试验的对照试样,并在毯背作相同机制方向的标记。

(4)试验程序。

①采用两个弹簧钢丝将地毯试样卡紧于滚筒内壁上,采用浓度为95%的酒精擦拭四足体的四脚,并放入滚筒内,将滚筒的盖子盖紧,放置在滚筒支撑架上。

②待滚筒翻转5000次后自停,取出地毯试样,用吸尘器先沿试样纵向,后沿绒头倾斜方向吸尘,然后进行中间阶段的评级。

③把试样重新载入滚筒内,待滚筒再次翻转10000次后自停。然后取出试样,用吸尘器按②的要求,对疲劳试样进行吸尘。评级前放置24h,然后进行评级。

(5)外观变化的评定。对比疲劳试样和未疲劳试样的毯面,并用标样对比,直观评定试样的外观变化。一套标样有五个标准等级,五级(无变化),四级(微小变化),三级(中等变化),二级(较大变化),一级(严重变化)。评定工作至少由三个人单独进行目测,在疲劳试样上选取一个具有普遍变化的能代表毯面整体变化的疲劳区域作为评定区域,并同时在未经疲劳试样面积上选取参考区域。参照方向和试样标记方向相同,与参照方向相同并列进行排列,盖上罩框,同时将参加评定的标样(已选择等级)并列在评级台上,如图10-11所示,照明装置采用D_{65}标准光源,光照度1100lx,灯光垂直照射试样表面,室内亮度呈自然的或暗淡的。每个评定员对照标样等级对试样毯外观变化进行评定,可以评半级。

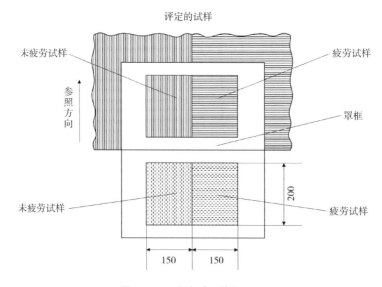

图10-11 评级台(单位:mm)

10.2.2.3 厚度

针刺地毯的厚度测试参考执行 QB/T 1089—2001《机制地毯厚度的试验方法》。

(1)原理。将地毯试样放置在基准板上,对试样施加规定的压力,测定压脚与基准板之间的平行距离。对于无纱线绒头和无绒头的地毯,应使用保护压环进行测试。

码10-2 地毯
厚度测定

（2）仪器设备。

①直尺或类似直尺的刮板工具,用来刮刷试样表面。

②地毯测厚仪,压脚应具有面积为 300～1000mm² 的圆形平面,能施加(2.0±0.2)kPa 的标准压力于试样平面,移动方向应垂直于试样平面,并在 25mm 范围内各厚度测量值的精确度均为 0.1mm;放置试样的底基准板应为平面,尺寸至少为 125mm×125mm,并平行于压脚,平行度在 1/500 以内;保护压环质量为 1000g,外径不大于 125mm,内径为(d±40)mm,d 为压脚的直径,其所施加的压力至少为 1kPa,在保护压环上开一个 40mm 宽的缺口。对于无纱线绒头和无绒头的地毯,应使用保护压环进行测试。

（3）调湿和试验用标准大气。调湿和试验用标准大气采用二级标准大气(温度为 20℃±2℃,相对湿度为 65%±3%)。

（4）取样。

具有纱线绒头的地毯:至少测 5 块试样,尺寸至少为 75mm×75mm,但因其他测试要求,可以采用较大的尺寸,也可以在一块较大的样品上至少测量 5 次,被测处面积间的中心距不小于 75mm。选取试样要妥善地避开样品的变形部分。

无纱线绒头和无绒头的地毯:至少测 10 块试样,尺寸至少为 125mm×125mm,但因其他测试要求,可以采用较大的尺寸,也可以在一块较大的样品上至少测量 10 次,被测面积间的中心距不小于 75mm。要确保用作测试的面积事先未被保护环压过,同时妥善地避开样品中变形的部分。

（5）试样准备。对有绒头的试样,用刮板先逆绒头倒向,后顺绒头倒向轻刮刷其毯面。将这些试样平整地、单个地,毯面朝上放置在规定的标准大气条件至少调湿 24h。

（6）试验程序。

①检查压脚轴是否移动自如,使压脚接触基准板,测厚仪调整至读数为零。

②将试样的毯面朝上放在基准板上,压脚边缘距试样边缘 20mm 以上,并使试样不能发生位移。当测试无纱线绒头和无绒头的地毯时,应使用保护压环。当测试的地毯同时具有一种以上的厚度或绒头结构时,压脚边缘应距结构变化处 20mm 以上。

③轻慢地将压脚下降到试样上,注意 30s 后记录读数。

（7）结果计算。在 2.0kPa 压力下测量和记录每块试样的厚度,精确至 0.1mm,并计算这些厚度的算术平均值,精确至 0.1mm。当所测试的地毯同时具有一种以上的厚度或绒头结构时,分别计算每种厚度的结果。

10.2.2.4　动态负载下厚度减少率

针刺地毯的动态负载下厚度减少率测试参考执行 QB/T 1091—2001《地毯在动态负载下厚度减少的试验方法》。

（1）原理。试样承受周期性动负载处理。用一底部附有两条钢压脚的重块,反复地自由落在试样上,同时试样缓慢移动,以使钢压脚边缘产生垂直剪切力作用于试样上。

（2）设备仪器。

①动态负载仪。其结构原理如图 10-12 所示。

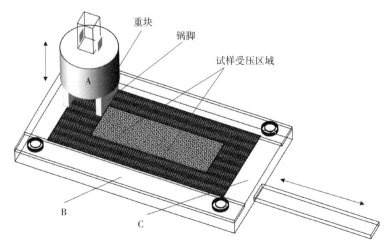

图 10-12　动态负荷仪原理示意图

重块 A。总质量(1279±13)g,在其底部附有两条长方形横截面的钢脚。钢脚之间的距离为(38±0.5)mm。每个钢脚尺寸为宽(6.5±0.5)mm,长(51±0.5)mm,高(9.5±0.5)mm。重块 A 每隔(4.3±0.3)s 从(63.5±0.5)mm 的高度上在重力的作用下,自由落到试样上。重块下落时受导向控制,以确保其不会产生横动或转动。然而,导向装置应只能产生可以忽略不计的摩擦力。重块每下落一次相当于一次撞击。

钢制底板 C 长(150±0.5)mm,宽(125±0.5)mm。在其两端用螺栓通过两条长(150±0.5)mm,宽(20±0.5)mm 的钢压板条 B 把试样固定在钢制底板 C 上。

底板以下述方式缓慢移动:重块每次下落过程中,底板向前移动(3.2±0.2)mm,回程与进程的位移相差(1.6±0.15)mm。一个完整的周期(即一次进程和一次回程移动)是由重块 25 次撞击完成的,试样的表面形成 50mm 宽、90mm 长的受压面积,在其中心的位置上可形成一道棱脊。本仪器在使用前,必须确保滑动件垂直在导槽中不偏位,并使撞击组合体能在导槽中自由滑动。

②厚度测试仪。当试样被固定在底板上时,能在(2.0±0.2)kPa 的标准压力下,测量试样的厚度,精确至 0.1mm。

③刮板。用于刷刮试样表面,如使用直尺。

(3)调湿和试验用标准大气。调湿和试验用标准大气采用二级标准大气(温度为 20℃±2℃,相对湿度为 65%±3%)。

(4)试样。

①按 QB/T 1087—2001 规定的取样程序选取试样,每个样品至少选取两块试样,试样尺寸为 125mm×125mm,试样的一边须平行于经线或机器生产方向,并使试样不含有同一根经线和纬线。

②当试验具有一种以上厚度或结构的地毯时,在试样的中心区域应具有经向或平行于机器生产方向不小于 75mm,纬向或垂直于机器生产方向不小于 115mm 的一块结构均匀一致的面积。

（5）试样的制备。调湿前，对有绒头的试样，应使用刮板先逆绒头倒向，后顺绒头倒向轻刷其毯面。将试样的表面朝上，单个平置在标准大气中调湿至少 24h。

（6）试验程序。

①将底板放置在厚度仪上调到读数为零，把试样固定在底板上，试样的经向（机器生产方向）应垂直于底板的移动方向，要特别注意试样背面应平贴于底板上，不可拱起（螺母过紧会使其拱起）。在（2.0±0.2）kPa 的标准压力下，分别测量每条钢压脚待撞击的两块面积中心处的厚度，精确至 0.1mm。

②把固定着试样的底板置于动态负载仪上的原来位置，施加 50 次撞击后，立即在相同的两处面积上测量试样的厚度，避开两受撞击面积中央的棱脊。然后放回试样，进一步撞击处理，厚度测量的间隔次数最高至 1000 次（适当的测量间隔是 50 次、100 次、200 次、500 次、1000 次），但也可以施加更多次的撞击。如果需要，试样可在去除压力回复一段时间后进行测量。

③样品中每一试样均需重复①和②中规定的程序。

（7）试验结果的表示。动态负荷下减少率按式（10-17）计算。

$$D_1 = \frac{t_0 - t_1}{t_0} \times 100\% \qquad (10-17)$$

式中：D_1——动态负荷下厚度减少率（精确至小数点后一位）；

　　　t_0——初始厚度算术平均值，mm；

　　　t_1——实际撞击 500 次后，厚度算数平均值，mm。

在每一试样的每一面积上，按上述②中规定记录其在标准压力下的初始厚度，结果精确至 0.1mm。用减法计算在规定撞击次数后的厚度减少。计算各试样未经撞击处理的平均厚度，和规定撞击次数后的平均厚度及厚度减少，精确至 0.1mm。当试验具有一种以上的毯面厚度或结构的试样时，分别计算其结果。如果试验两块试样，两块结果的厚度减少之差大于 10%，则另取两块试样进行重复试验。

10.2.2.5　单位面积质量偏差率

针刺地毯的动态负载下厚度减少率测试参考执行 QB/T 1188—2001《地毯质量的试验方法》。

（1）定义。单位面积质量偏差是指，在 3h 内每隔 1h 连续称重，其结果的变化率不超过 1% 时的质量。

（2）调湿和试验用标准大气。调湿和试验用标准大气采用二级标准大气（温度 20℃±2℃，相对湿度为 65%±3%）。

（3）试样块数。测试的试样块数必须达到 ±6% 的 95% 置信界限，开始应试验四块。如果试样计算的变异系数（CV）>4%，那么必须按下列方法增加测试的试样：如 4%<CV≤5.5%，则增加两块试样（共 6 块）；如 5.5%<CV≤7%，则增加 4 块试样（共 8 块）；如 CV>7%，则增加 8 块试样（共 12 块）。

（4）仪器及用具。锋利尖头小刀，分度值 mm 的钢直尺，精确至 0.01g 的天平。

（5）程序。测量每块试样的质量 m，精确至 0.01g；在每块试样的背面四个部位各测量其长度和宽度，精确至 1mm。

（6）结果的计算和表示。按式（10-18）计算：

$$每块试样的单位面积总质量（g/m^2）= 10^6 \times \frac{m}{A} \tag{10-18}$$

式中：A——每块试样的面积，mm^2；

m——每块试样的质量，g。

如需要计算出变异系数，再测试更多试样。计算出所有结果的平均值和 CV 值。

单位面积质量偏差率按式（10-19）计算：

$$D = \frac{m_1 - m_0}{m_0} \times 100\% \tag{10-19}$$

式中：D——单位面积质量偏差率（精确到小数点后一位）；

m_1——实测单位面积质量的算术平均值，g/m^2；

m_0——标定单位面积质量，g/m^2。

10.2.2.6　耐光色牢度（氙弧）

针刺地毯的耐光色牢度测试参考执行 GB/T 8427—2019《纺织品　色牢度试验　耐人造光色牢度：氙弧》。

（1）原理。纺织品试样与一组蓝色羊毛标样一起在人造光源下按照规定条件曝晒，然后将试样与蓝色羊毛标样进行变色对比，评定色牢度。对于白色（漂白或荧光增白）纺织品，是将试样的白度变化与蓝色羊毛标样对比，评定色牢度。

（2）标准材料。

两组蓝色羊毛标样均可使用。蓝色羊毛标样 1~8 和 L2~L9 是类似的，将使用不同蓝色羊毛标样获得的测试结果进行比较时，要注意到两组蓝色羊毛标样的褪色性能可能不同，因此，两组标样所得结果不可互换。

蓝色羊毛标样 1~8：欧洲研制和生产的蓝色羊毛标样编号为 1~8，这些标样是用表 10-17 中的染料染成的蓝色羊毛织物，它的范围从 1（很低色牢度）到 8（很高色牢度），使每一较高编号蓝色羊毛标样的耐光色牢度比前一编号的高一倍。

蓝色羊毛标样 L2~L9：美国研制和生产的蓝色羊毛标样编号为 2~9，数字前均注有字母 L。这八个蓝色羊毛标样是用 CI Mordant Bule 1（《染料索引》，第三版，43830）染色的羊毛和用 CI Solubilized Vat Blue 8（《染料索引》，第三版，73801）染色的羊毛以不同混合比特制而成的，使每一较高编号蓝色羊毛标样的耐光色牢度比前一编号约高一倍。

湿度控制标样。有效湿度定义是结合了空气温度、试样表面温度和决定曝晒过程中试样表面湿气含量的空气相对湿度来定义的。有效湿度只能通过评定湿度控制标样的耐光色牢度来测量。湿度控制标样是用红色偶氮染料染色的棉织物。标样的校准是将其于一年中的不同时间置于一些特定的场所，面朝南方曝晒，同时，将标样置于一些恒定空气湿度从 0~100% 的密封容器中。当处于 GB/T 8426—1998 指定的区域中曝晒时，湿度控制标样的耐光色牢度为 5 级。

表 10-17　用于蓝色羊毛标样 1~8 的染料

标准级别	染料(染料索引名称)[a]
1	C. I. 酸性蓝 104(CI Acid Blue 104)
2	C. I. 酸性蓝 109(CI Acid Blue 109)
3	C. I. 酸性蓝 83(CI Acid Blue 83)
4	C. I. 酸性蓝 121(CI Acid Blue 121)
5	C. I. 酸性蓝 47(CI Acid Blue 47)
6	C. I. 酸性蓝 23(CI Acid Blue 23)
7	C. I. 可溶性还原蓝 5(CI Solubilized Vat Blue 5)
8	C. I. 可溶性还原蓝 8(CI Solubilized Vat Blue 8)

a《染料索引》(第三版)由英国化学家和染色师协会(SDC),P. O. Box 244,Perkin House,82 Grattan Road,Bradford BD1 2JB,West York,UK 以及美国化学家和染色学家协会(AATCC),P. O. Box 12215,Research Triangle Park,NC 27709-2215, USA 共同发布。

(3)设备。

①氙弧灯设备。空冷式或水冷式。试样和蓝色羊毛标样可同时在下述任一种设备中曝晒,试样和蓝色羊毛标样受光面上光强度的差异不应超过平均值的±10%。辐照量(单位面积辐照能)用辐照度计测得,建议为 $42W/m^2$(波长在 $300 \sim 400nm$) 或 $1.1W/m^2$(波长在 420nm)。氙弧灯与试样表面和蓝色羊毛标样表面应保持相等距离。

a. 空冷式氙弧灯设备,由下列部件组成:

·光源。安装在通风良好的曝晒仓内。光源为氙弧灯,相关色温为 5500~6500K,尺寸由设备型号而定。

·滤光片。置于光源和试样及蓝色羊毛标样之间,使紫外光谱稳定衰减。所用滤光玻璃的透光率在 380~750nm 之间至少为 90%,而在 310~320nm 之间则降为 0。

·滤热片。置于光源和试样及蓝色羊毛标样之间,可使氙弧光谱中所含红外辐照量稳定地衰减。使用玻璃过滤器以消除多余的红外辐照,达到所规定的温度条件,应经常进行清洁,防止由灰尘造成不必要的滤光。

b. 水冷式氙弧灯设备,由下列部件组成:

·光源。安装在通风良好的曝晒箱内。光源为氙弧灯,相关色温为 5500~6500K,尺寸由设备型号而定。

·滤光片。包括内层和外层滤光玻璃容纳和引导冷却水流动。滤光器置于光源和试样及蓝色羊毛标样之间,使紫外光谱和部分红外光谱可稳定衰减。

欧洲的曝晒条件:由内外红外玻璃滤光片和窗玻璃外罩组成的滤光系统,其透射率在 380~750nm 之间至少为 90%,面在 310nm 左右则降为 0。

美国的曝晒条件:内层为硼硅玻璃,外层为透明钠钙玻璃。这样可阻断较低波长的光谱辐射,使到达试样上的光谱辐射与经过一般窗玻璃后的大致相等。

·冷却系统。3级水(可用蒸馏或离子交换等方法制取)循环通过氙灯的内外滤光玻璃之间,并经热交换装置冷却。

②遮盖物。为不透光材料,如薄铝片或用铝箔覆盖的硬卡纸,用于遮盖试样和蓝色羊毛标样的一部分。

③温度传感器。黑板温度计(BPT)或黑标温度计(BST)。

a. 黑板温度计(BPT):包括一块尺寸至少为 45mm×100mm 的金属板,其温度用温度计或热电偶测量,热敏部分位于金属板中心并与板接触良好。

金属板向着光源的一面为黑色,使到达试样的光谱在黑板上的反射率小于 5%,背向光的一面是不绝热的。

b. 黑标温度计(BST):包括一块尺寸约为 70mm×30mm 不锈钢板,厚度约为 0.5mm,用固定于背面具有优良导热性的热电阻测量温度。金属板用一块塑料板固定以隔热,并涂以黑色涂层,因此即使在红外光谱范围也能获得至少 95% 的吸收率。

④评定变色用灰色样卡。

⑤评级灯。

a. 人造 D_{65} 光源技术指标。一级:可见范围同色异谱指数 $MI_{vis}<0.5$(CIELAB);$MI_{uv}<1.0$(CIELAB);半径圆 $C_a<0.015$。二级:可见范围同色异谱指数 $MI_{vis}<1.0$(CIELAB);紫外线范围同色异谱指数 $MI_{uv}<2.0$(CIELAB);半径圆 $C_a<0.015$。或一级:相关色温 T_e:6500 K±200K;一般显色指数 $R_a>92$,符合优度 $C_i<130$。二级:相关色温 T_e:6500 K±300K;一般显色指数 $R_a>92$;符合优度 $C_i<225$。

b. 光照度。一般要求:≥600lx;严格要求:浅色 800lx±200lx,中色 1100lx±300lx,深色 1400 lx±300lx。

c. 天然光。晴天北向昼光(上午 9:00~下午 3:00),应避免外界环境物体反射光的影响。

⑥辐照度计。用于测量 300~400nm 或某个规定波长(如 420nm)的曝晒辐照。由于试样表面的辐照度与灯光强度和灯至试样的距离呈函数关系,可用辐照度计控制曝晒均匀度,辐照度计可测量在试样架平面上某一点上的辐照量(单位面积辐照能)。

(4)试样。试样的尺寸可以变动,依试样数量和设备试样夹的形状和尺寸而定。

①在空冷式设备中,如在同一块试样上进行逐段分期曝晒,通常使用的试样面积不小于 45mm×10mm。对于针刺地毯织物,应紧附于硬卡上。每一曝晒和未曝晒面积不应小于 10mm×8mm。

②为了便于操作,可将一块或几块试样和相同尺寸的蓝色羊毛标样按图 10-13 或图 10-14 方式置于一块或多块硬卡上。

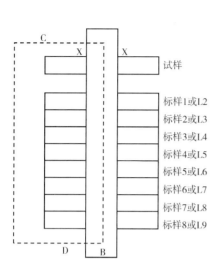

图 10-13　方法 1 装样图

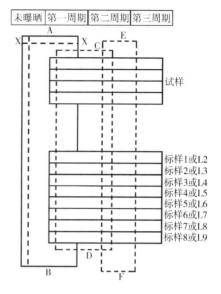

图 10-14　方法 2 装样图

AB—第一遮盖物　在 X—Y 处可成折叶使它能在原处从试样和
蓝色羊毛标样上提起和复位　CD—第二遮盖物　EF—第三遮盖物

③在水冷式设备中,试样夹宜放置约 70mm×120mm 的试样。需要时可选用与试样夹相匹配的不同尺寸的试样。蓝色羊毛标样应放在白纸卡背衬上进行曝晒,如需要试样也可安放在白纸卡上。

④遮盖物应与试样和蓝色羊毛标样的未曝晒面紧密接触,使曝晒和未暴晒部分之间界限分明,但不可过分紧压。

⑤试样的尺寸和形状应与蓝色羊毛标样相同,以免对曝晒与未曝晒部分目测评级时,面积较大的试样对照面积较小的蓝色羊毛标样会出现评定偏高的误差。

⑥试验绒头织物时,应在蓝色羊毛标样下垫衬硬卡,以使光源至蓝色羊毛标样的距离与光源至绒头织物表面的距离相同,但应避免遮盖物将试样未曝晒部分的表面压平。绒头织物如毯子,具有绒面纤维或结构,小面积不易评定,则需不小于 50mm×40mmn 或更大的曝晒面积。

(5)曝晒条件。

①欧洲的曝晒条件:本条件使用蓝色羊毛标样 1~8。

a. 通常条件(温带):中等有效湿度,湿度控制标样 5 级,最高黑标温度 50℃。

b. 极限条件:为了检验试样在曝晒期间对不同湿度的敏感性,可使用以下极限条件。

低有效湿度:湿度控制标样 6~7 级,最高黑标温度 65℃;高有效湿度:湿度控制标样 3级,最高黑标温度 45℃。

用黑板温度计(BPT)测量温度要比黑标温度计(BST)低 5℃。

②美国的曝晒条件:本条件使用蓝色羊毛标样 L2~L9。黑板温度(63±1)℃。仪器试验

箱内相对湿度30%±5%,低有效湿度,湿度控制标样的色牢度为6~7级。

(6)操作程序。

①湿度的调节。检查设备是否处于良好的运转状态,氙灯是否洁净。

将一块不小于45mm×10mm的湿度控制标样与蓝色羊毛标样一起装在硬卡上,并尽可能使之置于试样夹的中部。

将装妥的试样夹安放于设备的试样架上。试样架上所有的空档,都要用没有试样而装着硬卡的试样夹全部填满。

开启氙灯后,设备需连续运转到试验完成,除非需要清洗氙灯或因灯管出光片已到规定使用期限需进行调换。

将部分遮盖的湿度控制标样与蓝色羊毛标样同时进行曝晒,直至湿度控制标样上曝晒和未曝晒部分间的色差达到灰色样卡4级。

在此阶段评定湿度控制标样的耐光色牢度,必要时可调节设备上的控制器,以获得选定的曝晒条件。每天检查,必要时重新调节控制器,以保持规定的黑板温度(黑标温度)和湿度。

②曝晒方法。在预定的条件下,对试样(或一组试样)和蓝色羊毛标样同时进行曝晒。其方法和时间要以能否对照蓝色羊毛标样完全评出每块试样的色牢度为准。在整个试验过程中要逐次遮盖试样和蓝色羊毛标样(方法1或方法2)。也可使用其他的遮盖顺序,例如遮盖试样及蓝色羊毛标样的两侧,曝晒中间的三分之一或二分之一。

a. 方法1。本方法被认为是最精确的,在评级有争议时应予采用。其基本特点是通过检查试样来控制曝晒周期,故每块试样需配备一套蓝色羊毛标样。

将试样和蓝色羊毛标样按图10-13所示排列,将遮盖物AB放在试样和蓝色羊毛标样的中段三分之一处。在氙灯下曝晒。不时提起遮盖物AB,检查试样的光照效果,直至试样的曝晒和未曝晒部分间的色差达到灰色样卡4级。用另一个遮盖物遮盖试样和蓝色羊毛标样的左侧三分之一处,在此阶段,注意光致变色的可能性(如果试样经曝晒后立即显示出的色差大于灰色样卡4级,但在温度20℃±2℃、相对湿度65%±2%的环境下放在暗处1h调湿,调湿之后显示的色差小于灰色样卡4~5级,则试样具有光致变色性)。如试样是白色(漂白或荧光增白)纺织品即可终止曝晒。

继续曝晒,直至试样的曝晒和未曝晒部分的色差等于灰色样卡3级。

如果蓝色羊毛标样7或L7的褪色比试样先达到灰色样卡4级,此时曝晒即可终止。这是因为如当试样具有等于或高于7级或L7级耐光色牢度时,则需要很长时间的曝晒才能达到灰色样卡3级的色差。再者,当耐光色牢度为8级或L9级时,这样的色差就不可能测得。所以,当蓝色羊毛标样7或L7以上产生的色差等于灰色样卡4级时,即可在蓝色羊毛标样7~8或蓝色羊毛标样L7~L8的范围内进行评级,因为,为达到这个色差所需时间之长,已足以消除由于不适当曝晒可能产生的任何误差。

b. 方法2。本方法适用于大量试样同时测试。其基本特点是通过检查蓝色羊毛标样来控制曝晒周期,只需用一套蓝色羊毛标样对一批具有不同耐光色牢度的试样试验,从而节省蓝色羊毛标样的用料。

试样和蓝色羊毛标样按图 10-14 所示排列。用遮盖物 AB 遮盖试样和蓝色羊毛标样总长的五分之一到四分之一之间。按规定条件进行曝晒。不时提起遮盖物检查蓝色羊毛标样的光照效果。当能观察出蓝色羊毛标样 2 的变色达到灰色样卡 3 级或 L2 的变色等于灰色样卡 4 级,并对照在蓝色羊毛标样 1、2、3 或 L2 上所呈现的变色情况,评定试样的耐光色牢度(这是耐光色牢度的初评)。在此阶段应注意光致变色的可能性(见如果试样经曝晒后立即显示出的色差大于灰色样卡 4 级,但在温度 20℃±2℃、相对湿度 65%±2% 的环境下放在暗处 1h 调湿,调湿之后显示的色差小于灰色样卡 4~5 级,则试样具有光致变色性)。

将遮盖物 AB 重新准确地放在原先位置,继续曝晒,直至蓝色羊毛标样 4 或 L3 的变色与灰色样卡 4 级相同。这时再按图 10-14 所示位置放上另一遮盖物 CD,重叠盖在第一个遮盖物 AB 上。继续曝晒,直到蓝色羊毛标样 6 或 L4 的变色等于灰色样卡 4 级。然后,按图 10-14 所示的位置放上最后一个遮盖物 EF,其他遮盖物仍保留在原处。

继续曝晒,直到下列任一种情况出现为止:在蓝色羊毛标样 7 或 L7 上产生的色差等于灰色样卡 4 级;在最耐光的试样上产生的色差等于灰色样卡 3 级;白色纺织品(漂白或荧光增白),在最耐光的试样上产生的色差等于灰色样卡 4 级。

(7)耐光色牢度的评定。

①在试样的曝晒和未曝晒部分间的色差等于灰色样卡 3 级的基础上,做出耐光色牢度级数的最后评定。白色纺织品(漂白或荧光增白)在试样的曝晒与未曝晒部间的色差达到灰色样卡 4 级的基础上,做出耐光色牢度级数的最后评定。

②移开所有遮盖物,试样和蓝色羊毛标样露出实验后的两个或三个分段面,其中有的已曝晒过多次,连同至少一处未受到曝晒的,在合适的照明下(北半球应用北昼光,南半球应用南昼光,或用一个等效的光源,照度等于或大于 600lx)比较试样和蓝色羊毛标样的相应变色。

白色纺织品(漂白或荧光增白)的评级应使用人造光源,在有争议时更有必要,除非另有规定。

试样的耐光色牢度即为显示相似变色(试样曝晒和未曝晒部分间的目测色差)的蓝色羊毛标样的号数。如果试样所显示的变色更近于两个相邻蓝色羊毛标样的中间级数。而不是近于两个相邻蓝色羊毛标样中的一个。则应给予一个中间级数。例如 3~4 级或 L2~L3 级。

如果不同阶段的色差上得出于不同的评定,则可取其算术平均值作为试样耐光色牢度,以最接近的半级或整级来表示。当级数的算术平均值是四分之一或四分之三时,则评定应取其邻近的高半级或一级。

为了避免由于光致变色性导致耐光色牢度发生错评,应在评定耐光色牢度前,将试样放在暗处,在室温下保持 24h。

③如试样颜色比蓝色羊毛标样 1 或 L2 更易褪色,则评为 1 级或 L2 级。

④用一个约为灰色样卡 1 级和 2 级之间的中性灰色(约为 MunsellN5)的遮框遮住试样,并用同样孔径的遮框依次盖在蓝色羊毛标样周围,这样便于对试样和蓝色羊毛标样的变色

进行对比。

⑤如耐光色牢度等于或高于 4 级或 L3 级,初评就显得很重要。如果初评为 3 级或 L2 级,则应把它置于括号内。例如评级为 6(3)级,表示在试验中蓝色羊毛标样 3 刚开始褪色时,试样也有很轻微的变色,但再继续曝晒,它的耐光色牢度与蓝色羊毛标样 6 相同。

⑥如试样具有光致变色性,则耐光色牢度级数后应加一个括号,其内写上一个 P 和光致变色试验的级数,例如,6(P3~4)级。

⑦"变色"一词包括色相、彩度、亮度的各个变化,或这些颜色特性的任何综合变化。

⑧试样与规定的蓝色羊毛标样或一个符合商定的参比样一起曝晒,然后对试样和参比样及蓝色羊毛标样的变色进行比较和评级。如试样的变色不大于规定蓝色羊毛标样或参比样,则耐光色牢度定为"符合";如果试样的变色大于规定蓝色羊毛标样或参比样,则耐光色牢度定为"不符合"。

10.2.2.7 耐摩擦色牢度(干)

针刺地毯的耐摩擦色牢度测试参考执行 GB/T 3920—2008《纺织品　色牢度试验　耐摩擦色牢》。

(1)原理。将试样分别用一块干摩擦布和湿摩擦布摩擦,摩擦布的沾色用灰色样卡评定。

(2)设备和材料。

①耐摩擦色牢度试验机。地毯耐摩擦色牢度仪的摩擦头尺寸为 19mm×25mm,摩擦头垂直压力为 9N,摩擦试验用布尺寸为 25mm×100mm,直线往复动程为 100mm,往复速度 60 次/min。

②不锈钢丝直径为 1mm,网孔宽约为 20mm 的滴水网,或可调节的轧液装置。

③评定沾色用灰色样卡。

④三级水。

(3)试验样品的制备。

对于地毯试样,必须备有两组不小于 50mm×200mm 的样品。每组两块,一组其长度方向平行于经纱,用于经向的干摩和湿摩,另一组其长度方向平行于纬纱,用于纬向的干摩和湿摩。

当测试有多种颜色的纺织品时,应细心选择试样的位置,应使所有颜色都可被摩擦到,若各种颜色的面积足够大时,必须全部取样。

(4)操作程序。

①用夹紧装置将试验样品固定在试验机底板上,使试样的长度方向与仪器的动程方向一致。

②干摩擦。将干摩擦布固定在试验机的摩擦头上,使摩擦布的经向与摩擦头运行方向一致。在干摩擦试样的长度方向上,在 10s 内摩擦 10 次,往复动程为 100mm,垂直压力为 9N。

③湿摩擦。更换试样,用湿摩擦布按②所述重复操作。湿摩擦布必须用三级水浸湿,并

放在滴水网上或使用轧液装置,使其含水量在 95%～105%,摩擦结束后在室温下晾干。

④去除摩擦布上的试样纤维。

⑤用灰色样卡评定上述摩擦布的沾色级数。

10.2.2.8　耐燃性(水平法,片剂)

针刺地毯的耐光色牢度测试参考执行 GB/T 11049—2008《地毯燃烧性能　室温片剂试验方法》。

(1)原理。在规定条件下,将水平位置的试样暴露在小火源即六亚甲基四胺片剂(以下简称片剂)的作用中,并测量试验后的损毁长度和火焰蔓延时间。

(2)设备和材料。

①试验箱。内部尺寸为 300mm×300mm×300mm,由硬质耐火绝缘板制成,具有与石棉水泥板相似的耐热性能,厚度不小于 6mm。箱顶敞开,并有一块用同一材料制成的可移动底板,结合处密接。能给出相同结果的其他试验箱体均可使用。

②方形金属板。230mm×230mm,厚(6.5±0.5)mm,中间开一个直径为 205mm 的圆孔。

③干燥器。存放片剂及干燥试样。建议使用变色硅胶作为干燥剂。

④烘箱。应有通风和恒温控制。箱内温度为(105±2)℃。

⑤手套。聚乙烯、聚丙烯和橡胶手套均可。

⑥钢尺。分度值为毫米。

⑦吸尘器。与试样接触的所有表面应平整光滑。

⑧实验室通风橱。容积约 2m³、密闭、试验时排风装置能关闭。通风橱的前面或一个侧面应装有供观察试样用的玻璃窗。

⑨片剂。六亚甲基四胺(商品名为乌洛托品)扁平片剂,每片质量为(150±5)mg,直径为6mm。片剂储存于干燥器内,可减少点燃时破裂的现象。

⑩计时器。可选用秒表。

(3)试样和调湿。

①取样和试样截取。每个样品上至少截取 8 块试样,尺寸为 230mm×230mm,允差±3mm。

②衬垫。衬垫的使用不做规定,如果有关双方认可,则本方法可用于评定地毯和衬垫的组合效果。

③试样调湿。用吸尘器清洁试样,除掉绒头上的散绒毛等杂物。按具体情况选用下述方法之一调湿试样,试样应单个毯面朝上放置,或按有关双方认可的方法进行。

a 法。试样在温度(20±2)℃,相对湿度 65%±4%的标准大气中放置 24h,然后取出放入密封容器内。

b 法。将试样放在(105±2)℃的烘箱内烘 2h 后,把试样移入干燥器内直至达到室温。

注:b 法调湿的试样更严格,a 法调湿的试样更现实,方法选择应按具体情况而定。

(4)试验程序。

①应在温度 10～30℃,相对湿度 20%～65%的大气中进行试验。

②将试验箱放入通风橱内,关闭排风装置。

③戴上手套从调湿大气或干燥器中取出一块试样,对绒头试样,需沿逆绒头倒伏方向将绒头刷至直立。

④将试样使用面朝上平放在试验箱底板上,将金属板放在试样上,四边与试样对齐。

⑤取一片剂平放在试样中心,用点燃的火柴或点火器的火焰与片剂表面轻轻接触,点燃片剂。如需计时应启动秒表,注意切勿让点燃的火柴和点火器的火焰接触到试样。

试样从容器或干燥器中取出至片剂点燃相隔的时间应控制在 2min 以内,如超过 2min 应另取试样按③~⑤重新试验。如点燃时片剂破裂,则试验结果无效。

⑥点燃的火焰或任何蔓延的火焰燃烧至熄灭,让有焰或无焰燃烧蔓延至金属板孔的任何一边缘,如达到以上两个条件之一时,即为试验终止,立即停止计时,开启通风橱的排风装置,排除烟雾及有毒气体。

⑦用钢尺测量试样的中心至损毁区边缘的最大距离,单位为 mm。

⑧取出试样,清除试验箱内底板上的残渣。各次试验之间要有足够时间以便试验箱冷却至室温±5℃。

⑨按④~⑧规定的方法重复进行其余的 7 块试样。

⑩如需要,用计时器以秒计测量片剂点燃至火焰或无焰燃烧延至金属板孔边缘的时间。

(5)结果的表示。试验结果应以每块试样的最大损毁长度(mm)表示。

10.2.3　性能评价

针刺地毯具体性能评价参照以下相关质量要求。产品的内在质量要求见表 10-18,该要求只限于纤维含量≥500g/m² 的产品,低于该纤维含量的产品需自行商定。产品的外在质量要求见表 10-19。普通型针刺地毯根据内在质量指标和外在质量指标,仅做合格与否的评价,不评优。耐燃型针刺地毯则分为合格品、一等品、优等品三个品级。

表 10-18　针刺地毯的内在质量要求

序号	测试项目	技术指标		
		优等品	一等品	合格品
1	动态负荷下的厚度减少率/%	条纹≤35	≤40	≤45
		绒面≤40	≤45	≤50
		毡面≤20	≤25	≤30
2	外观变化(四足)/级	>3	>2~3	2
3	单位面积质量下限偏差/%	−8		
4	耐光色牢度(氙弧)/级	≥5		≥4
5	耐摩擦色牢度(干)/级	>3~4		3
6	耐燃性(水平法,片剂)/mm	损毁长度≤75(8块中至少7块合格)		

表 10-19　针刺地毯的外观质量指标

序号	疵点名称	优等品	一等品	合格品
1	破损	不允许		
2	污渍	不允许	不明显	
3	条纹、花纹不清晰	不明显	较明显	
4	透胶	不允许	不明显	
5	涂胶不匀	不明显	较明显	
6	毯边不良	不允许	不明显	
7	折痕	不允许	不明显	较明显
8	烤焦	不允许		不明显
9	幅宽尺寸下限偏差	不小于规定尺寸	-1.0%	-1.5%

10.2.4　影响因素分析

纤维种类、品质决定针刺地毯产品的品质。针刺地毯一般选用短纤维,如丙纶、涤纶、锦纶等,纤维线密度一般约为 16dtex,但根据实际需求纤维的线密度可适当加粗,如 33dtex、55dtex,甚至 111dtex 等。对于中高等针刺地毯可选用羊毛等高端纤维。

针刺的生产工艺参数也会影响最终地毯产品的性能。一般来说,纤网的针刺密度越大,地毯产品的强度越高,手感越硬挺。但是当针刺密度达到一定程度后,继续升高将导致纤网纤维的过度损伤或者断针,降低最终产品的品质。在实际生产过程中,针板的植针密度一般是固定的,所以可以通过调节纤网针刺频率和产品输出速度等工艺参数调节地毯产品的针刺密度。

针刺深度同样会显著影响最终成品的质量。针刺深度是指刺针穿透纤网后,露出纤网外的长度。在一定范围内,提高针刺深度,可增加纤维在刺针上的移动距离,提升纤维之间的缠结力,进而提高地毯产品的强度。但是过高的针刺深度,将使那些移动困难的纤维在刺针作用下发生断裂,反而降低最终产品的强度。一般而言,对于那些由粗和(或)长纤维组成的纤网需选择较大的针刺深度。

在实际生产过程中,也需要考虑针刺力。针刺力是指针刺过程中刺针受到的纤网阻力。针刺力在很大程度上反映了纤网的可刺性。通常而言,纤网中的纤维性能会显著影响针刺力。纤维越细、越长,纤维间的摩擦因数越大,针刺力也越大。在实际生产过程中针刺力过大,将会造成纤维损伤,并且导致断针。因此,在纤维性能和纤网结构一定的情况下,可通过调整针刺工艺参数,如针刺密度、针刺深度、针刺力等改变最终产品的性能。

第 11 章　交通工具用非织造材料

交通工具用纺织品,通常指在汽车、火车、船舶、飞机等交通工具中应用的纺织品,包括内饰用纺织品、填充用纺织品、过滤用纺织品等。交通工具用非织造材料以汽车用非织造材料为主,包括汽车用地毯、汽车用过滤材料、汽车内饰材料等。自 21 世纪以来,世界汽车工业进入高速发展期,美国、日本、欧洲等地区占据了世界上绝大多数的汽车产量,世界汽车工业不仅形成规模化大生产,而且形成了系统的质量标准,生产管理更加规范化,技术向高科技方向发展,生产向高效率、低成本方向发展,设计向节能、环保、可回收及混合动力、蓄电池动力方向发展。当下,汽车工业的发展更加理性化,汽车制造更加智能化,汽车设计也更人性化。就汽车内饰材料而言,品种多变,安全性、舒适性、美学性更强,性价比更趋于合理。高性能、多功能的高科技含量新兴汽车内饰材料不断应运而生。如碳纤维、清洁能源等不断运用于汽车工业中,高科技的非织造材料的使用,同时促进了世界汽车工业的不断发展,使其进入了另一个高潮。

11.1　汽车用地毯

11.1.1　产品概述

汽车用地毯是由化纤材料、胶膜、隔热层(丙纶毡或 PU 发泡层)等复合成型后,覆盖车身地板上部,用来装饰车内并起到隔音、隔热作用的零部件(图 11-1)。20 世纪 60 年代以前,汽车用地毯是根据汽车底盘的形状与尺寸,将汽车地毯材料经过测量、剪切和缝制而成的未成型地毯。由于较大的尺寸偏差、复杂低效的生产与不尽人意的外观严重制约着其发展,汽车用未成形地毯逐渐被汽车用成型地毯所取代。因此现在市面上看到的汽车用主地毯几乎都是成型地毯。

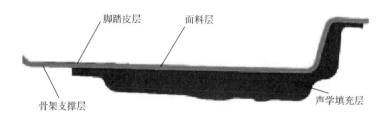

脚踏皮层　　面料层

骨架支撑层　　　　　　　　　　声学填充层

图 11-1　汽车用主地毯结构示意图

广义的汽车用成型地毯可分为三种:

（1）前围地毯。前围地毯位于仪表板与发动机之间。

（2）成型主地毯。成型主地毯简称主地毯，也称乘客舱地毯，位于乘客舱地板上方。一般为一个整体，也有分成多块的，例如有些汽车品牌就把主地毯做成左前、右前和后排三张。

（3）行李箱地毯。行李箱地毯通常从后座椅安装孔到后车尾。狭义的汽车用成型地毯专指汽车用成型主地毯。

按照面料类型可以分为针刺地毯和簇绒地毯，针刺地毯按照是否起毛分可分为针刺毡型地毯、针刺条绒地毯和针刺天鹅绒地毯；簇绒地毯按照常见的簇绒隔距可分为 1/8 隔距簇绒地毯，1/10 隔距簇绒地毯和 5/64 隔距簇绒地毯。美国主要以簇绒地毯为主，而在欧洲和日本簇绒地毯和针刺地毯各占据半壁江山。95% 以上的簇绒地毯都采用锦纶，其优点在于良好的回弹性和优异的耐磨性，针刺地毯则主要采用丙纶短纤维和涤纶短纤维相混合的原料，相对于锦纶，丙纶在价格上具有明显的优势。从骨架支撑层来看，主地毯的骨架材料以棉毡和 EPDM 重涂层为主，不同的骨架材料对汽车地毯的性能尤其是力学性能影响很大。

汽车地毯按材料区分，一般可分为三种（表 11-1）。

表 11-1　汽车用地毯材料选择

序号	名称	材料	简介
1	针刺地毯	针刺非织造布+定型胶+PE 膜+丙纶毡	最为常用的地毯，一般用于中低档车，具有价格低廉、工艺简单的特点
2	簇绒地毯	锦纶簇绒毯面+EVA 重涂层+PU 发泡	簇绒地毯一般用于较高档次的汽车，为了降低车内噪声，在簇绒地毯下面增加一层 PU 发泡层。优点是隔声隔热性能较好，档次感强；缺点是工艺复杂、质量大、成本较高
3	PVC 地毯	PVC+非织造布+丙纶毡	易清洗，成型较差，现多用于出租车

近年来，随着绿色低碳概念的深入和审美水平的提高，人们对主地毯的要求也不局限于消声降噪，主地毯的舒适性、美观性、轻量化、个性化越来越受到人们关注，主地毯也出现了多样化、个性化发展的特征，其科技含量越来越高，功能性正在逐渐增强。随着纺织工业的发展，化学纤维的生产技术不断提高，先后研制成功了多孔中空高弹纤维、高性能低熔点纤维、异形截面改性纤维、超细纤维等。其中，异形截面改性聚酯纤维不仅弹性好，而且具有更高的吸湿性；采用超细纤维生产非织造汽车地毯材料，具有更理想的吸音隔热、隔声减震、密封填隙功能。非织造布的铺网技术也不断更新，从普通机械铺网到现今的垂直铺网技术，采用垂直铺网技术，可以使汽车地毯材料的回弹性更佳，同时减轻整体重量的 30% 以上，符合汽车的轻量化发展。与此同时，再生纤维在汽车地毯用材料中的应用比例不断提高，异形、差别化、功能化再生纤维的品种会更多，使用量也会更大。非织造布的复合生产技术，包括纺粘/熔喷复合生产技术、纺粘/水刺复合技术，在汽车地毯材料生产中会运用更多，工艺也会更加多样化。

11.1.2　标准及性能测试

汽车用地毯性能主要参考执行 QC/T 216—2019《汽车用地毯》，其性能测试内容如下：

11.1.2.1 厚度

执行标准 GB/T 24218.2—2009《纺织品　非织造布试验方法　第2部分:厚度的测定》。

11.1.2.2　耐燃性

依照标准 GB 8410—2006《汽车内饰材料的燃烧特性》执行。

11.1.2.3　耐光老化性

依照标准 GB/T 16991—2008《纺织品色牢度试验　高温耐人造光色牢度及抗老化性能》执行。

11.1.2.4　耐摩擦色牢度

依照标准 GB/T 3920—2008《纺织品　色牢度试验　耐摩擦色牢度》执行。

11.1.2.5　耐磨性能

(1)Schopper(肖伯尔)耐磨。试验方法参照标准 GB/T 33276—2016《汽车装饰用针织物及针织复合物》附录 B。

①样品制备。取 3 块 100cm² 圆形试样。

②试验仪器。肖伯尔耐磨仪、0.1mg 精度的电子天平、灰卡、吸尘器。

③试验条件。砂纸:320 目碳化硅;拱高:5mm;压重:(10±1)N;耐磨面积:50cm²;耐磨次数:2000 次;每 100 次设备反转;砂纸更换:1000 次。

④试验步骤。取一块试样首先用吸尘器吸干净正反两面,然后称重,记录重量 G_1,装上耐磨仪进行试验;试验完毕,再用吸尘器吸干净正反两面,称重,记录重量 G_2。

⑤试验结果。

失重:$G=G_1-G_2$,取 4 次结果的平均值;

色牢度:将实验前后的样品对照灰卡进行评级,取四件样品较差的等级为实验结果。

(2)Taber 耐磨。取 4 块直径 113mm 圆形试样。试验方法参照标准 QB/T 4545—2013《鞋用材料耐磨性能试验方法(Taber 耐磨试验机法)》。

11.1.3　性能评价

汽车用地毯质量指标参考 QC/T 216—2019《汽车用地毯》,其面层结构见表 11-2,性能要求见表 11-3。

表 11-2　针刺成型地毯面料层结构

针刺地毯面层结构	面层纤维材质	A 针刺毡型地毯			B 针刺天鹅绒地毯			C 针刺条纹地毯	
		100%PET 短纤和(或)PA、PP 短纤混合							
	型号	A1	A2	A3	B1	B2	B3	C1	C2
	纤维克重/(g·m⁻²)	250~350	351~450	>450	280~450	451~550	>550	350~550	>550
	厚度/mm	≈2mm			≈3.5mm			≈3.5mm	
	纤维固结剂	SBR、双组分纤维、LDPE 等							

注　厚度为参考指标。

表 11-3　针刺成型地毯的性能要求

序号	项目			分类						
				A 针刺毡型地毯			B 针刺天鹅绒地毯			C 针刺条纹地毯	
				A1	A2	A3	B1	B2	B3	C1	C2
1	外观			无外观缺陷,如尺寸偏差、变形、起壳、污渍、分层、褶皱、色差、花斑、夹色纤维、烤焦、毯体损伤、缺料、缺孔、经纬条痕等缺陷							
2	单位面积质量/(g·m⁻²)			按要求							
3	断裂强度/(N·5cm⁻¹)	纵向		>300			>400			>400	
		横向		>300			>450			>450	
4	撕裂强度/N	纵向		>60							
		横向		>50							
5	剥离强度/(N·5cm⁻¹)			>25							
6	耐磨性能	Schopper	失重/g	≤1.00			≤0.35			≤0.45	
			色牢度/级	不露底		≥3.5		≥3.5			≥3.5
		Taber/级		—			≥3				
7	尺寸稳定性			—							
8	耐摩擦色牢度/级	干摩		≥4							
		湿摩		≥4							
9	耐气候性	耐高温		尺寸:-1.5%~1.5% 外观:颜色无变化;无凸起、变形、分层、裂纹							
		耐低温									
		耐气候交变									
10	耐光照色牢度/级			≥4							
11	燃烧性能/(mm·min⁻¹)			≤100							
12	雾化性能/mg			≤3							
13	甲醛含量/(mg·kg⁻¹)			≤10							
14	总碳(TVOC)/μgC·kg⁻¹			≤50							
15	气味/级			≤3.0							
16	抗微生物(霉菌)性能			无霉菌生成或无霉味							
17	耐污清洁性/级			≥4							

11.1.4 影响因素分析

汽车用地毯材料的性能影响因素众多,内在影响因素主要包括原料纤维的组成(如低熔点纤维的含量)、加固(针刺密度、喷胶量)及后整理工艺(热轧温度、浸渍等)的变化,外界影响因素主要包括使用环境(温度、湿度、光照等)以及测试条件等。其功能性还取决于功能纤维或者异形纤维的含量,如阻燃纤维、中空纤维、抗紫外纤维等。

11.2 汽车用过滤材料

11.2.1 产品概述

非织造布作为一种新型、低成本的过滤材料,自 20 世纪 70 年代以来逐渐取代传统的机织、针织和纸质滤布,在汽车工业用具有广泛应用。汽车用非织造过滤材料主要包括非织造过滤芯、非织造空调过滤器、非织造过滤袋等。其中非织造空调过滤器作为汽车的必备装置,可有效去除汽车客舱内对人体有害的粒子,如烟尘、细菌、霉菌和粉尘等(表 11-4)。

表 11-4　汽车客舱内有害成分统计表

有害成分种类	粒径范围/μm	所占比例/%
花粉	10~30	0.2
烟尘	2~100	0.1
石棉	2~8	0.3
柴油烟	0.8~200	14.7
细菌、霉、霉菌	2~80	13.6
油雾	0.03~1	8.6
烟雾	0.01~2	14.2
烟尘	2~100	12.3
烟气	0.01~1	16.3
危害肺部的粉尘	<5	9.6
影响上呼吸道的粉尘	<5	10.1

随着非织造过滤材料生产技术水平的不断提高和汽车工业的快速发展,非织造过滤材料在汽车工业中的使用量逐渐增加,平均年增速超过 15%,且蕴藏着巨大的上升潜力。据不完全统计,全世界每年用于汽车工业的非织造过滤材料已超过 10 亿平方米,达到 100 万吨以上,发展前景十分可观。

随着非织造过滤材料生产技术水平的不断提高,各种新型非织造过滤材料也不断涌现,如活性炭纳米过滤材料、纳米超细纤维过滤材料、生物可降解环保过滤材料、耐高温阻燃过滤材料等。但整体而言,我国的汽车工业用非织造过滤材料,基本以中低端产品为主,相应的标准体系也不够完善,产品生产和应用技术水平难以满足我国蓬勃向上的汽车工业发展需要。

11.2.2 标准及性能测试

汽车用过滤材料质量指标参考 JG/T 32085.1—2015《空气过滤器用滤料》,性能测试参考 GB/T 32085.1—2015《汽车　空调滤清器　第 1 部分:粉尘过滤测试》、GB/T 32085.2—2015《汽车　空调滤清器　第 2 部分:气体过滤测试》。

11.2.2.1　粉尘过滤测试

（1）试验条件和测试物质。

①试验条件。

a. 空气状况。所吸入空气的温度应为（23±3）℃，相对湿度应为 50%±2%。在测试滤清器的储灰量的整个试验过程中应保持上述温度和湿度条件。

b. 空气洁净。吸入装置内的空气应经 EN1822-1 定义的至少 H13 级别的高效过滤器的过滤，而且在高效过滤器的前级应配置根据 EN779 定义的 F7 或 F8 级别的中效过滤器。鉴于空气的净化要求和对试验设备的保护，建议在排气端安装类似的装置以捕获穿透测试样件的粉尘。

②试验杂质。

a. 粉尘。粉尘使用 ISO12103-1 中定义的 A2 灰（细灰）或 A4 灰（粗灰）。试验前应对试验粉尘在（105±5）℃的条件下烘干至少 4h。

b. 其他杂质。针对特殊要求，也可采用其他杂质/气雾剂，如氯化钾（KCl）、单分散或多分散的乳胶球、植物花粉或其他粉尘等。在这种情况下，测试程序和试验条件应由滤清器制造商和使用者商定。

（2）测试设备。试验设备如图 11-2、图 11-3 所示。建议测试装置内部为正压，即顶端送风模式（也允许采用底端抽风和（或）循环风模式）。测试通道要求垂直布置。通过适当的措施，如添加导向板，确保气流在横向截面上均匀分布。装置构造及试验条件验证确认见表 11-5。

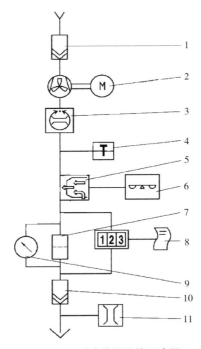

图 11-2　测试装置结构示意图

1—高效过滤器，洁净空气　2—送风单元，也可以采用抽风方式　3—流量调节阀　4—温度、湿度检测设备
5—备选的对颗粒尺度具有选择性的稀释设备　6—给灰设备　7—测试样件　8—带输出记录的粒子计数器
9—压差计　10—绝对过滤器　11—流量检测设备

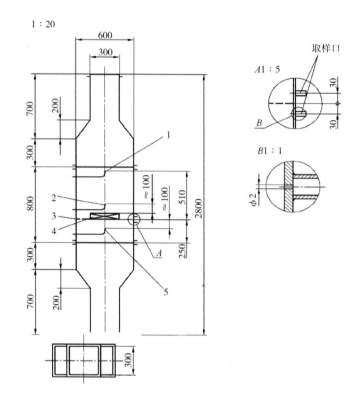

图 11-3 测试通道

1—粉尘导入 2—测试样件前端采样管 3—样件装配平面 4—测试样件 5—测试样件后端采样管

注:未经标度的部分自行选择,单位为 mm。

表 11-5 确认表

序号	检查项	要求	注释
1	测试台,导电并接地		自由选择验证方法
2	测试台,加灰探头和出风面采样点之间要求垂直		通过目测验证
3	测试台,最少的粒子丢失		通过校验测试加灰装置验证
4	温度	(23±3)℃	
5	相对湿度	50%±2%	
6	通道密封性	在 500Pa 的压差下,小于 100L/min	
7	测试用气的洁净程度、粒子背景浓度	小于测试悬浮物质浓度的 0.5%	比较每一粒径范围
8	流量测试	±2%的测试不确定度	±2%的重复边界值

续表

序号	检查项	要求	注释
9	流量调节	典型:150~680m³/h	测试台最小的测试流量为150m³/h。在载荷试验中流量应稳定
10	压差范围,最大 1000Pa	最小压力大于最大压力降的 10%	
11	取压口		目测
12	压差测量,测量不确定度	±2%	
13	样件安装:水平、中心和密封		
14	等速采样	±20%	与采样管流量和直径有关
15	上游采样:中心,靠近滤清器	100mm	大约计
16	下游采样:中心,与滤清器保持足够距离	最小 75mm	
17	采样连接管:通畅且导电		目测和自行选择
18	测试分级过滤效率的悬浮物发生器:稳定的浓度和分布	±5%	相对全体例子尺度而言
19	用于分级过滤效率的测试悬浮物:均匀分布	±5%	相对全体例子尺度而言
20	测试分级过滤效率的悬浮物发生器:原始气浓度、粒子数统计	500 计数事件/通道	典型的最少值(对分光计:200事件/通道)
21	测试分级过滤效率的悬浮物:干燥	结晶的氯化钠粒子	仅对 NaCl,KCl
22	测试分级过滤效率的悬浮物:浓度,效率测试中不会对载荷有大的影响		
23	测试载荷的悬浮物发生器:稳定性	±5%	
24	测试载荷的悬浮物发生器:稳浓度	50~100mg/m³	
25	测试载荷的悬浮物发生器:粒径分布		参照 DIN ISO 5011
	测试载荷的悬浮物:空间均匀分布	±10%	如果和效率测试时不同
	粒子计数器:采样流量,排出流量	±5%	
26	粒子计数器:用 PSL-Latex 粒子校验		参照厂家规格和一般标准如 ASTM F-328
27	测试分级过滤效率的悬浮物:颗粒重叠	<5%	注意厂家说明

序号	检查项	要求	注释
28	由于上游和下游采样不同造成的偏差	上游和下游采样粒子个数的比值位于0.7~1.6	
29	压差和效率,容差范围	±5%	刚启用时和每年

（3）测试样件的准备。滤清器总成和滤芯在试验中一律称为测试样件。样件要求是新的和干燥的,而且在试验前质量称量精确到0.1g。对多效过滤器的测试尚应按照试验条件进行长时间的稳定或预处理,直至相邻两次的质量称量没有变化。

（4）测试程序。

①确定流量—初始压力曲线。初始压降曲线通常针对特定流量进行检测,建议在额定流量的25%、50%、75%和100%处测量,也可由实验室和使用者商定。总的压力降扣除中空面板的压差即可得到测试样件两端的压力降。

②确定额定流量下的分级过滤效率曲线。

a. 计算公式:

$$E_{f(x)} = \frac{C_1(X) - C_2(X)}{C_1(X)} \times 100\% \tag{11-1}$$

式中:$C_1(X)$——位于测试样件上游的对应于某个尺寸范围的粒子个数;

$C_2(X)$——位于测试样件下游的对应于某个尺寸范围的粒子个数。

b. 注意事项。为了正确地进行初始分级过滤效率的测定,应注意以下几点:

· 测试通道应干净且密封良好。

· 测试仪器工作稳定且无间断。

· 取样探头和连接管道应保持干净,而且连接管无破裂。

· 试验前调好粒子计数器。

· 测试样件外观应无缺陷,且安装密封良好。

c. 试验程序。试验过程应遵循以下程序:

· 检查粒子计数器零点平衡。

· 将测试样件安装在检测设备上。注意边缘的密封情况。

· 分别在测试样件的上游和下游进行,各采样3次并取平均值作为检测结果。采样的间隙时间应长到足够清洗采样系统和测试设备至少两次。调节测试粉尘的浓度使得在每一次测试周期中,样件两端的压力降增加不超过5%。

· 在试验记录中,记录分级过滤效率测试前后的压力降数值。

· 为避免粒子计数时的信号重叠,应进行粉尘的稀释。特定尺寸颗粒的稀释因子应经实验确认。

· 确定粒子尺度—分级过滤效率曲线,并记录。

③确定滤清器的储灰量及对应的终端分级过滤效率。在某一确定流量,一定量的测试

粉尘被引入测试通道。粉尘浓度应保持在 (75 ± 3.75) mg/m³;测试粉尘的称量应精确到 0.1g。测试样件在加灰前称量一次,加灰到终止条件后再称量一次;两者的差额即为测试样件的储灰量。可以用加灰到预先设定的压力降作为终止条件。然后确定该储灰量下的阻力增量和分级过滤效率。

注:(1)沉积在测试样件装配平面或上游管道壁的粉尘允许不做处理,并在储灰量的计算中不做考虑。

(2)若采用同样的程序测试双效过滤器,应考虑空气中的水蒸气会被活性炭吸附或带走活性炭中的水分。复合材料所使用的化学物质、生产工艺等都会影响上述行为。因而,应长时间地将测试样件在试验小室中稳定或预处理,直至它的质量维持恒定,即质量的变动小于 1g。通常要求的预处理时间为 1.5h,可依据具体情况调整。

11.2.2.2　气体过滤测试

(1)一般条件。

①气体情况。试验气体混合后的温度应为 (23 ± 3) ℃,相对湿度应为 50%±2%。

②引入空气的洁净度。引入空气中的有机污染成分碳氢化合物的体积不得超过总量的 2×10^{-6}(以体积计百万分之一,即 10^{-6})。建议使用高效过滤器(HEPA)(参见 EN779)除去引入空气中的悬浮颗粒。

③试验气体浓度的稳定性。试验气体浓度的偏差在整个实验过程中要求不超过设定值的 ±3%。

(2)测试用污染物。

①强制使用的污染物。之所以选择这些强制用的试验污染物,是因为它们在空气中浓度较高时会恶化空气的质量,或者是因为它们对某种特定的净化系统提供了有用的标志。测试气体及其浓度见表 11-6,测试污染物的纯度和浓度见表 11-7。

表 11-6　测试气体及其浓度(温度 T=23℃,压强 P=101.3kPa)

测试气体	分子式	被替代物	浓度/10^{-6}	摩尔质量/$(g \cdot mol^{-1})$	转换系数
丁烷	C_4H_{10}	挥发性有机化合物(VOC)	80	58.12	2.39
甲苯	C_7H_8	挥发性有机化合物(VOC)	80	92.14	3.79
氟(代)苯	C_6H_5F	苯	80	96.10	3.95
乙醛	C_2H_4O	甲醛	30	44.5	1.81
硫化氢	H_2S	腐蚀气味	0.4	34.08	1.40
氨	NH_3	腐蚀气味	30	17.03	0.70
二氧化硫	SO_2		30	64.06	2.64

测试气体	分子式	被替代物	浓度/10^{-6}	摩尔质量/ $(g \cdot mol^{-1})$	转换系数
盐酸	HCl			36.46	1.50
硝酸	HNO_3			63.01	2.59
一氧化氮	NO		30	30.10	1.23
二氧化氮	NO_2		30	46.01	1.89
臭氧	O_3			48.00	1.97
氮气	N_2			28.01	1.15
氧气	O_2			32.00	1.32

示例:在23℃和101.3kPa时,1个体积浓度(10^{-6})的丁烷(C_4H_{10}),对应的质量浓度为2.39mg/m³。

表11-7 测试用污染物

测试用污染物	最低纯度/%	浓度	
		设定值/$10^{-6\,b}$	转换系数[c]
正丁烷[a]	99.5	80±8	2.39
甲苯	99.5	80±8	3.79

a 选用的理由是正丁烷提供了对活性炭吸附系统有效的且容易实现的试验方法。正丁烷对于测试非活性炭吸附系统价值有限,因此应使用其他替代性污染物。

b 与国际标准单位的转换。

c 允许转换为23℃和101.3kPa时的 mg/m³。

②可选择使用的污染物。基于用户和制造厂家之间的协议,也可选择使用其他污染物。建议选用的污染物及其纯度和浓度见表11-8。

表11-8 选用的测试污染物

测试用污染物	最低纯度/%	浓度	
		设定值/$10^{-6\,b}$	转换系数[c]
SO_2[a]	99.5	30±3	2.64

a 选用的理由是它代表了酸性气体可用于测碳基吸附系统的性能。

b 与国际标准单位的转换。

c 允许转换为23℃和101.3kPa时的 mg/m³。

③其他污染物(表11-7)。选择其他污染物通常是处于特定的应用目的,具体的选择由滤清器用户与制造厂商定。

(3)测试设备。

①测试台总体布置应该符合以下②~⑦的要求,如图 11-4 所示。

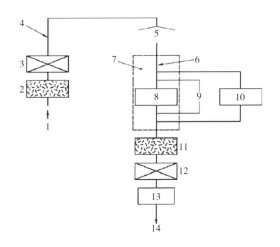

图 11-4　测试台构造

1—已经镇定的气流　2—除去气体杂质的过滤器　3—除去固体颗粒的过滤器　4—污染物注入　5—混合器或扩散体
6—测试区域　7—温度和湿度检测装置　8—测试试样　9—压差检测　10—气体检测装置
11—除去气体杂质的过滤器　12—除去固体颗粒的过滤器　13—流量检测装置　14—排除气体

系统中的各个与试验气体接触的所有部件应选用抗腐蚀材料,使部件表面吸附效应所导致的误差降到最低。测试台应包括镇定气流供给、流量检测、压差检测、污染物注入、采样以及样品分析等设备和仪器。测试台最好在负压模式下工作,即风扇或风机安装在测试样件的下游。这样的构造即使测试通道存在泄漏也可避免测试气体进入周边环境。此外,由于测试气体与风机接触出现系统误差的可能性也可被排除。基于上述理由,选择负压模式是最适合的,然而,根据正压模式设计的系统如果能够满足②~⑦的要求,同样可以接受。

②测试台性能。作为整个测试系统(包括实验台和相关设备)的一部分加以验证。这样的验证在测试状态(如流量)或测试台的构造(如气体混合装置或工装夹具)出现大的变动时应重新进行。测试仪器应按生产厂推荐的方法和校验周期进行校验。

③气流供给。引入气流要求控制温度、湿度并净化。系统应具备在整个测试过程中持续保持该状态的能力,并能够提供和保持用户要求的气流量。

④测试通道。一般而言,测试通道的设计,应使其表面对测试污染物的吸附量最小,并使气流能均匀地到达测试样件的表面。为实现该目的,可使用穿孔的薄片、混合器或变流器等。注入的测试污染物和通道中气流的混合情况,应严格的关注和确认。总体上讲,类似于 ISO/TS 11155-1 中描述的测试通道可以满足上述要求。然而,ISO/TS 11155-1 中对微粒的处理和检测的一些设计细节,有些虽不会影响对气体的处理和检测,但在本测试中并非必须。

⑤污染物的发生与供给。在测试条件下已处于气体状态的测试污染物,可直接供给测试通道。在测试条件下处于液体状态的测试污染物(如甲苯)在注入通道之前,应预先挥发。这可以用加热或超声波及其他方法来实现。应符合气体情况的温度要求。此外,应采用适

当的手段(如加热、管形设计等)避免测试污染物的冷凝,尤其在污染物注入段附近。通过化学反应产生的测试污染物(如 NO_2),应在一个单独的小室中产生,然后再注入测试通道,以保证污染物的化学纯度。

⑥采样和试验气体分析。在被试滤清器的上下游处采集试验气体样本。取样点位置应保证能采集到有代表性的样本。

从测试通道中引出定量(最好是独立控制)的气流,通往气体分析仪。采样的频度应能够满足可以绘出一条有意义的吸附效率曲线。建议每隔 10s 采样一次,或使用气体分析仪所能允许的最快频率。对于测试时间较长的,如果绘出的吸附效率曲线足够好,可选择低一些的采样频率。

⑦测试设备的组成。

a. 流量监测仪。测试仪器应针对试验气体进行校验。要求精度达到测试值的±3%。

b. 压力监测仪。压力差应使用高精度的压力传感器或电子压力传感器进行监测。要求精确到测试值的±2%。

c. 温度。要求精确至±0.5℃。

d. 相对湿度。要求精确到±2%。

e. 数据记录。温度、大气压、压差和相对湿度等数据应定时记录。

f. 气体分析仪。气体分析仪的量程应覆盖各种特定试验气体的浓度范围。应保证对样件上游浓度5%以内的试验气体的监测精度。校验功能应通过每种测试气体的全程浓度来确定。浓度的测试精度监测要求精确到±3%。分析仪的信噪比(S/N)要求大于3。推荐气体分析仪的采样频率为10s一次,或足以绘出一条有意义的吸附效率曲线的其他频度。滤清器下游的试验气体的浓度就是按照这个频率进行采样。对于某些下游浓度变化小的试验台情况,只要下游浓度变化值在相应的时间内能符合所需的精度,则可以将采样的频率降低到1min。这尤其适用于当下游浓度的变化已经低于分析仪的监测下限的情况。采样频率应尽量早地增加到10s或更高,以便完全记录下游浓度在这段时间内的增长。而减少采样频度的试验阶段应在另一个事先单独试验中确定。

(4) t_0 的确定和 t_{lag} 的应用。按下述程序进行:

①稳定试验气体流入的浓度和流量。

②将气体直接通往排气装置。

③将空的样件固定器安装在测试通道。

④将仪器回复到零浓度读数。

⑤输送气体进入测试台(t_{start})。

⑥以仪器允许的最高采样频率记录气体浓度,在气体浓度从零到最大值之间,至少采样3~5次。

⑦使气体的浓度升高到试验气体最大浓度。

⑧将气体送回排气装置,这就完成了一次检测。

⑨计算气体曲线上穿透率为50%处的斜率(参见附录A)。

⑩计算 t_0 和 t_{lag}（参见附录 A）。

⑪为提高测试精度，在同等条件下重复几次测试。

⑫在以后的气体性能测试中，应用 t_{lag} 确定 t_{start} 和 t_0 之间的时间间隔；穿透时间的确定应由 t_0 开始计时。在 t_0 点的试验气体浓度的读数也许并不为零。

（5）试验用滤清器或过滤的准备。将试验用滤清器干燥至质量稳定在 2% 以内。将新滤清器在 50% 的相对湿度、23℃ 温度的空调箱中至少存放 14h，然后将滤清器放入测试台，以洁净、稳定的额定流量，通过滤清器至少 15min。

（6）测试方法。

①测试目的。确定滤清器对有害气体或挥发物的去除效率、容污量、脱附特性（选用）和气流阻力等。

②气流阻力。该测试用来确定一个干净的滤清器在洁净的空气流中的阻力特性，流量—压力降曲线分别在额定流量的 25%、50%、75% 和 100% 处检测压力降而获得。压差试验应按 ISO/TS 11155-1 的要求进行。

③试验气体的准备。通过将致污气体或蒸汽导入洁净空气流并通过监测和控制，确保测试气体的浓度和流量符合试验所需的浓度、纯度和样件的额定流量。

④吸附效率/穿透率。

a. 概述。测试的目的是确定滤清器对试验气体中污染物的吸附能力。试验在恒定的流量和污染物的条件下进行。

b. 确定吸附效率。试验选用新的、经标定的滤清器进行。用试验浓度的测试污染物在规定流量、温度和湿度条件下去测试样件。测试应进行到样件下游的气体浓度达到上游的气体浓度的 95% 或达到预先规定的时间为止。

c. 吸附效率测试程序。按以下程序进行：

·将预先标定过的滤清器装入测试台，设定测试流量并检测温度和相对湿度；

·连续注入试验气体达到所需浓度，让它流经测试样件以启动试验；记录下试验起始时间；

·检测引入的试验气体的浓度，并不断监测；

·按气体分析仪说明的时间间隔，检测样件下游气流中的气体浓度；

·持续地检测气体浓度直至样件下游的气体浓度达到上游浓度的特定百分数（一般为 95%）或经过了预先确定的试验时间为止；记录试验终止时间；

·停止注入污染物和气流供给，终止试验；

·从浓度数据中计算吸附效率/穿透率。

⑤确定容污量。滤清器的容污量可通过吸附效率曲线的积分得到（见附录 B）。

⑥数据和分析。以数字形式记录下来的数据要求以图和表的形式表示。要求有原始数据，如果实测条件与标准条件有偏差时，可通过回归方法进行修正。

⑦确定脱附。结束穿透率测试后，停止引入试验气体。确认样件上游的试验气体浓度已低于规定浓度的 5%。

监测样件下游气体浓度与时间的曲线,直至气体浓度降低至规定浓度的 5% 时为止。

(7)系统状态的确认。

①气流的均匀性。气流的均匀性应按 ISO/TS 11155-1 的要求进行。

②验证试验气体的稳定性(不装测试试样)。验证试验的目的是确保通过滤清器的试验气体的浓度维持稳定,而且滤清器支架对气体的吸附量最小。验证试验应在测试台可能采用的最小和最大流量下进行,而且在规定的测试浓度和只有规定浓度 10% 的情况下进行。

a. 不在测试台安装滤清器的情况下,确立测试气流量、温度和相对湿度。

b. 开始注入所需浓度的试验气体。

c. 在滤清器壳体/空间的开口处取五个点进行气体浓度的读数。第一个点位于开口面的中心,其他四个点分别取自位于中心点和开口边缘的中间,分别相隔 90°(图 11-5)。所有采样点应位于滤清器的同一平面上。在每个采样点至少采样三次,并取平均值作为该点的读数。

d. 比较这五个平均浓度(分别在样件上游和下游)。这些平均值之间的差异应不大于 5%。

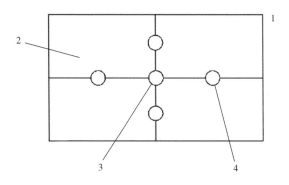

图 11-5　试验气体浓度的读数装置

1—滤清器装配平面开口　2—滤清器装配平面内部区域

3—中心采样位置　4—偏离中心采样位置

11.2.3　性能评价

汽车用过滤材料质量参考 JG/T 32085.1—2015《空气过滤器用滤料》,外观要求滤料材质均匀,整体无明显污渍、裂纹、擦伤和杂质等,其实测定量与标称值的偏差不应超过 5%,厚度、挺度、抗张强度偏差都不应超过 10%,滤料容尘量不应小于 90%,过滤性能应满足表 11-9~表 11-12 的规定。

表 11-9　高效滤料的过滤性能

级别	额定滤速/($m \cdot s^{-1}$)	效率/%	阻力/Pa
A	0.053	$99.0 \leqslant E < 99.99$	$\leqslant 320$

级别	额定滤速/(m·s⁻¹)	效率/%	阻力/Pa
B	0.053	99.99≤E<99.999	≤350
C	0.053	99.999≤E	≤380

表 11-10　超高效滤料的过滤性能

级别	额定滤速/(m·s⁻¹)	效率/%	阻力/Pa
D	0.025	99.999≤E<99.9999	≤220
E	0.025	99.9999≤E<99.99999	≤270
F	0.025	99.99999≤E	≤320

表 11-11　亚高效、高中效、中效和粗效滤料的过滤性能

级别	额定滤速/(m·s⁻¹)	效率/%		阻力/Pa
亚高效(YG)	0.053		95≤E<99.9	≤120
高中效(GZ)	0.100		70≤E<95	≤100
中效1(Z1)		粒径≥0.5μm	60≤E<70	
中效2(Z2)	0.200		40≤E<60	≤80
中效3(Z3)			20≤E<40	
粗效1(C1)		粒径≥2.0μm	50≤E	
粗效2(C2)	1.000		20≤E<50	≤50
粗效3(C3)		标准人工尘 计重效率	50≤E	
粗效4(C4)			10≤E<50	

表 11-12　除尘滤料的过滤性能

项目	额定滤速/(m·s⁻¹)	效率/%	阻力/Pa
静态除尘	0.017	99.5≤E	—
动态除尘	0.033	99.9≤E	≤300

11.2.4　影响因素分析

随着国家对节能减排要求的进一步提升,对汽车过滤产品的要求也越来越高,要求已不仅限于孔径、重量、挺度、过滤精度、容尘能力等常规指标,还要考虑轻量化、排放标准及降低消耗等综合因素。汽车用非织造过滤材料因使用环境的不同各有差异。其主要性能影响因素包括纤维的细度、材料厚度、驻极性能等。纳米纤维级别的过滤材质能达到较高的过滤精度,阻燃材料、驻极材料能提高过滤效率。总体而言,汽车用过滤材料向着多组分、多层、多维、多工艺复合方向发展。

11.3 汽车内饰

11.3.1 产品概述

汽车内饰风格多样,给予汽车乘驾者第一感官体验。常用的汽车内饰材料有塑料、皮革、纺织材料等。汽车内饰材料的美学性、功能性和舒适性,直接影响汽车乘驾者的生活质量,消费者和汽车工业对汽车装饰材料提出了更多、更高的功能性要求,例如阻燃性、气味性、隔声减震性、吸声降噪性、防寒保暖性、防潮隔热性、耐污性、易清洁性、视觉舒适性、心理舒适性、抗紫外线性、可回收性等。传统的机织、针织起绒、提花织物,后整理成本较高,生产周期较长,逐渐被新型非织造材料及其复合型汽车内饰材料所取代。非织造及其复合型汽车内饰材料,以其特殊的产品结构和性能特点(原料适应性强、工艺流程短、效率高、成本低、功能性强),可大幅度增强汽车内饰材料的美学性、功能性和舒适性,是目前汽车内饰材料的主流。与此同时,非织造材料可以深度模压成型,适合制作任何复杂表面形状的汽车内饰构件,可以按不同的使用要求对材料的厚度、密度、硬度、特性和功能等进行个性化设计。常见的非织造材料在汽车内饰的应用主要有:

(1)汽车顶棚,包括普通针刺法顶棚、印花针刺法顶棚。

(2)汽车用地毯,包括平毯、提花地毯和起绒地毯。

(3)汽车行李箱,包括后座椅内衬板、后翻板内衬板、行李箱左右侧内衬板、行李箱地板、备胎底座等。

(4)座椅内装饰,包括座椅仿皮面料、座椅套面料、座椅头枕面料、座椅头枕包面料、座椅垫面料等。

(5)车门内装饰,如车门内饰板表面装饰、车门立柱表面装饰、门把手防护套等。

(6)其他部位内装饰,包括衣帽架、天窗、遮阳板、杂物斗等。

汽车座椅是汽车内部最重要的装饰物,其材料性能直接影响汽车内部整体质量。汽车生产商从安全性、舒适性、耐用性方面,对座椅汽车内饰材料提出了具体要求,包括弹性回复性、耐磨性、透气性、抗冲击性、阻燃、抗静电性、沾污性、褶皱性、色牢度、气味、霉变、尺寸稳定性等。黏合法非织造材料在汽车座椅材料的应用中具有明显优势,如采用涤纶短纤垂直铺网技术,原料中混有多孔中空纤维和高弹纤维,使非织造材料富有更大的弹性和弹性回复率,尺寸稳定不变形。多孔中空纤维给予产品较高的孔隙率和良好的吸湿性,使坐垫具有透气性,舒适性强;高弹涤纶坐垫和座椅靠背保证了承载能力的技术要求。同时,该类材料易于环保回收再利用,相比泡沫塑料更耐老化、更轻。非织造材料已成为座椅内饰材料的重要产品,其产品生产工艺涵盖了针刺法、化学黏合法、水刺法和缝编法。

11.3.2 标准及性能测试

汽车内饰材料性能主要参考执行 GB/T 35751—2017《汽车装饰用非织造布及复合非织

造布》。具体测试方法如下：

11.3.2.1　内在质量

（1）耐磨。

①Taber 耐磨。按 FZ/T 01128—2014 规定执行。摩擦轮为橡胶轮 CS-10，负荷为 500g，车厢地垫摩擦次数为 1000 次，其余为 300 次。测试后根据表 11-13 对 3 块试样分别评级。

如果 3 块试样中的 2 块或 3 块级数相同，则以该级数作为该样品的试验结果；如果 3 块试样均不相同，则以最低级数作为样品的试验结果。

表 11-13　耐磨性能评价表

评价等级/级	磨损状态描述
5	无变化
4	轻微变化——表面出现小绒毛，纤维未出现纠缠现象
3	中等变化——表面磨损起毛，少量纤维纠缠成圈
2	明显变化——表面磨损起毛严重，起毛纤维或脱落或纠缠成明显的圈状
1	严重变化——表面形成破洞或底布可见

②肖伯尔耐磨。按 GB/T 33276—2016 附录 B 规定执行。其中车厢地垫摩擦次数为 1000 次，其余为 500 次。

（2）耐光色牢度。按 GB/T 16991—2008 规定执行。其中曝晒条件选用该标准中的 3420nm 的光谱辐照度选定为 1.2W/（m² · nm）。顶篷、侧围需要测试 3 个周期，行李箱、座椅背层、车厢地垫需要测试 5 个周期，后衣帽架需要测试 10 个周期。

（3）热存放的尺寸稳定性。将按照 GB/T 6529—2008 标准大气调湿至少 4h 的样品，取两块大小为 300mm×300mm 的试样。在每块试样的纵向和横向分别做三组标记点，使每组标记点的距离为 200mm，将试样放在约 16 目的金属网上，放入烘箱中，以温度到达 110℃ 开始计时，放置 5min 后取出，按照 GB/T 6529—2008 标准大气调湿至少 4h，测量各标记点的距离，精确到 1mm。计算试样纵向和横向的尺寸变化率及平均值，按 GB/T 8170—2008 方法对数据进行修约，计算结果保留一位小数。以负号（-）表示减少（收缩），以正号（+）表示增大（伸长）。

（4）易去污性。按 FZ/T 01118—2012 规定擦拭法执行。沾污物选用 GB/T 18186—2000 《高盐稀态发酵酱油》（生抽）。根据需要，也可选用其他沾污物，须在报告中说明。

11.3.2.2　外观质量

（1）检验条件。采用灯光检验，用 40W 青光或白光日光灯两支，上面加灯罩，灯罩与检验中心垂直距离为（80±5）cm，或在 D₆₅ 光源下。如在室内利用自然光，不能使阳光直射产品。检验时，应将产品平摊在检验台上，台面铺一层白布，检验人员视线应正视平摊产品的表面，目视距离为 35cm 以上。也可以使用验布机检验，验布机的速度不大于 20m/min。

（2）色差。用 GB/T 250—2008 变色灰卡评定。

（3）幅宽偏差。按 GB/T 4666—2009 规定执行。

11.3.3 性能评价

汽车内饰材料的内在质量要求见表11-14。外观质量要求产品表面平整,边缘整齐,纤维分布均匀,无过密堆积。应无起毛起球以及影响使用的伤痕、污迹和破损。对于复合非织造布应无分层现象。每批产品的色差应≥3级。幅宽偏差应为-5~30mm。

表 11-14 汽车内饰材料的内在质量要求

序号	项目		要求			
			顶篷、侧围	后衣帽架	行李箱、座椅背层	车厢地垫
1	厚度偏差率/%		±15			—
2	单位面积质量偏差率/%		非织造布:±10;复合非织造布:±15			±15
3	断裂强力/N	纵/横向	≥200	≥300		≥200
4	断裂伸长率/%	纵/横向	≥40			
5	撕裂强力/N	纵/横向	≥30	≥50		
6	定负荷伸长率/%	纵/横向	≥50			
7	耐磨ª	Taber耐磨	耐磨性能/级	≥3		
		肖伯尔耐磨	质量损失/g	≤0.3		
8	剥离强力ᵇ/N	表层与中层	≥5			
		底层与中层	≥3			
9	耐摩擦色牢度/级	耐干摩擦	≥4			≥3(深色2~3)
		耐湿摩擦				
10	耐光色牢度/级	变色	≥3~4			
11	热存放的尺寸稳定性/%	纵/横向	±2			—
12	燃烧性能	燃烧速度/(mm·min⁻¹)	≤100			
13	甲醛含量/(mg·kg⁻¹)		≤10			
14	雾化性能	雾化量/mg	≤3			
15	气味性/级	干/湿态	≤3			
16	有机挥发/(μgC·g⁻¹)		≤50			
17	易去污性ᶜ		易去污			
18	防水性ᶜ	抗沾湿性能/级	≥3			
19	防油性ᶜ/级		≥3			
20	防霉性ᶜ/级		≤2			

a 耐磨与客户协商任选其中一种方法进行考核。

b 仅考核复合非织造布,对于两层复合物,只需满足表层和中层的要求。

c 易去污性、防水性、防油性和防霉性这四项指标,具有特殊功能产品选择相应项目进行测试。

11. 3. 4　影响因素分析

汽车内饰材料的性能影响因素众多,内在影响因素主要包括原料纤维的组成(如低熔点纤维的含量)、加固(针刺密度、喷胶量)及后整理工艺(热轧温度、浸渍等)的变化,外界影响因素主要包括使用环境(温度、湿度、光照等)以及测试条件等。其功能性还取决于功能纤维或者异形纤维的含量,例如阻燃纤维、中空纤维、抗紫外纤维等。

第 12 章　工业用非织造材料

12.1　抛光材料

12.1.1　产品概述

所谓非织造抛光材料是将磨料黏结在作为增强材料的弹性纤维上,通过非织造工艺形成具有三维网状结构的磨料分布体系。一般采用 0.55～22tex 的聚酰胺纤维、聚酯纤维、聚丙烯腈纤维、聚乙烯醇纤维和聚氯乙烯纤维等合成纤维以及麻纤维,通过平行、交叉、杂乱的方式铺设而成三维空间结构的纤网,再经浸轧、施加黏合剂加固、干燥成型等工艺过程,采用机械的方法加工成磨轮、磨轴、磨盘、磨片(带)等形状的抛光研磨材料。抛光布的生产工艺流程为:

喷胶棉成卷产品退卷→浸胶→第一道喷砂→烘燥→第二道喷砂→烘燥→切边→成型→品检包装→百洁布(成卷产品)退卷→浸胶→切边→成型→液压烘燥→冲压→品检包装→抛光布

非织造材料抛光材料的面密度一般为 50～150g/m²,厚度为 0.2～10mm,并以其散热性佳、挠曲性强和抛光性优等特点在抛光行业占有重要地位,目前已被广泛应用于各种金属涂装前的抛光、机械抛光,各种餐具、精密仪器、乐器、艺术品、玻璃制品、大理石和木质家具的抛光处理以及皮革研光等各种表面磨砂光处理和抛光。

12.1.2　标准及性能测试

抛光材料质量指标参照 BS 7033.5—1990《拭擦布和抛光布　第 5 部分:通用抛光布规范》,性能指标测试参照 GB/T 24218.1—2009《纺织品　非织造布试验方法　第 1 部分:单位面积质量的测定》、GB/T 24218.2—2009《纺织品　非织造布试验方法　第 2 部分:厚度的测定》、GB 2411—2008《塑料和硬橡胶　使用硬度计测定压痕硬度(邵氏硬度)》。其中每平方米重量测试参考3.3,厚度测试参考3.4。具体测试内容如下:

检测非织造材料抛光材料的硬度,按 GB 2411—2008《塑料和硬橡胶　使用硬度计测定压痕硬度(邵氏硬度)》标准执行。

(1)测试原理。使用邵氏硬度计将规定形状的压针,在标准的弹簧压力下压入试样,把压针压入试样的深度转换为硬度值来表示试样的邵氏硬度。

(2)试验试样。试样厚度应不小于 5mm(A 型硬度计)或 3mm(D 型硬度计),加工成 50mm×50mm 的正方形或其他形状的试样。

(3)试验仪器。A 型和 D 型邵氏硬度计。

276

（4）试验方法。

①将硬度计垂直安装在硬度计支架上，用厚度均匀的玻璃片平放在试样平台上，检查硬度计下压板与玻璃片是否完全接触，允许最大偏差为±1 个邵氏硬度值。

②把试样置于测定架的试样平台上，使压针头离试样边缘至少 12mm，平稳而无冲击地使硬度计在规定重锤的作用下压在试样上，从下压板与试样完全接触 15s 后立即读数。如果规定要瞬时读数，则在下压板与试样完全接触后 1s 内读数。

③在试样上相隔 6mm 以上的不同点处测量硬度五次，取其算术平均值。

注：如果试验结果表明，不用硬度计支架和重锤也能得到重复性较好的结果，也可以用手压紧硬度计直接在试样上测量硬度。

12.1.3　性能评价

由聚酯/聚酰胺纤维制成的非织造材料经聚氨酯浸渍等工艺加工而成的单层抛光布质量指标执行 GJB 8650—2015《单层抛光布规范》，外观要求抛光布表面基本平整、清洁、色泽基本一致，无破损、积聚云斑，宽度为 900mm，厚度为 1.2mm 和 2.4mm，长度由供需双方商定，长度和宽度均不允许有负偏差，厚度偏差为±0.2mm。物理力学性能要求见表 12-1，耐碱性要求见表 12-2。

表 12-1　抛光布物理力学性能要求

项目		指标	
		厚 1.2mm	厚 2.4mm
表观密度/(g·cm⁻³)		0.2~0.4	
邵氏 A 硬度		50~70	
拉伸负荷/N	纵向	≥300	≥400
	横向	≥300	≥400
断裂伸长率/%	纵向	≤100	≤100
	横向	≤100	≤100
撕裂负荷/N	纵向	≥15	≥30
	横向	≥15	≥30
磨损量/g		≤0.040	
压缩率/%		≤3.0	

表 12-2　抛光布耐碱性要求

项目		指标	
		厚 1.2mm	厚 2.4mm
耐碱性（拉伸负荷保留率）/%	纵向/横向	≥60	≥70

12.1.4 影响因素分析

影响非织造抛光材料性能的因素主要包括4部分:使用的纤维、黏着剂、磨料和加工参数。非织造基材可选用以气流成网方式获得的杂乱排列纤维网或经过针刺加固的材料。抛光材料对纤维的耐磨强度要求较高,故具有高耐磨性能且干、湿断裂强度较高,并对酸、碱及其他化学药品的耐受性较强的聚酰胺纤维成为首选原料。在胶黏剂类型的选择中,可采用环氧树脂和热塑性酚醛树脂胶黏剂,也可用紫胶树脂、缩醛树脂、环氧—酚醛树脂和酚醛—缩醛树脂胶黏剂。选用环氧树脂时,为提高磨料和填料的分散性和填充量,通常采用黏度低、流动性好的液体环氧树脂,并使用反应热小、使用周期长、毒性低的固化剂,也可采用潜性固化环氧树脂,以改善制品的成型性能。磨料的粒度越细,摩擦系数就越小,微切削作用越明显。磨料的微切削作用能提高抛光效率,而碾压作用能减小表面粗糙度,如果使微切削作用和碾压作用达到有效的最佳组合,则能在提高抛光效率的同时有效改善加工物体的表面平整性。在抛光过程中,随着压力的增大,磨料更易嵌入工件表面,使磨料在抛光过程中所受到的阻力变大,磨料的脱砂量加剧。若转速较低,脱落的磨料会在抛光中形成滚动磨损。若脱落的磨料粒径较大,虽然可以有效提高材料去除率,但也会造成工件表面划痕增多,表面质量下降。同样,若转速较高,研磨垫离心力加大,脱落的磨粒随着研磨液不断排出,减少了表面划痕的产生,但提高工件表面质量的同时也降低了材料去除率。因此,转速应保持在一定范围,才能实现对工件的同步磨削,在提高磨削效率的同时,也可保证工件的表面粗糙度。

12.2 吸油毡

12.2.1 概述

非织造吸油毡是一种由聚丙烯经熔喷工艺制成的亲油材料,它能有效吸附油品并将之留住,具有吸油量大、吸油快、可悬浮、不容易发生化学反应、安全环保等特点,常用于海上溢油事故处理。

12.2.2 标准及性能测试

吸油毡质量指标参照 JT/T 560—2004《船用吸油毡》,性能指标测试参照 GB/T 6388—1986《运输包装收发货标志》、GB/T 9174—2008《一般货物运输包装通用技术条件》,具体测试内容如下。

码12-1 吸油毡
吸油时间、吸油
量性能测试

12.2.2.1 吸油时间、吸油量性能测试

吸油时间是指试样从接触液态油表面直到被完全浸润所需要的时间。吸油量是在规定条件下,每克试样所吸收的液态油的质量。检测吸油毡的吸油时间,按 FZ/T 01130—2016《非织造材料　吸油性能的检测和评价》执行;检测吸油毡的吸油量,按 FZ/T

01130—2016《非织造材料　吸油性能的检测和评价》或 JT/T 560—2004《船用吸油毡》执行。

依据 FZ/T 01130—2016《非织造材料　吸油性能的检测和评价》：

（1）测试原理。试样在液态油表面被完全浸润所用的时间记为吸油时间。试样在液态油中浸泡，然后悬挂规定时间后进行称量，通过试样吸油前后的质量计算吸油量，以吸油量来评价试样的吸油性能。

（2）试验试样。在样品上裁取 5 块具有代表性的试样，每块试样尺寸为（100±1）mm×（100±1）mm。试样的两边分别与试样纵、横向平行，裁剪时离布边至少 100mm 以上，避开褶皱、沾污和破洞等。

（3）试验环境。按 GB/T 6529—2008《纺织品　调湿和试验用标准大气》的规定，样品在温度（20±2）℃，相对湿度 65%±4% 的环境下至少调湿 24h，并且在相同环境下进行试验。试液在相同环境下平衡至少 24h 后使用。

（4）试验方法。

①对调湿后的试样进行称量，称量结果计为 m_0，精确至 0.01g。

②将试液倒入试验容器中，试液深度为（10±0.5）cm。

③将试样从不高于液面 2cm 处轻轻水平放下并开始计时，直至试样被完全浸润时停止计时，记录该时间，即为试样的吸油时间，读数精确到 0.1s。若 360s 时试样还没有被完全浸润，则停止计时，并记录吸油时间为大于 360s。

④使用镊子将试验完的试样完全浸入试液底部，试样在试液中浸泡 120s，用镊子夹持试样一角将试样竖直取出并开始计时，保持试样竖直沥油 30s，然后将试样放入称量器皿中进行称量（提前将称量器皿放在天平上清零），称量结果计为 m_1，精确至 0.01g。

⑤按照步骤①~④对剩余试样进行试验。

⑥结果计算。

a. 吸油时间。计算 5 块试样吸油时间的平均值，结果精确至 1s，若需要，计算变异系数，精确至 0.1%。

b. 吸油量。按式（12-1）计算每块试样的吸油量，表示每克试样吸收试液的质量。计算 5 块试样吸油量的平均值，结果精确至 0.1g/g。若需要，计算变异系数，精确至 0.1%。

$$吸油量 = \frac{吸油后质量（g）-吸油前质量（g）}{吸油前质量（g）} \tag{12-1}$$

⑦吸油性能评价。当吸油量 ≥10.0g/g，则样品具有吸油性能。依据 JT/T 560—2004《船用吸油毡》：

（1）试验仪器。油槽、天平、金属网（170 目）、时钟。

（2）试验试样。将吸油毡切成 10cm×10cm 单片，用三片分别进行试验。

（3）试验油品。船用和船运主要油品。

（4）试验环境。0、20℃、40℃。

（5）试验方法。取试样并称重为 m_0，平放于油槽中 5min，然后取出试样放于网上静置 5min 后称重 m_1，按式（12-2）计算吸油倍数。

(6)计算方法。

$$吸油倍数 = \frac{吸油后质量(g) - 吸油前质量(g)}{吸油前质量(g)} \tag{12-2}$$

12.2.2.2 吸水性性能测试

检测吸油毡的吸水性,按 JT/T 560—2004《船用吸油毡》执行。

(1)试验仪器。水槽、天平、金属网(170目)、时钟。

(2)试验试样。将吸油毡样品,切成 10cm×10cm 单片,用三片分别进行试验。

(3)试验环境。20℃。

(4)试验方法。取试样并称重 m_0,平放浸入水中 5min,取出试样放于网上静置 5min 后称重 m_1,按式(12-3)计算吸水率。

(5)计算方法。

$$吸水率 = \frac{试样吸水后重量(g) - 试样吸水前重量(g)}{试样吸水前重量(g)} \tag{12-3}$$

12.2.2.3 持油性性能测试

检测吸油毡的持油性,按 JT/T 560—2004《船用吸油毡》执行。

(1)试验仪器。振荡器,频率为 100 次/min;广口试验瓶,1000mL;时钟。

(2)试验试样。将吸油毡样品,切成 5cm×5cm 单片,每组用三片分别进行试验。

(3)试验环境。20℃。

(4)试验方法。将试样经吸油试验后称重,放入装有 300mL 水的广口瓶中,然后用振荡器振动 5min,取出试样平放 5min 后称重,按式(12-4)计算其油保持率。

(5)计算方法。

$$油保持率 = \frac{振荡后试样重量(g) - 吸水量(g) - 试样吸油前重量(g)}{试样振动前吸油量(g) - 试样吸油前重量(g)} \times 100\% \tag{12-4}$$

12.2.2.4 破损性性能测试

检测吸油毡的破损性,按 JT/T 560—2004《船用吸油毡》执行。

(1)试验仪器。振荡器,频率为 100 次/min;广口瓶,1000mL;时钟。

(2)试验试样。5cm×5cm 单片。

(3)试验方法。将经吸油后的试样放入装有 300mL 清水的广口瓶中,然后用振荡器进行 12h 振荡后将其捞出观察、记录。

12.2.2.5 溶解性性能测试

检测吸油毡的溶解性,按 JT/T 560—2004《船用吸油毡》执行。

(1)试验仪器。1000mL 广口试验瓶、时钟。

(2)试验试样。5cm×5cm 单片。

(3)试验方法。将试样放入 180mL 的原油和 120mL 汽油的混合油试验中,放置 72h 后捞出观察其是否溶解或变形。

12.2.2.6 沉降性性能测试

检测吸油毡的沉降性,按 JT/T 560—2004《船用吸油毡》执行。

（1）试验仪器。振荡器,频率为 100 次/min;广口瓶,1000mL;时钟。

（2）试验试样。5cm×5cm 单片。

（3）试验方法。将经吸油后的试样放入装有 300mL 清水的广口瓶中,然后用振荡器进行 12h 振荡后静置观察试片是否浮于水面。

12.2.2.7　强度性能测试

检测吸油毡的强度,按 JT/T 560—2004《船用吸油毡》执行。

（1）试验仪器。天平、秒表、钩子（直径为 8mm）。

（2）试验试样。50cm×50cm 单片。

（3）试验方法。将试样任意一端距 10cm 处挂上直径为 8mm 的钩子,并在垂直方向挂上为试样自重 25 倍的负荷,计时观察 3min 后是否撕裂。

12.2.2.8　使用性能测试

检测吸油毡的使用性,按 JT/T 560—2004《船用吸油毡》执行。

（1）试验仪器。直径 50mm 的圆管、油槽。

（2）试验试样。10cm×10cm 单片。

（3）试验方法。将试样吸油后,人工用圆管挤压或用挤压机脱油,然后再吸油再挤压,多次使用,测定使用次数和各次吸油倍数。

12.2.2.9　燃烧性能测试

检测吸油毡的燃烧性,按 JT/T 560—2004《船用吸油毡》执行。

（1）试验仪器。氧气瓶、流量斗、电炉、采气密封球。

（2）试验试样。10cm×10cm 单片。

（3）试验方法。吸油试样进行燃烧测试产生的气体。

12.2.3　性能评价

吸油毡外观质量要求包括表面平整、洁净、无破损、脱层、黏结块等缺陷,内在质量要求见表 12-3。

表 12-3　吸油毡内在质量要求

序号	主要性能	指标
1	吸油性能	为本身重量 10 倍以上（20℃）
2	吸水性能	为自身重量 10% 以下（20℃）
3	持油性能	油保持率 80% 以上（常温）
4	破损性能	经振荡 12h 后,保持原形
5	溶解性能	在常见溢油油品和水中无溶解和形变现象
6	沉降性能	吸油后经振荡 12h 仍浮于水面
7	强度性能	钩挂自重 25 倍的重锤 3min 后不发生撕裂
8	使用性能	可反复使用 5 次以上
9	燃烧性能	使用后燃烧处理无污染

12.2.4 影响因素分析

影响吸油毡使用的主要因素为吸油毡自身特性和环境因素,如温度、风速、潮流等。目前国内对吸油毡的吸油效果影响因素的研究尚不够完善。吸油毡的吸油效率受温度影响较大。在零摄氏度时,由于有冰的存在使吸油毡与油层间具有较大的间隔,从而影响吸油效率,因此在冬季溢油事故中不宜使用吸油毡处理。适当的风速可以提高吸油效率,但风速过大也会对吸油毡的使用造成不利影响,一方面由于效率的减弱,另一方面由于吸油毡打捞回收的工作难度增加,因此,在风速达到 7 级及以上时不适合使用吸油毡。

12.3 台球台面呢

12.3.1 概述

台球台面呢是通过一种或多种纤维混合、梳理、交叉铺网制成多层的混合纤网,经预针刺后再与底布(各种织物均可,最好采用经编锦纶织物,占织物总质量的 25% 以下)进行针刺复合,针刺密度约为 5000 针/m²,最后进行缩绒、染色、光洁处理。根据台球桌不同的档次可以选用全毛或混纺台呢,其中混纺可以采用 60% 的羊毛与 40% 的细度为3.3dtex、长度为 51mm 的锦纶。台球台面呢具有颜色多样化的特点,手感丰厚、平滑挺阔的风格和防水防油的功能,在国内外市场主要用于比赛和娱乐的台球桌面用布及各种娱乐桌面台布。

12.3.2 标准及性能测试

台球台面呢质量指标参照 GB/T 22751—2008《台球桌》,性能指标测试参照 GB/T 191—2008《包装储运图示标志》、GB/T 4802.1—2008《纺织品 织物起毛起球性能的测定 第 1部分:圆轨迹法》、GB/T 11718—2009《中密度纤维板》,具体测试内容如下。

检测台球台面呢的起毛起球性能,参照 GB/T 4802.1—2008《纺织品 织物起毛起球性能的测定 第 1 部分:圆轨迹法》。

(1)测试原理。采用尼龙刷和织物磨料或仅用织物磨料,使试样摩擦起毛起球。然后在规定光照条件下,对起毛起球性能进行视觉描述评定。

(2)试样准备。剪取 5 个圆形试样,每个试样的直径为(113 ±0.5)mm,在每个试样上标记织物反面。当织物没有明显的正反面时,两面都要进行测试。另剪取 1 块评级所需的对比样,尺寸与试样相同。

码12-2 台球台面呢起毛起球性能测试

(3)试验环境。在 GB/T 6529—2008《纺织品 调湿和试验用标准大气》规定的标准大气中调湿平衡,一般至少调湿 16h,并在同样的大气条件下进行试验。

(4)试验方法。

①试验前仪器应保持水平,尼龙刷保持清洁,可用合适的溶剂(如丙酮)清洁刷子。如有

凸出的尼龙丝,可用剪刀剪平,如已松动,则可用夹子夹去。

②分别将泡沫塑料垫片、试样和织物磨料装在试验夹头和磨台上,试样应正面朝外。

③根据织物类型按表 12-4 中选取试验参数进行试验。

表 12-4　试验参数及适用织物类型示例

参数类别	压力/cN	起毛次数/次	起球次数/次	适用织物类型示例
A	590	150	150	工作服面料、运动服装面料、紧密厚重织物等
B	590	50	50	合成纤维长丝外衣织物等
C	490	30	50	军需服(精梳混纺)面料等
D	490	10	50	化纤混纺、交织织物等
E	780	0	600	精梳毛织物、轻起绒织物、短纤纬编针织物、内衣面料等
F	490	0	50	粗梳毛织物、绒类织物、松结构织物等

④取下试样,依据表 12-5 中列出的视觉描述对每块试样进行评级,如果介于两级之间,记录半级。

表 12-5　视觉描述评价

等级/级	状态描述
5	无变化
4	表面轻微起毛和(或)轻微起球
3	表面中度起毛和(或)中度起球,不同大小和密度的球覆盖试样的部分表面
2	表面明显起毛和(或)起球,不同大小和密度的球覆盖试样的大部分表面
1	表面严重起毛和(或)起球,不同大小和密度的球覆盖试样的整个表面

⑤记录每块试样的级数,单个人员的评级结果为其对所有试样评定等级的平均值。

12.3.3　性能评价

台球台面呢的耐磨起球指标达到 3 级或 3 级以上。

12.3.4　影响因素分析

影响台球台面呢性能的因素主要包括纤维类型、纤维粗细、纤维长度、共混比例、针刺工艺参数、缩绒、染色、光洁处理等。选用羊毛和锦纶作原料,通过毛精纺或毛粗纺的工艺流程制成的台呢,装饰在娱乐场所的各种桌面上,在富丽堂皇的环境中,显得高雅、有品位,充分发挥了其功能性和视觉舒适的效果。毛精粗纺台呢染色,是采用坯布染色方式。它特别适用于单颜色小批量,颜色多而漂亮的产品。更重要的是消耗少,制成率高,能适应小批多变、交期快的生产需要。

12.4 造纸毛毯

12.4.1 概述

造纸毛毯是造纸工业中用于纸张成形和输送的织物毯。在 20 世纪 40 年代中期以前,造纸毛毯都是选用羊毛纤维为原料制造的单毛毡,故此得名。按制造方式可分为机织、普通针刺和底网造纸毛毯三大类产品。机织造纸毛毯是用含有羊毛成分的纱线,通过织造、缩呢、洗呢、烘干等后整理方法制成的毛毯。针刺造纸毛毯是采用软体纱线、复丝或复丝合股作原料,经织造成有纬基布,或不经织造,在基布或径向纱线上铺设化纤、羊毛等短纤,经针刺加工、定型等后整理方法制成的毛毯。底网造纸毛毯是采用单丝和单丝合股、复丝合股作原料,运用特殊技术织造手段制作单层、双层、多层、叠层(1+1,1+2,2+2,…)等基网,然后经针刺加工、热定型和其他特殊后整理方法制成的造纸毛毯。造纸毛毯必须具有脱水性好、强力大、伸长小、毯印轻和使用寿命长的特点,主要用于压榨区和干燥区,其作用是托持纸坯、过滤、轧脱水、领纸烫平以及干燥作用等。造纸毛毯的结构和规格,随造纸机种类和使用部位的不同而不同,见表 12-6。

表 12-6　造纸毛毯的种类与性能要求

品种	作用	性能要求
湿毯	在造纸机上带水运转,起托起纸坯、过滤和压榨脱水的作用	要求具有一定的强度、变形小、表面平整、滤水性能好
上毯	在湿毯上方起引纸烫平及干燥作用	要求表面平整、质地硬挺、弹性好、耐高温、耐磨
干毯	用于造纸机的烘缸部位,处于湿热和干燥状态下运行,起衬托纸坯烫平、烘干作用	要求坚牢、弹性好、耐磨、耐高温

一般的造纸毛毯宽度为 1～10m,最宽的可达 16m,其中 1.3～3m 的使用量最大。长度为 4～130m,定量为 500～2500g/m²,烘缸干毯的定量达 1200～4000g/m²,一般在 1500～1800g/m² 的使用量较多。质量较高的造纸毛毯一般耐线压可达 100N/cm,最高达 160N/cm,适用抄纸速度为 1000～1800m/min,使用寿命可达到 90～180d。

12.4.2 标准及性能测试

造纸毛毯质量指标参照 FZ/T 25004—2012《针刺造纸毛毯》,性能指标测试参照 FZ/T 25002—2012《造纸毛毯试验方法》。物理指标中长度、幅宽和平方米重量被公认是造纸毛毯最基本的物理指标之一,其中平方米重量测试参考 3.3,长度和幅宽测试参考 3.5。具体测试内容如下:

检测造纸毛毯的外观疵点,参照 FZ/T 25002—2012《造纸毛毯试验方法》。

试验方法:将毛毯置于光线明亮处透视检验或平面检验,在上述条件下不易检验的疵点,应在定型机上进行检验。稀密道的检验方法是通过透光检验,数其经、纬纱根数。稀密道不足 1cm 时,以 1cm 计,并把所测量的纬纱数折合为 10cm 内纬密,与正常纬密相比求得百分比,纬密过稀或过密的毛毯,难以数纬密的,应以外观为主。

12.4.3　性能评价

造纸毛毯的品等,以条为单位,按物理指标及表面疵点两项检验结果评定,并以其中最低一项品等定等。分为一等品、二等品,低于二等品为等外品。物理指标及表面疵点中最低品等有二项及以上同时降为二等品时,则加降一等。一等品与二等品均为合格品。

物理指标的品等,根据检验结果按规定的允许公差评定,以其中最低一项的品等定等,允许公差评等见表 12-7,表面疵点评等规定见表 12-8。

表 12-7　允许公差评等

项目	允许公差/%		备注
	一等品	二等品	
长度	±1	±2	
宽度	+3	+4	1.5m 以下按 1.5m 计算,
	−2	−3	4m 以上按 4m 计算
平方米重量	±6	±8	

表 12-8　表面疵点评等

项目	允许范围	
	一等品	二等品
稀密道	(1)无纬毛毯 a. 稀密长度在 50cm 及以内 b. 不满 50cm 小稀道,每 10m 内累计不超过 1m (2)有纬毛毯:与正常密度差异在 −12%~+8% 以内	(1)无纬毛毯 a. 稀密长度在 1m 及以内 b. 不满 1m 的稀道,每 10m² 累计不超过 2m (2)有纬毛毯:与正常密度差异在 −17%~+10% 以内
折痕	不允许有明显的折痕	不允许有明显的死折痕
经松紧档	不允许有经向松紧(包括泡泡纱)	允许有轻微的经向松紧和吊经(包括泡泡纱)
边道不良	(1)边道不齐宽狭之差在 4cm 及以内 (2)不允许有松边	(1)边道不齐宽狭之差在 7cm 及以内 (2)允许有轻微的松边,但不影响外观者
修补痕	不允许	允许离边 5cm 之内有补满痕
斑疵	不允许有霉斑、明显的油污锈渍、洗呢不洁	不允许有霉斑、严重的油污锈渍、洗呢不洁
纬纱歪斜	歪斜不超过 30cm	歪斜不超过 50cm

项目	允许范围	
	一等品	二等品
厚薄不匀	允许有轻微者	不允许有明显的毛网不匀和厚块或透明块
针刺松紧	不允许手感过松、过板	不允许有局部松、板
异物刺入	不允许	允许有小软杂质,但不影响使用
烧毛不匀	允许有轻微的烧不匀	不允许有严重的不匀、局部烧毛损伤
针刺痕	不允许有明显的针刺痕	
草屑	(1)针刺上毯与针刺细湿毯:毯面基本无草屑; (2)其他毛毯:不允许有较大较硬的草屑	
标准线	线条明显牢固	
叠线	不允许(考核无纬毛毯)	
破洞	不允许	

注 稀密道的检验方法是通过透光检验,数其经、纬纱根数。

12.4.4 影响因素分析

生产造纸毛毯的原料选择极其重要。要求生产造纸毛毯用的短纤维有良好的机械性能,例如强度、弯曲加工性能、耐磨和回弹性;良好的抗化学性能和热稳定性;良好的加工性能,例如表面摩擦性能、最佳卷曲度和合适的纤维长度。造纸毛毯的压缩性受到所使用纤维的刚度、粗细、底布或底网的结构、毛毯的厚度、生产工艺参数和针刺密度、深度等因素的影响,其中纤维的刚度等性能对毛毯的性能有至关重要的影响。因此,在其他因素保持相对稳定的情况下,改变纤维的刚度和回弹性能就可以对造纸毛毯的性能产生影响。造纸毛毯专用纤维除了应具备上述机械性能之外,还应具有抗污染、耐高温和耐磨等特性。

12.5 工业用包装材料

12.5.1 概述

非织造材料用作包装材料在各个领域内得到较为广泛应用,如水泥包装袋、邮政包装袋和信函封、食品包装、工艺品包装等。其中,非织造材料在水泥包装袋中的应用有三种形式,如牛皮纸—非织造材料—牛皮纸复合水泥袋(非织造材料单位面积质量为 $50g/m^2$);非织造材料—牛皮纸复合水泥袋,非织造材料(单位面积质量为 $90\sim100g/m^2$)在外层;牛皮纸、非织造材料水泥袋,两者分别成袋,非织造材料袋套子外层。非织造材料所用的纤维,一般为纯维纶,也可掺用少量棉纤维。由于维纶强力较高,吸湿性好,价格便宜,资源丰富,是用于生产包装材料较为理想的纤维原料。非织造材料复合水泥袋的制造,一般以干法成网经化学黏合法加固制成的非织造材料与牛皮纸黏合后,经压轧、烘燥、成卷,然后经裁剪缝制而成。这种复合水泥袋坚牢度好,不仅破损率大幅降低,而且价格较便宜。闪蒸法非织造材料特别适用于邮电系统的各种包装材料。采用非织造材料制成的信封,不仅质量轻(只有纸制信封的 50%),而且强度可提高 10 余倍。袋装茶叶是近年来才出现的一种包装,国内外已普遍使用。这种茶叶袋所用的非织造材料是以维纶、聚乙烯或聚丙烯纤维为原料,采用湿法成网或干法成网、热熔加固而成,其单位面积质量为 $20 \sim 60 \mathrm{g} / \mathrm{m}^2$。

12.5.2　标准及性能测试

包装材料性能指标测试参照 GB/T 16266—2019《包装材料试验方法　接触腐蚀》、GB/T 16265—2008《包装材料试验方法　相容性》、GB/T 16267—2008《包装材料试验方法　气相缓蚀能力》、GB/T 16928—1997《包装材料试验方法　透湿率》、GBT 16929—1997《包装材料试验方法　透油性》,具体测试内容如下。

12.5.2.1　接触腐蚀性能测试

检测包装材料的接触腐蚀性,按 GB/T 16266—2019《包装材料试验方法　接触腐蚀》执行。

(1)试验仪器。电热鼓风干燥箱、干燥器、电吹风、金属试片、砂纸。

(2)试验环境。$20 \sim 30 \mathrm{℃}$ 和相对湿度不大于 80%的环境中进行。

(3)试验试样。柔性片材,75mm×50mm;硬质或块状材料,75mm×50mm,厚度不超过 10mm;颗粒状材料,选取足够数量有代表性的样品,研磨至能通过 40 目标准筛,但不能通过 80 目标准筛的颗粒。每份样品应能覆盖 50mm×25mm 的面积,覆盖面积内不应露出金属试片,不适合研磨的材料,每份样品应能覆盖 50mm×25mm 的面积;袋装材料,不小于 50mm×50mm。

(4)试验方法。

①金属试片的打磨和清洗。用砂纸打磨金属试片所有表面,去除凹坑、划伤、锈蚀。然后用 240 号砂纸打磨试片的一个 100mm×50mm 表面作为试验面。用医用纱布分别在三个盛有无水乙醇的容器中依次擦洗打磨好的试片;擦洗后的试片用电吹风吹干,立即使用。

②玻璃载片及不锈钢块的清洗。玻璃载片和不锈钢块在使用前应用无水乙醇清洗两遍,电吹风吹干后备用。

③试验件的组装。

a. 柔性片材。将试样接触金属的一面向下覆盖在金属试片中部,在试样中部压上一片玻璃载片,然后将不锈钢块压在玻璃载片上。玻璃载片和不锈钢块的方向应与金属试片的长度方向垂直,如图 12-1 所示。

b. 硬质、块状或整袋装材料。将试样接触金属的一面向下覆盖在金属试片中部,在试样上方放置玻璃载片,然后将不锈钢块压在玻璃载片上,如图 12-1 所示。大样品应偏离中心放置,确保试片表面至少有 50mm×50mm 的覆盖表面。

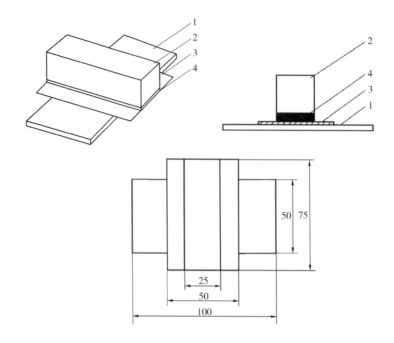

图 12-1　柔性片材试验件组装示意图(单位:mm)

1—金属试片　2—不锈钢块　3—试样　4—玻璃载片

c. 颗粒状材料。将试样均匀地铺置于试片中心部位相距 25mm 的平行线之间。小心地用玻璃载片覆盖,然后将不锈钢块压在玻璃载片上,如图 12-2 所示。

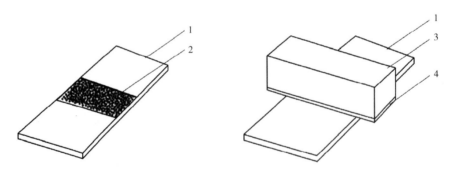

图 12-2　颗粒状材料试验件组装示意图

1—金属试片　2—试样　3—不锈钢块　4—玻璃载片

④试验。将组装好的试验件放置在干燥器托盘上,在(65±2)℃电热鼓风干燥箱中预热 30min,然后取出试验件和干燥器托盘并立即放入在(49±2)℃下预热的,底部盛有 300mL 质量分数为 69% 的甘油水溶液的干燥器中。在磨口处均匀涂抹少量真空密封油膏或医用凡士林,盖好盖子,并用胶带固定,然后放入(49±2)℃的电热鼓风干燥箱内。碳钢试片放置时间为 20h;铝合金试片放置时间为 72h。进行三组平行试验。

⑤结果检查。试验结束后,将试样从试片表面移开,立即检查试片试验面的腐蚀情况。

如不易或不能判断腐蚀情况,则应使用无水乙醇清洗试片后进行检查。记录试验面,包括玻璃载片压盖和未压盖部分、未覆盖部分是否产生锈斑、蚀点、形成疏松的或粒状的产物及变色,并描述数量、状态和分布情况以及其他试验现象,并进行评定。

12.5.2.2　相容性测试

检测包装材料的相容性,按 GB/T 16265—2008《包装材料试验方法　相容性》执行。

(1)试验仪器。湿热试验箱、干燥箱、吊钩、试片架、吹风机、标本瓶、氧化铝砂纸、无水乙醇、甘油、硅胶。

(2)试验试样。铜、铝试片,用 240 号砂纸打磨,无水乙醇清洗;试样随意选取。

(3)试验方法。中性包装材料与被包装的金属、塑料或其他固体材料的相容性。

①将尺寸为 100mm×50mm×(3~5)mm 的金属或硬塑料试片用 150mm ×150mm 中性包装材料试样包扎时,应使试验表面纵向中心线附近为双层,两边为单层,然后将试片长度方向的两端折叠到试验表面这一面,用尼龙绳沿试片纵向把折叠层捆紧,悬挂到试验用的暴露环境中。

②上述被包扎好的试片应垂直悬挂在(39±2)℃,相对度不低于 95% 的湿热试验箱中,试验 72h,然后取出,拆开包扎,检查并记录试片和包装材料试样的变质情况。

③怀疑铜试片上有腐蚀时,在疑问处滴上一滴制备好的叠氮化钠的碘溶液,溶液的制备方法是把 1.3g 碘和 4g 碘化钾溶于 100mL 蒸馏水中,然后再往溶液中加入 3g 叠氮化钠。滴液中立刻产生许多小气泡冒到液面上,说明试样上存在硫化物,证明试样已被腐蚀。若用 5 倍放大镜观察是慢慢产生的不连续的气泡,则不能证明有硫化物存在。

(4)气相防锈包装材料与被包装的金属材料的相容性:试验应按下述方法平行测试三次,并与空白(无气相防锈材料)进行对比试验。

①柔性气相防锈包装材料。裁取尺寸为 200mm×60mm 的试样,将非涂药面贴紧标本瓶上部内壁。在标本瓶底部注入 25mL 质量分数为 45% 的甘油水溶液。在(65±2)℃的干燥箱中放置 2h,形成内部相对湿度为 85%±3% 的密封空间。将尺寸为 75mm×13mm×1.5mm 试片悬挂在(65±2)℃的干燥箱中放置 2h 的标本瓶内,其中气相防锈包装材料试样与被包装的试片距离不超过 30mm,试片下端距甘油水溶液液面约 20mm。将标样瓶盖好后再用胶黏带固定,组装好的标本瓶放入(60±2)℃的恒温箱内,连续加热 120h。除非另有规定,120h后将标样瓶从干燥箱中取出,冷却至室温,打开标本瓶检查试片。

②气相防锈剂。向标本瓶中注入 25mL 质量分数为 44% 的甘油水溶液,在(65±2)℃下形成一个相对湿度为 85%±3% 的密封空间。称取试样(0.10±0.005)g,均匀平铺于一直径为(30±2)mm 的表面皿上,再放置于标本瓶内。将尺寸为 75mm×13mm×1.5mm 金属试片悬挂于标本瓶内,试片下端与缓蚀剂距离约 6mm。放(65±2)℃的干燥箱内,连续加热 120h。除非另有规定,120h 后将标本瓶从干燥箱中取出,冷却至室温,打开标样瓶检查试片。

③检查气相防锈包装材料与热封的包装材料的相容性。

a. 柔性气相防锈包装材料。试验应按下述方法平行三次,并用中性牛皮纸作为空白进行对比试验。

将可热封的包装材料剪成 254mm×130mm，并对折成口袋。将两边热焊，制成一个长127mm 的口袋。将一块尺寸为 100mm×50mm×(4~6)mm 的钢试片用气相防锈包装材料包好，涂有相缓蚀剂的一面对着钢试片。包扎时试片纵向中心线附近应叠双层，两边为单层。把包好试片的试样装进口袋内，用手压出袋内空气，并把口袋开口处热焊密封。

将准备好的试样组合件置于温度为 (65±2)℃的干燥箱内放置 168h。待袋子冷却至室温后，剪开焊封的一边，取出包扎的试片。检查可热封包装材料变质情况。

b. 气相防锈剂。试验应按下述方法平行三次，并用一个不含气相缓蚀剂的空白试样进行对比。

气相防锈剂与热封的包装材料的相容性试验中，将尺寸为 100mm×50mm×(4~6)mm 的钢试片直接放入上述热封袋中，再将 (0.25±0.005)g 的气相缓蚀剂均匀分散在试片一表面上，其他试验程序同上述。

④液态、半液态可剥性塑料或涂层与保护的金属或塑料等固体材料的相容性。

把液态或半液态可剥性塑料或涂料样品倒入一个干净的可密封的玻璃容器内，样品在玻璃容器的高度为试片长度的 1/2。将尺寸为 100mm×50mm×(3~5)mm 的金属或硬塑料试片固体材料竖直放入液态或半液态样品中，使试片试验表面的一半露在液面上，把玻璃容器盖好并密封在室温下放置 1 年或在 (38±2)℃的环境中放置 30d。

检查金属是否腐蚀，塑料是否软化、龟裂、起泡、变形等。液态或半液态可剥性塑料的颜色是否变深、有无硬块、胶凝、沉淀、分离或影响使用的缺陷。必要时可按样品规定的性能检查。

⑤结果判定。主要是三个平行样与空白试样对比。只要试片和试样均无变质，或变质不比空白重，均为相容。如有一片比空白重，需重复试验。若两片以上均比空白重或重复试验仍有一片比空白重，均为不相容。

12.5.2.3 气相缓蚀能力性能测试

检测包装材料的气相缓蚀能力，按 GB/T 16267—2008《包装材料试验方法 气相缓蚀能力》执行。

(1)试验仪器。干燥箱、培养皿、广口瓶、橡胶塞、铝管、玻璃容器、表面皿、砂纸、无水乙醇、甘油。

(2)试验试样。试片，用 400 号砂纸打磨，无水乙醇清洗；试样试验前密封保存。

(3)试验环境。温度 20~30℃，相对湿度 80%以下。

(4)试验方法。

①试验前的准备。

a. 试验装置使用之前的处理。试验装置组装前，广口瓶、橡胶塞、图钉、曲别针、玻璃器皿均应进行仔细清洗，并用蒸馏水清洗两遍后烘干或热风吹干。试验装置在组装前应在试验室环境温度条件下放置足够时间，使其湿度与环境温度一致。

b. 试验装置的组装。将一个 13 号橡胶塞和两个 9 号橡胶塞在端面中心部位打一直径15mm 的通孔。将试片压入 9 号橡胶塞大面的通孔中，使试验表面与 9 号橡胶塞大面平行，试片露出 9 号橡胶塞大面的部分不超过 3mm。将铝管穿过 13 号橡胶塞中心,并在两端露出的铝管上分别插入 9 号橡胶塞,两个 9 号橡胶塞的小面对着 13 号橡胶塞。在 13 号橡胶塞小面与装有试片的 9 号橡胶塞之间预先套上一隔热胶管。装有试片的 9 号橡胶塞内的铝管应与试片凹面接触。13 号橡胶塞的大面与无试片的 9 号橡胶塞小面接触。

②气相缓蚀能力试验。

a. 气相防锈纸、气相防锈塑料薄膜的试验。分别用图钉将两条 150mm×25mm 的气相防锈纸或四条 150mm×50mm 的气相防锈塑料薄膜对称平行地钉在 13 号橡胶塞底部,含有气相缓蚀剂的一面应朝向试片,用一枚曲别针别在试样下端使之自然下垂。将组装后的橡胶塞装在 1000mL 广口瓶中,瓶底部预先注有 10mL,质量分数为 35% 的甘油蒸馏水溶液,使广口瓶内在 20℃ 下形成 90% 的相对湿度。将组装好的广口瓶置于(20±1)℃ 的培养箱中,20h 后取出,迅速向广口瓶上的铝管内注满温度为 0~2℃ 的水,然后立即放回(20±1)℃ 的培养箱中。3h 后取出试验体,倒掉铝管中的水,立即检查试验表面的锈蚀情况。如试验表面有可见凝露,应马上用镊子夹取浸有无水乙醇的脱脂棉,轻轻擦洗后检查。平行试验四组,其中一组为空白试验。

b. 气相防锈剂的试验在广口瓶底部注入 10mL、质量分数为 35% 的甘油蒸馏水溶液,使广口瓶内在 20℃ 下形成 90% 的相对湿度。在玻璃容器中均匀散布 0.05g 粉状的气相防锈剂,然后置于广口瓶底部。按①所述方法对试验装置进行组装后放入广口瓶中。将组装好的广口瓶置于(20±1)℃ 的培养箱中,20h 后取出,迅速向广口瓶上的铝管内注满温度为 0~2℃ 的水,然后立即放回(20±1)℃ 的培养箱中、3h 后取出试验体、倒掉铝管中的水,立即检查试验表面锈蚀情况。如试验表面有可见凝露,应马上用镊子夹取授有无水乙醇的脱脂棉,轻轻擦洗后检查。平行试验四组,其中一组为空白试验。

③加速消耗后的气相缓蚀能力试验。

a. 气相防锈纸、气相防锈塑料薄膜的试验。将气相防锈纸裁成一张 200mm×300mm 的试样,在干净、光滑的玻璃板上铺一张定性滤纸,将裁好的气相防锈纸平铺在滤纸上,并使涂有气相缓蚀剂的一面朝上,在试样的四角压上重物,使其在消耗时不发生卷曲。将气相防锈塑料薄膜中含有气相缓蚀剂的一面向内,尽量排出空气后热封成 200mm×400mm 的密封袋三个,并吊挂。试样放在(60±2)℃ 的干燥箱内,经 120h、72h、48h、24h 后取出,自然冷却至室温,再按②规定进行裁样和试验。

b. 气相防锈剂的试验。将 0.5g 粉状气相防锈剂放入直径 120mm 的表面皿中,在(60±2)℃ 的干燥箱中放置 120h 后取出,自然冷却至室温,再按②规定进行试验。

④缓蚀能力分级和结果评定。气相防锈材料的气相缓蚀能力按锈蚀程度分为 4 级:0 级,无锈蚀;1 级,轻微锈蚀或锈蚀面积在 20% 以下;2 级,锈蚀面积在 20%~80%;3 级,锈蚀面积在 80% 以上。

空白试验中试片 3 级锈蚀为试验有效,否则应重新进行试验。结果评定时距边缘 2mm 以内区域不作考虑。如果 3 个试片中只有 1 片为 2 级或 3 级,则需重新进行试验,此外 2 片相同等级进行评定。

12.5.2.4 透湿率性能测试

包装材料的透湿率指试验材料保持在恒定的温度下,将其一面暴露在高相对湿度条件时,在规定时间内透过单位面积试验材料的水汽质量,以 g/(m² · 24h)表示。检测包装材料的透湿率,按 GB/T 16928—1997《包装材料试验方法　透湿率》执行。

(1)测试原理。在规定的温度、相对湿度条件下,包装材料试样两侧保持一定的水气压差,测量透过试样的水气量,计量每平方米试验材料,在标准大气压下,24h 透过水气的质量。

(2)试验仪器。恒温恒湿箱、分析天平、干燥剂(粒度为 0.60~2.36mm 的无水氯化钙)、用于方法 A 的专用设备,用于方法 B 的专用设备和器材、热封设备、装干燥剂用的材料。

(3)试验试样。方法 A,试样符合 ISO 2528 标准的规定,数量不少于 6 个;方法 B,200mm×300mm,数量不少于 4 个。

(4)试验环境。温度(38 ±1)℃、相对湿度 92%±3%;温度(23 ±1)℃、相对湿度 49%±3%;温度(4.5 ±1)℃、相对湿度 80%±3%;温度(-18 ±1)℃、相对湿度 95%±3%。

(5)试验方法。方法 A 是将试验材料密封在装有干燥剂的试验杯口部。适用于一般的包装材料,包括可热封的材料和密封胶带的试验。对透湿度小于 1g/(m² · 24h)的或厚度大于 3mm 的材料,不建议使用此方法。方法 B 是将试验材料制成袋子,主要用于可制成袋子,其透湿度较小的可热封材料的试验。

方法 A 和 B 均可用于包装材料的研制、生产和检验,也适用于经过折叠、老化或其他环境处理后的包装材料试验。

①方法 A。将干燥剂均匀地放在透湿杯内,干燥剂与试样间的空隙不小于 3mm。将试样密封在透湿杯的口部,使水汽不能在试样边缘或通过试样边缘渗入。将封有试样的透湿杯(以下简称透湿杯)放在分析天平上称量。再将其放入恒温恒湿箱内,使试样与试验环境自由接触。根据材料的透湿性,选择合适的时间间隔对透湿杯连续称量,将重量变化与时间关系做成图表。进行的称量最好在试验环境中进行,否则称量时间应不超过 30s。在称量操作过程中,如果透湿杯重量不能保持恒定,则应将其放在一个能保持试验环境不吸湿的容器中称量。如果此条件不能实现,可将透湿杯从恒温恒湿箱中取出后,放入(23±2)℃环境的干燥器中平衡 30min 后进行称量,继续试验,直至达到稳定的增重,即做成图表时三个连续的数据位于一条直线上。

②方法 B。

a. 试样制备。将试样对折成 150mm×200mm,在两条短边和一条长边上用符合试样的热封条件封合。封合宽度(65±0.5)mm,保证试样内部宽度应为(135±2)mm。

b. 干燥剂袋制备。切取长 270mm、宽 90mm,将其对折成长 135mm、宽 90mm,将两条长边热封合,封合宽度不超过 6mm,制成干燥剂袋。每组试样不少于 3 个袋。

c. 在每个干燥剂袋中装入至少 50g 干燥剂,再将第三边封合。

d. 将封合好的干燥剂袋装入试样袋,并将袋口封合,使封合内侧距袋子外边不大于 9.0mm。

e. 将试样放入暴露环境中,平衡时间见表 12-9。

表 12-9　平衡时间

试验方法	试验条件		试样袋平衡时间/h	两次称量时间间隔/h
	温度/℃	相对湿度/%		
方法 A	38 ±2	92 ±3	24～72	24
	23 ±1	49 ±3	24～72	24
	4.5 ±1	80 ±3	168	72～96
	−18 ±1	95 ±3	240～336	
方法 B	38 ±1	90 ±3	16	64～68

f. 在经过表规定的平衡时间后,将袋子从恒温湿箱中取出,立即在试样短边的一端切去 10mm 窄条,打开试样袋,将干燥剂袋 1 从袋中取出,换入已称量并装有新干燥剂的袋 2,将袋子重新封口后立即放入恒温恒湿箱内,并记录放入的时间,此为试验开始时间。到了表规定的暴露时间时,应立即将干燥剂袋 2 从试样袋中取出,放入不透湿的已知重量的容器中称量。可先用平整、无孔洞、无皱褶、厚度为 0.05～0.10mm 的聚乙烯薄膜制成大于干燥剂袋的尺寸,预称量,精确至 0.5mg,放入干燥器内备用。

g. 记录试验开始和结束的日期及时间、每次称量的重量和时间。试验后,摊平试祥袋,沿中心线测量并记录试样袋内部长度和宽度。

h. 记录试验开始和结束的日期及时间、每次称量的重量和时间。试验后,摊平试样袋,沿中心线测量并记录样袋内部长度和宽度。

③试验结果计算。

$$WVTR = \frac{\Delta w \times 24}{A \times t} \qquad (12-5)$$

式中:WVTR——透湿率,g/(m²·24h);

　　　Δw ——增重或失重,g;

　　　A ——试样暴露面积,m²;

　　　t ——增重或失重稳定后两次称量的时间间隔,h。

12.5.2.5　透油性性能测试

检测包装材料的透油性,按 GB/T 16929—1997《包装材料试验方法　透油性》执行。

(1)测试原理。将经一定方法折叠或未经折叠的包装材料的一面与棉布垫中的油相接触,测定油透过材料所需时间。透油时间与材料的特性及其厚度有关。

(2)试验仪器。底板(50mm×50mm×3mm 的单面毛玻璃,其一面是经研磨的光滑平面)、重物(50g 底面直径 20mm 的圆柱体)、棉布垫(直径 20mm 的圆片)、滴瓶(100mL)、烘箱、折叠平板(矩形平板,长宽均不小于 75mm,厚为 10mm 的金属或玻璃平板)、折叠棒(5.5kg 重的方形金属棒,其边长为 65mm,底面为平面)、平条、测厚仪、动物油、矿物油、植物油。

(3)试验试样。平试样,60mm×60mm,不少于 6 个;折叠试样,3 个试样正面向上,3 个试样反面向上折叠。

(4)试验方法。

①将已测量厚度的试样放于洁净的毛玻璃底板上,为防止试样移动,其尺寸应大于底板。试样应包括与棉布垫中试验油相接触的平试样,向内折叠和从边向外折叠的试样。用过的毛玻璃底板应在铬酸溶液中充分浸渍,再用蒸馏水冲洗并干燥,使其完全洁净。

②将棉布截成直径为20mm的圆片,以恰好配于50g重物下方。

③将两块棉布圆片重叠后放在试样中心。

④将50g重物放在棉布垫上,再将整个试验单元(玻璃、试样、棉布垫和重物)加热到设定温度(40±1)℃或(60±1)℃,保持30min。

⑤在烘箱中移开重物,加适量试验油到棉布垫,使其浸透而不流淌。若是油脂较黏稠或是固体,可加热将其熔化,以增加其流畅度。若选用挥发性的溶剂时,可定期进行滴加。

⑥将50g重物放置在浸油的棉布垫上。

⑦关闭烘箱门,记录时间。

⑧根据透过油所需时间确定时间间隔(即第1h隔15min,后4h隔30min,后续增加时间间隔)。从底板上以一个试验单元取出试样、棉布和重物,以黑色为背景观察毛玻璃表面,记录放重物位置,首次观察到透过油的时间(如观察到毛玻璃底板上光亮降低)。未观察到透油,将试验组件重新放入烘箱。

⑨提高试验温度可缩短试验时间,但由于频繁观察试样引起温度变化会改变终点温度。因此,在这种情况下需重新进行试验,改变时间间隔,检查每个试验的终点温度,直至得到透油时间,计算平均值。

12.5.3 性能评价

非织造材料在各个领域用作包装材料,其质量指标也不完全相同。以防护用内包装材料为例,参考 GB/T 12339—2008《防护用内包装材料》,腐蚀性要求不大于一级,透湿度(耐油性内包装材料)$<120g/(m^2 \cdot 24h)$。

12.5.4 影响因素分析

复合水泥袋的结构对其性能具有决定性作用。在12.5.1部分所述的三种形式中,前两种复合水泥袋成本较低,工艺简单,质量能满足使用要求,第三种复合水泥袋便于回收与处理,属于环保型包装材料。

第 13 章　农业用非织造材料

农业用非织造材料是一种比塑料薄膜更为理想的新材料,其明显的优点是,非织造布对空气和水具有良好的渗透性,可透湿、透光、透化学药剂;结构疏松、蓬松性较好,有一定的储存功能,可以和化肥及杀虫剂结合在一起使用;有良好的耐热性和耐气候性,可隔热及防紫外线,既可改善环境和生长条件,又可起到保护作用。非织造材料较传统的稻草、落叶等防寒覆盖物重量轻,库容量小,不会霉蛀,可以多次反复使用,寿命长,操作管理方便,且不会污染土壤。又因非织造布加工流程短、成本低,产品售价低,更适应于农业生产一般产值较低及利润少的场合。目前,除了农业上应用的非织造产品,还有畜牧业用、园艺花卉用、水产养殖用和林业用等非织造产品。根据它们发挥的功能作用不同,又可以分为农业非织造棚布、农业非织造地膜、水果保护袋、育秧培植用和保温絮片用等非织造产品。

13.1　农用非织造棚布

13.1.1　概述

农用非织造棚布是一种新型日光温室外覆盖材料,具有较好的保温效果,同时由于使用原料不同,各自还兼具耐腐蚀、耐老化、成本较低、柔软、易于卷放、环保等优点。一般以涤纶、聚丙烯等化学纤维为原料,采用纺粘法、短纤维成网热轧法或黏合法加工而成。相关性能:每平方米质量为 $230\sim250g/m^2$,断裂强力≥80N,透气率≥250mm/s,透水率≤0.05L/s,透射比≥68%。

13.1.2　标准及性能测试

农业用非织造棚布质量指标参照 Q/WJ 4—2018《农用非织造棚布》,性能指标测试参考 GB/T 24218.3—2010《纺织品　非织造布试验方法　第 3 部分:断裂强力和断裂伸长率的测定(条样法)》、GB/T 24218.1—2009《纺织品　非织造布试验方法　第 1 部分:单位面积质量的测定》、GB/T 4666—2009《纺织品　织物长度和幅宽的测定》、GB/T 24218.2—2009《纺织品　非织造布试验方法　第 2 部分:厚度的测定》、GB/T 15789—2016《土工布及其有关产品　无负荷时垂直渗透特性的测定》、GB/T 24218.15—2018《纺织品　非织造布试验方法　第 15 部分:透气性的测定》、FZ/T 01009—2008《纺织品　织物透光性的测定》和 ASTM G155-13《非金属材料曝晒用氙弧灯设备操作规程》等标准,具体测试方法如下。

码13-1　透光性
测定

13.1.2.1　透光性实验

参考标准:FZ/T 01009—2008《纺织品　织物透光性的测定》或 FZ/T 62025—2015《卷

帘窗饰面料》。

（1）原理。当可见光透过试样时，测定一定波长间隔的单色光谱透射比，并计算试样的总光通量透射比。仪器采用平行光束照射试样，用一个积分球收集所有透射光线。以某一波段的光谱能量和该波段的光谱光视效率的乘积作为光通量。

（2）仪器。仪器应符合下列要求：

①具有测定光谱透射比的功能。

②可见光光源。提供波长在380～780nm范围内稳定的可见光射线，适合的光源有氙灯或钨灯。

③单色仪。适合于在波长380～780nm范围内，以10nm或更小的光谱带宽的测定。

④具有通口和光电探测器的积分小球。

⑤能产生双光束的光学装置。通过单色仪能发射出两束波长相同，辐射通量近似相等的平行单色光（即样品光束与参比光束）。

⑥两束平行光束的入射光线与其光束轴偏转角不超过5°。

⑦仪器应具有在波长为380～780nm范围内按所需波长间隔进行扫描的功能。

⑧试样夹。使试样在无张力状态下保持平整。该装置不应遮挡测试孔。

（3）试样的准备和调湿。

①试样的准备。对于匀质材料，距布边5cm，每个样品取5块有代表性的试样。对于具有不同色泽或结构的非匀质材料，每种颜色和每种结构均试验5块试样。试样尺寸应保证充分覆盖住仪器的孔眼。

②试样的调湿。调湿和试验应按GB 6529—2008进行，如果试验装置未放在标准大气条件下，调湿后试样从密闭容器中取出至试验完成应不超过10min。

（4）程序。

①参数设定。光束模式：双光束；波长范围：380～780nm；波长间隔：10nm；平均时间：可选范围0.0125～0.1000s，推荐0.05s。

②测定未加试样时的光谱透射比，设定其为100%基线。

③测定放置黑板时的光谱透射比，设定其为0基线。

④放置试样，保持试样平整，使用时面向阳光的织物面朝着光源。

⑤按设定的波长间隔，扫描并记录试样在各波长的单色光谱透射比$\tau_t(\lambda)$，以百分率表示，保留1位小数。

（5）结果的计算和表达。按下式计算每个试样对于CIE标准光源D_{65}的总光通量透射比$\tau_t(\lambda)$，以百分率表示。计算5个试样的平均值，保留1位小数。

$$\tau_t = \frac{\sum_{\lambda=380nm}^{780nm} S(\lambda) \times \tau_t(\lambda) \times V(\lambda) \times \Delta(\lambda)}{\sum_{\lambda=380nm}^{780nm} S(\lambda) \times V(\lambda) \times \Delta(\lambda)} \qquad (13-1)$$

式中：τ_t ——试样的总光通量透射比，%；

　　$\tau_t(\lambda)$ ——试样在波长为 A 时的单色光谱透射比，%；

　　$S(\lambda)$ ——CIE 标准照明体 D_{65} 的相对光谱功率分布（见标准附录 A）；

　　$V(\lambda)$ ——光谱光视效率，等于 CIE 色匹配函数 $y(A)$（见标准附录 A）；

　　$\Delta(\lambda)$ ——波长间隔，nm。

如果需要，计算总光通量透射比的置信区间。

对于匀质材料，以 5 个试样的平均值作为样品的试验结果。对于具有不同颜色或结构的非匀质材料，分别报出各种颜色或结构的平均值。

（6）试验报告。试验报告应包括下列内容：说明试验是按本标准进行的；对样品的描述；试验温度和相对湿度；如果需要，注明试样的测试面；试验结果；试验人员和试验日期；任何偏离本标准的情况。

13.1.2.2　人工加速老化性能实验

参考标准：ASTM G155—2013《人工加速老化的试验》。

用氙灯老化试验机按 ASTM G155—2013《人工加速老化的试验》标准执行，辐照度 0.35W/（m² · nm）（340nm），黑板温度：（63±2）℃，循环周期：连续光照、干燥 102min、降雨 18min，试验时间共 120h。老化后试样的断裂强力和断裂伸长率按相关测试进行试验。

13.1.3　性能评价

农用非织造棚布材料性能参考执行 Q/WJ 4—2018《农用非织造棚布》，该标准规定了农用非织造棚布的要求、试验方法、检验规则、标志、包装、运输和储存。本标准适用于以纺粘热轧法为主要工艺生产的农用非织造棚布。本产品作为大、中、小棚、日光温室等农用设施的覆盖材料。在外观上，布面应均匀、平整，不允许有破损等瑕疵，无异物异味，无油污斑渍，无明显熔块、软皱褶、铺网不良、切边不良。棚布颜色为白色或蓝色，无褪色。在幅宽偏差上，棚布的幅宽按设计文件规定，其允许偏差为±20mm。在厚度偏差上，棚布的厚度按设计文件规定，平均厚度偏差为±15%。在净质量偏差上，每卷净质量及偏差为 $10^{+0.25}_{-0.15}$ kg，可根据用户要求供需双方商定每卷的净质量和极限偏差。在物理力学性能上，棚布所使用的非织造布应符合表 13-1 的规定。

表 13-1　农用非织造棚布物理力学性能

项目	指标
单位面积质量/（g · m⁻²）	240
单位面积质量偏差率/%	±5
断裂强力/N	≥80
断裂伸长率/%	≥50
透气率/（mm · s⁻¹）	≥250
透水率/（L · s⁻¹）	≤0.05
透射比/%	≥68

项目	指标
人工加速老化后断裂强力/N	≥64
人工加速老化后断裂伸长率/%	≥45

在安全要求上,材料中铅(Pb)、汞(Hg)、六价铬[Cr(Ⅵ)]、多溴联苯(PBB)和多溴二苯醚(PBDE)的含量不得超过 0.1%(质量分数),镉(Cd)的含量不得超过 0.01%(质量分数)。特定元素的迁移应符合表 13-2 的规定。

表 13-2 特殊元素的迁移

项目	限量/(mg · kg^{-1})
锑(Sb)	≤60
砷(As)	≤25
钡(Ba)	≤1000
镉(Cd)	≤75
铬(Cr)	≤60
铅(Pb)	≤90
汞(Hg)	≤60
硒(Se)	≤500

在试验方法上,外观应该在正常白昼北向自然光,或日光灯照度不低于 400 lx 下目测。样品的净质量按式(13-2)计算,单件样品的净质量偏差按式(13-3)计算:

$$q_i = GW_i - TW_i \tag{13-2}$$

$$D_i = q_i - Q_i \tag{13-3}$$

式中:GW_i——样品的实际总重,kg;

TW_i——包装样品的皮重,kg;

q_i——样品的净质量,kg;

Q_i——样品的标注净质量,kg;

D_i——单件样品的净质量偏差,kg。

在物理力学性能上,单位面积质量的测定按 GB/T 24218.1—2009 规定执行。单位面积质量偏差率按式(13-4)计算,结果取整数。

$$G = \frac{G_1 - G_0}{G_0} \times 100\% \tag{13-4}$$

式中:G——单位面积质量偏差率;

G_1——单位面积质量实测值,g/m^2;

G_0——单位面积质量标称值,g/m^2。

在安全要求上,铅、汞、镉、六价铬、多溴联苯和多溴二苯醚的含量按 IEC 62321 的规定进行测定;特定元素的迁移按 EN 71-3 的规定进行测定。

在检验规则上,棚布以批为单位进行验收。同原料、同类型、同配方、同工艺、同规格连续生产的不超过 50t 产品为一检验批。出厂检验项目为外观、幅宽偏差、厚度偏差、净质量偏差。

在标志、包装、运输和储存上,对于标志,每卷(包)棚布应附合格证、使用说明。合格证上应注明:产品名称、类别、产品规格、生产日期或生产批号、企业名称、地址、净质量(或长度)、产品标准号、检验员章。每卷(包)棚布上应注明:企业名称、地址、产品名称、产品规格、净质量或长度等。对于包装,棚布包装可采用塑料薄膜、编织袋或纸箱。如有特殊要求,由供需双方商定。运输时应轻装、轻放,防止剐蹭、机械碰撞、日晒和雨淋,应保持包装完整。产品应储存在干燥、阴凉、清洁的库房内,防止挤压、变形或损伤。储存时,距热源不应小于 1m。

13.1.4　影响因素分析

非织造布棚布的厚度、拉伸强度都较塑料棚布大,但其伸长率较小,这主要是因为非织造布的主要成分、结构及生产方法与塑料棚膜不同而造成的。一般在满足强力要求的情况下厚度越小越好。厚度越小,单位重量的棚布覆盖面积越大,成本越低;拉伸强力和伸长率越大,棚布的耐疲劳性、挠曲性和抗超拱的能力越强,棚布的使用寿命越长,经济价值越高。

非织造布的孔隙率及其通透性将影响非织造农业棚布的性能,这是因为非织造布的纤网之间的空隙能调整大棚的自然通风和调节温度,使温度变化平缓,不会像塑料薄膜那样出现过高的温度而产生"烧苗"的现象。同时非织造布棚布的透气性能可调节棚内的相对湿度,适合秧苗的生长,抑制病菌的侵害,而塑料棚布的通透性较差,不利于调节棚内的温湿度,秧苗易发生病害。

研究表明,非织造布棚布对作物的生长更为有利,株高、开展度等指标都大于塑料棚布,主要有赖于非织造布棚布的优良性能。另外,农业非织造棚布的透光性也是一个重要指标。从农业非织造棚布透光率来看,透光率越大,越有利于作物的光合作用。但非织造布棚布的透光率虽不及塑料棚膜的透光率,但在应用中非织造布没有因为透光率而影响秧苗的生长,而且避免了日光的强晒情况,塑料棚布覆盖的作物却经常因为日光的强晒而脱水。

13.2　农用非织造地膜

13.2.1　概述

农用非织造地膜主要用作农业和园林等覆盖材料,一般以聚酯、聚丙烯等化学纤维为原料,采用水刺、纺粘法、短纤维成网热轧法或黏合法及射流喷网法生产加工。相关性能:每平方米质量为 $30\sim50\text{g/m}^2$,厚度为 $0.13\sim0.15\text{mm}$,断裂强度为 $6\sim15\text{N/cm}$,透水率为 $75\%\sim85\%$,透光率为 $45\%\sim60\%$,通气性为 $80\sim200\text{cm}^3/(\text{cm}^2\cdot\text{s})$。

13.2.2　标准及性能测试

农业用非织造地膜质量指标参照 Q/HOL 4—2018《亲水透气农用地膜水刺非织造布》,

性能指标测试参考 GB/T 24218.3—2010《纺织品　非织造布试验方法　第 3 部分:断裂强力和断裂伸长率的测定(条样法)》、GB/T 24218.1—2009《纺织品　非织造布试验方法　第 1 部分:单位面积质量的测定》、GB/T 4666—2009《纺织品　织物长度和幅宽的测定》、GB/T 24218.2—2009《纺织品　非织造布试验方法　第 2 部分:厚度的测定》和 GB/T 5453—1997《纺织品　织物透气性的测定》等标准,具体测试内容如下。

13.2.2.1　厚度测试

参考标准:GB/T 24218.2—2009《纺织品　非织造布试验方法　第 2 部分:厚度的测定》。

13.2.2.2　幅宽测试

参考标准:GB/T 4666—2009《纺织品　织物长度和幅宽的测定》。

以标称值为基准值,按下式计算偏差率表示,保留一位小数。

$$偏差率 = \frac{实测值 - 基准值}{基准值} \times 100\%$$

抽取样品记为 n,计算各样本的偏差率,分别记为 $x_1, x_2, x_3, \cdots, x_n$,计算各样本的偏差率平均值,记为 $\bar{x}$,按式(13-5)和式(13-6)计算标准差 R 和变异系数 CV 值。

$$R = \sqrt{\frac{(x_1 - \bar{x})^2 + (x_2 - \bar{x})^2 + (x_3 - \bar{x})^2 + \cdots + (x_n - \bar{x})^2}{n - 1}} \tag{13-5}$$

变异系数

$$CV = R / \bar{x} \times 100\% \tag{13-6}$$

13.2.3　性能评价

农用非织造地膜材料内在质量要求见表 13-3。

表 13-3　内在质量要求

项目		指标
单位面积质量偏差率/%		±10.0
单位面积质量变异系数(CV 值)/%		≤5.0
厚度偏差/mm		±0.08
断裂强力/N	纵向	≥14.0
	横向	≥14.0
幅宽偏差/mm		±8.0
透气性	透气率/(mm·s⁻¹)	≥2000
亲水性	水接触角/(°)	≤70

外观质量要求包括布面均匀、平整、无明显折痕、破边破洞、油污斑渍,卷装整齐。染色布或印花布的布面色差,同匹色差和同批色差,均不应低于 3 级。对于其他疵点,买卖双方可合同约定执行。外观色差的测定按 GB/T 250—2008 的规定执行,样品取分切后成品布头 5m 样品,在光线充足的地方目视检验。

在检验规格上,按交货批号的同一原料、同一规格、同一工艺连续生产的产品作为一个检验批。产品检验分为出厂检验和型式检验。产品出厂需经工厂检验部门逐批检验合格,附产品合格证方能出厂。出厂检验项目包括平方米质量偏差率、厚度、幅宽、外观质量。

在抽样方法和抽样数量上,应从一批产品中按表 13-4 规定随机抽取相应数量的卷数。

表 13-4　取样卷数

一批的卷数	抽取数
≤25	2
26~150	3
>151	5

内在质量指标测试的样品长 2m,在离卷头 1m 以上剪取。记录取样日期、生产批号、品种规格。外观质量在半成品成卷和分切成卷时目测检验。

复检时按原生产批号组批。复检时按表中规定的抽样数量 2 卷的两倍抽取,但内在指标测试不得少于 4 卷,外观质量不得少于 5 卷。对产品质量有异议时,可提请仲裁机构进行复检,以复检结果为最终结果,复检费用由责任方承担。收货方在产品到厂后应及时验收,在 1 个月内可向本厂提出复检,逾期不提出者以交货检验单为准。检验结果符合本标准要求的,则判该批产品合格。若有项目不符合本标准要求,则应对不合格项目进行复检,复检合格后判该批产品为合格品;若复检结果仍不合格,则判该批产品不合格。

在标志、包装、运输和储存上,标志、标签产品应有但不局限于以下内容:企业名称和地址,产品名称,执行标准编号,单位面积质量(g/cm^2),幅宽(mm),卷长(m)或卷重(kg),批号或品种规格。

检验合格证时,产品应内包装塑料袋,外包装编织袋,不得与污染物、有毒物质混装。客户有特殊要求,按合同执行。产品在运输和储存时,应保证不破损、不沾污、不受潮、防雨淋,不得长期曝晒,不得与污染物、有毒物质混合运输或储存。

13.2.4　影响因素分析

农业非织造地膜应用于农业生产时,其性能上要满足强力高、透光率好、覆盖性好、保温性等要求。而要满足这些性能要求,就必须控制好非织造布的单位面积质量、抗拉强度、撕裂强度、成网均匀性等,以使非织造布满足农业地膜的使用性能。

非织造的纤维排列情况、导热、透气、导水等性能都会影响农业地膜材料的选择。非织造布中纤维的排列杂乱无向时,纤维间有一定的空间及厚度。非织造布的结构层比较疏松,有透光、透气、透水和吸湿的作用;非织造布的导热率低时,透红外线较少;在高温季节的中午,棚内温度不会过高,作物不会晒蔫。非织造布具有较平稳的传热时,温度峰值不会出现过高的情况,从而可有效减少因出现异常高温而导致烧苗的危险。另外,非织造布的表面可以引导水的流动,所以雨后不会积水。非织造布透气性好,供氧充分,故烂苗烂叶现象少,生长条件大幅改善,使秧苗成长更快。

13.3 农用非织造水果保护袋

13.3.1 概述

农用非织造水果保护袋可改善外观品质和减少农药残留,具有一定的透气、调光功,可调控果袋内环境条件平缓变化,使袋内极端温度和湿度持续时间比纸袋少,可有效降低果实日灼病和烂果率。一般以聚丙烯等化学纤维为原料,采用纺粘法、热轧法或黏合法等生产加工。相关性能:断裂强力 9N,断裂伸长率≥30%,透气率≥800mm/s,透水率≤0.75L/s,透射比≥80%。

13.3.2 标准及性能测试

农业用非织造水果保护袋质量指标参照 Q/WJ 2—2018《农用非织造果品保护袋》,性能指标测试参考 GB/T 24218.3—2010《纺织品 非织造布试验方法 第 3 部分:断裂强力和断裂伸长率的测定(条样法)》、GB/T 24218.1—2009《纺织品 非织造布试验方法 第 1 部分:单位面积质量的测定》、GB/T 4666—2009《纺织品 织物长度和幅宽的测定》、GB/T 24218.2—2009《纺织品 非织造布试验方法 第 2 部分:厚度的测定》、GB/T 15789—2016《土工布及其有关产品 无负荷时垂直渗透特性的测定》、FZ/T 01009—2008《纺织品 织物透光性的测定》和 GB/T 5453—1997《纺织品 织物透气性的测定》等标准。

13.3.3 性能评价

农用非织造果品保护袋具体性能评价参照以下相关质量要求,适用于以纺粘热轧法为主要工艺生产的保护袋,本产品供水果套袋栽培时使用。

在外观上,布面应均匀、平整,不允许有破损等瑕疵,无异物异味,无油污斑渍。所有黏合部分紧密牢靠,无开裂现象,黏合线应平整、密实。袋的一侧边为敞口,并折边内嵌捆扎线(绳),其余三侧边用超声波或热黏合工艺封合。袋的颜色为白色,不褪色。印刷于袋上的图案、文字应清晰、完整,油墨均匀。

在规格上,袋长、袋宽应符合设计文件规定,也可根据品种果实大小及用户特殊要求进行规格制订,允许尺寸偏差为±10mm。折边宽度为 10~20mm。在物理力学性能上,农用非织造果品保护袋所使用的非织造材料应符合表 13-5 和表 13-6 的规定。

表 13-5 农用非织造水果保护袋物理力学性能

项目	指标
单位面积质量/(g·m^{-2})	20
单位面积质量偏差率/%	±8
断裂强力/N	≥9

项目	指标
断裂伸长率/%	≥30
透气率/(mm·s⁻¹)	≥800
透水率/(L·s⁻¹)	≤0.75
透射比/%	≥80
人工加速老化后断裂强力/N	≥0.5
人工加速老化后断裂伸长率/%	≥1.5

在安全要求上,材料中,铅(Pb)、汞(Hg)、六价铬[Cr(Ⅵ)]、多溴联苯(PBB)和多溴二苯醚(PBDE)的含量不得超过0.1%(质量分数),镉(Cd)的含量不得超过0.01%(质量分数)。特定元素的迁移应符合表13-6的规定。

表 13-6　特殊元素的迁移

项目	限量(mg·kg⁻¹)
锑(Sb)	≤60
砷(As)	≤25
钡(Ba)	≤1000
镉(Cd)	≤75
铬(Cr)	≤60
铅(Pb)	≤90
汞(Hg)	≤60
硒(Se)	≤500

在试验方法上,外观应在正常白昼北向自然光或日光灯照度不低于400lx下目测;规格用相应精度的量具测量。

13.3.4　影响因素分析

农用非织造水果保护袋的性能受原料、黏合剂类型、浓度、上浆率及添加剂的影响。实验发现,含基布种植袋材料的强力主要来自基布,如产品采用针刺非织造工艺制备而成,则针刺会使强力略微下降,使用棉基布制备得到种植袋材料更轻薄,有利于降解以及降低成本。另外,有研究表明黏合剂对于无基布种植袋材料性能的影响:当红麻与落麻的比例、纤网克重、轧液量不变时,一定范围内随着黏合剂浓度的提升,材料拉伸断裂强力随之升高;溶液浓度相同,醋酸乙烯酯作为黏合剂比丙烯酸强力更高,但是丙烯酸的湿抗张强力比更高。在麻、涤和棉材料中,麻基布强力>涤纶基布>棉基布,在针刺后所有基布的强力均有所下降,但程度不大;利用麻基布所制备的种植袋材料虽然强力大,但是厚度和克重是涤纶基布和棉基布的2倍以上,均过大,厚度过大会造成成本的上升,且会减缓在土壤中降解的速度,因此涤纶和棉基布更适宜用作制备种植袋材料。

13.4 水稻育秧用非织造材料

13.4.1 概述

水稻育秧用非织造布是利用水稻育苗专用非织造布取代农膜做苗床覆盖保温材料培育水稻秧苗,可以实现壮秧培育,达到水稻的高产、稳产栽培。水稻育秧用非织造布能满足水稻育苗要求的纺粘法长丝非织造布。面密度≥35g/m²,幅宽≥2.1m,有良好的透气性、透水性,适宜的保温性、透光性,并具有防老化特征。

13.4.2 标准及性能测试

水稻育秧用非织造布质量指标参照 FZ/T 64004—1993《薄型黏合法非织造布》、DB21T 1285—2016《水稻无纺布覆盖育苗技术规程》,性能指标测试参考 GB/T 24218.3—2010《纺织品 非织造布试验方法 第3部分:断裂强力和断裂伸长率的测定(条样法)》、GB/T 24218.1—2009《纺织品 非织造布试验方法 第1部分:单位面积质量的测定》、GB/T 4666—2009《纺织品 织物长度和幅宽的测定》、GB/T 24218.2—2009《纺织品 非织造布试验方法 第2部分:厚度的测定》和 GB/T 5453—1997《纺织品 织物透气性的测定》等标准,技术要求如下。

浸渍黏合法非织造布力学性能要求见表 13-7。

表 13-7 浸渍黏合法非织造布力学性能要求

<table>
<tr><td colspan="3" rowspan="2">项目</td><td colspan="8">等级规格/(g·m⁻²)</td></tr>
<tr><td>20</td><td>30</td><td>40</td><td>50</td><td>60</td><td>70</td><td>80</td><td>≥90</td></tr>
<tr><td colspan="2" rowspan="2">平方米质量偏差率/%</td><td>一等品</td><td colspan="4">±8</td><td colspan="4">±7</td></tr>
<tr><td>合格品</td><td colspan="4">±9</td><td colspan="4">±8</td></tr>
<tr><td colspan="2" rowspan="2">幅宽偏差率/%</td><td>一等品</td><td colspan="8">+3.0
-2.0</td></tr>
<tr><td>合格品</td><td colspan="8">+3.5
-2.5</td></tr>
<tr><td rowspan="4">断裂强力/ N≥</td><td rowspan="2">纵向</td><td>一等品</td><td>15</td><td>20</td><td>30</td><td></td><td>40</td><td>65</td><td></td><td>100</td></tr>
<tr><td>合格品</td><td>13</td><td>17</td><td>26</td><td></td><td>35</td><td>58</td><td></td><td>88</td></tr>
<tr><td rowspan="2">横向</td><td>一等品</td><td>10</td><td>15</td><td>20</td><td></td><td>26</td><td>45</td><td></td><td>65</td></tr>
<tr><td>合格品</td><td>8</td><td>13</td><td>17</td><td></td><td>22</td><td>40</td><td></td><td>58</td></tr>
</table>

项目		等级规格/（g·m⁻²）							
		20	30	40	50	60	70	80	≥90
缩水率/%（纵向、横向）	一等品	+1.5							
		−1.0							
	合格品	+2.0							
		−1.5							
热收缩率/%（纵向、横向）	一等品	+2.0							
		−1.5							
	合格品	+3.0							
		−2.0							

注 断裂强力主要用于气流成网产品。

热轧黏合法非织造布力学性能要求见表 13-8。

表 13-8　热轧黏合法非织造布力学性能要求

项目		等级规格/（g·m⁻²）								
		20	30	40	50	60	70	80	90	≥100
平方米质量偏差率/%	一等品	±8				±7				
	合格品	±9				±8				
幅宽偏差率/%	一等品	+2.0								
		−1.0								
	合格品	+2.5								
		−1.5								
纵向断裂强力/ N≥	一等品	16	25	30	40	50	60	70	90	100
	合格品	14	22	26	35	44	52	62	78	88
缩水率/%（纵向、横向）	一等品	+1.5								
		−1.0								
	合格品	+2.0								
		−1.5								
热收缩率/%（纵向、横向）	一等品	+2.0								
		−1.5								
	合格品	+3.0								
		−2.0								

纺粘法非织造布力学性能指标见表 13-9。

表 13-9　力学性能要求

项目			等级规格/$(g \cdot m^{-2})$							
			20	30	40	50	60	70	80	≥90
平方米质量偏差率/%		一等品	±8				±7			
		合格品	±10				±9			
幅宽偏差率/%		一等品	+2.0							
			−1.0							
		合格品	+2.5							
			−1.5							
断裂强力/N	横向铺网	纵向≥ 一等品	16	27	32	52	60	70	75	80
		合格品	14	23	27	45	55	65	70	75
		横向≥ 一等品	22	34	42	57	65	75	80	95
		合格品	20	30	37	52	60	70	75	90
	纵向铺网	纵向≥ 一等品	22	34	42	57	65	75	80	95
		合格品	20	30	37	52	60	70	75	90
		横向≥ 一等品	16	27	32	52	60	70	75	80
		合格品	14	23	27	45	55	65	70	75

13.4.3　性能评价

水稻育秧用非织造布具体性能评价参照以下相关质量要求。

13.4.3.1　外观疵点

浸渍黏合法非织造布外观疵点要求见表 13-10,热轧黏合法非织造布外观疵点要求见表 13-11,纺粘法非织造布外观疵点要求见表 13-12。

表 13-10　浸渍黏合法非织造布外观疵点要求

项目		等级	
		一等品	合格品
破洞、明显分层		不允许	不允许
布面均匀性		均匀	较均匀
污渍疵点/$(cm^2 \cdot 100m^{-1})$	≤	5	10
明显皱褶/$(cm \cdot 100m^{-1})$	≤	150	300
豁边、切边不良/$(cm \cdot 100m^{-1})$	≤	30	50
拼接次数/$(次 \cdot 100m^{-1})$		1	2

注　拼接最短长度不小于 20m。

表 13-11　热轧黏合法非织造布外观疵点要求

项目		等级	
		一等品	合格品
破洞、明显分层		不允许	不允许
布面均匀性		均匀	较均匀
污渍疵点/(cm² · 100m⁻¹) 此处：$\leqslant$	$\leqslant$	5	10
明显皱褶/(cm · 100m⁻¹)	$\leqslant$	150	300
豁边、切边不良/(cm · 100m⁻¹)	$\leqslant$	30	50
拼接次数/(次 · 500m⁻¹)		1	2

注　拼接最短长度不小于 50m。

表 13-12　纺粘法非织造布外观疵点要求

项目		等级	
		一等品	合格品
破洞		不允许	不允许
油污		不允许	轻微
硬块/(只 · 50m⁻²)	$\leqslant$	4	8
翻网/(只 · 卷⁻¹)	$\leqslant$	2	5
拼接次数/(次 · 500m⁻¹)		1	2

注　拼接最短长度不小于 20m。

13.4.3.2　产品分类

浸渍黏合法非织造布 20,30,40,50,60,70,80,≥90g/m²

热轧黏合法非织造布 20,30,40,50,60,70,80,90,≥100g/m²

纺粘法非织造布 20,30,40,50,60,70,80,≥90g/m²

13.4.3.3　检验规则

在检验项目上,技术要求中的平方米质量偏差率、幅宽偏差率、断裂强力、外观为出厂检验项目。上述各项和缩水率、热收缩率为型式检验项目。分批规定上,每批产品必须是原料配比、化工料、工艺条件和规格相同连续生产的一班产量组成。取样规定上,每批产品随机抽取供力学性能测试的试样长 3m,在离卷头 1m 以上剪取。记录取样日期、生产班组、品种规格。外观质量在切边成卷时逐卷检验。检验结果的评定上,以技术要求中考核项目的最低一项等级定为该批产品的等级,力学性能按批进行评等,外观质量按卷进行评等,力学性能测试结果不符合要求者,可加倍抽取试样,进行该项目的复试,以复试最终结果为评定等级的依据。

13.4.3.4　复验

复验时按原生产批号组批,力学性能测试从该批产品中按交货量的 10% 随机抽取试样,不得少于2卷。每卷按第6章规定试验,以各卷试验的平均值为最终结果。外观检验从该批产品中按交货量的20%进行复验,不得少于5卷,在400~600lx照度下,逐卷倒卷检验,如不符合品等率超过8%,则该批产品相应降低一个等级。对产品质量有异议时,可提请仲裁检验机构进行复验方承担。收货方在产品到厂后应及时进行验收,在1个月内可向生产厂提出复验的检验单为准。

13.4.3.5　标志、包装、运精、储存

(1)标志。产品应有标志,标明产品名称、批号、商标、规格、等级。

(2)包装。应使产品质量不受损坏,便于运输。产品包装采用塑料袋、编织袋等。

(3)运输。产品运输过程中应保证防污、防潮、防火、防雨,严禁划伤,不得受压过重。

(4)储存。储存时应放在通风干燥清洁的仓库内。

13.4.4　影响因素分析

水稻育秧用非织造布替代农膜进行水稻育秧,由于其具有透气性、保湿性和透光性,较农膜苗床温湿度变化少,极端高温出现次数少,时间也短,温差小,特别有助于培育壮秧。因此,非织造布的单位面积质量、抗拉强度、撕裂强度、成网均匀性等都会影响水稻育秧用非织造布的性能。水稻育秧用非织造布要求透光性好、透气率高、透湿性强、保温性好和强力高,纤网结构蓬松,空隙率大,伸长率高且其覆盖性和屏蔽性好。水稻育秧用非织造布具有保温防冻、调光降温、吸湿保墒、防御保护、节能节水等功能,在实际生产中,薄型涤纶纺粘非织造布(20~50g/m²)因其保暖性适中、重量轻、好操作,透气性和遮光性好等特点,被广泛应用于水稻秧苗生长中。

13.5　农业用保温絮片

13.5.1　概述

农业用保温絮片通常是采用普通纺织面料,废旧天然纤维、废旧合成纤维及各种再生纤维生产的农牧业用保温覆盖物。目前在设施园艺工程中使用的非织造材料主要有两大类:一类是使用热压或化学黏合制造的非织造布,这类材料主要是采用聚丙烯纤维、聚酯纤维、黏胶纤维等短纤维或者长丝,进行定向或随机排列,形成纤网结构,然后采用热粘或化学等方法加固而成;另一类是使用各种纤维材料采用针刺工艺制作的针刺毡,这类材料在日光温室保温被中采用较多,可用作保温芯材或面层。保暖絮片应具有较高抗拉强度、一定的隔气和防水性能以及良好的耐久性,单位面积质量一般在100~800g/m²之间,传热系数在0.4~1.2W/(m·℃)之间,表面导热系数在0.04~0.06W/(m·℃)范围内。

13.5.2　标准及性能测试

农业用保温絮片质量指标性能参考 FZ/T 64020—2011《复合保温材料　化纤复合絮

片》,性能指标测试参照执行 GB/T 24218.3—2010《纺织品　非织造布试验方法　第 3 部分:断裂强力和断裂伸长率的测定(条样法)》、GB/T 24218.1—2009《纺织品　非织造布试验方法　第 1 部分:单位面积质量的测定》、GB/T 4666—2009《纺织品　织物长度和幅宽的测定》、GB/T 24218.2—2009《纺织品　非织造布试验方法　第 2 部分:厚度的测定》、GB/T 11048—2018《纺织品　生理舒适性　稳态条件下热阻和湿阻的测定(蒸发热板法)》、GB/T 5453—1997《纺织品织物透气性的测定》、GB/T 8629—2001《纺织品　试验用家庭洗涤和干燥程序》、GB/T 8630—2002《纺织品　洗涤和干燥后尺寸变化的测定》和 GB/T 24442.1—2009《纺织品　压缩性能的测定　第 1 部分:恒定法》等标准,具体测试内容如下。

13.5.2.1　热阻的测定

参考标准: GB/T 11048—2018《纺织品　生理舒适性　稳态条件下热阻和湿阻的测定(蒸发热板法)》,选用 A 型仪器。

码13-2　热阻测定

(1)原理。将试样覆盖于测试板上,测试板及其周围的热护环、底部的保护板都能保持恒温,以使测试板的热量只能通过试样散失,空气可平行于试样上表面流动。在试验条件达到稳定后,测定通过试样的热流量来计算试样的热阻。即从测定试样加上空气层的热阻值中减去空气层的热阻值得出所测材料的热阻值 R_{ct}。两次测定均在相同的条件下进行。

对于湿阻的测定,需在多孔测试板上覆盖透气但不透水的薄膜,进入测试板的水蒸发后以水蒸气的形式通过薄膜,所以没有液态水接触试样。试样放在薄膜上后,测定一定水分蒸发率下保持测试板恒温所需热流量,与通过试样的水蒸气压力一起计算试样湿阻。即从测定试样加上空气层的湿阻值中减去空气层的湿阻值得出所测材料的湿阻值 R_{et}。两次测定均在相同的条件下进行。

(2)仪器。具有温度和给水控制的测试部分,由厚约 3mm,面积至少为 0.04m^2(如边长为 200mm 的正方形)的金属板固定在内含电热丝的导电金属组件上组成测试板。为了测定湿阻,测试板应是多孔的,它被位于试样台内的热护环所包围,原理如图 13-1 所示。

气候室:测试板和热护环安装在气候室内,而且气候室内空气的温度和湿度能够得到控制,气流可以穿过并沿着测试板和热护环表面流动,导流口在试样台以上的高度应不小于 50mm。

(3)试样。

①材料厚度<5mm。试样尺寸应完全覆盖测试板和热护环表面。每个样品至少取 3 块试样,试样应平整、无皱褶。试验前,试样应在规定的试验环境中调湿至少 12h。

②材料厚度>5mm。厚度在此范围内的试样需要一个特殊的程序以避免热量或水

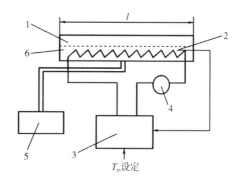

图 13-1　温度和水控制的测定装置

1—测试板　2—温度传感器　3—温度控制器
4—热量测定装置　5—定量供水装置
6—装有加热元件的金属体

蒸气从其边缘散发。在热阻的测定中,如果试样的厚度超过热护环宽度 b 的 2 倍,则应对热量在边缘处的散失进行修正。热阻和试样厚度之间线性关系的偏差按公式 $[\, 1 + (\Delta R_{ct}/\Delta R_{ctm})\,]$ 确定和修正,通过测利用匀质材料(例如泡沫材料)多层叠加(最终达到被测试样的厚度 d)所测定的 R_{ct} 值进行修正,如图 13-2 所示。

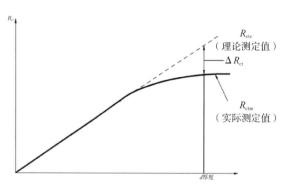

图 13-2 热阻测定中边缘热损失的修正

R_{ctc} —理论测定值 R_{ctm} —实际测定值

如果热护环不配置像测试板那样的多孔板和供水系统,那么在测定湿阻时,试样应被不能渗透水蒸气的框架包围,其高度大约与试样不受外力放置时的高度一样,其内部尺寸和测试板的各边一样。通常试样应在规定的试验气候中调湿至少 24h。如果样品含有松散的填充物或厚度呈不均匀状,例如被子、睡袋、羽绒服等,则试样应按标准附录 A 进行制备。

(4)测试。R_{ct0} 和 R_{et0} 称作"空板"值,测定时测试板上表面与试样台应处于同一平面。

① R_{ct0} 的测定。调节测试板表面温度 T_m 为 35℃,气候室温度 T_a 为 20℃,相对湿度为 65%,空气流速 V_a 为 1m/s,以上各值的误差均应在要求的范围内。待测定值 T_m、T_a、$R.H.$、H 都达到稳定后记录它们的值。

空板值 R_{ct0} 由式(13-7)计算,结果保留 3 位有效数字:

$$R_{ct0} = \frac{(T_m - T_a) \times A}{H - \Delta H_c} \tag{13-7}$$

式中:H——提供给测试面板的加热功率,W;

ΔH_c——一个修正值,由标准附录 B 中所描述的方法确定。

A——试样板面积,m^2;

② R_{et0} 的测定。

a. 测定湿阻时,应使用定量供水装置持续给测试板供水。在多孔测试板上覆盖一层光滑的透气而不透水的厚度为 10 ~50μm 的纤维素薄膜,薄膜的安放应确保平整无皱,且薄膜事先应经蒸馏水浸湿。为避免薄膜下出现气泡,供给测试板的水应经过 2 次蒸馏并经过煮沸才能使用。

b. 测试板表面温度 T_m 及周围空气温度均应控制在 35℃,空气流速 V_a 为 1m/s。空气的相对湿度应保持为 40%,其水蒸气分压为 2250Pa。在不影响测试精度的前提下,假定测试板表面水蒸气分压等于这个温度下的饱和蒸汽压,即 5620Pa。

以上各值的偏差均应在要求的范围内,待测定值 T_m、T_a、$R.H.$、H 都达到稳定后记录它们的值。

c. 空板值 R_{et0} 由式(13-8)计算,结果保留 3 位有效数字:

$$R_{et0} = \frac{(P_m - P_a) \times A}{H - \Delta H_e} \tag{13-8}$$

式中：H_e——一个修正值，由标准附录 B 中所描述的方法来确定。

③热阻 R_{ct} 的测定。试样应平置于测试板上，将通常接触人体皮肤的一面朝向测试板，多层织物也是如此。试样应无起泡和起皱，以免试样与测试板间、多层织物的各层之间产生不应出现的空气层。可用防水胶带或一轻质金属架固定在试样边缘以保持其平整。对于易膨胀的试样，应参照标准附录 D 进行放置。通常，试样在不受张力作用、多层试样各层之间无空气缝隙的情况下测试。如果试验在拉伸或受压力或夹有空气缝隙时进行，应在试验报告中说明。当试样的厚度超过 3mm 时，应调节测试板高度以使试样的上表面与试样台平齐。

调节测试板表面温度 T_m 为 35℃，气候室温度 T_a 为 20℃，相对湿度为 65%，空气流速 V_a 为 1m/s，以上各值的误差均应在要求的范围内。在测试板上放置样品后，待测定值 T_m、T_a、$R.H.$、H 都达到稳定后，记录它们的值。R_{ct} 由式（13-9）计算，结果保留 3 位有效数字：

$$R_{ct} = \frac{(T_m - T_a) \times A}{H - \Delta H_e} - R_{ct0} \tag{13-9}$$

④湿阻 R_{et} 的测定。调节测试板表面温度 T_m 为 35℃，气候室温度 T_a 为 20℃，相对湿度为 65%，空气流速 V_a 为 1m/s，以上各值的误差均应在要求的范围内。待测定值 T_m、T_a、$R.H.$、H 都达到稳定后记录它们的值。R_{et} 由式（13-10）计算，结果保留 3 位有效数字：

$$R_{et} = \frac{(P_m - P_a) \times A}{H - \Delta H_e} - R_{et0} \tag{13-10}$$

式中：ΔH_e——一个修正值，由标准附录 B 中所描述的方法确定；

　　A——试样板面积，m^2；

　　H——提供给测试面板的加热功率，W；

　　ΔH_e——热阻 H_{et} 测定中加热功率的修正值。

如有需要，也可采用其他温度、相对湿度和气流速度，但应在试验报告中说明具体试验条件，并说明这些条件与在本标准规定的环境下进行试验所得结果有差异。

13.5.2.2　透气率

参考标准：GB/T 5453—1997《纺织品　织物透气性的测定》。

13.5.2.3　水洗性能和测定

参考标准：GB/T 8629—2001《纺织品　试验用家庭洗涤和干燥程序》和 GB/T 8630—2002《纺织品　洗涤和干燥后尺寸变化的测定》。

另做如下补充。

（1）试样尺寸 300mm×300mm，每个样品至少测定 2 块试样，测试结果取平均值。

（2）在试样长度和宽度方向上，各做三对标记，每对标记之间相距 200mm，标记在试样上的分布应均匀。

（3）采用单层测试，试样装入试验袋中测定，试样装好后封口，并以缝线做适当固定，以防止试样在袋中翻动。试样袋尺寸 32cm×32cm,可采用涤棉印染或色织细布,例如,总紧度75%±3%,T/C 13/13 471.5/284 染色细布,T/C 13/13 292.5/325 色织布。

（4）水洗性能的测定按 GB/T 8629—2001 的规定,洗涤程序采用 7A,干燥程序采用 F 法。

（5）水洗外观变化的评定,从洗涤后外观形态变化,如毡化、起球、破损、分层等做出综合评价,按其变化程度分为基本不变、轻微、明显。

13.5.2.4 压缩弹性率的测定

参考标准：GB/T 24442.1—2009《纺织品　压缩性能的测定　第 1 部分:恒定法》。

主要技术参数:加压面积,20cm×20cm;轻压,0.02kPa,加压时间 10s;重压,1kPa,加压时间 60s;恢复时间,60s。

所测组合试样厚度至少在 20mm 以上。

在检验规则上,针对抽样方面,按交货批号的同一品种、同一规格的产品作为检验批。内在质量检验抽样方案见表 13-13,外观质量的检验抽样方案见表 13-14。

表 13-13　内在质量检验抽样方案

批量 N	样本量 n	接收数 Ac	拒收数 Re
2~25	2	0	1
26~150	3	0	1
151~1200	5	1	2
>1200	8	1	2

表 13-14　外观质量检验抽样方案

批量 N	样本量 n	接收数 Ac	拒收数 Re
2~8	2	0	1
9~15	3	0	1
16~25	5	1	2
26~50	8	1	2
51~90	13	1	2
91~150	20	2	3
151~280	32	3	4
281~500	50	5	6
501~1200	80	7	8
>1200	125	10	11

对于内在质量的判定,按相关要求对批样的每个样本进行内在质量测定,符合对应等级要求的,则为内在质量合格,否则为不合格。如果所有样品的内在质量合格,或不合格样品数不超过表 13-13 的接收数 Ac,则该批产品内在质量合格。如果不合格样品数达到了表 13-13 的拒收数 Re,则该批产品质量不合格。

在外观质量的判定上,对批样的每个样本进行外观质量评定,符合对应等级要求的,则为外观质量合格,否则为不合格。如果所有样本的外观质量合格,或不合格样本数不超过表 13-14 的接收数 Ac ,则该批产品外观质量合格。如果不合格样本数达到了表 13-14 的拒收数 Re ,则该批产品质量不合格。

在结果判定上,按标准判定均符合对应等级要求,则该批产品合格。

13.5.3　性能评价

保温絮片具体性能评价参照以下相关质量要求。内在质量要求见表 13-15,外观质量评定见表 13-16。

表 13-15　内在质量要求

项目		指标		
		优等品	一等品	合格品
纤维含量偏差 10%		按 FZ/T 01053—2016 规定执行		
单位面积质量偏差/% ≥	≤150g/cm²	-5.0	-7.0	-9.0
	>150g/cm²	-3.0	-5.0	-7.0
热阻/(m²·K/W) ≥	≤100g/cm²	0.160	0.120	0.090
	>100~200g/cm²	0.250	0.200	0.120
	>200~300g/cm²	0.300	0.250	0.160
	>300g/cm²	0.350	0.300	0.220
水洗性能	尺寸变化率/%	-4.0~2.0	-5.0~3.0	-6.0~3.0
	外观变化	基本不变	轻微	轻微
透气率/(mm·s⁻¹) ≥		180		
蓬松度/(cm³·g⁻¹) ≥		55	45	35
压缩弹性率/% ≥		90	80	75

注　(1)使用说明中标注非水洗的产品不考核水洗性能。

　　(2)尺寸变化率仅考核含有机织物、针织物、薄型非织造布的复合絮片。

外观质量逐卷(段)检验,按卷(段)评定。外观质量分为轻缺陷和重缺陷,见表 13-16。每一卷产品上不允许存在重缺陷,轻缺陷每 100m² 优等品不超过 8 个、一等品不超过 12 个、合格品不超过 15 个,优等品不允许有散布性疵点。

表 13-16　外观质量评定

疵点名称	轻缺陷	重缺陷
分层、厚薄段、拼搭不良	明显,每处	严重,每处
折痕、针迹条纹、拉毛	每 100cm	>300cm
杂质	软质粗≤3mm	硬质;软质粗>3mm

疵点名称	轻缺陷	重缺陷
边不良,刺破	每 50cm	>200cm
油污渍	每 10cm	>50cm
破损、锈渍	≤2mm	>2cm
有效幅宽偏差率	—	超过 −2%
散布性疵点	不影响总体效果	影响总体效果

注 (1)以长度度量的轻缺陷疵点,超过极限值的划段计数。

(2)未列出的疵点参照相似疵点评定。

外观质量检验产品正面,正反面无明显区分时则检验工艺正面,但疵点延及两面时,以严重的一面为准。外观质量检验应在水平检验台或检验机上进行,检验条件如下:检验光线以正常白昼北光为准。受条件所限时可采用日光灯照明(40W,2~4 只)光源距台面 1~2m,台面照度不低于 750lx,检验速度不大于 20m/min。

化纤复合絮片按定长成卷包装。定长值根据产品规格或有关各方协商确定,一般在 30~200m。产品的拼件率应在 15% 以内,拼件产品每卷总长度应定长值加 1m 以上。每 100m 允许拼件 3 段,或由供需双方协商确定,但最短长度应在 10m 以上。优等品不得拼件。长度在 5m 以下的小段产品可单独成包,作零头处理。包装应保证产品不散落、不破损、不沾污。

每卷产品两端应有骑缝章,在其一个角(10cm×10cm)内粘贴产品标牌,内容包括:产品名称、规格、品等、长度、生产厂名、生产日期等。每个包装明显位置应刷标志或挂标志牌,注明商标、产品名称、品等、长度、执行标准、生产厂名、生产日期、毛重、净重等。

产品在运输、储存中不得沾污、雨淋、破损、不得长期曝晒、直立和重压。产品应放置在干燥处,周围不得有酸、碱等腐蚀性介质,注意防潮、防火。

13.5.4 影响因素分析

农业用保温絮片保温性的影响因素主要是非织造材料的导热性以及材料的抗老化性等。不同密度下的非织造材料的导热系数会发生变化,在实际的农业应用过程中,保温絮片所具备的性能会不断地变化,其原因是非织造材料在使用过程中的面密度、孔隙率和厚度等参数的变化,导致材料的导热系数出现了变化。如果长时间地进行使用,非织造材料的纤维受到外力不断作用,承受着紫外线长期的照射等因素,就会导致材料的纤维不断收缩,而且还会出现穿插纠缠的情况,这也会导致保温絮片的保温性能发生变化。另外,保温絮片的耐老化性能也很重要。当保温絮片老化时,它的物理性能,如拉伸、断裂伸长率、低温弯折性等都会有所下降,不仅如此,还会导致材料的分子结构出现变化,它的传热系数也会因此变化,从而让保温絮片的保温性大幅度降低。

保温絮片采用的材料一般都具备质量轻盈以及材质疏松的特点,通常都保持的纤维蓬松形状,其内部包含静止空气,目的是阻隔热传导。因为其中有很多气孔,这会导致材料处于潮湿环境中,很容易吸收其中的水分,而水的导热系数是不流动空气的 20 倍,所以农业用保温絮片材料在外界存在吸水的情况,或者因为其防水层失效,被水分侵入,便会让材料的含水量大幅度提升,从而导致其热系数显著增大。因此,农业用保温絮片外层做好要选取具备良好防水性的材料,如果外层材料出现漏水问题,那么絮片的保温性也将不复存在。需要注意的是,如果保温芯层的材料选取的是毛毡,这种材料的导热系数会因含水率的提升出现很大的改变,所以一定要保证外层材料的完整,若是发生其出现破损需要马上更换,以防因低温导致农业产量降低。

第14章　合成革用非织造材料

14.1　人造革革基布

14.1.1　概述

皮革作为四大柔性材料(纺织品、塑料、皮革和纸)之一,包括天然皮革和人工革,是我国轻工行业中一种非常普遍和重要的材料,在国民经济各行业被广泛使用。

天然皮革是以动物原皮(即生皮)为原料,经过一系列的物理和化学加工处理而制成的高分子材料。虽然天然皮革具有较高的机械强度,优异的吸湿排汗、透气透湿性,极佳的手感和自然的纹路,但由于制备天然皮革的原料资源有限,导致天然皮革的产量不能满足人们对皮革面料广泛使用的需要,因此研发符合要求的仿真皮革一直是皮革领域工作者孜孜不倦的追求。

人工革是通过某种方式(如涂覆、贴合等)将基材与合成树脂结合在一起而得到的天然皮革的替代品。人工革从起源到发展一直以天然皮革为模仿对象,产品的发展历史主要分为三个阶段:人造革阶段(仿形)、普通合成革阶段(仿制)和超细纤维合成革阶段(仿真)。

人造革是利用机织或针织材料为底基,表面涂覆聚氯乙烯(PVC)等涂层的仿革制品,属于人工革的第一代产品。人造革开发的目的是弥补天然皮革资源的不足,其外观类似于天然皮革,但结构方面和天然皮革存在显著不同,仅达到对天然皮革的"仿形"制备,虽然在天然皮革的替代工作上实现了工业化应用,但是人造革作为天然皮革代用品存在明显缺点:性能缺陷(黏结强度差、耐候性差、手感僵硬、增塑剂气味大、二次加工难等)、环保问题(PVC产品中的有毒添加剂及其固废处理过程中产生的二噁英及含氯化合物)和工艺落后。

20世纪60年代,非织造材料和聚氨酯(PU)技术开始应用于人工革,从而诞生了合成革。合成革将合成纤维采用针刺、黏结等工艺形成三维立体网络,同时填充微孔结构的PU树脂,模拟天然皮革的网状结构;PU树脂薄膜富有弹性和柔软性,使合成革表层做到微细孔结构PU层,模拟天然皮革的粒面。合成革实现了对天然皮革的"仿制",具有优异的力学性能、耐腐蚀性和保形性等。我国合成革产业经历了30多年的发展,目前生产企业规模已经达到了3000多家,年产量30多亿米、占全球产量的70%以上,产值超过千亿元,形成以温州、丽水、佛山、台州、浦城、花都等为代表的合成革产业集聚区,以花都狮岭、中大、东莞厚街、温州河通桥、温州黄龙、晋江鞋都、深圳华南城、河北白沟等为代表的专业皮革档口市场。合成革通过常规化学纤维(纤维直径一般在$12\mu m$左右)加工而成,纤维及其织物结构与性能与天然纤维有较大差距,导致合成革存在透气、透湿性及穿着舒适性较差,压缩性小、易产生大的皱褶和环境污染等问题。

1970 年,超细纤维实现了工业化生产。超细纤维的技术应用,促进了纤维工业的产品创新,同时也给合成革工业带来了一场新的革命。以超细纤维和 PU 复合制成的超细纤维合成革(简称超纤革),是日本研发出来的技术,对合成革行业具有划时代的创新意义。由于超细纤维具有近似胶原辖内的纤度和结构,在形态和结构上模拟天然皮革(三维编织使它达到了"仿制"效果;类似胶原纤维束的超细纤维束,在一定程度上达到了"仿真"效果),完成了由"仿制"到"仿真"的过程,是目前世界上已开发出来的最接近天然皮革的合成皮革。

目前,合成革用非织造材料主要有合成革用针刺法非织造基布、合成革用水刺法非织造基布和超细纤维合成革用非织造基布。

针刺法是一种典型的非织造机械加固方法,指将一定品种、纤度、长度的短纤维,经混合、开松、梳理后制成一定厚度且均匀的纤网,再通过运动机构带动刺针往复上下运动,对纤网进行穿刺,使纤维自身相互缠结,从而形成具有一定强度、密度、弹性、平整度等性能的非织造材料。针刺法适合于生产中厚型非织造材料。目前工业上实际用来生产非织造革基布的工艺主要是针刺法,所生产出的革基布虽然呈网络立体结构,但与真皮的结构还有很大区别,主要体现在横向纤维纤度和编织结构的连续变化,只能说目前超纤革基布从一定程度上达到了"仿形"效果,达不到对天然皮革的仿生制备。合成革用针刺法非织造基布根据使用的原料可分为 A、B、C、D、E 五类。A 类为纯涤纶产品,B 类为含量小于或等于 50% 的锦纶与其他纤维的混合产品,C 类为含量大于 50% 的锦纶与其他纤维的混合产品;D 类为非织造材料与针织或机织布的复合产品,E 类为整理产品。

水刺法是一种新型非织造材料加工技术,可分为短纤水刺法和长丝水刺法两种。水刺工艺与针刺工艺一样,均为机械加固。水刺非织造工艺是通过高压水流对纤网进行连续喷射,在水力作用下使纤网中的纤维运动、位移而重新排列和相互纠缠,使纤网得以加固而获得一定的力学性能。水刺非织造材料具有强度高、手感柔软、悬垂性好、无化学黏合剂以及透气性好等特点,适合于生产薄型绒面产品。合成革用水刺法非织造基布根据使用的原料可分为 A、B、C 三类。A 类为纯涤纶产品或涤纶锦纶混合产品,B 类为含量小于或等于 70% 的黏胶纤维与其他纤维的混合产品,C 类为含量大于 70% 的黏胶纤维与其他纤维的混合产品。

超细纤维合成革用非织造基布根据使用的原料可分为 A、B、C 三类。A 类为纯锦纶非织造基布,B 类为纯涤纶非织造基布,C 类为涤纶/锦纶复合纤维非织造基布。

14.1.2　标准及性能测试

合成革用非织造材料质量指标参照 GB/T 24248—2009《纺织品　合成革用非织造基布》,性能指标测试参照 GB/T 3917.2—2009《纺织品　织物撕破性能　第 2 部分:裤形试样(单缝)撕破强力的测定》、GB/T 6529—2008《纺织品　调湿和试验用标准大气》、GB/T 7742.1—2005《纺织品　织物胀破性能　第 1 部分:胀破强力和胀破扩张度的测定　液压法》、GB/T 24218.1—2009《纺织品　非织造布试验方法　第 1 部分:单位面积质量的测定》、GB/T 24218.2—2009《纺织品　非织造布试验方法　第 2 部分:厚度的测定》、GB/T 24218.3—

2010《纺织品　非织造布试验方法　第3部分:断裂强力和断裂伸长率的测定》等标准。

合成革用非织造材料性能评价指标主要有单位面积质量、厚度、幅宽、断裂强力和断裂伸长率、撕破强力、胀破强力、剥离强力、干热收缩率,其中位面积质量测试参考3.3、厚度测试参考3.4、幅宽测试参考3.5、断裂强力和断裂伸长率测试参考4.1、撕破强力测试参考4.2、剥离强力测试参考4.4、胀破强力测试参考7.2.2.2。

干热收缩率测试如下。

参考标准:GB/T 24248—2009《纺织品　合成革用非织造基布》。

测试仪器:烘箱。

测试原理及方法:按规定裁取纵、横向250mm×250mm的试样各3块。在每块试样的纵、横方向上分别做3对标记,每对标记间距离为80mm。在GB/T 6529—2008规定的标准环境条件下平衡后测量标记间距离(精确至0.5mm)。将试样放在烘箱内,以达到规定温度的时间开始计时,烘燥规定时间后取出试样。在标准环境下冷却10min后,测量各对标记间的距离。以同一方向烘前、烘后3个数的平均值作为该试样的基准值和测试值,分别计算试样纵、横向的尺寸变化率。共测试3块试样。以3块试样尺寸变化率平均值(保留一位小数)作为试验结果。

14.1.3　性能评价

产品外观质量要求见表14-1,合成革用针刺法非织造基布的内在质量要求见表14-2,合成革用水刺法非织造基布的内在质量要求见表14-3,超细纤维合成革用非织造基布的内在质量要求见表14-4。

表14-1　产品外观质量要求

项目	外观要求
平整度	表面均匀平整
分散性缺陷	在长度1m范围内,棉结、油污渍、折痕、破洞、杂质等缺陷累计不超过0.02m²,每卷累计缺陷不超过0.5m²
连续性缺陷	不允许出现明显的条纹、针痕、网不匀等连续性缺陷

注　对于其他疵点,双方根据产品的用途,就疵点的范围和许可限度达成协议。

表14-2　合成革用针刺法非织造基布的内在质量要求

项目		质量要求				
		A类	B类	C类	D类	E类
单位面积质量CV值/%	$M \leqslant 230$	≤7				
	$M > 230$	≤5				
厚度偏差/mm		±0.06				
幅宽偏差/mm		±20				

续表

项目		质量要求				
		A 类	B 类	C 类	D 类	E 类
断裂强力/N	$M \leqslant 100$	≥200	≥220	≥230	≥240	≥220
	$100 < M \leqslant 150$	≥280	≥300	≥320	≥260	≥300
	$150 < M \leqslant 200$	≥350	≥370	≥380	≥280	≥370
	$M > 200$	≥400	≥420	≥430	≥300	≥420
断裂伸长率/%	$M \leqslant 100$	≥20	≥25	≥30	≥40	
	$100 < M \leqslant 150$	≥30	≥35	≥40	≥45	
	$150 < M \leqslant 200$	≥40	≥45	≥50	≥50	
	$M > 200$	≥50	≥55	≥60	≥55	
剥离强力/N		≥40				
胀破强力/kPa	$M \leqslant 100$	≥500				
	$100 < M \leqslant 150$	≥800				
	$150 < M \leqslant 200$	≥1100				
	$M > 200$	≥1200				
干热收缩/%	150℃,1min	≤6				
	180℃,1min	≤9				

注 (1)M 表示单位面积质量,单位为 g/m²;厚度和幅宽按合同或协议规定。

(2)剥离强力和胀破强力为参考项。

(3)断裂强力考核纵、横两个方向;撕裂强力考核纵、横两个方向;干热收缩率为参考项;E 类产品测试时需要先褪去 PVA,然后再进行测试。

表 14-3 合成革用水刺法非织造基布的内在质量要求

项目		指标		
		A 类	B 类	C 类
单位面积质量 CV 值/%	$M \leqslant 70$	≤7		
	$M > 70$	≤5		
厚度偏差/mm	$M \leqslant 70$	±0.06		
	$M > 70$	±0.07		
幅宽偏差/mm	$M \leqslant 50$	≥80	≥60	≥40
断裂强力/N	$50 < M \leqslant 70$	≥110	≥80	≥60
	$70 < M \leqslant 90$	≥150	≥100	≥80
	$90 < M \leqslant 120$	≥200	≥130	≥100
	$120 < M \leqslant 150$	≥250	≥160	≥120
	$150 < M \leqslant 180$	≥300	≥200	≥150

项目		指标		
		A 类	B 类	C 类
断裂强力/N	180<M≤210	≥350	≥250	≥180
	M>210	≥400	—	—
断裂强力/N	M≤50	≥10	≥6	≥3
	50<M≤70	≥12	≥8	≥4
	70<M≤90	≥15	≥10	≥5
	90<M≤120	≥20	≥12	≥7
	120<M≤150	≥24	≥15	≥10
	150<M≤180	≥30	≥18	≥12
	180<M≤210	≥36	≥22	≥15
	M>210	≥40	—	—
干热收缩率/%	150℃,1min	≤6		
	180℃,1min	≤9		

注 （1）M 表示单位面积质量,单位为 g/m²;厚度和幅宽按合同或协议规定。

（2）幅宽按合同或协议规定。

（3）断裂强力考核纵、横两个方向;撕裂强力考核纵、横两个方向;干热收缩率为参考项。

表 14-4 超细纤维合成革用非织造基布的内在质量要求

项目		指标		
		A 类	B 类	C 类
单位面积质量 CV 值/%	M≤230	≤7		
	M>230	≤5		
厚度偏差/mm		±0.1		±0.08
幅宽偏差/mm		±20		
断裂强力/N	M≤230	≥200		≥100
	M>230	≥300		≥200
断裂伸长率/%	M≤230	≥50	≥60	≥35
	M>230	≥60	≥50	≥30
撕破强力/N	M≤230	≥50		≥8
	M>230	≥70		≥15
剥离强力/N	M≤230	≥30	≥20	—
	M>230	≥40	≥30	—

注 （1）M 表示单位面积质量,单位为 g/m²;厚度和幅宽按合同或协议规定。

（2）断裂伸长率、剥离强力为参考项。如果合同有要求,按照合同规定进行考核。

（3）断裂强力考核纵、横两个方向;撕破强力考核纵、横两个方向;剥离强力考核纵、横两个方向。

14.1.4　影响因素分析

断裂强力和断裂伸长率、撕破强力、剥离强力等力学性能指标是合成革用非织造材料重要的应用性能指标,主要受纤维原料组成(涤纶、锦纶、黏胶及其复合)、纤维类型(短纤、长丝、细度)和制备工艺(针刺、水刺、组合)影响。

14.2　人造革合成革

14.2.1　概述

皮革是我国轻化工程的一个重要方向。我国人造革合成革行业发展迅速,是世界第一大人造革合成革生产地。人造革是指以压延、流延、涂覆、干法工艺在机织布、针织布或非织造布等材料上形成聚氯乙烯、聚氨酯等合成树脂膜层而制得的复合材料。合成革是指以湿法工艺在机织布、针织布或非织造布等材料上形成聚氨酯树脂微孔层,再经干法工艺或后处理工艺制得的复合材料。人造革的主要优点是轻便、美观、便宜等,但仅达到"仿形"效果,耐折牢度级较低,不宜作鞋材;透湿度较低;弹性、拉伸、压缩性能较差。合成革具有良好的力学性能,耐腐蚀性能好,光滑美观,制品保形性好,但表面层比天然皮革粒面层逊色;卫生性能与穿着舒适性较差;压缩性小,容易产生大的皱褶。目前,人造革合成革已被广泛应用于鞋面革,服装革,家具、坐垫革,体育用品等领域。与聚氯乙烯人造革、普通聚氨酯合成革及天然皮革相比,生态功能性合成革在生态环保性和功能性都相对优异,代表着人造革合成革行业的未来发展方向。

14.2.2　标准及性能测试

人造革合成革质量指标参照 GB/T 8948—2008《聚氯乙烯人造革》、GB/T 8949—2008《聚氨酯干法人造革》、QB/T 1646—2007《聚氨酯合成革》、QB/T 4909—2016《水性聚氨酯超细纤维合成革》、QB/T 5143—2017《湿法水性聚氨酯合成革》,其中 GB/T 8948—2008《聚氯乙烯人造革》适用于以平纹布或斜纹布为底基,在聚氯乙烯树脂中加入增塑剂和其他添加剂经压延或涂覆等方法而制成的聚氯乙烯人造革;GB/T 8949—2008《聚氨酯干法人造革》适用于以针织布基和机织布基为底基,经干法聚氨酯涂层工艺制造的人造革;QB/T 1646—2007《聚氨酯合成革》适用于针刺非织造布经聚氨酯树脂湿法加工、溶剂萃取,以及系列后整理工艺制成的具有中空藕状纤维结构的聚氨酯合成革;QB/T 4909—2016《水性聚氨酯超细纤维合成革》适用于水性聚氨酯树脂为主要原料,以海岛型超细纤维非织造布为底基,经干、湿法等工艺制成的合成革;QB/T 5143—2017《湿法水性聚氨酯合成革》适用于以基布、水性聚氨酯树脂为主要原料,经湿法加工工艺制成的水性聚氨酯合成革。

本节将以目前市场上重点发展与应用的水性聚氨酯超细纤维合成革为对象,详细介绍 QB/T 4909—2016《水性聚氨酯超细纤维合成革》,其性能指标测试参照 GB/T 250—2008《纺

织品　色牢度试验　评定变色用灰色样卡》、GB/T 2828. 1—2012《计数抽样检验程序　第1部分:按接收质量限(AQL)检索的逐批检验抽样计划》、GB/T 2918—1998《塑料试样状态调节和试验的标准环境》、GB/T 3920—2008《纺织品　色牢度试验　耐摩擦色牢度》、GB/T 8949—2008《聚氨酯干法人造革》、QB/T 2714—2018《皮革　物理和机械测试　耐折牢度的测定》、QB/T 2726—2005《皮革　物理和机械试验　耐磨性能的测定》、QB/T 4342—2012《服装用聚氨酯合成革安全要求》、QB/T 4671—2014《人造革合成革试验方法　耐水性的测定》、QB/T 4672—2014《人造革合成革试验方法　耐黄变的测定》等标准。

此外,随着人造革合成革技术的进步与发展,人造革合成革产业升级,行业制定了一系列关于产品质量的标准,如 QB/T 4872—2015《人造革合成革试验方法　接缝强度的测定》、QB/T 5155—2017《人造革合成革试验方法　柔软度的测定》、QB/T 5156—2017《人造革合成革试验方法　透气性的测定》、QB/T 5157—2017《人造革合成革试验方法　颜色迁移性的测定》、QB/T 5352—2018《人造革合成革试验方法　表面滑爽性的测定》、QB/T 5353—2018《人造革合成革试验方法　抗粘效果的测定》、QB/T 5354—2018《人造革合成革试验方法　挥发性有机化合物的测定》、QB/T 5447—2019《人造革合成革试验方法　气味的测定》、GB/T 38612—2020《人造革合成革试验方法　拉伸负荷及断裂伸长率的测定》、GB/T 38464—2020《人造革合成革试验方法　耐揉搓性的测定》、GB/T 38465—2020《人造革合成革试验方法　耐寒性的测定》等。

同时,为了推动人造革合成革在各领域的应用,行业也制定了一系列应用领域的标准,如 QB/T 2958—2008《服装用聚氨酯合成革》、QB/T 4044—2010《防护鞋用合成革》、QB/T 4047—2010《帽用聚氨酯合成革》、QB/T 4120—2010《箱包手袋用聚氨酯合成革》、QB/T 4194—2011《汽车用聚氨酯合成革》、QB/T 4477—2013《鞋面用聚氨酯超细纤维合成革》、QB/T 4712—2014《沙发用聚氨酯合成革》、QB/T 4714—2014《家居用聚氨酯合成革》、QB/T 4674—2014《汽车内饰用聚氨酯束状超细纤维合成革》、QB/T 4875—2015《运动手套用聚氨酯超细纤维合成革》、QB/T 5069—2017《防护手套用聚氨酯超细纤维合成革》、QB/T 5072—2017《摩托车鞍座用聚氨酯合成革》、QB/T 5141—2017《休闲鞋用聚氨酯合成革》、QB/T 5142—2017《服装用聚氨酯定岛型超细纤维合成革》、QB/T 5148—2017《家具用定岛超细纤维聚氨酯合成革》、QB/T 5150—2017《篮球用聚氨酯合成革》、QB/T 5152—2017《手套用聚氨酯合成革》、T/ZZB 1381—2019《儿童鞋面用水性聚氨酯超细纤维合成革》、ZJM－008－2799—2020《儿童鞋面用水性聚氨酯超细纤维合成革》、T/ZZB 1965—2020《家具用水性聚氨酯合成革》,具体测试内容如下。

14. 2. 2. 1　厚度及极限偏差

参考标准:QB/T 4909—2016《水性聚氨酯超细纤维合成革》。

测试仪器:百分表测厚仪,应符合下列规定:测力,0. 8~1. 5N;测头直径,7~10mm;分度值,0. 01mm。

测试原理及方法:沿试样度方向每隔 20cm 为一个测量点(最后距边沿不足 20cm 时也为1个测量点)用百分表测厚仪测量,测量结果取算术平均值,精确至 0. 01mm。

14.2.2.2　宽度及极限偏差

参考标准:QB/T 4909—2016《水性聚氨酯超细纤维合成革》。

测试仪器:钢卷尺。

测试原理及方法:用分度值为 1mm 的钢卷尺沿长度方向任意测量 3 处,测量结果取最小值,精确至 1mm。

14.2.2.3　长度、每卷段数和最小段长

参考标准:QB/T 4909—2016《水性聚氨酯超细纤维合成革》。

测试仪器:量具或仪表。

测试原理及方法:用合适的量具或仪表测量,结果精确至 10mm。

14.2.2.4　外观

参考标准:QB/T 4909—2016《水性聚氨酯超细纤维合成革》。

测试仪器:目测、游标卡尺(必要时)。

测试原理及方法:在自然光下目测,必要时用游标卡尺测量。

14.2.2.5　拉伸负荷和断裂伸长率

参考标准:GB/T 8949—2008《聚氨酯干法人造革》、GB/T 1040.3—2006《塑料　拉伸性能的测定　第 3 部分:薄膜和薄片的试验条件》、GB/T 1040.1—2006《塑料　拉伸性能的测定　第 1 部分:总则》。

测试仪器:拉伸试验机。

测试原理及方法:沿试样纵向主轴恒速拉伸,直到断裂或应力(负荷)或应变(伸长)达到某一预定值,测量在这一过程中试样承受的负荷及其伸长,具体测试准备及步骤如下:

(1)沿经纬向裁取 200mm×30mm 的试样 3 块。

(2)将试样的两端分别夹于电子拉力机的上下夹具上,设定拉伸速度为(200±10)mm/min,选择试验状态为"拉伸负荷",开启拉力机。

(3)当试样断裂,拉力自动复位。此时,记录所显示的拉伸负荷(最大值)和断裂伸长率。

(4)试验结果。取三个试样的算术平均值(拉伸负荷精确到 1N,断裂伸长率精确至 1%)。

14.2.2.6　撕裂负荷

参考标准:GB/T 8949—2008《聚氨酯干法人造革》。

测试仪器:拉伸试验机。

测试原理及方法:检测样品受外力作用撕开时基布所能承受的最大负荷,具体测试准备及步骤如下。

码14-1　合成革
撕裂负荷测定

(1)沿经纬向裁取 150mm×30mm 的试样 3 块。

(2)在试样宽度的中心线处沿平行于长度方向切开 75mm,将切开的两端呈相反方向夹在拉伸试验具上,设定拉伸速度为(200±10)mm/min,选择试验状态为"撕裂",开启拉力机。

（3）当试样撕裂,拉力自动复位。此时,记录所显示的撕裂负荷(最大值)。

（4）试验结果。取三个试样的算术平均值表示,精确至1N。

14.2.2.7　剥离负荷

参考标准：GB/T 8949—2008《聚氨酯干法人造革》。

测试仪器：拉伸试验机、带鼓风装置烘箱。

测试原理及方法：测定表面层与基体层之间的剥离强度,具体测试准备及步骤如下。

（1）裁取200mm×30mm的试样3块。

（2）用适量黏结胶将涂层与同类革涂层粘贴在一起(试样必须黏合牢固),再将贴合好的试样置于135℃±5℃,恒温2h后,对贴合处理后的试样进行手剥,试样的涂层与基布分开至50mm。

（3）再将分开的两端分别夹在拉伸试验机的夹具上,以200mm/min的速度进行剥离,记录试样剥离的最大负荷。

（4）试验结果。取3个试样的算术平均值表示,精确至1N。另外,试样的涂层与基布用手不能剥开,该试样剥离负荷为合格。若一组试样全剥不开,该项测试结果为合格。

14.2.2.8　耐折牢度

参考标准：QB/T 2714—2018《皮革　物理和机械试验　耐折牢度的测定》。

测试仪器：耐折试验机、模刀、放大镜、干燥器、真空泵、蒸馏水或去离子水、玻璃盘。

测试原理及方法：试样上部测试面向内折叠被夹在可运动的夹具内,下部测试面向外折叠被夹在固定的夹具内,上部运动的夹具带动试样运动,由此检查试样产生的缺陷,具体测试准备及步骤如下。

（1）用模刀裁取70mm×45mm的试样4块。干态试样的空气调节：干态试样按QB/T 2707—2018《皮革　物理和机械试验　试样的准备和调节》的规定进行。湿态试样的准备：将试样放入玻璃盘中,加入足够的蒸馏水或去离子水,最小深度10mm,把盘子放入干燥器中,将干燥器抽真空并保持真空度在4kPa以下2min,然后释放。重复排真空、释放的过程两次,取出试样,用吸水纸吸走多余的水分,立刻进行湿测试。

注：上夹具不能夹住较厚的试样,在这种情况下,可以将试样一端的厚度削薄到1.5mm,并把这端插入上夹具。

（2）打开上、下夹具,使夹具内的空间至少为试样厚度的2倍。

（3）开动电动机,使上夹具的EF边平行于下夹具的上边。

（4）将试样的测试面向内折叠,使两个长边并在一起,夹住折叠的试样(图14-1),使折叠的边紧挨着上夹具的下边,一端紧靠上夹具的松紧螺钉。

（5）将试样未夹住的两个角向外、向下包住夹具(图14-1),使试样的两个表面接触,将试样的自由端固定在下夹具中(图14-1),并使其垂直伸展,所使用的力量不能超过刚好把皮革拉紧所需的力。

（6）从下列次数中选取所需的耐折次数进行测试：干态测试：500,1000,5000,10000,20000,25000,50000,100000,150000,200000,250000；湿态测试：500,1000,5000,10000,

20000,25000,50000。

　　湿态测试,每 25000 次从试验机上取下湿的试样,检查水的渗出情况,并重新浸湿,再放回试验机中继续测试。

　　注:常温测试试验 20 万次,-10℃试验 2.5 万次。另外,试样不能在过度膨胀的状态下进行耐折试验,如果在这种情况下不耐折,应在试验报告中记录。

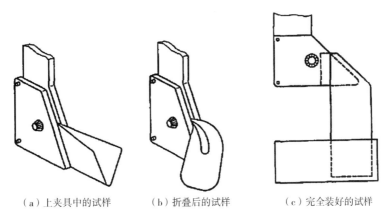

（a）上夹具中的试样　　　　　（b）折叠后的试样　　　　　（c）完全装好的试样

图 14-1　试样的安装

　　(7)停止试验机,取出试样,沿纵向轴将试样反向折叠,在良好的光线下用肉眼和放大镜检查,记录被曲挠部分的任何破损,忽略被夹具夹住的部分。

　　破损情况应包括以下内容:

　　①在没有破损时,涂层色泽的变化。

　　②涂层的裂纹以及裂纹延续至一个或多个涂层的趋势;如果可能,应记录裂纹的数量。

　　③皮革涂层黏着力的异常变化。

　　④两个涂层之间黏着力的异常变化。

　　⑤涂层出现粉末、片状的情况。

　　⑥涂层上的裂纹、粉末或片状物的颜色对比。

　　⑦如果需要确定皮革结构的松散程度,可以切开曲挠部分。

　　注:由于切开试样后破坏了试样而使以后的试验不能进行,因此可以在最后的试验全部完成后再切开。

　　(8)如果试验中需取出试样观察,应在试样被夹住的位置做适当标记,以确保试样被放回时能够被固定在初始位置。

　　(9)重新开动试验机继续测试到需要的次数,重复步骤(7)的检查。

　　(10)如果需要继续测试另外的次数,重复步骤(8)和(9)。

　　注:实际转数的选择取决于指定的要求、皮革的最终用途和预期的性能。

14.2.2.9　表面颜色牢度

　　按 GB/T 3920—2008《纺织品　色牢度试验　耐摩擦色牢度》的规定进行试验,参考

10.2;试验结果按 GB/T 250—2008《纺织品　色牢度试验　评定变色用灰色样卡》的规定评定等级。

14.2.2.10　耐水解性

参考标准：QB/T 4671—2014《人造革合成革试验方法　耐水性的测定》。

测试仪器:恒温恒湿试验机、烘箱、NaOH 试剂(分析纯)、蒸馏水、耐 100℃高温容器(带盖)、耐 100℃高温容器(不带盖)。

测试原理及方法:在一定温、湿度或一定温度、一定浓度碱液的环境下,经过规定的时间,以样品表面状态变化及样品力学性能变化情况评价样品的耐水解程度,具体测试准备及步骤如下。

(1)裁取 70mm×30mm 的试样 3 块。

(2)将 NaOH 试剂放置在烧杯中,加蒸馏水配制成浓度为 10%的 NaOH 溶液,用玻璃棒搅拌均匀,静置,待完全溶解并冷却至 23℃后移入耐高温容器中。

(3)在温度(23±2)℃,相对湿度为 50%±5%的条件下,将试样浸泡在上述 10%NaOH 溶液中,放置 24h 的整数倍后取出,用清水冲洗干净,冲洗过程中不应损坏试样。测试洗后试样挤出溶液的 pH 应为 6~8,观察表面有无明显润滑状。

(4)将试样在(102±2)℃的烘箱中烘干。

(5)试验结果。观察试样表面有无明显润滑状、颜色变化、龟裂、脱层等现象。按 GB/T 8949—2008《聚氨酯干法人造革》的规定测试试样的剥离负荷。按 QB/T 2714—2018《皮革　物理和机械测试　耐折牢度的测定》的规定测试试样的耐折牢度。

14.2.2.11　耐黄变性

参考标准：QB/T 4672—2014《人造革合成革试验方法　耐黄变的测定》。

测试仪器:试验箱、光源、试样架、遮光片、比色卡、标准多光源对色箱。

测试原理及方法:以白炽灯及加热控温装置模拟自然环境,或以紫外线照射试样,在规定的时间内,观察白色或浅色人造革、合成革样品表面颜色变化的情况,确定样品的变色程度,从而判定材料在太阳光辐射下耐黄变的能力,具体测试准备及步骤如下。

(1)裁取 100mm×12mm 的试样 3 块。

(2)用遮光片盖住试样径向两端各 20mm,将试样放到试样托盘上,试样的照射面朝向光源,试样的径向与灯管的径向垂直。试样表面与灯管底面平行,垂直距离为(250±2)mm。

(3)启动开关,试样在紫外灯光下连续照射,时间为 6h。到达规定时间时立即从试验箱中取出试样,并取下遮光片。

(4)试验结果。试样按照 GB/T 2918—1998《塑料试样状态调节和试验的标准环境》的规定,在温度(23±2)℃、相对湿度 50%±10%的标准环境下放置 2h 后,在标准多光源对色箱中用灰色比色卡目测试样被遮盖部分与未遮盖部分所对应的变色等级,以变色等级为黄变等级,选取等级差距最大的结果作为最终结果。

14.2.2.12　耐磨性

参考标准：QB/T 2726—2005《皮革　物理和机械试验　耐磨性能的测定》。

测试仪器:试样平台、试样夹持器、支承臂、真空吸嘴、计数器、磨轮、负重、试样固定片、吸尘装置、砂纸、软刷子或压缩空气、刷子、灰色样卡。

测试原理及方法:被测试的试样放在水平平台上旋转,两个磨轮被赋予特定的压力压在试片上旋转,磨轮的轴与水平面平行,一个磨轮朝外,另一个朝内,在一定的时间内,记录测试片的所有变化,具体测试准备及步骤如下。

码14-2　合成革耐磨性测定

(1)切取直径为 40mm 的试样 2 块。

(2)新磨轮的准备。

①将橡胶磨轮安装到支承臂上,保证有标签的一面朝外。

②增加负重,使每个磨轮的负重为 1000g。

③选择合适的砂纸,放到试样夹持器上。

④将磨轮放到砂纸的表面,打开吸尘装置,开动机器,运行 20r。

⑤更换砂纸,重复步骤④操作。

⑥检查磨轮,如果颜色不一致,用新的砂纸重新处理。如果颜色仍不能一致,舍掉该磨轮。

⑦用软刷子或压缩空气去除碎屑。

⑧用硬刷子刷去表面附着物,准备新的钨—碳磨轮。

(3)摩擦试样。

①将准备好的新磨轮或经过调整的磨轮装到支承臂上,安装正确,标签朝外。

②选择 1000g 的负重。

③将试样装到试样夹持器上。

④将磨轮放到试样的表面,打开吸尘装置,开启机器,按设定的 200r 转数操作。

⑤停止机器,取下试样,测量、记录试样的损坏情况,并排除试验面积边沿 2mm 范围内的损坏以及因开、停机器对试样造成的挤压面积。如果需要,用灰色样卡测定试验面积内的颜色变化。

⑥更换试样,重复步骤⑤,继续下一个试验。

⑦重复步骤⑥,按步骤④规定的转数进行试验。

(4)磨轮的调整。

①每一次试验结束后对橡胶磨轮进行调整。

②增加负重块,使磨轮的负重为 1000g。

③将砂纸放到试样夹持器上。

④将磨轮放到砂纸的表面,打开吸尘装置,开启机器,运行 20r。

⑤用软刷刷去碎屑。

⑥每张砂纸最多运行 60r,用后必须更换。

⑦用硬刷子刷去钨—碳磨轮上的附着物,用砂纸磨去磨轮边缘的毛刺。

(5)试验结果。以两片试样的最差结果为试验结果。

14.2.2.13 安全

参考标准：QB/T 4342—2012《服装用聚氨酯合成革安全要求》。

（1）可萃取的重金属。

参考标准：GB/T 17593.1—2006《纺织品　重金属的测定　第1部分：原子吸收分光光度法》，其中六价铬按 GB/T 17593.3—2006《纺织品　重金属的测定　第3部分：六价铬　分光光度法》的规定进行。

测试仪器：石墨炉原子吸收分光光度计（附有镉、钴、铬、铜、镍、铅、锑空心阴极灯）；火焰原子吸收分光光度计（附有铜、锑、锌空心阴极灯）；具塞三角烧瓶（150mL）；恒温水浴振荡器（37℃±2℃，振荡频率为60次/min）；酸性汗液；单元素标准储备溶液；标准工作溶液（10μg/mL）。

测试原理及方法：试样用酸性汗液萃取，在对应的原子吸收波长下，用石墨炉原子吸收分光光度计测量萃取液中镉、钴、铬、铜、镍、铅、锑的吸光度，用火焰原子吸收分光光度计测量萃取液中铜、锑、锌的吸光度，对照标准工作曲线确定相应重金属离子的含量，计算出纺织品中酸性汗液可萃取重金属含量，具体测试准备及步骤如下。

①萃取液制备。取有代表性的样品，剪碎至 5mm×5mm 以下，混匀，称取 4g 试样两份（供平行试验），精确至 0.01g，置于具塞三角烧瓶中。加入 80mL 酸性汗液，将纤维充分浸湿，放入恒温水浴振荡器中振荡 60min 后取出，静置冷却至室温，过滤后作为样液供分析用。

②测定。

a. 将标准工作溶液用水逐级稀释成适当浓度的系列工作溶液。分别在 228.8nm（Cd）、240.7nm（Co）、357.9nm（Cr）、324.7nm（Cu）、232.0nm（Ni）、283.3nm（Pb）、217.6nm（Sb）、213.9nm（Zn）波长下，用石墨炉原子吸收分光光度计，按浓度由低至高的顺序测定系列工作溶液中镉、钴、铜、镍、铅、锑的吸光度；或用火焰原子吸收分光光度计，按浓度由低至高的顺序测定系列工作溶液中铜、锑、锌的吸光度，以吸光度为纵坐标，元素浓度（μg/mL）为横坐标，绘制工作曲线。

b. 按 a. 所设定的仪器及相应波长，测定空白溶液和样液①中各待测元素的吸光度，从工作曲线上计算出各待测元素的浓度。

③试验结果。试样中可萃取重金属元素 i 的含量，按式（14-1）计算：

$$X_i = \frac{(C_i - C_{i0}) \times V \times F}{m} \tag{14-1}$$

式中：X_i——试样中可萃取重金属元素 i 的含量，mg/kg；

　　C_i——样液中被测元素 i 的浓度，μg/mL；

　　C_{i0}——空白溶液中被测元素 i 的浓度，μg/mL；

　　V——样液的总体积，mL；

　　m——试样的质量，g；

　　F——稀释因子。

取两次测定结果的算术平均值作为试验结果，计算结果精确至小数点后两位。

（2）富马酸二甲酯。

参考标准：SN/T 2446—2010《皮革及其制品中富马酸二甲酯的测定　气相色谱/质谱法》。

测试仪器：气相色谱/质谱联用仪（GC/MSD）（带 EI 源）；旋转蒸发仪；具塞量筒（5mL）；超声波提取器；注射器（2mL）；具塞锥形瓶（100mL）；微量进样器（10μL）；圆底烧瓶（100mL）；具塞容量瓶（25mL）；电子天平（感量 0.1mg）。

测试原理及方法：采用脱水乙酸乙酯对试样中的富马酸二甲酯进行超声提取，提取液净化后，用气相色谱/质谱联用仪（GC/MS）测定和确证，外标定量，具体测试准备及步骤如下。

①试样的制备和处理。取有代表性试样，剪成约 5mm×5mm 小片，混匀后，从混合样中称取约 5.0g（精确至 0.01g），置于具塞锥形瓶中。同一试样至少平行测定两次。加入 30mL 经 0.5nm（5Å）分子筛脱水的乙酸乙酯，将锥形瓶密闭，用力振摇，使所有试样浸于液体中，在超声波提取器中超声萃取 10min，将萃取液移至圆底烧瓶；再用 20mL 脱水乙酸乙酯重复上述步骤 1 次，合并萃取液。在旋转蒸发仪上浓缩至近 3mL，转移至具塞量筒，用少量脱水乙酸乙酯淋洗圆底烧瓶，洗液并入具塞量筒，最后用脱水乙酸乙酯定容至 5.0mL。用注射器取 2mL 试液经中性氧化铝小柱净化后，进行气相色谱/质谱分析。

②标准溶液的配制。准确称取富马酸二甲酯标准品 0.02g（精确至 0.0001g）于 25mL 具塞容量瓶中，以脱水乙酸乙酯溶解并定容至刻度，摇匀。再逐级稀释，配制成浓度分别为 0.1μg/mL、0.5μg/mL、1.0μg/mL、5.0μg/mL、10μg/mL、20μg/mL、50μg/mL 的标准工作溶液，于 4℃冰箱中保存备用。

③气相色谱/质谱测定（GC/MSD）。

④空白实验。

⑤试验结果。按式（14-2）计算富马酸二甲酯的含量。

$$X = \frac{(A - A_0) \times c \times V}{A_s \times m} \tag{14-2}$$

式中：X ——试样中富马酸二甲酯含量，mg/kg；

A ——样液中富马酸二甲酯的峰面积；

A_0 ——空白样中富马酸二甲酯的峰面积；

c ——标准工作液中富马酸二甲酯的质量浓度，μg/mL；

V ——样液最终定容体积，mL；

A_s ——标准工作液中富马酸二甲酯的峰面积；

m ——最终样液所代表的试样质量，g。

（3）二甲基甲酰胺。

参考标准：QB/T 4342—2012《服装用聚氨酯合成革安全要求》。

测试仪器：气相色谱仪；进样器（1μL 微量注射器）；恒温水浴振荡器（控制温度 40℃）；旋转蒸发仪；超声波提取器；分析天平（感量 0.1mg）；容量瓶，移液管（若干个）；具塞锥形瓶（100mL）；分液漏斗（100mL）；针式过滤头（0.45μm）。

测试原理及方法:样品中的二甲基甲酰胺采用蒸馏水萃取,萃取液中的二甲基甲酰胺再经过三氯甲烷反萃取,用气相色谱/质谱联用仪(GC/MS)测定和确证,外标法定量,具体测试准备及步骤如下。

①定性试验。定性鉴定样品中是否含有二甲基甲酰胺。优先选用气相色谱/质谱联用仪(GC/MS)。也可以采用火焰离子化检测器,分别记录二甲基甲酰胺在两根极性差别较大的毛细管柱(如 DB-WAX 和 DB-1)上的色谱图,在相同的气相色谱测试条件下,对被测试样做出色谱图后对比定性。

②标准溶液的配制。准确称取二甲基甲酰胺标准品 0.02g(精确至 0.1mg),用三氯甲烷稀释并定容至 100.0mL,再逐级稀释,配制成浓度分别为 1μg/mL、5μg/mL、10μg/mL、20μg/mL、50μg/mL 的系列溶液。在与测试试样相同的色谱条件下用气相色谱仪测定,记录色谱图。同时以浓度(c_i)为横坐标,二甲基甲酰胺峰面积(A)为纵坐标制作工作曲线。

③试样的制备和处理。取有代表性试样,剪成约 5mm×5mm 小片。从混合样中称取约 5.0g(精确至 0.01g),置于 100mL 的具塞锥形瓶中,准确加入 50.0mL 蒸馏水。将锥形瓶密闭,用力振摇,使所有试样浸入液体中,40℃恒温水浴振荡萃取 30min,再用超声波提取器超声萃取 20min。萃取液过滤后,收集滤液于分液漏斗中,加入 25.0mL 三氯甲烷进行振荡萃取,收集下层三氯甲烷,再加入 25.0mL 三氯甲烷振荡萃取,重复操作 4 次,合并三氯甲烷。在旋转蒸发仪上浓缩至 15mL 左右,残液用三氯甲烷定容至 25.0mL,针式过滤头过滤后进行气相色谱分析。

④空白实验。

⑤试验结果。按式(14-3)计算二甲基甲酰胺的质量分数(mg/kg)。

$$X_i = \frac{(A_i - A_0) \times C_i \times V}{A_{is} \times m} \tag{14-3}$$

式中: X_i ——试样中二甲基甲酰胺含量,mg/kg;

A_i ——样液中二甲基甲酰胺的峰面积;

A_0 ——空白样中二甲基甲酰胺的峰面积;

C_i ——标准工作液中二甲基甲酰胺的质量浓度,μg/mL;

V ——样液最终定容体积,mL;

A_{is} ——标准工作液中二甲基甲酰胺的峰面积;

m ——试样的质量,g。

(4)16 种多环芳烃。

参考标准:QB/T 4342—2012《服装用聚氨酯合成革安全要求》、SN/T 1877.2—2007《塑料原料及其制品中多环芳烃的测定方法》。

测试仪器:气相色谱质谱联用仪,密闭微波萃取仪,粉碎机或类似设备,固相萃取装置,分析天平(感量 0.1mg)。

测试原理及方法:试样经微波萃取,萃取液经硅胶固相萃取柱净化后,浓缩,定容,用气相色谱—质谱联用仪(GC—MS)测定,内标法定量,具体测试准备及步骤如下。

①样品制备。将塑料样品破碎成小于 1cm×1cm 的小块,用粉碎机破碎成粒径小于 1mm 的颗粒。

②萃取。准确称取 1~2g 粉碎后的样品,精确至 0.0001g,放入萃取罐中,加入 15mL 正己烷+丙酮溶液,置于微波萃取仪中,升温至 100℃,保持 15min,冷却至室温,将萃取液完全转移,并用 5mL 萃取液分 2 次洗涤萃取罐,合并以上溶液,进行净化处理。

③净化。往上述处理后的样品溶液中加入 5mL 正己烷,溶液如有沉淀产生,静置后,转出上清液。沉淀用 5mL 正己烷分 2 次洗涤,合并上清液。上清液用氮吹或其他方式浓缩至近干,加入 2mL 正己烷振荡溶解,过硅胶固相萃取柱,控制流速为 0.5 滴/s,用 2mL 正己烷完全转移后过硅胶固相萃取柱,弃掉以上过柱液,用 5mL 正己烷+二氯甲烷溶液淋洗,收集淋洗液,用氮气吹或其他方式浓缩至近干,用 2.00mL 与待测物浓度相近的内标溶液定容后,进行气相色谱—质谱分析;如无沉淀产生,溶液用氮气吹或其他方式浓缩至近干,加 2mL 正己烷振荡溶解,过硅胶固相萃取柱,控制流速为 0.5 滴/s,用 2mL 正己烷完全转移后过硅胶固相萃取柱,弃掉以上过柱液,用 5mL 正己烷+二氯甲烷溶液淋洗,收集淋洗液,用氮气吹或其他方式浓缩至近干,用 2.00mL 与待测物浓度相近的内标溶液定容后,进行气相色谱—质谱分析。

④测定。

⑤空白试验。

⑥试验结果。按式(14-4)计算校正因子:

$$F_i = \frac{A_i \times m_s}{A_s \times m_i} \tag{14-4}$$

式中:F_i ——多环芳烃各自对内标物的校正因子;

　　　A_i ——内标物峰面积;

　　　m_i ——内标物质量,mg;

　　　A_s ——标准物质峰面积;

　　　m_s ——标准物质质量,mg。

按式(14-5)计算试样中多环芳烃的含量:

$$X_i = \frac{F_i \times (A_2 - A_0) \times m_1}{A_1 \times m_2} \tag{14-5}$$

式中:X_i ——试样中每种多环芳烃的含量,mg/kg;

　　　F_i ——多环芳烃各自对内标物的校正因子;

　　　A_1 ——样液中内标物峰面积;

　　　A_0 ——空白峰面积;

　　　A_2 ——样液中每种多环芳烃峰面积;

　　　m_1 ——样液中内标物质量,mg;

　　　m_2 ——样品质量,g。

(5)挥发性有机物总量。

参考标准: QB/T 4342—2012《服装用聚氨酯合成革安全要求》、QB/T 4046—2010《聚氨酯超细纤维合成革通用安全技术条件》、GB/T 18885—2009《生态纺织品技术要求》、GB/T 24281—2009《纺织品　有机挥发物的测定　气相色谱—质谱法》。

测试仪器:气相色谱仪、顶空采样仪、固相微萃取装置、分析天平、超声波振荡器、微量进样针、具塞样品瓶、棕色容量瓶。

测试原理及方法:将试样置于一定温度条件的顶空采样仪中,试样中有机挥发物释放到气相中,以固相微萃取装置捕集,并达到吸附平衡,经热解吸后用气相色谱—质谱(GC—MS)法测定,具体测试准备及步骤如下。

①测试前的准备。

a. 空白试样的选择与准备。裁取 100cm² 的试样,在沸水中煮沸 30min,于 120℃ 干燥 20min,冷却至室温,然后置于甲醇溶剂中,超声萃取 30min,空气中晾干后,于 120℃ 干燥 20min,冷却至室温待用。

b. SPME 萃取头的净化:将 SPME 萃取头插入气相色谱进样口或其他净化装置中,在 300℃ 条件下净化 60min,立即将 SPME 萃取头插入气相色谱进样口进行 GC/MS 分析,直至分析色谱图中无目标物和非稳定性干扰色谱峰存在。

c. 顶空采样仪的准备。以甲醇清洗顶空采样仪的内壁与样品支架并烘干,温度升至 120℃后,放入 2 块空白试样,盖好顶盖,平衡 60min,由顶盖采样口将已净化的 SPME 萃取头插入顶空采样仪中,萃取 20min 后立即插入气相色谱进样口进行 GC—MS 分析,直至分析色谱图中无目标物和非稳定性干扰色谱峰存在。

②试样的准备。剪取 2 块面积为 100cm² 的试样,准确称取其质量(精确至 1mg)。

③甲苯、乙烯基环己烯、苯乙烯和 4-苯基环己烯标准工作曲线的测定。待顶空采样仪升至 120℃后,将 2 块空白试样叠放在样品支架上,盖好顶盖,用 10μL 微量进样针分别移取 4μL 甲苯、乙烯基环己烯、苯乙烯和 4-苯基环己烯标准工作溶液,迅速从顶盖进样口注入顶空采样仪内部,同时注入 4μL 内标溶液,平衡 60min,再将已净化的 SPME 萃取头由顶盖采样口插入顶空采样仪中,萃取 20min 后立即将其插入气相色谱进样口中,按色谱条件(由于测试结果取决于所使用的仪器,因此不可能给出色谱分析的普遍参数,可参考 GB/T 24281—2009《纺织品　有机挥发物的测定　气相色谱—质谱法》)进行分析,测定并绘制标准工作曲线。

④氯乙烯、1,3-丁二烯标准工作曲线的测定。按步骤③,由顶空采样仪进样口分别注入 1μL 氯乙烯标准工作溶液和 4μL 内标溶液,测定并绘制氯乙烯的标准工作曲线。按上述步骤,测定并绘制 1,3-丁二烯的标准工作曲线。

⑤芳香烃混合溶液的测定。按步骤③,由顶空采样仪进样口注入 1μL 芳香烃混合溶液,测定芳香烃单体。

⑥定性测定。根据保留时间及总离子流图对色谱峰中氯乙烯、1,3-丁二烯、甲苯、乙烯基环己烯、苯乙烯、4-苯基环己烯和其他芳香烃进行定性。

⑦样品的测定。待顶空采样仪升温至 120℃后,将两片试样叠放在样品支架上,盖好顶盖后,从其顶盖进样口注入 4μL 内标溶液,平衡 60min,再将已净化的 SPME 萃取头由顶盖采样口插入顶空采样仪中,萃取 20min 后立即将其插入气相色谱进样口中,按色谱条件进行

分析。样品测定前应进行空白试验。

注:样品中同时含有氯乙烯、1,3-丁二烯时,可选用选择离子扫描方式测定。

⑧试验结果。总有机挥发物的质量浓度按式(14-6)计算。

$$W_{mc} = M_c / m_0 \tag{14-6}$$

式中:W_{mc}——总有机挥发物的质量浓度,mg/kg;

M_c——总有机挥发物的解吸量,mg;

m_0——试样的质量,kg。

14.2.3 性能评价

产品按表面状态分为光面革和绒面革两类。厚度及极限偏差和宽度及极限偏差见表 14-5,长度 a、每卷段数和最小段长应符合表 14-6 的规定,产品外观质量应符合表 14-7 的规定,不同厚度 h 的产品,其理化性能应符合表 14-8 的规定,产品安全应符合表 14-9 的规定。

表 14-5 厚度及极限偏差和宽度及极限偏差

项目	要求	
	尺寸/mm	极限偏差
厚度	0.80	±0.05
	1.00、1.20、1.50	±0.10
宽度	1370	不应有负偏差

表 14-6 长度、每卷段数和最小段长

长度 a/m	每卷段数/段	最小段长/m
<30	≤3	
30~50	≤4	≥3
>50	≤5	

注 长度 a 不应有负偏差。

表 14-7 外观质量要求

项目	指标
花纹	清晰
色泽	基本一致
脱层、色道	不应存在
脏污、气泡、色斑、皱褶、磨痕等缺陷	面积 0.2cm^2 以下的缺陷每 10cm 不应多于 1 处;面积 0.2cm^2 以上的缺陷不应存在

表 14-8　理化性能要求

项目		指标					
		光面革			绒面革		
		$h=0.80$mm	$h=1.00$mm	$h=1.20$mm, $h=1.50$mm	$h=0.80$mm	$h=1.00$mm	$h=1.20$mm, $h=1.50$mm
拉伸负荷/N	纵向　≥	110	180	320	100	170	300
	横向　≥	70	100	210	65	90	200
断裂伸长率/%	纵向　≥	40	45	50	40	45	50
	横向　≥	80	80	90	80	80	90
撕裂负荷/N	纵向　≥	35	40	70	30	35	65
	横向　≥	30	30	55	30	30	50
耐折牢度	常温,20万次	表面无裂痕			—		
	−10℃,2.5万次	表面无裂痕			—		
剥离负荷/N	纵向　≥	50	50	60	—		
	横向　≥	40	45	50			
表面颜色牢度/级	干摩擦　≥	4					
	湿摩擦　≥	4			3		
耐水解性	10%NaOH,24h	表面不开裂、不粉化、不褪色、不脱层			—		
耐黄变性/级		3			—		
耐磨性/级		4					

注　耐黄变性只考核白色和浅色。

表 14-9　产品安全要求

序号	项目		指标
1	可萃取的重金属/(mg·kg⁻¹)≤	锑	30.0
		砷	1.0
		铅	1.0
		镉	0.1
		铬	2.0
		六价铬	0.5
		钴	4.0
		铜	50.0
		镍	4.0
		汞	0.02
2	富马酸二甲酯/(mg·kg⁻¹)		不应检出
3	二甲基甲酰胺(DMF)/(mg·kg⁻¹)		不应检出
4	16种多环芳烃(PAHs)/(mg·kg⁻¹)≤		10
5	挥发性有机物总量/(mg·m⁻³)≤		100

注　富马酸二甲酯和二甲基甲酰胺(DMF)的检出值分别小于5mg/kg时,视为未检出。

14.2.4　影响因素分析

影响人造革合成革性能的因素很多,主要包括基布与涂层两方面。基布作为人造革合成革的主要组成部分,对成革的性能具有重要影响。纤维细度对提高合成革的性能至关重要,超细纤维制备技术是合成革仿天然皮革的关键,是超纤革工业的基础与核心技术。

第 15 章　来样分析及产品鉴别

非织造布产品的加工方法有多种,其用途非常广泛,几乎涉及国民经济和日常生活的各个领域。随着非织造布技术的不断发展及新产品的不断开发,其应用领域也日益广泛。对非织造布生产者来讲,不可能了解所有产品的应用领域及其生产工艺,有时需要按照客户提供的样品加工订货。这就需要进行来样分析和鉴别,以确定合适的生产工艺路线和参数。同时,对使用者而言,往往也需要对生产方法做一些鉴别,以判断生产厂商提供的产品是否合乎要求,并能正确使用。

来样分析的内容很广泛,但针对具体的某一样品,可以有所侧重。分析的目的是根据分析结果来确定生产产品所需要使用的纤维种类、原料成分、成网方法、加固方法及后整理方法和相应的工艺参数,以便生产出与样品外观和性能完全相符的产品。来样分析可借助纤维鉴别方法对非织造纤维进行鉴别,并利用现代分析测试技术进行成分分析,也可凭借对各种原料及生产加工的产品典型特征的认识,对样品进行分析判断。

15.1　纤维鉴别

纤维鉴别是分析非织造产品结构及性能的重要依据之一。根据各种纤维不同的化学、染色和物理等性能,采用不同的分析方法,再将试验结果对照标准照片、标准色卡、标准图谱以及标准资料来鉴别未知纤维的类别。纺织行业标准 FZ/T　01057.1—2007《纺织纤维鉴别试验方法　第 1 部分:通用说明》将纤维鉴别方法分为燃烧法、显微镜法、溶解法、含氯含氮呈色反应法、熔点法、密度梯度法、红外光谱法、双折射率法等基本方法。

15.1.1　燃烧法
根据各种纤维靠近火焰、接触火焰和离开火焰时所产生的各种不同现象,以及燃烧时产生的气味和燃烧后的残留物状态可以分辨纤维类别。但需要注意的是,这种方法对于经过阻燃整理的纤维不适用。FZ/T 01057.2—2007《纺织纤维鉴别试验方法　第 2 部分:燃烧法》规定了采用燃烧法鉴别纤维的具体方法。

码15-1　纤维
鉴别:燃烧法

测试时,用镊子夹取少许纤维试样,先缓慢靠近火焰,观察纤维对热的反应(如熔融、收缩等),然后将试样移入火焰,使其充分燃烧,观察纤维在火焰中的燃烧情况,再将试样撤离火焰,观察纤维离火后的燃烧状态,当试样火焰熄灭时,嗅闻其气味,并在冷却后观察和用手轻捻其残留物,确定其状态,必要时可反复操作以确定纤维类别。不同纤维的燃烧特征见表 15-1。

表 15-1 不同纤维的燃烧特征

纤维种类	燃烧状态			燃烧时的气味	残留物特征
	靠近火焰时	接触火焰时	离开火焰时		
棉	不熔不缩	立即燃烧	迅速燃烧	纸燃味	细而软的灰黑絮状
麻	不熔不缩	立即燃烧	迅速燃烧	纸燃味	细而软的灰白絮状
蚕丝	熔融卷曲	卷曲、熔融、燃烧	略带闪光燃烧有时自灭	烧毛发味	松而脆的黑色颗粒
动物毛绒	熔融卷曲	卷曲、熔融、燃烧	缓慢燃烧有时自灭	烧毛发味	松而脆的黑色焦炭状
竹纤维	不熔不缩	立即燃烧	迅速燃烧	纸燃味	细而软的灰黑絮状
黏胶纤维、铜氨纤维	不熔不缩	立即燃烧	迅速燃烧	纸燃味	少许灰白色灰烬
莱赛尔纤维、莫代尔纤维	不熔不缩	立即燃烧	迅速燃烧	纸燃味	细而软的灰黑絮状
醋纤	熔缩	熔融燃烧	熔融燃烧	醋味	硬而脆不规则黑块
大豆蛋白纤维	熔缩	缓慢燃烧	继续燃烧	特异气味	黑色焦炭状硬块
牛奶蛋白改性聚丙烯腈纤维	熔缩	缓慢燃烧	继续燃烧有时自灭	烧毛发味	黑色焦炭状,易碎
聚乳酸纤维	熔缩	熔融缓慢燃烧	继续燃烧	特异气味	硬而黑的圆珠状
涤纶	熔缩	熔融燃烧冒黑烟	继续燃烧有时自灭	有甜味	硬而黑的圆珠状
腈纶	熔缩	熔融燃烧	继续燃烧冒黑烟	辛辣味	黑色不规则小珠、易碎
锦纶	熔缩	熔融燃烧	自灭	氨基味	硬淡棕色透明圆珠状
维纶	熔缩	收缩燃烧	继续燃烧冒黑烟	特有香味	不规则焦茶色硬块
氯纶	熔缩	熔融燃烧冒黑烟	自灭	刺鼻气味	深棕色硬块
偏氯纶	熔缩	熔融燃烧冒烟	自灭	刺鼻药味	松而脆的黑色焦炭状
氨纶	熔缩	熔融燃烧	开始燃烧后自灭	特异气味	白色胶状
芳纶 1414	不熔不缩	燃烧冒黑烟	自灭	特异气味	黑色絮状
乙纶	熔缩	熔融燃烧	熔融燃烧液态下落	石蜡味	灰白色蜡片状
丙纶	熔缩	熔融燃烧	熔融燃烧液态下落	石蜡味	灰白色蜡片状
聚苯乙烯纤维	熔缩	收缩燃烧	继续燃烧冒黑烟	略有芳香味	硬而黑的小球状
碳纤维	不熔不缩	像烧铁丝一样发红	不燃烧	略有辛辣味	呈原有状态
金属纤维	不熔不缩	在火焰中燃烧并发光	自灭	无味	硬块状
石棉	不熔不缩	在火焰中发光,不燃烧	不燃烧、不变形	无味	不变形,纤维略变深
玻璃纤维	不熔不缩	变软,发红光	变硬,不燃烧	无味	变形,呈硬珠状

纤维种类	燃烧状态			燃烧时的气味	残留物特征
	靠近火焰时	接触火焰时	离开火焰时		
酚醛纤维	不熔不缩	像烧铁丝一样发红	不燃烧	稍有刺激性焦味	黑色絮状
聚砜酰胺纤维	不熔不缩	卷曲燃烧	自灭	带有浆料味	不规则硬而脆的粒状

15.1.2 显微镜法

显微镜观察法是利用显微镜观察未知纤维的横、纵面形态,对照纤维标准照片和形态描述来鉴别未知纤维,是纤维鉴别中常采用的一种方法。FZ/T 01057.3—2007《纺织纤维鉴别试验方法 第3部分:显微镜法》规定了采用显微镜法鉴别纤维的方法。

码15-2 纤维鉴别:显微镜法

观察纤维横截面时,采用哈氏切片器或回转式切片机制作纤维切片,将切好的纤维横截面切片置于载玻片上,加上一滴透明介质(注意不要带入气泡),盖上盖玻片,放在生物显微镜载物台上,在放大倍数100~500倍的条件下观察其截面形态,与标准照片或标准资料对比。观察纤维纵向形态时,将适量纤维平铺于载玻片上,加上一滴透明介质(注意不要带入气泡),盖上盖玻片,放在生物显微镜载物台上,在放大倍数100~500倍的条件下观察其纵向形态,与标准照片或标准资料对比。常见纤维纵向、横截面特征见表15-2。

表15-2 常见纤维纵向、横截面特征

纤维种类	横截面形态	纵向形态
棉	有中腔,不规则腰圆形	扁平带状,有天然转曲
丝光棉	有中腔,近似圆形或不规则圆形	近似圆珠状,有光泽和缝隙
苎麻	腰圆形,有中腔	纤维较粗,有长形条纹及竹状横节
亚麻	多边形,有中腔	纤维较粗,有竹状横节
大麻	多边形、扁圆形、腰圆形等,有中腔	纤维直径及形态差异很大,横节不明显
罗布麻	多边形、腰圆形等	有光泽,横节不明显
黄麻	多边形,有中腔	有长形条纹,横节不明显
竹纤维	腰圆形,有中腔	纤维粗细不匀,有长形条纹及横向竹节
桑蚕丝	三角形或多边形,角是圆的	有光泽,纤维直径及形态有差异
柞蚕丝	细长三角形	扁平带状,有微细条纹
羊毛	圆形或近似圆形(椭圆形)	表面粗糙,有鳞片
白羊绒	圆形或近似圆形	表面光滑,鳞片较薄且包覆较完整,鳞片间距较大
紫羊绒	圆形或近似圆形,有色斑	除具有白羊绒形态特征外,有色斑

纤维种类	横截面形态	纵向形态
兔毛	圆形、近似圆形或不规则四边形,有髓腔	鳞片较小,与纤维纵向呈倾斜状,髓腔有单列、双列、多列
羊驼毛	圆形或近似圆形,有髓腔	鳞片有光泽,有的有间断或通体髓腔
马海毛	圆形或近似圆形,有的有髓腔	鳞片较大有光泽,直径较粗,有的有斑痕
驼绒	圆形或近似圆形,有色斑	鳞片较小,与纤维纵向呈倾斜状,有色斑
牦毛绒	椭圆形或近似圆形,有色斑	表面光滑,鳞片较薄,有条状褐色色斑
黏胶纤维	锯齿形	表面平滑,有清晰条纹
莫代尔纤维	哑铃形	表面平滑,有沟槽
莱赛尔纤维	圆形或近似圆形	表面平滑,有光泽
铜氨纤维	圆形或近似圆形	表面平滑,有光泽
醋酯纤维	三叶形或不规则锯齿形	表面光滑,有沟槽
大豆蛋白纤维	腰子形或哑铃形	扁平带状,有沟槽或疤痕
牛奶蛋白改性聚丙烯腈纤维	圆形	表面光滑,有沟槽和(或)微细条纹
聚乳酸纤维	圆形或近似圆形	表面平滑,有的有小黑点
涤纶	圆形或近似圆形及各种异形截面	表面平滑,有的有小黑点
腈纶	圆形,哑铃状或叶状	表面光滑,有沟槽和/或条纹
变性腈纶	不规则哑铃形、蚕茧形、土豆形等	表面有条纹
锦纶	圆形或近似圆形及各种异形截面	表面光滑,有小黑点
维纶	腰子形或哑铃形	扁平带状,有沟槽
氯纶	圆形,蚕茧形	表面平滑
偏氯纶	圆形或近似圆形及各种异形截面	表面平滑
氨纶	圆形或近似圆形	表面平滑,有些呈骨形条纹
芳纶 1414	圆形或近似圆形	表面平滑,有的带有疤痕
乙纶	圆形或近似圆形	表面平滑,有的带有疤痕
丙纶	圆形或近似圆形	表面平滑,有的带有疤痕
聚四氟乙烯纤维	长方形	表面平滑
碳纤维	不规则的炭末状	黑而匀的长杆状
金属纤维	不规则的长方形或圆形	边线不直,黑色长杆状
石棉	不均匀的灰黑糊状	粗细不匀

续表

纤维种类	横截面形态	纵向形态
玻璃纤维	透明圆珠形	表面平滑,透明
酚醛纤维	马蹄形	表面有条纹,类似中腔
聚砜酰胺纤维	似土豆形	表面似树叶状

15.1.3 溶解法

利用不同纤维在不同温度下的不同溶剂中的溶解特性来鉴别纤维。FZ/T 01057.4—2007《纺织纤维鉴别试验方法 第4部分:溶解法》阐明了溶解法鉴别纤维种类的方法。

测试时,首先配制各种溶剂溶液,常用溶剂有硫酸、盐酸、冰醋酸、氢氧化钠、N,N-二甲基甲酰胺、丙酮、苯酚、四氯乙烷、四氢呋喃等。将纤维试样置于适当容器中,注入适量溶剂或溶液,常温下(20~30℃)摇动5min(试样和试剂的用量比至少为1:50),观察纤维溶解情况。对于常温下难以溶解的纤维,可将装有试样和溶剂或溶液的试管或烧杯加热至沸腾并保持3min,观察纤维溶解情况。注意在使用易燃溶剂时,为防止燃烧或爆炸,需将烧杯在封闭电炉上加热,并于通风橱内进行实验。

常见纤维在不同溶剂中的溶解特性见表15-3。

表15-3 常见纤维在不同溶剂中的溶解特性

纤维种类	盐酸(37%)	硫酸(98%)	氢氧化钠(5%煮沸)	甲酸(85%)	冰醋酸	间甲酚	二甲基甲酰胺	二甲苯
棉	I	S	I	I	I	I	I	I
羊毛	I	I	I	I	I	I	I	I
蚕丝	S	S	S	I	I	I	I	I
麻	I	S	I	I	I	I	I	I
黏胶纤维	S	S	I	I	I	I	I	I
醋酯纤维	S	S	P	S	S	S	S	I
涤纶	I	S	I	I	I	S(93℃)	I	I
锦纶	S	S	I	S	I	S	I	I
腈纶	I	S	I	I	I	I	S(93℃)	I
维纶	S	S	I	S	I	S	I	I
丙纶	I	I	I	I	I	I	I	S(140℃)
氯纶	I	I	I	I	I	I	S(93℃)	I

注 S—溶解,I—不溶解,P—部分溶解。

15.1.4 含氯含氮呈色反应法

对于某些含有氯、氮元素的纤维,采用火焰、酸碱法等进行检测,会呈现特定的呈色反应,可据此来鉴别纤维种类,具体方法在 FZ/T 01057.5—2007《纺织纤维鉴别试验方法　第5 部分:含氯含氮呈色反应法》中有所描述。

在含氯实验中,取干净的铜丝,用细砂纸将表面的氧化层除去,将铜丝在火焰中烧红立即与试样接触,观察火焰是否呈绿色,如含氯就会呈现绿色的火焰。在含氮实验中,将少量纤维试样切碎置于试管中,并用适量碳酸钠覆盖,在酒精灯上加热试管,试管口放红色石蕊试纸,如试纸由红色变为蓝色,则说明试样中有氮元素存在。部分含氮含氯纤维的呈色反应见表 15-4。

表 15-4　部分含氮含氯纤维的呈色反应

纤维种类	氯(Cl)	氮(N)
蚕丝	×	√
动物毛绒	×	√
大豆蛋白纤维	×	√
牛奶蛋白改性聚丙烯腈纤维	×	√
聚乳酸纤维	×	√
腈纶	×	√
锦纶	×	√
氯纶	√	×
偏氯纶	√	×
腈氯纶	√	×
氨纶	×	√

注　√—有,×—无。

15.1.5　熔点法

合成纤维在高温作用下,大分子间键接结构产生变化,由固态转变为黏流态的现象,通过目测和光电检测从外观形态的变化测出纤维的熔融温度即熔点。不同种类的合成纤维具有不同的熔点,依此鉴别纤维的类别。但需要注意的是,因有些纤维的熔点比较接近,而有些纤维没有明显的熔点,因此该法一般不单独使用,而是在纤维初步鉴别之后作为验证使用。具体操作参照 FZ/T 01057.6—2007《纺织纤维鉴别试验方法　第 6 部分:熔点法》,常见合成纤维的熔融温度见表 15-5。

表 15-5　常见合成纤维的熔融温度

纤维名称	熔点范围/℃	纤维名称	熔点范围/℃
醋酯纤维	255~260	三醋酯纤维	280~300
涤纶	255~260	氨纶	228~234
腈纶	不明显	乙纶	130~132

纤维名称	熔点范围/℃	纤维名称	熔点范围/℃
锦纶6	215~224	丙纶	160~175
锦纶66	250~258	聚四氟乙烯	329~333
维纶	224~239	腈氯纶	188
氯纶	202~210	维氯纶	200~231
聚乳酸	175~178	聚对苯二甲酸丙二酯(PTT)	228
聚对苯二甲酸丁二酯(PBT)	226		

测试时,取纤维试样置于两片盖玻片之间,放置于熔点仪显微镜的电热板上,并使纤维成像清晰。控制升温速率3~4℃/min,在此过程中仔细观察纤维形态变化,当发现玻片中大多数纤维熔化时,此时的温度即为纤维熔点。

15.1.6 密度梯度法

纤维各有不同的密度,根据所测定的未知纤维密度并将其与已知纤维密度对比,可以来判断未知纤维的类别。纤维密度可采用密度梯度法进行测定。密度梯度管的配制与标定可按照 FZ/T 01057.7—2007《纺织纤维鉴别试验方法　第7部分:密度梯度法》进行。常见纺织纤维的密度见表15-6。

表15-6　常见纺织纤维的密度

纤维名称	密度/(g·cm⁻³)	纤维名称	密度/(g·cm⁻³)
棉	1.54	锦纶	1.14
苎麻	1.51	维纶	1.24
亚麻	1.5	偏氯纶	1.7
蚕丝	1.36	氨纶	1.23
羊毛	1.32	乙纶	0.96
黏胶纤维	1.51	丙纶	0.91
铜氨纤维	1.52	石棉	2.1
醋酯纤维	1.32	玻璃纤维	2.46
涤纶	1.38	酚醛纤维	1.31
腈纶	1.18	聚砜酰胺纤维	1.37
变性腈纶	1.28	氯纶	1.38
芳纶1414	1.46	牛奶蛋白改性聚丙烯腈纤维	1.26
莫代尔纤维	1.52	大豆蛋白纤维	1.29
莱赛尔纤维	1.52	聚乳酸纤维	1.27

15.1.7　双折射率法

纤维一般都具有双折射特性,利用偏振光显微镜可分别测得平面偏光振动方向平行于纤维长轴方向的折射率和垂直于纤维长轴方向的折射率,两者相减即为双折射率。不同纤维的双折射率不同,因此可据此鉴别纤维种类。具体方法见 FZ/T 01057.9—2012《纺织纤维鉴别试验方法　第 9 部分:双折射率法》。常见纤维的双折射率见表 15-7。

表 15-7　常见纤维的双折射率

纤维种类	平行折射率 $n_{/\!/}$	垂直折射率 $n_\perp$	双折射率 $\Delta n = n_{/\!/} - n_\perp$
棉	1.576	1.526	0.050
麻	1.568~1.588	1.526	0.042~0.062
桑蚕丝	1.591	1.538	0.053
柞蚕丝	1.572	1.528	0.044
羊毛	1.549	1.541	0.008
黏胶纤维	1.540	1.510	0.030
富强纤维	1.551	1.510	0.041
铜氨纤维	1.552	1.521	0.031
醋酯纤维	1.478	1.473	0.005
涤纶	1.725	1.537	0.188
锦纶	1.573	1.521	0.052
腈纶	1.510~1.516	1.510~1.516	0.000
改性腈纶	1.535	1.532	0.003
维纶	1.547	1.522	0.025
乙纶	1.570	1.522	0.048
丙纶	1.523	1.491	0.031
氯纶	1.548	1.527	0.021
酚醛纤维	1.643	1.630	0.013
玻璃纤维	1.547	1.547	0.000
木棉	1.528	1.528	0.000

15.2　成分分析

15.2.1　X 射线衍射分析技术

X 射线衍射分析(Phase analysis of X-ray diffraction)是利用 X 射线在晶体物质中的衍

射效应进行物质结构分析的技术。当某物质(晶体或非晶体)进行衍射分析时,该物质被X射线照射产生不同程度的衍射现象,物质组成、晶型、分子内成键方式、分子的构型、构象等决定该物质产生特有的衍射图谱。X射线衍射方法具有不损伤样品、无污染、快捷、测量精度高、能得到有关晶体完整性的大量信息等优点。因此,X射线衍射分析法作为材料结构和成分分析的一种现代科学方法,在非织造纤维成型及产品功能改性研究和生产中广泛应用。

15.2.1.1 基本原理

当一束单色X射线入射到晶体时,由于晶体是由原子规则排列成的晶胞组成,这些规则排列的原子间距离与入射X射线波长有相同数量级,故由不同原子散射的X射线相互干涉,在某些特殊方向上产生强X射线衍射,衍射线在空间分布的方位和强度与晶体结构密切相关,其原理如图15-1所示。

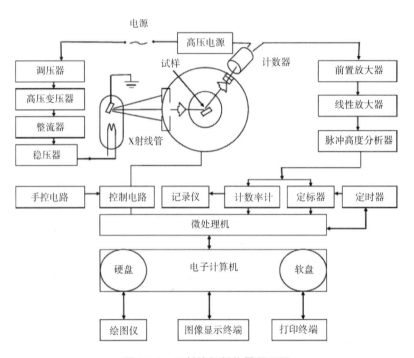

图15-1 X射线衍射仪器原理图

根据其原理,材料晶体的衍射结果的特征最主要的是两个:一是衍射线在空间的分布规律;二是衍射线束的强度。其中衍射线的分布规律由晶胞大小、形状和位向决定,衍射线强度则取决于原子的品种和它们在晶胞的位置。因此,不同晶体具备不同的衍射图谱。衍射仪对衍射线强度的测量是利用电子计数器(计数管)直接测定的。计数器的种类很多,但都是将进入计数器的衍射线强度变换成电流或电脉冲,这种变换电路可以记录单位时间里的电流脉冲数,脉冲数与X射线的强度成正比,于是可以较精确地测定衍射线的强度,如图15-2所示。

15.2.1.2　X 射线衍射分析技术的应用

X 射线衍射(XRD)技术广泛应用在测定纤维结构、分析非织造成分等方面。通过 XRD 可给出非织造材料的物相结构及元素存在状态的信息。用 XRD 不仅可进行定性和定量分析,还可以进行特殊信息的分析,如晶粒度测定、应力测定、薄膜厚度及介孔结构测定等。测定晶粒度,可先测出衍射线宽度,再通过 XRD 谱图及 Scherrer 公式可计算出纳米材料的晶粒大小,对

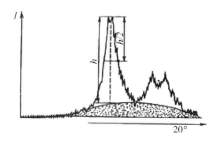

图 15-2　纤维的 X 射线衍射强度分布

一些新型纤维或是一些功能化非织造材料的测定分析发挥了很大的作用。如利用 X 射线衍射分析对熔喷聚丙烯非织造材料进行晶相结构的测定,结果显示熔喷聚丙烯非织造材料主要存在拟六方晶型和 α 晶型。在大型熔喷设备生产中的聚丙烯纤维主要是 α 晶型材料,而在实验室微型熔喷试验机上制备的主要是拟六方晶型材料。两种晶型熔喷聚丙烯驻极体非织造材料的电荷储存性能存在差异,X 射线衍射分析可测定两种晶型材料的结晶度、晶粒尺寸,研究两种晶型材料的电荷储存性能,并指出 α 晶型材料可利用拟六方晶型材料通过热处理实现晶相结构调控转化。另外,熔喷聚丙烯非织造材料中,相对于 α 晶型而言,拟六方晶型是较不稳定的,受热或拉伸易向 α 晶型转变。通过 X 射线衍射分析,也可探究温度、拉伸等因素对拟六方晶型材料晶相结构的影响及其向 α 晶型转化过程中晶相结构的变化情况。

15.2.2　质谱仪分析技术

质谱分析仪是按照离子的质荷比(m/z)不同,分离不同相对分子质量的分子,测定相对分子质量并进行成分和结构分析的一种精密、高效的多功能分析仪器。在高真空下,具有高能量的电子流等碰撞加热汽化的样品分子时,分子中的一个电子(价电子或非价电子)被打出生成阳离子自由基,这样的离子继续破碎会变成更多的碎片离子,把这些离子按照质量(m)与电荷的比(m/e,质荷比)的大小顺序分离并记录的装置称为质谱分析仪,测得的谱图称为质谱图。从分子离子的质量数可以求出相对分子质量,从生成碎片离子的破碎方式可以得到很多有关分子结构的信息。这种通过对样品的质量与强度的测定,进行成分和结构分析的方法称为质谱分析法。

15.2.2.1　基本原理

根据用途不同,质谱分析用的仪器分为有机化合物分析用质谱仪(其离子源采用电子轰击源或化学电离源)和无机化合物分析用质谱仪(其离子源采用高频火花源或激光电离源)。质谱仪一般都由离子源、质量分析器、离子检测器和一个高真空系统组成。图 15-3 是以电子轰击源为离子源的质谱仪示意图。

当气体分子或固体、液体的蒸汽分子(或原子)在低压下引入电离室时,受到离子源中从热丝(钨丝)阴极向阳极发射的电子束的轰击。如轰击电子的能量大于分子的电离能时,分子将失去一个电子而产生电离。通常称为分子离子或母体离子;如果电子束的能量足够高,

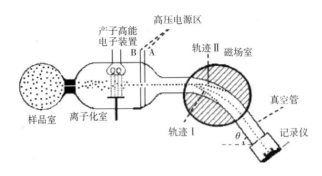

图15-3 离子源为电子轰击源的质谱仪示意图

则可以打断分子中各个化学键,而产生各种各样的分子裂片阳离子、离子分子复合物、阴离子和中性碎片。利用加速极与离子室之间的静电场,可将这些阳离子进行加速和聚集成离子束并进入质量分析室。而阴离子和中性碎片则被真空系统抽走。质量分析器利用电磁场对电荷的偏转性质将来自离子室的离子束按其质荷比大小顺序分别聚焦和分辨开,从而实现质量色散的目的。不同离子其质荷比的大小不同,在磁场中偏转的程度也不同,因此,各种离子按其质荷比被分成不同的离子束,每束离子由相同质荷比的离子组成。不同质荷比的每束离子依次通过出射狭缝(又称收集狭缝),进入离子检测器并转变为相应的电流,经放大即可由记录器显示质谱图。质谱图中,以横坐标表示离子的质荷比(m/e),纵坐标表示离子的相对丰度(即阳离子的相对量),如图15-4所示。相对丰度是以图中最强的离子峰的峰高为100%,此峰称为基峰,其他离子的峰高与基峰相比所占的百分数称为相对丰度。

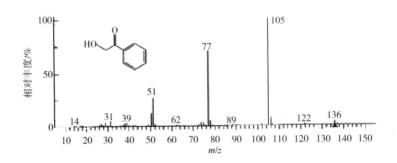

图15-4 用相对丰度表示的质谱图

分子受电子轰击失去一个电子所形成的正离子称为分子离子或母体离子,它在质谱图中产生相应的质谱峰称为母峰。它一般位于质荷比最高的位置。如形成的分子离子较稳定,则此峰的丰度也相对较强,通常分子离子峰所处的质荷比值即为该化合物的分子量。一个化合物的质谱,除母峰外,其余绝大部分为裂片离子峰,裂片离子峰的相对丰度与分子结构有密切关系,由这些裂片峰就可以把这个分子粗略地拼凑起来。

进行质谱定性与结构分析最简单的方法是将样品质谱图与标准质谱图直接比较。在一般情况下不可能有两种分子在电子轰击下具有完全相同的电离和断裂,因此可把质谱图视为分子的"指纹"。根据这种分子的质荷比和相对强度等差别,就可以识别复杂化合物中的各种分子。这是质谱法进行定性和结构分析的主要依据,而质谱峰的强度则是进行定量分析的依据。

15.2.2.2 质谱分析的应用

质谱可广泛用于有机分子结构测定。当试样极微量时,质谱几乎是唯一能确定结构的方法。随着仪器与技术的发展,它不仅可以获得大多数有机物的质谱,还可以获得热不稳定和不挥发化合物,如相对分子质量为 1×10^4 或相对更大的肽的质谱。

质谱仪还可以与各种分离技术联用,例如气相色谱—质谱联用(GC—MS)、液相色谱—质谱联用(LC—MS)等。气(液)相色谱可以很有效地把样品中各个组分分离,但不能给出关于各级分结构的信息。把气(液)相色谱与质谱分析连接起来,用气(液)相色谱把混合物的各组分分离后,再用 MS 质谱对各组分逐个进行分析的方法称为色谱—质谱联用分析法。这种方法使用样品量很少,成为复杂多组分化合物结构定性与定量分析极有效的手段。有研究指出采用稀乙醇溶液提取非织造卫生用纺织品中的三丁基锡,提取物在缓冲溶液中与四乙基硼化钠进行衍生化处理,选择气相色谱—质谱联用仪(GC—MS)进行定性定量测定。通过采用添加二乙基二硫代氨基甲酸钠三水化合物的稀乙醇溶液超声提取样品和衍生化等样品前处理方法,并结合气相色谱—质谱联用仪技术,可建立卫生用非织造产品中的三丁基锡含量定性定量测定方法。实验证明本方法的回收率高、精密度高,检出限低,能较好地应用于卫生用非织造产品中三丁基锡的分析测定。

15.2.3 红外光谱分析技术

红外光谱(Infrared Spectrometry,IR)是一种选择性吸收光谱,通常是指有机物分子在一定波长红外线的照射下,选择性地吸收其中某些频率的光能后,用红外光谱仪记录所得到的吸收谱带。红外光谱分析是研究物质分子结构与红外吸收间关系的一种重要手段,可有效地应用于分子结构的分析,它在高聚物结构测定方面得到越来越广泛的应用,是高聚物表征和结构性能研究的基本手段之一。红外光谱法主要研究在振动中伴随有偶极矩变化的化合物。除了单原子和同核分子之外,几乎所有有机化合物在红外光区均有吸收。红外吸收带的波长位置与吸收谱带的强度,反映了分子结构上的特点,可以用来鉴定未知物的结构或确定其化学基团;而吸收谱带的吸收强度与分子组成或化学基团的含量有关,可用于进行定量分析和纯度鉴定。由于红外光谱分析特征性强,对气体、液体、固体试样都可测定,并具有试样量少,分析速度快,不破坏试样的特点,因此,红外光谱法常用于鉴定化合物和测定分子结构,并进行定性和定量分析。

15.2.3.1 基本原理

红外光谱波数范围约为 $10 \sim 12800 \mathrm{cm}^{-1}$,或按波长的不同,将红外线分为近红外($0.75 \sim 2.5 \mu\mathrm{m}$),中红外($2.5 \sim 25 \mu\mathrm{m}$)和远红外($25 \sim 1000 \mu\mathrm{m}$)三个区域,其中,近红外线处于可见光区到中红外光区之间,该光区的吸收带主要是由低能电子跃迁、含氢原子团伸缩振动的倍频及组合频吸收产生,近红外辐射最重要的用途是对某些物质进行定量分析,它的测量准确度及精密度与紫外、可见吸收光谱相当。中红外线与分子内部的物理过程及结构关系极为密切,绝大多数有机化合物和无机离子的基频吸收带出现在中红外光区,由于基频振动是红外光谱中吸收最强的振动,对于解决分子结构和化学组成中的各种问题极为有效,因而中红外区是红外光谱中应用最广泛的部分,常用于分子结构的研究与化学组成的分析。

根据量子学说的观点,物质在入射光的照射下,分子吸收光能量时,其能量的增加是跳跃的。所以,物质只能吸收一定能量的光量子。两个能级间的能量差(ΔE)与吸收光的频率(γ)服从波尔公式:

$$\Delta E = E_2 - E_1 = h\gamma \tag{15-1}$$

式中:E_1,E_2——低能态和高能态;

$\quad\quad h$——普朗克常数,$h = 6.624 \times 10^{-27} erg \cdot s$;

$\quad\quad \gamma$——光波的频率,s^{-1}。

由上式可知,若低能态与高能态之间的能量差越大,则所吸收的光的频率越高;反之,所吸收的光的频率越低。

与光谱有关的能量变化是分子的转动能、振动能和分子的电子能量。当一束具有连续波长的红外光照射到被测物质上时,该物质的分子将吸收其中某些波长的红外线的能量,并只能把这些能量转变为分子的振动能量和转动能量,不会引起电子的跳动,所以红外吸收光谱又称振动转动光谱,即红外吸收光谱是分子的振动能量与转动能量光谱,它源于分子振动、转动能级的跃迁而引起的吸收。把分子中每个振动频率归属于分子中一定的键或基团,最简单的分子振动称为简谐振动,振动频率与原子间键能呈正相关,与质量呈负相关,此时为基频吸收。

实际分子中有原子间相互作用的影响及转动的影响,使得吸收谱带变宽、位移。相同的化学键或基团在不同的分子构型中,他们的振动频率改变不大,这一频率称为某一键或基团的特征振动频率,其吸收谱带称为特征吸收谱带。连续波长的红外线经过试样后,由于物质的分子对红外线的选择性吸收,在原来连续谱带上某些波长的红外线强度降低,得到红外吸收光谱图。红外光谱吸收峰与分子及分子中各基团的不同的振动形式相对应,从吸收峰的位置和强度,可得到此种分子的定性及定量的数据,就可以确定分子中不同的键或基团,确定其分子结构。

红外光谱仪是记录通过样品的红外光的透射率或吸光度随波数变化的装置。主要有色散型红外分光光度计和干涉型傅里叶变换光谱仪两类,目前以干涉型傅里叶变换光谱仪为主。典型的傅里叶变换光谱仪由以下五部分组成:红外光源、干涉仪系统、样品室、红外探测器系统、数据处理及显示系统,如图15-5所示。

15.2.3.2 红外光谱分析技术的应用

红外光谱分析技术操作简单、快速,且最大限度地减少对样品的破坏,因此对于非织造材料中的纤维定性、定量鉴别,结构与性能的分析和对非织造产品功能化后整理生产过

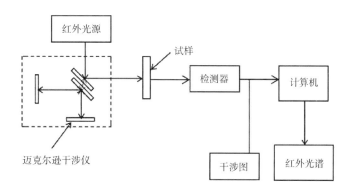

图 15-5　傅里叶变换光谱仪结构图

程中监测的应用越来越广泛。其中最常用的是纤维鉴别、纤维变化分析和非织造功能改性。

在纤维鉴别方面,不同结构的高聚物均有其特征的吸收光谱,根据样品谱图所出现的特征吸收峰的位置并对照高聚物的红外光谱系统表即可鉴别出未知样品为何种高聚物。表 15-8 是各种主要组织纤维的基团特征吸收谱带。

表 15-8　纺织纤维基团特征吸收谱带

振动形式	波数/cm^{-1}
OH 伸缩振动(形成氢键)	3500~3300
C≡N 伸缩振动(聚丙烯腈)	2240
C=O 伸缩振动(聚酯)	1725
C—O 伸缩振动(聚酯)	1250,1110
苯环 C=O 伸缩振动	1650,1500
苯环 C—H 面外变形振动	1900~700
CH 变形振动(纤维素)	1370
OH 面内变形振动(纤维素)	1325
OH 面外变形振动(纤维素)	640
C—O 伸缩振动(纤维素)	1110
N—H 伸缩振动(酰胺基)	3320~3270
N—H 面内变形振动(酰胺基)	1530
C—Cl 伸缩振动(聚氯乙烯)	635

在高聚物结晶度的测定方面,高聚物结晶时,常会出现非晶态高聚物所没有的新的红外吸收谱带,即晶带。当高聚物的晶体熔融时,该谱带的强度将有所下降;在高聚物熔融完毕时所出现的特有吸收谱带为非晶带。比较高聚物在高度结晶时及它在熔融状态下的红外光谱,根据这些光谱的差别,可通过测量一个结晶带和一个非晶带的相对吸收强度的方法来计

算高聚物的结晶度。另外,高分子链上的某些官能团具有一定的方向性,它对振动方向不同的红外光也有不同的吸收率,也会表现出二色性,这种二色性称为红外二色性。红外二色性所反映的是纤维大分子的取向情况。因此,可用红外二色性去研究大分子链的取向结构。

非织造纤维内不同化学成分和非织造混纺比也可以通过红外光谱进行测定和测量。根据不同化学键的特征吸收峰的不同,其特征吸收峰的增强或减弱可用于分析化学成分的变化。并可以根据不同处理后结构和成分的变化,推出非织造纤维材料的性质变化。在混纺比测定中,首先选定某一特征吸收谱带作为测定依据,这一特征吸收谱带只在混纺产品的某一种纤维中存在,其他纤维没有。然后做出各种不同比例的混纺产品的红外吸收光谱,从这些光谱中得出光密度与混纺比的对应关系图。以后在同一台仪器上(不同仪器的对应关系图要重做)可以对某一未知混纺比产品作红外吸收光谱,从这个吸收光谱中读出的光密度,根据关系图直接找到该纤维的混纺百分比。

15.2.4　热分析技术

热分析(Thermal Analysis)是在程序控制温度下测量物质的物理性质与温度关系的一种技术。程序控制温度是指按某种规律加热或冷却,通常是线性升温和降温。物质包括原始试样和在测量过程中由化学变化生成的中间产物及最终产物。由于物质在受热过程中要发生各种物理、化学变化,可用各种热分析方法测试这种变化,由此进一步研究物质的结构和性能之间的关系、反应规律等,在非织造领域热分析技术也有广泛应用。热分析主要用于研究物质的晶型转变、熔融及升华等物理性质和分解、氧化及还原等化学性质。热分析方法根据所测物理量有不同种类,在非织造材料的研究中,最常用的是差热分析(DTA)、差示扫描量热法(DSC)和热重分析(TG)等。

15.2.4.1　差热分析技术

物质在加热或冷却过程中会发生物理变化或化学变化,与此同时,往往还伴随吸热或放热现象。有晶型转变、沸腾、蒸发、熔融等物理变化及氧化还原、分解等化学变化。有些物理变化虽然无热效应发生,但比热容等物理性质变化,如玻璃化温度转变等。差热分析正是在物质这类性质基础上建立的一种技术。差热分析(Differential Thermal Analysis,DTA)是在程序控制温度下测量物质与参比物之间的温度差与温度(或时间)关系的一种技术。

差热分析测量原理如图15-6所示。将试样与参比物分别放在两只坩埚里,坩埚底部装有一对热电偶,并同极串联接成差热电偶用于测量试样及参比物的温度。在试样和参比物的比热容、导热系数和质量等相同的理想情况下,以线性程序温度同时对它们加热并测量它们各自的温度。

试样和参比物的温度及它们之间的温度差随程序温度(或时间)的变化如图15-7所示,图中参比物的温度始终与程序温度相同,试样温度则随吸热和放热的发生而产生变

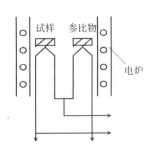

图15-6　差热分析测量原理

化,与参比物间产生温度差 ΔT。当试样在升温过程中没有发生热效应且与程序温度间不存在温度滞后时,试样和参比物的温度与线性控制温度是一致的,ΔT 为零,ΔT—$T(t)$ 曲线为一条水平基线。当试样发生放热变化时,由于热量不可能从试样中瞬间释放出来,因此,试样温度向高温方向偏离程序温度,$\Delta T>0$,在曲线上是一个向上的放热峰。当试样发生吸热变化时,由于试样不可能瞬间从环境中吸取足够的热量,从而使试样温度低于程序温度,$\Delta T<0$,在曲线上是一个向下的吸热峰。只有经历一个传热过程,试样温度才能回复到与程序温度相同。由于是线性升温,可将 ΔT—T 图转换成 ΔT—t 图,ΔT—$T(t)$ 图即为差热曲线(DTA 曲线)。图 15-8 为高聚物 DTA 曲线模式图。

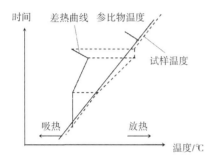 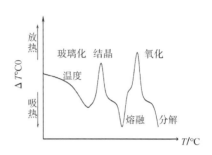

图 15-7　温度差随程序温度(时间)的变化　　图 15-8　高聚物 DTA 曲线模式图

15.2.4.2　差示扫描量热法

差示扫描量热法(Differential Scanning Calorimeter,DSC)是在程序控制温度下测量输入物质和参比物的能量差与温度(或时间)关系的一种技术。根据测量方法,又分成两种基本类型:功率补偿型和热流型,两者分别测量输入试样和参比物的功率差及试样和参比物的温度差。测得的曲线称为差示扫描量热曲线(DSC 曲线),如图 15-9 所示,功率补偿型 DSC 曲线上的纵坐标是以试样放(吸)热量的速率 $\mathrm{d}H/\mathrm{d}T$ 或 $\mathrm{d}H/\mathrm{d}t$ 表示,通常称为热流速率,热流型的单位为 mJ/s。

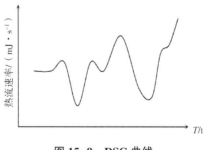

图 15-9　DSC 曲线

目前功率补偿型差动热分析仪较为常用,其原理与差热分析相似,所不同的是在试样和参比物的容器下边,各设置了一组补偿加热丝,在回路中增加一个补偿器,如图 15-10 所示,当物质在加热过程中,由于热效应而出现温差 ΔT 时,通过微伏放大器和热量补偿器,使流入补偿加热丝的电流发生变化。当试样吸热时,试样温度 T_s 下降,热量补偿放大器使电流 I_s 增大,当试样放热时,则参比物温度 T_r 较低,热量补偿放大器使 I_r 增大,直至试样与参比物之间的温度达到平衡,温差 $\Delta T \to 0$。可见试样反映时所发生的热量变化,由电流功率来进行补偿,所以只要测得功率大小,就可以知道吸收或释放热量的多少。用上述使试样与参比物的温差始终保持为零的工作原理得到的 DSC 曲线,反映了输入试样和参比物的功率差与试样和参比物的平均温度即程序温度(或时间)的关系。其峰面积与热效应成正比。

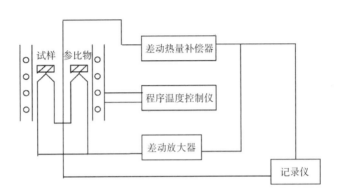

图 15-10　功率补偿型 DSC 原理图

15.2.4.3　热重分析

热重分析(Thermal Gravimeter,TG)是在程序控制温度下测量物质的质量与温度关系的技术,即在程序控制温度下借助热天平测得物质质量与温度的关系曲线——热重曲线(TG)的技术。当原始试样及其可能生成的中间体在加热过程中因物理或化学变化而有挥发性产物释出时,从热重曲线上不仅可得到它们的组成、热稳定性、热分解及生成的产物等与质量相联系的信息,也能得到如分解温度及热稳定的温度范围等其他信息。由于热重法仅能反映物质在受热条件下的质量变化,且受实验条件限制,得到的信息是有限的,应尽可能用其他方法如 X 射线分析等做进一步补充。

对热重曲线进行一次微分,就能得到微分热重曲线(DTG 曲线),它反映试样质量的变化率和温度(时间)的关系,如图 15-11 所示。DTG 曲线的横坐标与热重曲线的相同,纵坐标是失重速率 dm/dt 或 dm/dT。DTG 曲线的峰顶是失重速率的最大值,它与 TG 曲线的拐点相对应,DTG 曲线上的峰的数目和 TG 曲线的台阶数相同,峰的面积与试样质量变化成正比,因此可从 DTG 的峰面积算出失重量。

DTG 曲线比 TG 曲线更具实用性,因为它与 DTA 曲线类似。DTG 曲线不仅能反映 TG 曲线所包含的信息,还具有分辨率高的特点,可较好地反映起始反应温度,达到最大反应速度的温度及终止反应温度等。但由于 DTG 受其他许多因素的影响,它的应用仅限于质量变化很迅速的反应,主要用于定性分析,或确定失重过程的特征点。

15.2.4.4　热分析技术的应用

聚合物直接成网非织造制备过程中的热学性能测定主要测试聚合物切片各转变温度,

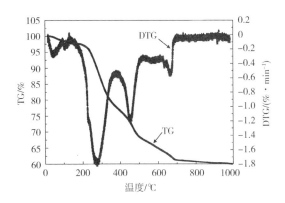

图 15-11　TG 曲线和 DTG 曲线

如玻璃化温度、结晶温度、分解温度等,可以根据基线变动位置确定材料结构相转变点温度。

热分析技术在非织造上可用于纤维的鉴别和表征,每种纤维都有其特征的 DTA 和 DSC 谱图,通过对热谱形状和转变点温度分析及一些化学计算(如熔融热等)与已知试样热谱图对照可进行纤维鉴别。

热分析技术在非织造上可用于纤维混合比的测定,纤维品种不同,DSC 曲线中峰面积(特别是熔融峰面积)不同,一定纤维的熔融吸热峰面积反映了在一定实验条件下具有一定结晶度试样的熔融热,凝固放热峰面积反映了凝固热(即结晶热)。而熔融热和凝固热与纤维质量有直接关系,因此对于两种纤维的混合物,如果其中一种纤维的熔融吸热峰或凝固放热峰处于另一种纤维的无热效应区域,并且在加热过程中,两种纤维没有或仅有很小的相互作用,便有可能通过混合物的 DSC 曲线中某一种纤维熔融峰面积或凝固峰面积对混合比进行定量分析。

研究纤维的结晶和取向结构,利用测定 DSC 曲线上结晶熔融峰的面积,可以很精确地估计部分结晶纤维试样的结晶熔融热,如果能够完全知道结晶的纤维的结晶熔融热 ΔH,那么利用所测得的部分结晶纤维试样的结晶熔融热 ΔH^* 之比,便可测得试样的结晶度 f_c。

$$f_c = \frac{\Delta H}{\Delta H^*} \times 100 \tag{15-2}$$

由于仪器常数是固定的,所以若完全结晶的聚合物和被测定的部分结晶聚合物在同一条件下进行测定,那么只要取其结晶熔融峰面积之比就可算出结晶度。完全结晶的纤维试样的 ΔH^* 值,一般是利用其他方法(如 X 射线法)测得的数值经外推求得。

组成高聚物的基本分子结构和热处理条件对未取向聚合物熔融峰形状影响很大,据此可以研究纤维经拉伸后取向情况和试样的热历史。

TG 可用于快速、定量地评定纺织材料的相对热稳定性,在实际工作中较为常用。如评定聚合物热稳定性时,可以用曲线直接进行比较,也可以采用起始分解温度(T_D)、半寿命温度(失重 50% 时的温度 $T_{50\%}$)及达到最大分解时的温度(T_{max})。以热重法比较材料的热稳定性时,和差示热分析法相似,必须注意其测试气氛。如气氛不同,反应机理就不同,从而影响曲线形状和特征温度。另外,热重分析法还可用于定量测定水分及助剂含量,如测定天然纤维和合成纤维的含水率,纤维的表面油剂、消光剂、抗静电剂及织物的整理剂等含量,还可以用于纤维组分的定量分析。

15.2.5 核磁共振分析技术

核磁共振波谱法(Nuclear Magnetic Resonance Spectroscopy, NMR)是研究原子核对射频辐射(Radio-frequency Radiation)的吸收,它是对各种有机和无机物的成分、结构进行定性分析的最强有力的工具之一,有时也可进行定量分析。核磁共振分析技术是有机物结构测定的有力手段,不破坏样品,是一种无损检测技术。从连续波核磁共振波谱发展为脉冲傅里叶变换波谱,从传统一维谱到多维谱,技术不断发展,应用领域也不断拓展。

15.2.5.1 基本原理

核磁共振现象来源于原子核的自旋角动量在外加磁场作用下的进动。根据量子力学原理,原子核与电子一样,也具有自旋角动量,其自旋角动量的具体数值由原子核的自旋量子数决定,实验结果显示,不同类型的原子核自旋量子数也不同:质量数和质子数均为偶数的原子核,自旋量子数为0;质量数为奇数的原子核,自旋量子数为半整数;质量数为偶数,质子数为奇数的原子核,自旋量子数为整数。迄今为止,只有自旋量子数等于1/2的原子核,其核磁共振信号才能够被人们利用,这类原子核有:^1H、^{11}B、^{13}C、^{17}O、^{19}F、^{31}P。由于原子核携带电荷,当原子核自旋时,会由自旋产生一个磁矩,这一磁矩的方向与原子核的自旋方向相同,大小与原子核的自旋角动量成正比。将原子核置于外加磁场中,若原子核磁矩与外加磁场方向不同,则原子核磁矩会绕外磁场方向旋转,这一现象类似陀螺在旋转过程中转动轴的摆动,称为进动。进动具有能量也具有一定的频率。原子核进动的频率由外加磁场的强度和原子核本身的性质决定,也就是说,对于某一特定原子,在一定强度的外加磁场中,其原子核自旋进动的频率是固定不变的。

原子核发生振动的能量与磁场、原子核磁矩以及磁矩与磁场的夹角相关,根据量子力学原理,原子核磁矩与外加磁场之间的夹角并不是连续分布的,而是由原子核的磁量子数决定的,原子核磁矩的方向只能在这些磁量子数之间跳跃,而不能平滑地变化,这样就形成了一系列的能级。当原子核在外加磁场中接受其他来源的能量输入后,就会发生能级跃迁,也就是原子核磁矩与外加磁场的夹角会发生变化,这种能级跃迁是获取核磁共振信号的基础。

为了让原子核自旋的进动发生能级跃迁,需要为原子核提供跃迁所需的能量,这一能量通常是通过外加射频场来提供的。根据物理学原理,当外加射频场的频率与原子核自旋进动的频率相同时,射频场的能量才能够有效地被原子核吸收,为能级跃迁提供助力。因此某种特定的原子核,在给定的外加磁场中,只吸收某一特定频率射频场提供的能量,这样就形成了一个核磁共振信号。

核磁共振仪按照施加射频的方式可分为连续波核磁共振仪和脉冲傅里叶变换核磁共振仪;按产生磁场的设备可分为电磁铁核磁共振仪、永久磁铁核磁共振仪和超导磁铁核磁共振仪。其中连续波核磁共振仪测试时间长,灵敏度低,无法完成^{13}C核磁共振和二维核磁共振的工作,现已不生产。连续波核磁共振仪主要由磁铁、射频振荡器、探头、射频接收器、扫描发生器及记录器等构成,其结构示意图如图 15-12 所示。

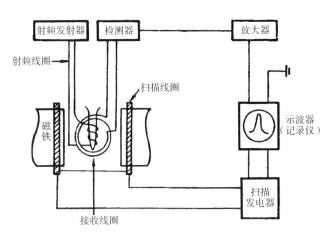

图 15-12　连续波核磁共振仪示意图

　　脉冲傅里叶变换核磁共振仪不是通过扫描频率或磁场的方法产生共振条件,而是采用在恒定磁场中在整个频率范围内施加具有一定能量的脉冲,使各种不同的核同时被激发。高能态的核通过各种弛豫过程经一段时间后,又重新返回低能态,此时在接收机中可以得到一个随时间逐步衰减的信号,称 FID(自由感应衰减)信号,它是这种核的所有不同化学环境的 FID 信号的叠加,这种信号是时间的函数,而平常的 NMR 中的信号是频率函数,所以要用计算机对 FID 信号进行傅里叶变换获得频域的波谱图。图 15-13 为脉冲傅里叶变换核磁共振仪的工作框图。

15.2.5.2　核磁共振分析技术的应用

　　非织造材料通常是指用于非织造加工的纤维或其他原材料(如涂层、改性材料等)。除了天然纤维属于天然的植物或动物大分子材料之外,其他化学纤维原料都是人工再生或合成的高分子材料。核磁共振波谱分析技术可有效测定高聚物结构,特别是对多种单体共聚物的组成分析、构型与构象分析、聚合物序列结构分析等。在这些分析中,核磁共振波谱法给出的结构信息是其他任何方法都无法提供的。特别是随着高场超导核磁共振仪的发展,NMR 法的灵敏度有了大幅度的提高,使 NMR 分析技术成为聚合物分析的重要手段之一。如有研究针对聚羟基丁酸戊酸共聚酯(PHBV)的改性及其熔喷非织造布制备过程中,采用核磁共振分析技术测定羟基戊酸(HV)含量,指出在聚羟基丁酸酯(PHB)单体聚合物的核磁共振光谱图中,甲基吸收峰(B4)的位置在 1.2ppm,亚甲基(B2)和次甲基(B3)的吸收峰则分别在 2.5ppm 及 5.2ppm。而在 PHBV 共聚物中,由于 HV 单元的存在,会额外增加一些吸收峰,其中,V2 和 B2 峰重叠,V3 和 B3 峰重叠,V5 甲基峰则偏移到 0.9ppm,额外增加的 V4 亚甲基峰,其吸收位置在 1.6ppm。由于 B4、V4、V5 吸收峰各自独立,利用 NMR 吸收峰面积正比于其氢原子核数目的原理,可以用面积比来估计 HV 在 PHBV 共聚体中的组成。

　　NMR 分析技术应用于固体样品分析存在一定的障碍,因此在非织造高分子材料的 NMR 分析中,必须先找到一种合适的溶剂将聚合物溶解,并配成一定浓度溶液,然后才能进行

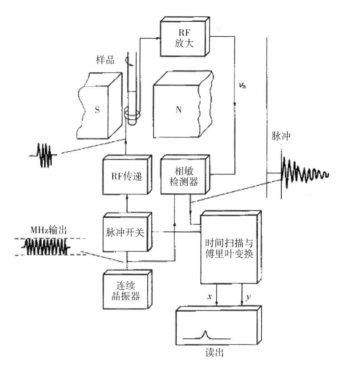

图 15-13　脉冲傅里叶变换核磁共振仪工作框图

NMR 分析。有研究制备聚乳酸/四氧化三铁磁性熔喷材料的过程中,利用核磁共振波谱仪(NMR)对 Fe_3O_4—g—PLLA 的氢谱结构进行分析,其中 ^1H 共振频率 400MHz,溶剂为氘代氯仿($CDCl_3$),四甲基硅(TMS)为内标,结果表明左旋丙交酯(LLA)经 Fe_3O_4 表面的—OH 引发开环聚合生成 Fe_3O_4—g—PLLA。

15.3　非织造材料成网方法分析

　　在工业化生产中广泛采用的成网方法主要有:梳理成网、湿法成网以及聚合物直接成网。非织造材料纤维网的成网方法不同,会造成纤维网结构不同;成网加工工艺参数发生变化,纤维网结构也会发生变化。通过观察纤网中纤维的排列方向(方向性排列和杂乱排列),纤维伸直度,不同粗细、长短、种类的纤维在纤维网中的位置,纤维受损伤程度等情况来进行纤网结构的分析研究。不同的成网方法所适用的纤维种类及规格,制得纤网的克重范围及纤维在纤网中的分布形式和产品的最终性能都各有差异。

15.3.1　非织造材料外观特征与成网方法

　　非织造产品的外观特征分析,主要是通过纤维的长短和粗细、纤维的分布形式、手感等进行初步判断。如梳理成网是一种最古老的非织造布加工方法。它沿用传统纺织加工中的前纺工艺与设备。因此无论是设备的来源、部件的调配,还是技术服务的获取,对梳理成网工艺来说都是相当方便的。梳理能够把不同类型、细度、长度和结构的纤维很方便地混合起来,如把棉纤维、木浆纤维和在其他加工工艺中难以混合的纤维进行混合。梳理成网使用的纤维原料其长度一般在 30mm 以上,过短的纤维难以成网。梳理纤网中短纤维的末端会露在非织造布表面,从而赋予非织造布较好的手感、蓬松性、芯吸性和一定的表面效应。而湿法成网与造纸很相似,通常是用水把纤维浆输送到一个网帘状的收集装置里,纤维在收集装置中凝聚,形成一张薄薄的片或网。湿法纤网外观特征是纤维极短且表面细密。因此湿法成网所采用的纤维很短,一般在 20mm 以下,纤网以化学黏合加固为主。纺粘非织造布是利用化纤纺丝原理,在聚合物纺丝过程中使连续长丝铺置成网,长丝纤网经过针刺法、水刺法、化学黏合法、热轧黏合法或热风黏合法加固而形成非织造布。因纺粘非织造布的纤网结构是由连续长丝组成,用手扯即可分离出长丝,则是纺粘法成网。熔喷非织造是聚合物切片通过挤压机加热加压成为熔融态后,经熔体分配流道到达喷头前端的喷丝孔挤出,再经两股收敛的高速高温气流拉伸使之超细化,超细化的纤维冷却固化沉积于集网装置上,形成纤度极细的纤维网。通常熔喷非织造布纤网手感柔软且纤维极细或很难看出纤维的形状。

15.3.2　非织造材料面密度与成网方法

非织造材料面密度(单位面积重量)及其均匀度是非织造产品质量的重要保证。非织造材料面密度与产品的最终应用密切相关,不同成网方法可获得不同面密度的非织造产品。因此对非织造面密度及其范围进行分析是非织造材料成网方法分析的一种重要方法。

目前梳理成网、湿法成网、纺丝直接成网及气流成网可制得薄型纤网。如梳理成网中,梳理机输出的纤网直接送去进行加固,定量一般在 $15\sim100\mathrm{g/m^2}$。气流成网和机械铺网可制备中厚型纤网。气流成网是将纤维经一定的分梳后,采用气流输送纤维,形成杂乱排列的纤网。适合于中厚型产品,其产品定量一般在 $30\sim180\mathrm{g/m^2}$。机械铺网主要用于生产厚型产品,克重一般在 $100\mathrm{g/m^2}$ 以上。而纺粘法既适合生产薄型产品,又可以生产厚型产品,其定量范围较广。

15.3.3　非织造材料加固方式与成网方法

非织造材料成网方法可根据纤网加固方法进行鉴别。梳理成网工艺中纤维须经过开松、除杂、混合,然后喂入高速回转的锡林,进一步梳理成单纤维。因此梳理成网工艺是利用机械的作用使纤维成网。梳理后的纤网可采用化学黏合工艺、机械与热黏合法等进行来加固,纤网可以是平行铺叠而成的,也可以是交叉铺叠而成的。而气流成网工艺中,虽然纤维也需要经过开松、除杂、混合、梳理等工序成为单纤维,但气流成网则是利用气流的作用使纤维成网,即通过离心力与气流的联合作用使纤维从锡林锯齿上脱落下来,凝聚在尘笼上形成纤网。气流成网后可以用热黏合、化学黏合或水刺来加固。通常针刺法主要用于机械铺网、纺丝直接成网;热轧法用于梳理成网、气流成网;而黏合法主要用于气流成网和机械铺网。

15.3.4　非织造材料产品性能与成网方法

梳理成网中纤维大多在网中沿纵向排列,最终产品的纵横向强力比较大,一般在 10:1~

5∶1。从装有先进的杂乱装置的梳理机获得的最佳纵横强力比在3∶1~4∶1之间。经铺网后的纤网均匀度可以明显获得改善。纤维在网中呈交叉排列,纵横强力比明显减小。若适当牵伸,纵横强力比可达到3∶1~1∶1(经过交叉铺网后的横向强力大于纵向强力)。气流成网中纤维在网中呈三维杂乱分布,产品纵横向强力差异小。湿法成网是将纤维分散在水中,形成均匀稳定的浆液,然后进行抄造形成纤网。纤网中的纤维呈杂乱分布,各向同性性能较好,均匀度也优于其他成网方法。纺粘法是以聚合物切片为原料,将化纤纺丝过程和成网过程结合起来,连续进行生产。纤网中的长丝呈杂乱分布,经加固后具有较大的断裂伸长。熔喷采用了非常规的超短程纺丝工艺,由此而得到的产品结构和性能也是全新的。所纺出的纤维直径一般在0.01~10μm之间,属于超细纤维。在成形过程中纤维得到的取向度很低,所以纤维的强力也较低。

对同一种产品,可采用不同的原料规格和成网方法,达到相同或相近的性能。因此在试制产品时,必须综合考虑技术和经济性。

非织造布生产中纤网的加固方法很多,不同的加固方法生产出的产品具有不同的风格和性能。因此,根据产品的用途和性能要求,选择合适的加固方法是非常重要的。加固方法的鉴别主要是根据各种加固方法加工出产品的风格特点,通过目测、手摸或利用显微镜观察,分析出采用的是何种加工方法。

15.4　非织造加固方法分析

15.4.1　非织造材料针刺加固方法及特点

针刺法是一种机械加固方法,是依靠纤维本身相互缠结使纤网得以加固,只是一种物理变化过程。针刺法的基本原理是用截面为三角形或者其他形状的并且(或其他形状)且棱边带有钩刺的针,对稀疏的纤维网进行反复针刺。工艺过程简单,适合厚型产品的生产,一般克重可达100~1500g/m²或更高。机台占地面积少,动力消耗小,且适合宽幅产品的生产。针刺法生产的非织造布具有致密的三维结构,纤维网中纤维杂乱排列,上下穿插,相互缠绕,具有透气、透湿、结构均匀、强度高的特点。针刺非织造布具有通透性好、机械性能优良等特点,应用领域广泛。采用针刺法生产的产品具有表面绒毛多,纤维易于从网中分离出来,具有较明显的针迹等特点。

从图15-14可以看出,(a)为针刺之前纤维的分布图,纤维分布无规律;(b)、(c)和(d)为针刺处理后非织造布的形貌图,(b)出现了针刺"轨道"和部分纤维的纠缠,(c)可以看到部分纤维在纤维网中垂直分布,(d)中"轨道"附近纤维之间出现锁合,这从微观上说明了纤维之间的摩擦、锁合、纠缠与非织造布的结构和性能有直接关系。

非织造布在成形过程中采用机械加固后,纤网中部分纤维会存在变位、缠结或成圈形式不同。采用针刺方法机械方法加固纤网所得到的非织造布,通过利用针的反复穿刺力,会导致纤网中的部分纤维发生位置变化并相互纠缠及挤压,靠纤维间卷曲、摩擦和弹性形成纤维的缠结结构。

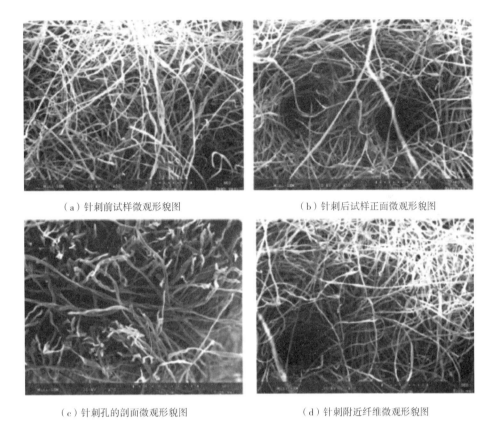

（a）针刺前试样微观形貌图　　　　　　　　　（b）针刺后试样正面微观形貌图

（c）针刺孔的剖面微观形貌图　　　　　　　　　（d）针刺附近纤维微观形貌图

图 15-14　针刺非织造布 SEM 图

15.4.2　非织造材料化学黏合加固方法及特点

化学黏合法是采用化学助剂来固结非织造纤网的方法。通常分为两个步骤：先添加黏合剂进行热处理，再非织造布再通过黏合作用，黏合剂与基体纤维被黏结成一体得以固结。根据黏合方式的不同可分为整体黏合、表面黏合和局部黏合。整体黏合即黏合剂均匀分布于非织造布的厚度方向和表面，通过饱和浸渍法或泡沫浸染法使黏合剂浸透于整块非织造布中。表面黏合，是黏合点集中于纤网表面，通常是通过喷洒、涂层和表面泡沫法获得。局部黏合，是指非织造布的表面被局部固结，黏合点的形状大部分情况下是某种规则图形，通常采用印花黏合方法获得。采用黏合剂加固的产品一般具有强度高、变形小、手感硬和布面平整等特点。另外在显微镜下观察，可以看到黏合剂微小薄膜的存在，如图 15-15 所示。

根据黏合剂施加方法的不同，化学黏合又可分为浸渍法、喷洒法、泡沫法和印花法等。浸渍法，纤网经黏合剂饱和浸渍，再经挤压或抽吸，最后通过烘燥系统使黏合剂受热固化。浸渍黏合非织造布可通过调整浸渍液赋予产品特性，如非织造产品的软硬、防水、染色、吸水、阻燃等特性。浸渍法化学黏合非织造布强度适中、透气性好、耐磨性好、成本较低、可重复使用，主要用作农用保温材料、弹性研磨材料、黏合衬基布和揩布等。喷洒法，黏合剂是被喷洒到纤网上的，产品孔隙率高、蓬松性好，主要用作保暖絮片、絮垫和滤材等。泡沫法，已

图 15-15　化学黏合非织造材料

制备好的泡沫黏合剂被涂在纤网上,泡沫破裂释放出黏合剂微粒,使纤维相互黏结,产品具有多孔性结构,蓬松性好,悬垂性好,主要用作黏合衬基布、衬垫材料、包装材料、装饰材料和滤材等。印花法,黏合剂是通过花纹滚筒或圆网印花滚筒施加到纤网上的,产品手感柔软、透气性好,产品主要用作医疗卫生用品和揩布等。

化学黏合法非织造是靠黏合作用加固纤网,纤网中会存在若干粘接点,如点状粘接结构、片膜状粘接结构、团块状粘接结构、局部粘接结构等。其中点状粘接结构的粘接点小,粘接作用只发生在纤维交叉点,如双组分纤维的热粘接形成此种结构。片膜状粘接结构是指黏合剂呈片状,有部分黏合剂分布于纤维之间,有研究统计有 30% 左右黏合剂分布于纤维交叉点,25% 黏合剂平行于纤维之间,其余黏合剂黏结复杂。团块黏合结构的粘接点面积大,呈不规则的团块状,也有一些小团块相互叠加为较大团块。团状和片膜的区别在于团块黏合结构其黏合点面积大而厚,沿纤维平行的黏合剂数量少,分布于纤维之间黏合剂所占比例大,因此手感硬,"纸感"强,悬垂度差。

15.4.3　非织造材料热黏合加固方法及特点

热黏合法是指非织造材料通过中间介质黏合纤维的一种热熔合方法。这种方法是利用非织造材料受热熔融的特性,将需要联合的纤维通过合适的黏合温度熔化,熔化了的纤维聚集在未熔化的基质纤维周围粘连在一起,再经过冷却使熔融聚合物得以固化,从而生产出热黏合的非织造物。热黏合非织造工艺主要有热风法(或称热熔法)、热轧法、超声波黏合法。热轧黏合适合薄型产品,其克重范围一般在 15～150 g/m²,在表面可看到有规则分布的轧点,或是显微镜下可以观察到纤维在交叉点处被挤压变形的情况,而热轧点会使人体使用部位有不舒适的感觉,如图 15-16 所示。热风法非织造布具有柔软,蓬松,高弹性,渗性强等特点。超声波黏合是利用高频转换器把低频电流转换成高频电流,再通过电能—机械能转换器转换成高频机械能(超声波),然后传送到纤网上,使纤维内部分子运动加剧并释放出热能,导致纤维软化、熔融,从而使纤维黏合。超声波黏合工艺特别适合于蓬松、柔软的非织造产品的后道复合加工,用于装饰、保暖材料等。热熔黏合的产品一般具有高度的蓬松性和弹性,手感柔软,克重范围也较大。热黏合相对于其他加工方法,工艺比较简单,且便于根据产品最终要求进行调整。另外热黏合非织造布用途广泛,可用作衬垫、衬布、保暖材料、包装材料、农用材料等,尤其是在尿布衬垫和失禁护垫领域用量巨大。热黏合加固用热熔材料代替了化学黏合中的黏合剂,产品卫生性好,没有三废问题,有利于保护环境。

TM3000_7168　　2013/10/24　12 10N D4.0　×80　　　1mm

图 15-16　热黏合法非织造布

热黏合法非织造材料中,纺粘非织造布加工中气体温度较低,并且先施加冷却气体,后引入拉伸气体,因此聚合物熔体很快冷却凝固,所以纤维直径较大。纤维在喷管中受到一次气流、二次气流和来网帘下方吸风气流的作用,喷管内气流是非常紊乱的,两次气流都是沿垂直于聚合物熔体方向引入造成纤维随机铺网。纤网形成后还要进行黏合加固。纺粘非织造布的纤维不如熔喷非织造布的纤维细,而熔喷非织造布不如纺粘非织造布强度高。另外,纺粘非织造布在加工成形过程中,气流是垂直于聚合物熔体方向引入的,尽管在喷管中气流方向逐渐与聚合物熔体方向平行,但显然比不上熔喷加工中气流沿与聚合物熔体基本平行的方向对聚合物熔体的拉伸作用大。而熔喷加工中既没有如此复杂紊乱的气流,也不对纤网进行加固。

15.4.4　非织造材料水刺加固方法及特点

水刺非织造布是一种借助高压水射流将纤维缠结于纤维网中而使其固结的非织造织物。水刺法是采用高压产生的多股微细水射流喷射纤网,水射流穿过纤网后,受托持网帘的反弹,再次穿插纤网。由此,纤网中纤维在不同方向高速水射流穿插的水力作用下,产生位移、穿插、缠结和抱合,从而使纤网得到加固。纤网可以是短纤网(短纤维经过类似传统棉纺或毛纺的混合、开松、梳理后铺成纤维网)、长丝网(纺粘长丝网)、浆粕网(湿法成网或气流成网制得)。水刺生产过程用水需经复杂水循环处理,产品清洁度高,卫生级别高,加工过程中可以清除大部分后处理剂,使纤维保持清洁。水刺还可以去除大部分散纤维和短纤维等"纤维碎屑",以避免在医疗和高技术领域应用时出现问题。水刺加工的突出优点是能有效利用各类纤维,从中长化纤到木浆纤维都可以加工,并能保护纤维本来的性质,不会使纤维受到类似针刺的损伤,且不使用任何黏合剂,卫生性好,经双面高压水作用,产品强力高,手感柔软舒适,产品均匀性好,如图 15-17 所示。

图 15-17 水刺法非织造布

　　水刺非织造布手感柔软,具有优良的悬垂性、吸湿性,且强度高,卫生、可靠。这些特点决定了水刺产品适合在卫生材料方面广泛应用。水刺非织造布在医疗卫生领域中,手术巾、手术衣、外科手术包(包括止血棉条、纱布、敷料等)、枕巾、床单等的用量相对最多。

　　另外,热轧黏合适合热塑性纤维,特别短的纤维不宜采用针刺加固(如湿法成网不能采用针刺加固);气流成网一般采用化学黏合加固或热轧黏合;纺粘法薄型产品采用热轧黏合,厚型产品采用针刺加固等。因此,在进行产品的加固方法鉴别时,可以根据纤维长短、产品克重范围、纵横强力比以及外观风格等综合判断,分析出纤网的加固方法。

参考文献

[1]柯勤飞,靳向煜.非织造学[M].2版.上海:东华大学出版社,2010.

[2]何康林,裴宗平.环境科学导论[M].2版.徐州:中国矿业大学出版社,2007.

[3]杨慧芬,陈淑祥.环境科学导论[M].北京:化学工业出版社,2008.

[4]郭炳臣.非织造布的性能与测试[M].北京:纺织工业出版社,1998.

[5]何志贵,陈庆东.非织造材料标准手册[M].北京:中国标准出版社,2009.

[6]于伟东.纺织材料学[M].2版.北京:中国纺织出版社,2018.

[7]余序芬.纺织材料实验技术[M].北京:中国纺织出版社,2004.

[8]闫红.浅谈影响棉纤维长度的因素[J].中国纤检,2011,7:46-47.

[9]李建秀,靳向煜,俞镇慌.天然纤维在非织造布中的应用[J].纺织导报,2003,3:
82-85.

[10]陈宽义.医疗卫生用全棉水刺非织造布的生产技术探讨[J].产业用纺织品,
2010,5:30-32.

[11]祁保国.粘胶短纤维成品质量影响因素分析[J].中国化工贸易,2017,6:238.

[12]庞连顺,王洪,靳向煜.水刺非织造布专用涤纶短纤维性能的研究[J].现代纺织
技术,2010,2:1-4.

[13]中华人民共和国国家质量监督检验检疫总局,中国国家标准化管理委员会.GB/T
6098—2018 棉纤维长度实验方法　罗拉式分析仪法[S].北京:中国标准出版
社,2018.

[14]国家技术监督局.GB/T 13783—1992 棉纤维断裂比强度的测定　平束法[S].北
京:中国标准出版社,1993.

[15]中华人民共和国国家质量监督检验检疫总局,中国国家标准化管理委员会.GB/T
6498—2008 棉纤维马克隆值试验方法[S].北京:中国标准出版社,2008.

[16]中华人民共和国国家质量监督检验检疫总局,中国国家标准化管理委员会.GB/T
14663—2008 粘胶短纤维[S].北京:中国标准出版社,2008.

[17]中华人民共和国国家质量监督检验检疫总局,中国国家标准化管理委员会.GB/T
14336—2008 化学纤维　短纤维长度试验方法[S].北京:中国标准出版社,2008.

[18]中华人民共和国国家质量监督检验检疫总局,中国国家标准化管理委员会.GB/T
14337—2008 化学纤维　短纤维拉伸性能试验方法[S].北京:中国标准出版
社,2008.

[19]中华人民共和国国家质量监督检验检疫总局,中国国家标准化管理委员会.GB/T
14342—2015 化学纤维　短纤维比电阻试验方法[S].北京:中国标准出版社,2015.

[20]中华人民共和国国家质量监督检验检疫总局,中国国家标准化管理委员会.GB/T

3682.1—2018 塑料　热塑性塑料熔体质量流动速率(MFR)和熔体体积流动速率(MVR)的测定　第 1 部分:标准方法[S].北京:中国标准出版社,2018.

[21]中华人民共和国国家质量监督检验检疫总局,中国国家标准化管理委员会.GB/T 2412—2008 塑料　聚丙烯(PP)和丙烯共聚物热塑性塑料等规指数的测定[S].北京:中国标准出版社,2008.

[22]广东省塑料工业协会.T/GDPIA 13—2020 口罩用聚丙烯(PP)熔喷专用料[S].2020.

[23]广东省塑料工业协会.T/GDPIA 14—2020 口罩用聚丙烯熔喷布专用驻极母粒[S].2020.

[24]方开东,徐继亮.用于镍氢电池隔膜最大孔径的测试装置:201020660909.7.[P].2011-07-27.

[25]中华人民共和国国家质量监督检验检疫总局,中国国家标准化管理委员会.GB/T 6529—2008 纺织品　调湿和试验用标准大气[S].北京:中国标准出版社,2008.

[26]中华人民共和国国家质量监督检验检疫总局,中国国家标准化管理委员会.GB/T 24218.1—2009 纺织品　非织造布试验方法　第 1 部分:单位面积质量的测定[S].北京:中国标准出版社,2009.

[27]中华人民共和国国家质量监督检验检疫总局,中国国家标准化管理委员会.GB/T 24218.2—2009 纺织品　非织造布试验方法　第 2 部分:厚度的测定[S].北京:中国标准出版社,2009.

[28]中华人民共和国国家质量监督检验检疫总局,中国国家标准化管理委员会.GB/T 4666—2009 纺织品　织物长度和幅宽的测定[S].北京:中国标准出版社,2009.

[29]中华人民共和国国家质量监督检验检疫总局,中国国家标准化管理委员会.GB/T 32361—2015 分离膜孔径测试方法　泡点和平均流量法[S].北京:中国标准出版社,2016.

[30]中华人民共和国国家质量监督检验检疫总局,中国国家标准化管理委员会.GB/T 24218.3—2010 纺织品　非织造布试验方法　第 3 部分:断裂强力和断裂伸长率的测定(条样法)[S].北京:中国标准出版社,2011.

[31]中华人民共和国国家质量监督检验检疫总局,中国国家标准化管理委员会.GB/T 3917.3—2009 纺织品　织物撕破性能　第 3 部分:梯形试样撕破强力的测定[S].北京:中国标准出版社,2009.

[32]中华人民共和国国家质量监督检验检疫总局,中国国家标准化管理委员会.GB/T 24218.5—2016 纺织品　非织造布试验方法　第 5 部分:耐机械穿透性的测定(钢球顶破法)[S].北京:中国标准出版社,2016.

[33]中华人民共和国工业和信息化部.FZ/T 01085—2018 粘合衬剥离强力试验方法[S].北京:中国标准出版社,2018.

[34]中华人民共和国国家质量监督检验检疫总局,中国国家标准化管理委员会.GB/T

13773.1—2008 纺织品　织物及其制品的接缝拉伸性能　第 1 部分:条样法接缝强力的测定[S]. 北京:中国标准出版社,2008.

[35]中华人民共和国工业和信息化部. FZ/T 01151—2019 纺织品　织物耐磨性能试验方法　加速摩擦法[S]. 北京:中国标准出版社,2019.

[36]中华人民共和国国家质量监督检验检疫总局,中国国家标准化管理委员会. GB/T 24442.1—2009 纺织品压缩性能的测定第 1 部分:恒定法[S]. 北京:中国标准出版社,2009.

[37]中华人民共和国工业和信息化部. FZ/T 01084—2017 粘合衬水洗后的外观及尺寸变化试验方法[S]. 北京:中国标准出版社,2017.

[38]中华人民共和国工业和信息化部. FZ/T 01082—2017 粘合衬干热尺寸变化试验方法[S]. 北京:中国标准出版社,2017.

[39]中华人民共和国工业和信息化部. FZ/T 60031—2020 服装衬布蒸汽熨烫后的外观及尺寸变化试验方法[S]. 北京:中国标准出版社,2020.

[40]中华人民共和国国家质量监督检验检疫总局,中国国家标准化管理委员会. GB/T 18318.1—2009 纺织品　弯曲性能的测定　第 1 部分　斜面法[S]. 北京:中国标准出版社,2009.

[41]中华人民共和国国家质量监督检验检疫总局,中国国家标准化管理委员会. GB/T 23329—2009 纺织品　织物悬垂性的测定[S]. 北京:中国标准出版社,2009.

[42]中华人民共和国国家质量监督检验检疫总局,中国国家标准化管理委员会. GB/T 29257—2012 纺织品　织物褶皱回复性的评定　外观法[S]. 北京:中国标准出版社,2013

[43]中华人民共和国国家质量监督检验检疫总局,中国国家标准化管理委员会. GB/T 24218.15—2018 纺织品　非织造布试验方法　第 15 部分:透气性的测定[S]. 北京:中国标准出版社,2018.

[44]中华人民共和国国家质量监督检验检疫总局,中国国家标准化管理委员会. GB/T 12704.1—2009 纺织品　织物透湿性试验方法　第 1 部分:吸湿法[S]. 北京:中国标准出版社,2009.

[45]中华人民共和国国家质量监督检验检疫总局,中国国家标准化管理委员会. GB/T 12704.2—2009 纺织品　织物透湿性试验方法　第 2 部分:蒸发法[S]. 北京:中国标准出版社,2009.

[46]中华人民共和国国家质量监督检验检疫总局,中国国家标准化管理委员会. GB/T 24218.16—2017 纺织品　非织造布试验方法　第 16 部分:抗渗水性的测定(静水压法)[S].北京:中国标准出版社,2017.

[47]中华人民共和国国家质量监督检验检疫总局,中国国家标准化管理委员会. GB/T 24218.17—2017 纺织品非织造布试验方法　第 17 部分:抗渗水性的测定(喷淋冲击法)[S].北京:中国标准出版社,2017.

[48] 晏雄, 邓炳耀. 产业用纤维制品学[M]. 北京: 中国纺织出版社, 2019.

[49] 陈婷. 浅析土工布拉伸性能试验结果的影响因素[J]. 福建交通技术, 2017, 3: 41-44.

[50] 卢洛琳. 复合土工膜在水库防渗中的应用[J]. 工程技术, 2020, 3: 126.

[51] 杨倩, 石勤, 张如全. 熔喷非织造材料吸音性能研究及进展[J]. 轻工科技, 2017, 7: 110-111.

[52] 中华人民共和国国家质量监督检验检疫总局, 中国国家标准化管理委员会. GB/T 13760—2009 土工合成材料 取样和试样准备[S]. 北京: 中国标准出版社, 2009.

[53] 中华人民共和国国家质量监督检验检疫总局, 中国国家标准化管理委员会. GB/T 14798—2008 土工合成材料 现场鉴别标识[S]. 北京: 中国标准出版社, 2008.

[54] 中华人民共和国国家质量监督检验检疫总局, 中国国家标准化管理委员会. GB/T 13762—2009 土工合成材料 土工布及土工布有关产品单位面积质量的测定方法[S]. 北京: 中国标准出版社, 2009.

[55] 中华人民共和国国家质量监督检验检疫总局, 中国国家标准化管理委员会. GB/T 13761.1—2009 土工合成材料 规定压力下厚度的测定 第1部分: 单层产品厚度的测定方法[S]. 北京: 中国标准出版社, 2009.

[56] 中华人民共和国国家质量监督检验检疫总局, 中国国家标准化管理委员会. GB/T 14799—2005 土工布及其有关产品有效孔径的测定 干筛法[S]. 北京: 中国标准出版社, 2006.

[57] 国家市场监督管理总局, 国家标准化管理委员会. GB/T 17634—2019 土工布及其有关产品有效孔径的测定 湿筛法[S]. 北京: 中国标准出版社, 2020.

[58] 中华人民共和国国家质量监督检验检疫总局, 中国国家标准化管理委员会. GB/T 15788—2017 土工合成材料 宽条拉伸试验方法[S]. 北京: 中国标准出版社, 2017.

[59] 中华人民共和国国家质量监督检验检疫总局, 中国国家标准化管理委员会. GB/T 16989—2013 土工合成材料 接头/接缝宽条拉伸试验方法[S]. 北京: 中国标准出版社, 2014.

[60] 中华人民共和国国家质量监督检验检疫总局, 中国国家标准化管理委员会. GB/T 13763—2010 土工合成材料 梯形法撕破强力的测定[S]. 北京: 中国标准出版社, 2011.

[61] 中华人民共和国国家质量监督检验检疫总局, 中国国家标准化管理委员会. GB/T 17638—2017 土工合成材料 短纤维针刺非织造土工布[S]. 北京: 中国标准出版社, 2017.

[62] 中华人民共和国国家质量监督检验检疫总局, 中国国家标准化管理委员会. GB/T 17639—2008 土工合成材料 长丝纺粘针刺非织造土工布[S]. 北京: 中国标准出版社, 2008.

[63]中华人民共和国国家质量监督检验检疫总局,中国国家标准化管理委员会.GB/T 19978—2005 土工布及其有关产品刺破强力的测定[S].北京:中国标准出版社,2006.

[64]中华人民共和国国家质量监督检验检疫总局,中国国家标准化管理委员会.GB/T 14800—2010 土工合成材料 静态顶破试验(CBR 法)[S].北京:中国标准出版社,2011.

[65]中华人民共和国国家质量监督检验检疫总局,中国国家标准化管理委员会.GB/T 19979.1—2005 土工合成材料 防渗性能 第 1 部分:耐静水压的测定[S].北京:中国标准出版社,2006.

[66]中华人民共和国国家质量监督检验检疫总局,中国国家标准化管理委员会.GB/T 19979.2—2006 土工合成材料 防渗性能 第 2 部分:渗透系数的测定[S].北京:中国标准出版社,2006.

[67]国家质量技术监督局.GB/T 17632—1998 土工布及其有关产品 抗酸、碱液性能的试验方法[S].北京:中国标准出版社,2005.

[68]国家质量技术监督局.GB/T 17631—1998 土工布及其有关产品 抗氧化性能的试验方法[S].北京:中国标准出版社,2005.

[69]中华人民共和国国家质量监督检验检疫总局.GB/T 18887—2002 土工合成材料 机织/非织造复合土工布[S].北京:中国标准出版社,2003.

[70]中华人民共和国国家质量监督检验检疫总局,中国国家标准化管理委员会.GB/T 17642—2008 土工合成材料 非织造复合土工膜[S].北京:中国标准出版社,2008.

[71]国家质量技术监督局.GB/T 17987—2000 沥青防水卷材用基胎 聚酯非织造布[S].北京:中国标准出版社,2000.

[72]中华人民共和国国家质量监督检验检疫总局,中国国家标准化管理委员会.GB/T 33620—2017 纺织品 吸音性能的检测和评价[S].北京:中国标准出版社,2017.

[73]周惠林,杨卫民,李好义.医用口罩过滤材料的研究进展[J].纺织学报,2020,41(8):158-165.

[74]安琪,付译鋆,张瑜,等.医用防护服用非织造材料的研究进展[J].纺织学报,2020,41(8):188-196.

[75]刘欢,封严,钱晓明,等.聚乙烯/聚酯纤维卷曲对热风非织造材料性能的影响[J].毛纺科技,2020,48(3):1-6.

[76]王瑾,李娟,高瑞雪,等.一次性无纺布不同包装方式对器械包无菌屏障系统的影响[J].中国感染控制杂志,2020,19(1):63-67.

[77]顾鹏斐,李素英,戴家木.非织造材料基新型医用敷料的研究进展[J].高分子通报,2018(12):17-21.

[78]刘亚,吴汉泽,程博闻,等.非织造医用防护材料技术进展及发展趋势[J].纺织导

报,2017(S1):78-82.

[79]司徒元舜,罗俊,董玉洁.卫生与医疗制品用非织造材料简析[J].化纤与纺织技术,015,44(4):22-26.

[80]Senthil Kumar P,Damayanthi M.非织造布生产中的机械固结工艺[J].国际纺织导报,2018(10):40-42.

[81]李海娇,向煜,徐原.纤维水刺复合不同加固结构纤网时的流失现象[J].东华大学学报(自然科学版),2015,41(4):196-203.

[82]常敬颖,李素英,张旭,等.可冲散非织造材料的制备及性能研究[J].合成纤维工业,2016,39(4):14-18.

[83]刘丽娟,徐熊耀,吴海波.全棉水刺擦拭材料的力学性能研究[J].产业用纺织品,2019,37(11):14-19.

[84]宣志强.可冲散性湿巾及其非织造布的技术发展现状[J].纺织导报,2014,(12):68-71.

[85]言宏元.水刺木浆复合非织造布工艺与性能研究[C].//第10届功能性纺织品及纳米技术应用研讨会.2010(5):471-475.

[86]中华人民共和国国家质量监督检验检疫总局,中国国家标准化管理委员会.GB/T 24218.8—2010 非织造布试验方法 第8部分:液体穿透时间的测定(模拟尿液)[S].北京:中国标准出版社,2011.

[87]中华人民共和国国家质量监督检验检疫总局,中国国家标准化管理委员会.GB/T 450—2008 纸和纸板试样的采取及试样纵横向、正反面的测定[S].北京:中国标准出版社,2008.

[88]中华人民共和国国家质量监督检验检疫总局.GB/T 451.2—2002 纸和纸板定量的测定[S].北京:中国标准出版社,2002.

[89]中华人民共和国国家质量监督检验检疫总局,中国国家标准化管理委员会.GB/T 462—2008 纸、纸板和纸浆 分析试样水分的测定[S].北京:中国标准出版社,2008.

[90]中华人民共和国国家质量监督检验检疫总局,中国国家标准化管理委员会.GB/T1545—2008 纸、纸板和纸浆水抽提液酸度或碱度的测定[S].北京:中国标准出版社,2008.

[91]国家市场监督管理总局,中国国家标准化管理委员会.GB/T 27741—2018 纸和纸板 可迁移性荧光增白剂的测定[S].北京:中国标准出版社,2018.

[92]中华人民共和国国家质量监督检验检疫总局,中国国家标准化管理委员会.GB/T 30133—2013 卫生巾用面层通用技术规范[S].北京:中国标准出版社,2014

[93]国家市场监督管理总局,中国国家标准化管理委员会.GB/T 22875—2018 纸尿裤和卫生巾用高吸收性树脂[S].北京:中国标准出版社,2018.

[94]中华人民共和国国家质量监督检验检疫总局,中国国家标准化管理委员会.GB/T

2912.1—2009 纺织品　甲醛的测定　第 1 部分:游离和水解的甲醛(水萃取法)
[S].北京:中国标准出版社,2009.

[95]中华人民共和国国家质量监督检验检疫总局,中国国家标准化管理委员会.GB/T
250—2008 纺织品　色牢度试验　评定变色用灰色样卡[S].北京:中国标准出版
社,2008.

[96]中华人民共和国国家质量监督检验检疫总局,中国国家标准化管理委员会.GB/T
7742.1—2005 纺织品　织物胀破性能　第 1 部分:胀破强力和胀破扩张度的测定
液压法[S].北京:中国标准出版社,2006.

[97]中华人民共和国国家质量监督检验检疫总局,中国国家标准化管理委员会.GB/T
12703.4—2010 纺织品　静电性能的评定　第 4 部分:电阻率[S].北京:中国标准
出版社,2011.

[98]国家食品药品监督管理局.YY/T 0689—2008 血液和体液防护装备　防护服材料
抗血液传播病原体穿透性能测试 Phi-X 174 噬菌体试验方法[S].北京:中国标准
出版社,2010.

[99]中华人民共和国国家质量监督检验检疫总局,中国国家标准化管理委员会.GB
19082—2009 医用一次性防护服技术要求[S].北京:中国标准出版社,2010.

[100]中华人民共和国国家质量监督检验检疫总局.GB/T 15979—2002 一次性使用卫
生用品卫生标准[S].北京:中国标准出版社,2002.

[101]国家市场监督管理总局,国家标准化管理委员会.GB/T 38462—2020 纺织品　隔
离衣用非织造布[S].北京:中国标准出版社,2020.

[102]中华人民共和国国家质量监督检验检疫总局,中国国家标准化管理委员会.GB/T
4744—2013 纺织品　防水性能的检测和评价　静水压法[S].北京:中国标准出
版社,2014.

[103]中华人民共和国国家质量监督检验检疫总局,中国国家标准化管理委员会.GB/T
4745—2012 纺织品　防水性能的检测和评价　沾水法[S].北京:中国标准出版
社,2013.

[104]中华人民共和国国家质量监督检验检疫总局,中国国家标准化管理委员会.GB/T
5455—2014 纺织品　燃烧性能　垂直方向损毁长度、阴燃和续燃时间[S].北
京:中国标准出版社,2015.

[105]Association of the Nonwoven Fabrics Industry. IST 40.2(1) Standard Test Method for
Electrostatic Decay of Nonwoven Fabrics[S].INDA,2001.

[106]中华人民共和国国家质量监督检验检疫总局,中国国家标准化管理委员会.GB/T
16886.10—2017 医疗器械生物学评价　第 10 部分:刺激与皮肤致敏试验[S].北
京:中国标准出版社,2018.

[107]中华人民共和国国家质量监督检验检疫总局,中国国家标准化管理委员会.GB/T
14233.1—2008 医用输液、输血、注射器具检验方法　第 1 部分:化学分析方法

［S］．北京：中国标准出版社，2009.

［108］国家食品药品监督管理局．YY/T 0691—2008 传染性病原体防护装备　医用面罩抗合成血穿透性试验方法（固定体积、水平喷射）［S］．北京：中国标准出版社，2009.

［109］中华人民共和国国家质量监督检验检疫总局，中国国家标准化管理委员会．GB 19083—2010 医用防护口罩技术要求［S］．北京：中国标准出版社，2011.

［110］国家食品药品监督管理局．YY 0469—2011 医用外科口罩技术要求［S］．北京：中国标准出版社，2013.

［111］中华人民共和国国家质量监督检验检疫总局，中国国家标准化管理委员会．GB/T 32610—2016 日常防护型口罩技术规范［S］．北京：中国标准出版社，2016.

［112］国家食品药品监督管理局．YY/T 0854.1—2011 全棉非织造布外科敷料性能要求　第 1 部分：敷料生产用非织造布［S］．北京：中国标准出版社，2013.

［113］国家食品药品监督管理局．YY/T 0472.1—2004 医用非织造敷布试验方法　第 1 部分：敷布生产用非织造布［S］．北京：中国标准出版社，2004.

［114］国家食品药品监督管理总局．YY/T 0506.4—2016 病人、医护人员和器械用手术单、手术衣和洁净服　第 4 部分：干态落絮试样方法［S］．北京：中国标准出版社，2017.

［115］International Organizaton for Standdardization．ISO 6588—2012 纸、纸板和纸浆 水提物 pH 值的测定 热萃取［S］．ISO，2005.

［116］国家市场监督管理总局，中国国家标准化管理委员会．GB/T 12914—2018 纸和纸板　抗张强度的测定　恒速拉伸法［S］．北京：中国标准出版社，2019.

［117］中华人民共和国国家质量监督检验检疫总局．GB/T 455—2002 纸和纸板撕裂度的测定［S］．北京：中国标准出版社，2003.

［118］中华人民共和国国家质量监督检验检疫总局，中国国家标准化管理委员会．GB/T 27728—2011 湿巾［S］．北京：中国标准出版社，2012.

［119］国家市场监督管理总局，国家标准化管理委员会．GB/T 40181—2021 一次性卫生用非织造材料的可冲散性试验方法及评价［S］．北京：中国标准出版社，2021.

［120］中华人民共和国国家质量监督检验检疫总局．SN/T 4490—2016 进出口纺织品荧光增白剂的测定［S］．北京：中国标准出版社，2016.

［121］中华人民共和国国家质量监督检验检疫总局，中国国家标准化管理委员会．GB/T 24120—2009 纺织品　抗乙醇水溶液性能的测定［S］．北京：中国标准出版社，2010.

［122］中华人民共和国国家质量监督检验检疫总局，中国国家标准化管理委员会．GB/T 3332—2004 纸浆打浆度的测定（肖伯尔-瑞格勒法）标准［S］．北京：中国标准出版社，2004.

［123］黄磊，黄斌香．袋式除尘器用高性能滤料选择及应用［J］．化工新型材料，2013，

41(11):174-176.

[124]李春亮. 浅析袋式除尘器除尘效率的影响因素[J]. 低碳世界,2017(26):4-5.

[125]全琼瑛,应伟伟,祝成炎. 熔喷非织造过滤材料直径对医用口罩过滤性能的影响[J]. 上海纺织科技,2015(11):16-18.

[126]金关秀,祝成炎. 孔隙形状对熔喷非织造布过滤品质的影响[J]. 上海纺织科技,2018,46(11):15-18.

[127]Zhang H, Liu J, Zhang X, et al. Design of electret polypropylene melt blown air filtration material containing nucleating agent for effective PM2.5capture[J]. RSC Advances, 2018, 8(15):7932-7941.

[128] Yesil Y, Bhat G S. Porosity and barrier properties of polyethylene meltblown nonwovens[J]. The Journal of The Textile Institute, 2017, 108(6):1035-1040.

[129]肖鹏远,焦晓宁. 电磁屏蔽原理及其电磁屏蔽材料制造方法的研究[J]. 非织造布,2010(5):15-19.

[130]包文丽,毕军权,罗蕙敏,等. 复合电磁屏蔽材料的研究现状及影响因素[J]. 染整技术,2020,42(1):7-12.

[131]中华人民共和国国家发展和改革委员会. FZ/T 01034—2008 纺织品 机织物拉伸弹性试验方法[S]. 北京:中国标准出版社,2008.

[132]中华人民共和国国家质量监督检验检疫总局,中国国家标准化管理委员会. GB/T 6719—2009 袋式除尘器技术要求[S]. 北京:中国标准出版社,2009.

[133]国家环境保护总局. HJ/T 324—2006 环境保护产品技术要求 袋式除尘器用滤料[S]. 北京:中国环境科学出版社,2007.

[134]中华人民共和国国家质量监督检验检疫总局,中国国家标准化管理委员会. GB/T 19977—2014 纺织品 拒油性 抗碳氢化合物试验[S]. 北京:中国标准出版社,2015.

[135]中华人民共和国国家质量监督检验检疫总局,中国国家标准化管理委员会. GBT 30176—2013 液体过滤用过滤器 性能测试方法[S]. 北京:中国标准出版社,2014.

[136]国家市场监督管理总局,中国国家标准化管理委员会. GB/T 14295—2019 空气过滤器[S]. 北京:中国标准出版社,2019.

[137]国家市场监督管理总局,国家标准化管理委员会. GB/T 38413—2019 纺织品细颗粒物过滤性能测试试验方法[S]. 北京:中国标准出版社,2019.

[138]中华人民共和国国家质量监督检验检疫总局,中国国家标准化管理委员会. GB/T 30142—2013 平面型电磁屏蔽材料屏蔽效能测量方法[S]. 北京:中国标准出版社,2014.

[139]国防科学技术工业委员会. GJB 6190—2008 电磁屏蔽材料屏蔽效能测量方法[S]. 2008.

[140]中华人民共和国国家质量监督检验检疫总局,中国国家标准化管理委员会.GB/T 30139—2013 工业用电磁屏蔽织物通用技术条件[S].北京:中国标准出版社,2014.

[141]中华人民共和国国家质量监督检验检疫总局,中国国家标准化管理委员会.GB/T 5711—2015 纺织品 色牢度试验 耐四氯乙烯干洗色牢度[S].北京:中国标准出版社,2016.

[142]国家技术监督局.GB/T 6152—1997 纺织品 色牢度试验 耐热压色牢度[S].北京:中国标准出版社,1997.

[143]中华人民共和国国家质量监督检验检疫总局,中国国家标准化管理委员会.GB/T 31902—2015 服装衬布外观疵点检验方法[S].北京:中国标准出版社,2016.

[144]中华人民共和国国家质量监督检验检疫总局,中国国家标准化管理委员会.GB/T 2910.11—2009 纺织品 定量化学分析 第 11 部分:纤维素纤维与聚酯纤维的混合物(硫酸法)[S].北京:中国标准出版社,2009.

[145]李燕立.美妙的非织造布墙纸[J].非织造布,2013(2):73-75.

[146]吕灵凤,沈艳琴.纺织纤维墙布的应用探讨[J].山东纺织科技,2007(6):39-41.

[147]邱新标.非织造装饰墙布的研制及其应用[J].产业用纺织品,2000(7):23-24,27.

[148]中华人民共和国住房和城乡建设部.JG/T 509—2016 建筑装饰用无纺墙纸[S].北京:中国标准出版社,2017.

[149]中华人民共和国国家质量监督检验检疫总局.GB/T 451.1—2002 纸和纸板尺寸及偏斜度的测定[S].北京:中国标准出版社,2002.

[150]中华人民共和国工业和信息化部.QB/T 4034—2010 壁纸[S].北京:中国轻工业出版社,2010.

[151]中华人民共和国国家质量监督检验检疫总局.GB 18585—2001 室内装饰装修材料壁纸中有害物质限量[S].北京:中国标准出版社,2001.

[152]环境保护部.HJ 2502—2010 环境标志产品技术要求 壁纸[S].北京:中国环境科学出版社,2011.

[153]国家技术监督局.QB/T 2792—2006 针刺地毯[S].北京:中国轻工业出版社,2006.

[154]中国轻工业联合会.QB/T 1089—2001 机制地毯厚度的试验方法[S].北京:中国轻工业出版社,2002.

[155]中国轻工业联合会.QB/T 1091—2001 地毯在动态负载下厚度减少的试验方法[S].北京:中国轻工业出版社,2004.

[156]中国轻工业联合会.QB/T 1188—2001 地毯质量的试验方法[S].北京:中国轻工业出版社,2002.

[157]国家市场监督管理总局,国家标准化管理委员会.GB/T 8427—2019 纺织品 色

牢度试验 耐人造光色牢度:氙弧[S].北京:中国标准出版社,2019.

[158]中华人民共和国国家质量监督检验检疫总局,中国国家标准化管理委员会.GB/T 3920—2008 纺织品 色牢度试验 耐摩擦色牢[S].北京:中国标准出版社,2008.

[159]中华人民共和国国家质量监督检验检疫总局,中国国家标准化管理委员会.GB/T 11049—2008 地毯燃烧性能 室温片剂试验方法[S].北京:中国标准出版社,2008.

[160]冷纯廷,李瓒.汽车用非织造布[M].北京:中国纺织出版社,2017.

[161]中华人民共和国工业和信息化部.QC/T 216—2019 汽车用地毯[S].北京:北京科学技术出版社,2019.

[162]中华人民共和国国家质量监督检验检疫总局,中国国家标准化管理委员会.GB/T 32085.1—2015 汽车 空调滤清器 第1部分:粉尘过滤测试[S].北京:中国标准出版社,2016.

[163]中华人民共和国国家质量监督检验检疫总局,中国国家标准化管理委员会.GB/T 32085.2—2015 汽车 空调滤清器 第2部分:气体过滤测试[S].北京:中国标准出版社,2016.

[164]中华人民共和国国家质量监督检验检疫总局,中国国家标准化管理委员会.GB/T 35751—2017 汽车装饰用非织造布及复合非织造布[S].北京:中国标准出版社,2018.

[165]赵硕,邹文俊,彭进,等.不织布抛光材料的研究进展与应用[J].金刚石与磨料磨具工程,2017,37(4):79-85.

[166]禹精瑞,李志军,陈宇,等.温度对吸油毡吸油性影响试验研究[J].油气田环境保护,2012,22(3):5.

[167]姜鑫涛,蓝竹俊,竺柏康,等.吸油毡的吸油性能及其应用研究[J].中国水运:下半月,2015(4):3.

[168]刘建勇.造纸毛毯抗压抗污整理研究[D].天津:天津工业大学,2007.

[169]中华人民共和国国家质量监督检验检疫总局,中国国家标准化管理委员会.GB/T 2411—2008 塑料和硬橡胶 使用硬度计测定压痕硬度(邵氏硬度)[S].北京:中国标准出版社,2008.

[170]中华人民共和国工业和信息化部.FZ/T 01130—2016 非织造材料 吸油性能的检测和评价[S].北京:中国标准出版社,2016.

[171]中华人民共和国交通部.JT/T 560—2004 船用吸油毡[S].北京:人民交通出版社,2004.

[172]中华人民共和国国家质量监督检验检疫总局,中国国家标准化管理委员会.GB/T 4802.1—2008 纺织品 织物起毛起球性能的测定 第1部分:圆轨迹法[S].北京:中国标准出版社,2009.

[173] 中华人民共和国工业和信息化部. FZ/T 25002—2012 造纸毛毯试验方法[S]. 北京：中国标准出版社,2012.

[174] 国家市场监督管理总局,中国国家标准化管理委员会. GB/T 16266—2019 包装材料试验方法　接触腐蚀[S]. 北京：中国标准出版社,2019.

[175] 中华人民共和国国家质量监督检验检疫总局,中国国家标准化管理委员会. GB/T 16265—2008 包装材料试验方法　相容性[S]. 北京：中国标准出版社,2008.

[176] 中华人民共和国国家质量监督检验检疫总局,中国国家标准化管理委员会. GB/T 16267—2008 包装材料试验方法　气相缓蚀能力[S]. 北京：中国标准出版社,2008.

[177] 国家技术监督局. GB/T 16928—1997 包装材料试验方法　透湿率[S]. 北京：中国标准出版社,1998.

[178] 国家技术监督局. GBT 16929—1997 包装材料试验方法　透油性[S]. 北京：中国标准出版社,1998.

[179] 王超仁,周爱珠,周正春,等. 旱育秧无纺布覆盖对早稻生长和产量的影响[J]. 浙江农业科学,2009(4):717-719.

[180] 王春红,郭秉臣. 非织造布在农业上的应用和发展[J]. 非织造布,2004,12(4):30-32.

[181] 严姣,焦晓宁. 农用非织造材料的回收及其生物可降解纤维的应用[J]. 合成纤维工业,2013(6):37-40.

[182] 罗小宝,高维常,潘文杰,等. 农用无纺布应用研究进展[J]. 贵州农业科学,2014(9):216-218.

[183] 陈龙敏. 非织造材料的农业应用和发展[J]. 产业用纺织品,2007,25(9):30-32.

[184] 中华人民共和国国家发展和改革委员会. FZ/T 01009—2008 纺织品　织物透光性的测定[S]. 北京：中国标准出版社,2008.

[185] 美国材料实验协会. ASTM G155-13 人工加速老化的试验[S]. ASTM,2013.

[186] 中华人民共和国国家质量监督检验检疫总局,中国国家标准化管理委员会. GB/T 11048—2018 纺织品生理舒适性稳态条件下热阻和湿阻的测定（蒸发热板法）[S]. 北京：中国标准出版社,2018.

[187] Pollini M, Paladini F, Licciulli A, et al. Antibacterial natural leather for applicationin the public transport system[J]. Journal of Coatings Technology & Research, 2013, 10(2):239-245.

[188] Paiva R M M, Marques E A S, da Silva L F M, et al. Effect of the surface treatment in polyurethane and natural leather for the footwear industry[J]. Materialwissenschaft und Werkstofftechnik,2015,46(1):47-58.

[189] Zeiner, M Rezić, I Ujević, et al. Determination of total chromium in tanned leather samples used in car industry[J]. Collegium antropologicum, 2011,35(1):89-92.

[190]Hauser R，Calafat A. Phthalates and human health[J]. Occupational & Environmental Medicine，2005，62(11):806-818.

[191]Madera-santana T J，Torres A C，Lucero A M. Extrusion and mechanical characterization of PVC-leather fiber composites[J]. Polymer Composites，2004，19(4):431-439.

[192]Ulutan S，Balköse D. Diffusivity，solubility and permeability of water vapor in flexible PVC/silica composite membranes[J]. Journal of Membrane Science，1996，115(2):217-224.

[193]Xia J，Zhou Z，Chen C. Synthetic leather articles and methods for producing the same:U. S. Patent 7,662,461[P]. 2010-2-16.

[194]Neiva A M，Pereirafilho E R. Evaluation of the chemical composition of synthetic leather using spectroscopy techniques.[J]. Applied Spectroscopy，2018(3):914689036.

[195]Chen M，Zhou D L，Chen Y，et al. Analyses of structures for a synthetic leather made of polyurethane and microfiber[J]. Journal of Applied Polymer Science，2010，103(2):903-908.

[196]Sudha T B，Thanikaivelan P，Aaron K P，et al. Comfort，chemical，mechanical，and structural properties of natural and synthetic leathers used for apparel[J]. Journal of Applied Polymer Science，2010，114(3):1761-1767.

[197]Frank G，Galinkina J，Mendrok V，et al. Applied science emission- and material investigations of synthetic leather on the load on reprotoxischem N，N-Dimethylformamide (DMF)[J]. Deutsche Lebensmittel-Rundschau，2014，110(12):579-589.

[198]Zhang Q，Xu R，Xu P，et al. Performance study of ZrO_2ceramic micro-filtration membranes used in pretreatment of DMF wastewater[J]. Desalination，2014，346:1-8.

[199]中华人民共和国国家质量监督检验检疫总局，中国国家标准化管理委员会. GB/T 24248—2009 纺织品　合成革用非织造基布[S]. 北京:中国标准出版社,2010.

[200]中华人民共和国工业和信息化部. QB/T 4909—2016 水性聚氨酯超细纤维合成革[S]. 北京:中国轻工业出版社,2016.

[201]中华人民共和国国家质量监督检验检疫总局，中国国家标准化管理委员会. GB/T 8949—2008 聚氨酯干法人造革[S]. 北京:中国标准出版社,2008.

[202]中华人民共和国工业和信息化部. QB/T 2714—2018 皮革　物理和机械测试　耐折牢度的测定[S]. 北京:中国轻工业出版社,2018.

[203]中华人民共和国工业和信息化部. QB/T 4671—2014 人造革合成革试验方法　耐水性的测定[S]. 北京:中国轻工业出版社,2014.

[204]中华人民共和国工业和信息化部. QB/T 4672—2014 人造革合成革试验方法　耐黄变的测定[S]. 北京:中国轻工业出版社,2014.

[205]中华人民共和国国家发展和改革委员会.QB/T 2726—2005 皮革　物理和机械试验　耐磨性能的测定[S].北京:中国轻工业出版社,2005.

[206]中华人民共和国工业和信息化部.QB/T4342—2012 服装用聚氨酯合成革安全要求[S].北京:中国标准出版社,2012.

[207]中华人民共和国国家质量监督检验检疫总局,中国国家标准化管理委员会.GB/T 17593.1—2006 纺织品重金属的测定　第 1 部分:原子吸收分光光度法[S].北京:中国标准出版社,2006.

[208]中华人民共和国国家质量监督检验检疫总局.SN/T 2446—2010 皮革及其制品中富马酸二甲酯的测定　气相色谱/质谱法[S].北京:中国标准出版社,2010.

[209]中华人民共和国国家质量监督检验检疫总局.SN/T 1877.2—2007 塑料原料及其制品中多环芳烃的测定方法[S].北京:中国标准出版社,2007.

[210]中华人民共和国国家质量监督检验检疫总局,中国国家标准化管理委员会.GB/T 24281—2009 纺织品　有机挥发物的测定　气相色谱—质谱法[S].北京:中国标准出版社,2010.

[211]张鹏,刘丽琴,李春霞.气相色谱—质谱法测定非织造卫生用纺织品中的三丁基锡[J].产业用纺织品,2012,30(9):41-44.

[212]胡铖烨,洪剑寒,胡玲玲.红外光谱在纺织品纤维检测中的研究与应用[J].中国纤检,2020(11):64-67.

[213]王明君.聚乳酸/四氧化三铁磁性熔喷材料的制备及性能研究[D].杭州:浙江理工大学,2017.

[214]孙西超,奚柏君,陈聪.制备工艺对针刺非织造布性能的影响[J].绍兴文理学院学报,2015(8):77-80.

[215]孙红梅,吴丽莉,陈廷,等.超细纤维非织造布生产工艺的新进展[J].纺织导报,2017(6):90-92.

[216]桂继杨,陈钢进,肖春平,等.基于熔喷过程的等规聚丙烯中拟六方与 α 混合晶的构成及其稳定性[J].材料科学与工程学报,2017,35(1):32-36,72.

[217]中华人民共和国国家发展和改革委员会.FZ/T 01057.2—2007 纺织纤维鉴别试验方法　第 2 部分:燃烧法[S].北京:中国标准出版社,2007.

[218]中华人民共和国国家发展和改革委员会.FZ/T 01057.3—2007 纺织纤维鉴别试验方法　第 3 部分:显微镜法[S].北京:中国标准出版社,2007.

[219]中华人民共和国国家发展和改革委员会.FZ/T 01057.4—2007 纺织纤维鉴别试验方法　第 4 部分:溶解法[S].北京:中国标准出版社,2007.

[220]中华人民共和国国家发展和改革委员会.FZ/T 01057.5—2007 纺织纤维鉴别试验方法　第 5 部分:含氯含氮呈色反应法[S].北京:中国标准出版社,2007.

[221]中华人民共和国国家发展和改革委员会.FZ/T 01057.6—2007 纺织纤维鉴别试验方法　第 6 部分:熔点法[S].北京:中国标准出版社,2007.

［222］中华人民共和国国家发展和改革委员会．FZ/T 01057.7—2007 纺织纤维鉴别试验方法　第 7 部分：密度梯度法［S］．北京：中国标准出版社，2007.

［223］中华人民共和国国家发展和改革委员会．FZ/T 01057.9—2012 纺织纤维鉴别试验方法　第 9 部分：双折射率法［S］．北京：中国标准出版社，2007.

附录

附录 A
（规范性附录）
关于 t_0 和 t_{lag} 的具体定义和计算

  滞后时间 t_{lag} 是指测试系统在没有安装供测试滤清器的情况下，探测到试验气体达到最大气体浓度时所经历的时间。该时间的长短跟实际的测试台结构、气流量、试验气体种类和浓度有关。由于存在这些差异，测试的起始时间（ t_{start} ）不能简单用作吸附效率和穿透率的计算。应为每个气体浓度和流量确定零时（ t_0 ），并用 t_0 排除因测试台的结构、气体类型和气体测试条件的差异而引起的影响。 t_{lag} 被用来计算在后续性能测试中的 t_0，如确定 1min、2min、5min 后的效率或穿透率的试验。应用一个标准化的方法来计算 t_{lag} 和 t_0：找到流出气体浓度为最大值的 50% 处的斜率并延长该点切线至流出气体浓度为最大值处。上述两线的交点对应的时间定义为 t_0。 t_{start} 和 t_0 计算值之差为 t_{lag}。在没有安装测试样件的情况下，在试验气体的浓度从 0 上升到最大值的过程中，所采用的气体探测方法应能够提供至少 3~5 次被测气体的浓度值（ $\times 10^{-6}$ ）。

  计算 t_0 应采用以下步骤：

  （1）将流出气体浓度的百分数—时间关系图上各点连成一条连续的曲线。

  （2）计算流出气体浓度为最大值的 50% 处的曲线的斜率 m。

  （3）从流出气体浓度最大值的 50% 的数据点引一条斜率为 m 的切线。

  （4）该直线与流出气体浓度为最大值的水平线的交点所对应的时刻即为 t_0，计算方法见下式。

$$t_0 = \frac{C_0}{2m} + t_{50\%}$$

式中： C_0——流出气体浓度的最大值；

   m——过 $50\% C_0$ 点的气体曲线的切线的斜率；

  $t_{50\%}$——切线达到 $50\% C_0$ 处对应的时刻。

  按下式定义 t_{lag}：

$$t_{lag} = t_0 - t_{start}$$

  如使用相同的体积—流速方法和取样装置测试其他气体， t_0 应按下式计算：

$$t_0 = t_{start} + t_{lag}$$

  参见附图 1：

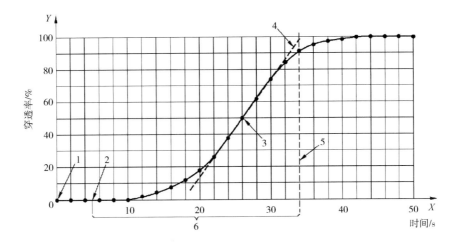

说明：

1——开始探测气体；

2——测试开始于t_{start}=5.0s

3——在$t_{50\%}$处的斜率是6.25%/s，$t_{50\%}$=26.0s；

4——切线和对应于最大浓度的100%的交点；

5——计算t_0=100%/(2×6.25%/s)+26s=34.0s；

6——$t_{lag}=t_0-t_{start}$=34.0s−5.0s=29s。

附图1　穿透曲线确定的t_0和t_{lag}（范例）

对于后续的气体测试，t_0取引入试验气体后的34s。该零点可以用于计算t_0之后1min、2min、5min的穿透率。由于该零点是由计算确定的，所以试验气体的浓度值在计算出来的t_0点将不会是零。

附录 B

（规范性附录）

容污量的确定

附图 2 是一个汽车空调滤清器测试中的吸附效率随时间变化的例子。其中 t_0 和 t_f 分别是测试开始和终止的时刻。吸附效率为 5% 处的虚线表示一个预先约定试验终止时污染物过滤效率。t_f 也可以由预先约定的时间界限决定。曲线下方到 t_f 左侧的区域 A 代表了测试时间内被滤清器滤除的污染物总量。曲线上方到 t_f 左侧的区域 B 代表了测试时间内穿透滤清器的污染物总量。两个分区域之和 A+B 代表了测试时间内作用于滤清器上的污染物总量。

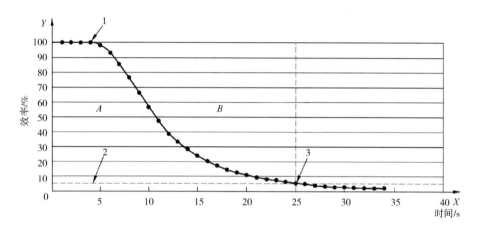

说明：

A——剩余气体的面积；

B——穿透气体的面积；

1——t_0=5min；

2——终止条件（对应于最大浓度的5%水平线）；

3——t_f=25min。

附图 2　容污量确定的示例

在流量恒定的情况下，滤清器的容污量 m_c 可以用下式计算得出，方法是用区域 A 以及区域 A+B 与作用于滤清器的污染物总质量 m_T 联系起来。这里，污染物的总质量为污染物的添加速率乘测试时间。

$$m_c = \frac{A}{A+B} \times m_T$$

<h1 style="text-align:center">附录 C</h1>
(规范性附录)
气味性测定

1. 测试装置

(1)密封罐:两个容积为 1L 的密封罐,在室温和 80℃ 条件下是无味的,且配有容易开启的盖子。

(2)烘箱:具有空气循环系统,能够控制恒温(80±2)℃。

2. 试验环境

试验应在洁净的无异常气味的环境中进行。

3. 试验人员

试验人员应是经过训练和考核的专业人员。

4. 试样准备

(1)试样面积:当试样厚度小于或等于 3mm 时,取样面积为(200±20)cm²;当试样厚度大于 3mm 小于或等于 20mm 时,取样面积为(50±5)cm²;当试样厚度大于 20mm 时,则需沿试样使用面向下切割至 20mm 厚,并按相应厚度取样。

(2)试样数量:2 块。

(3)试样调湿:试样应在符合 GB/T 6529—2008 规定的标准大气条件下调湿至平衡。

5. 试验步骤

(1)试验前清洗密封罐,确保其洁净无味。

(2)试样分别在干态和湿态条件下进行测试。对于干态测试,将试样放入密封罐中,盖上密封盖。对于湿态测试,将试样和 2mL 蒸馏水放入密封罐中,盖上密封盖。

(3)将 2 个密封罐同时置于烘箱中烘燥 2h。

(4)将干态密封罐从烘箱中取出,待其自然冷却至(60±5)℃,再进行评价。闻气味时,试验人员应把头贴近罐子(约 15cm),并移去盖子,然后用手扇动,引导空气从密封罐中到鼻子处慢慢吸入,瓶盖离开密封罐不应该超过 5s。按照附表 1 的等级,记录下相应的级别。

注:在温度为 20℃ 的测试环境中,自然冷却时间为 10~60s 其他测试环境可参考冷却。

(5)等待 2min,重复步骤(4)对湿态试样进行测试。

(6)重复步骤(4)和(5),至少需要三名试验人员进行评价,每一次应将密封罐重新置于烘箱中烘燥 15min。

6. 试验结果

对每块试样干/湿态进行评级,如果有 2 名或 3 名试验人员评价级数相同,则该级数为试样该条件下的级数;如果 3 名试验人员的评价级数均不相同,则取最差等级作为试样该条件下的级数,若 3 名试验人员评价级数相差 1 级及以上,需要适当增加试验人员数量,取大多数试验人员评价级数作为试验结果(附表 1)。

附表 1　气味评价表

等级	评级标准
1	没有引人注意的气味
2	稍有气味,但不引人注意
3	明显气味,但不令人讨厌
4	强烈的、讨厌的气味
5	非常强烈的讨厌气味